航天科技图书出版基金资助出版

先进等离子体技术

Advanced Plasma Technology

[意] 里卡尔多·达阿戈斯蒂诺 (Riccardo d'Agostino)

[意] 彼得罗·法维亚 (Pietro Favia)

[日] 好伸·阿富 (Yoshinobu Kawai)

[日] 伊代奥·伊凯加米 (Hideo Ikegami)　　　　　　著

[日] 乘吉·佐都 (Noriyoshi Sato)

[法] 法尔扎内·阿雷菲-洪塞里 (Farzaneh Arefi-Khonsari)

刘佳琪　任爱民　邬润辉　等　译

中国宇航出版社

·北京·

Translated from the English language edition:

Advanced Plasma Technology

by Riccardo d'Agostino，et. al.，ISBN：978 - 3 - 527 - 40591 - 6

All Rights Reserved. Authorised translation from the English language edition published by John Wiley & Sons Limited. Responsibility for the accuracy of the translation rests solely with China Astronautic Publishing House Co.，Ltd and is not the responsibility of John Wiley & Sons Limited. No part of this book may be reproduced in any form without the written permission of the original copyright holder，John Wiley & Sons Limited.

著作权合同登记号：图字：01-2021-6171 号

版权所有　侵权必究

图书在版编目（CIP）数据

先进等离子体技术 /（意）里卡尔多·达阿戈斯蒂诺（Riccardo d'Agostino）著；刘佳琪等译. -- 北京：中国宇航出版社，2021.12

书名原文：Advanced Plasma Technology

ISBN 978 - 7 - 5159 - 1895 - 2

Ⅰ.①先… Ⅱ.①里… ②刘… Ⅲ.①等离子体应用—研究 Ⅳ.①O539

中国版本图书馆 CIP 数据核字（2021）第 259092 号

责任编辑 王杰琼		**封面设计** 宇星文化	

出 版
发 行　**中国宇航出版社**

社　址 北京市阜成路 8 号　**邮　编** 100830	**版　次**	2021 年 12 月第 1 版
（010）60286808　　（010）68768548		2021 年 12 月第 1 次印刷
网　址 www.caphbook.com	**规　格**	787×1092
经　销 新华书店	**开　本**	1/16
发行部 （010）60286888　　（010）68371900	**印　张**	25.25
（010）60286887　　（010）60286804（传真）	**字　数**	614 千字
零售店 读者服务部　　（010）68371105	**书　号**	ISBN 978 - 7 - 5159 - 1895 - 2
承　印 天津画中画印刷有限公司	**定　价**	128.00 元

本书如有印装质量问题，可与发行部联系调换

航天科技图书出版基金简介

航天科技图书出版基金是由中国航天科技集团公司于 2007 年设立的，旨在鼓励航天科技人员著书立说，不断积累和传承航天科技知识，为航天事业提供知识储备和技术支持，繁荣航天科技图书出版工作，促进航天事业又好又快地发展。基金资助项目由航天科技图书出版基金评审委员会审定，由中国宇航出版社出版。

申请出版基金资助的项目包括航天基础理论著作，航天工程技术著作，航天科技工具书，航天型号管理经验与管理思想集萃，世界航天各学科前沿技术发展译著以及有代表性的科研生产、经营管理译著，向社会公众普及航天知识、宣传航天文化的优秀读物等。出版基金每年评审 1～2 次，资助 20～30 项。

欢迎广大作者积极申请航天科技图书出版基金。可以登录中国航天科技国际交流中心网站，点击"通知公告"专栏查询详情并下载基金申请表；也可以通过电话、信函索取申报指南和基金申请表。

网址：http：//www.ccastic.spacechina.com

电话：(010) 68767205，68768904

《先进等离子体技术》
翻译人员名单

译　者　　刘佳琪　任爱民　邬润辉　孟　刚
　　　　　刘　鑫　柴　忪　沈　波　王永海

译者序

等离子体作为一种区别于固体、液体和气体的第四态物质，已经在多个学科领域得到广泛应用。Wiley‐VCH 出版社出版的 *Advanced Plasma Technology* 一书是一本全面介绍等离子体技术应用的图书。该书共有 25 章，内容涉及原著作者的研究成果：等离子体生成装置设计、等离子体生成与控制、等离子体过程建模、等离子体诊断技术以及地面实验测量结果等；低压等离子体技术和大气压等离子体技术的应用原理、应用进展、研究技术水平以及未来发展前景等；等离子体电推进技术、各类材料和元器件制备（如高分子材料、半导体材料、太阳能电池、生物医学材料等）技术、等离子体喷涂技术、等离子体显示技术、等离子体水处理技术等先进应用技术。这些都将给读者提供指导和借鉴，帮助读者拓展研究思路。

本译著按照尊重原著风格的原则，译文内容与原著保持一致。翻译工作于 2020 年 6 月启动，历时一年多时间，在 8 位译者的共同努力下完成，其中：前言、第 1 章～第 6 章由刘佳琪翻译，第 7 章～第 13 章由任爱民翻译，第 14 章～第 19 章由邬润辉翻译，第 20 章和第 21 章由孟刚翻译，第 22 章由刘鑫翻译，第 23 章由柴凇翻译，第 24 章由沈波翻译，第 25 章由王永海翻译。出版前的校稿和修改由任爱民和邬润辉完成，审核由刘佳琪完成。

本书译者衷心感谢北京航空航天大学苏东林院士和中国科技大学曹金祥教授，两位老师在百忙之中为本书的翻译提出了宝贵意见和建议；本书的翻译和出版工作得以顺利进行，还要特别感谢中国宇航出版社的大力支持；诚挚感谢航天科技图书出版基金对本书出版的资助。

希望本书的出版和问世能够给专家、学者和学生们提供最大的帮助。

译　者

2021 年 9 月 1 日

于北京

前　言

　　20 世纪 70 年代，等离子体处理技术开始应用于微电子（精密集成电路的干法刻蚀工艺）和半导体（用于太阳能电池的半导体薄膜的沉积工艺）领域的材料表面改性。从那时起，等离子体科学在基本理论、诊断方法和试验技术方面都取得了巨大进展。因此，等离子体处理技术已经渗透到许多其他学科和工业领域中，包括：高分子材料、纺织、生物材料、微流体学、复合材料、造纸、包装、汽车、废料处理、文物保护和腐蚀防护等。

　　组织编写本书的想法是在第二届国际工业等离子体应用培训班期间提出的。该培训班是 2004 年 10 月在意大利瓦伦那的莫纳斯特罗别墅（Villa Monastero）召开的，来自世界各地近百名学者参加了这次培训。该培训班的目标就是以辅导的方式描述等离子体在各现代工业领域的应用。

　　三年后的今天，这本书出版了，同样是以辅导为目的，描述了低气压和大气压等离子体在各技术领域中的进展，如：高分子材料、半导体、太阳能电池、生物材料、显示、水处理和航天领域等。除此之外，前面章节还给出了一些等离子体诊断、反应器设计、建模和过程控制的基础知识。

　　本书汇集了由知名等离子体科学家编写的等离子体处理各类应用方面的 25 章内容。我们相信，本书对学术界和工业界应用等离子体技术的学生和研究人员都会有所帮助。

　　我们对所有作者、介绍人和出版商对本书出版所做出的贡献表示真诚的感谢。我们希望读者如同我们有兴趣编写这本书一样，有兴趣读这本书。

里卡尔多·达阿戈斯蒂诺

彼得罗·法维亚

好伸·阿富

伊代奥·伊凯加米

乘吉·佐都

法尔扎内·阿雷菲-洪塞里

2007 年 10 月

目　录

第1章　等离子体生成与控制的基本方法 ………………………………… 1

1.1　等离子体生成 ……………………………………………………… 1

　1.1.1　低气压下的生成（＜0.1 torr） ……………………… 1

　1.1.2　中气压下的生成（0.1～10 torr） …………………… 4

　1.1.3　高气压（大气压）下的生成（＞10 torr） …………… 5

1.2　能量控制 …………………………………………………………… 5

　1.2.1　电子温度控制 …………………………………………… 5

　1.2.2　离子能量控制 …………………………………………… 9

1.3　尘埃的收集与清除 ………………………………………………… 9

致谢 ……………………………………………………………………… 12

参考文献 ………………………………………………………………… 13

第2章　等离子体源与反应器配置 ……………………………………… 15

2.1　引言 ………………………………………………………………… 15

2.2　ICP 特性 …………………………………………………………… 16

　2.2.1　原理 ……………………………………………………… 16

　2.2.2　变压器模型 ……………………………………………… 16

　2.2.3　技术方面 ………………………………………………… 17

2.3　源和反应器的配置 ………………………………………………… 19

　2.3.1　基板形状 ………………………………………………… 20

2.4　结论 ………………………………………………………………… 26

参考文献 ………………………………………………………………… 27

第3章　工业等离子体应用的高级仿真 ………………………………… 30

3.1　引言 ………………………………………………………………… 30

3.2　PIC 仿真 …………………………………………………………… 31

　3.2.1　电容耦合的 Ar/O_2 等离子体 ………………………… 31

　3.2.2　三维（3D）充电仿真 …………………………………… 35

3.3 流体仿真 ·· 39

    3.3.1 电容耦合放电 ··· 40

    3.3.2 大范围等离子体源 ····································· 41

3.4 小结 ·· 42

致谢 ·· 43

参考文献 ·· 44

第 4 章 用于聚合物处理的氦气放电的建模与诊断 ············· 46

4.1 引言 ·· 46

4.2 实验 ·· 47

4.3 模型描述 ··· 47

4.4 结果与讨论 ··· 50

    4.4.1 电特性 ·· 50

    4.4.2 气相化学 ·· 56

    4.4.3 等离子体与表面的相互作用 ····················· 59

4.5 结论 ·· 61

参考文献 ·· 63

第 5 章 用于源和工业过程设计的热等离子体（射频与转移电弧）的三维建模 ········· 65

5.1 引言 ·· 65

5.2 感应耦合等离子体炬 ·· 66

    5.2.1 建模方法 ·· 66

    5.2.2 选定的仿真结果 ··· 70

5.3 直流转移电弧等离子体炬 ··· 73

    5.3.1 建模方法 ·· 73

    5.3.2 选择的仿真结果 ··· 76

参考文献 ·· 81

第 6 章 用于半导体处理的射频等离子体源 ······················· 84

6.1 引言 ·· 84

6.2 电容耦合等离子体 ··· 84

    6.2.1 双频 CCP ·· 85

6.3 电感耦合等离子体 ··· 88

    6.3.1 基本描述 ·· 88

    6.3.2 反常趋肤深度 ·· 89

　　6.3.3　磁化 ICP ··· 90

6.4　螺旋波等离子体源 ·· 93

　　6.4.1　一般描述 ··· 93

　　6.4.2　非寻常特性 ··· 94

　　6.4.3　扩展螺旋波等离子体源 ·· 96

参考文献 ·· 98

第7章　用于薄膜沉积的先进等离子体诊断 ·· 100

7.1　引言 ··· 100

7.2　（等离子体）物理学家可用的诊断技术 ·· 100

7.3　光学诊断 ·· 101

　　7.3.1　汤姆孙-瑞利和拉曼散射 ·· 101

　　7.3.2　激光诱导荧光 ·· 102

　　7.3.3　吸收方法 ·· 104

　　7.3.4　表面诊断 ·· 106

7.4　应用 ··· 107

　　7.4.1　汤姆孙-瑞利散射与拉曼散射 ·· 107

　　7.4.2　激光诱导荧光 ·· 108

　　7.4.3　吸收光谱 ·· 109

　　7.4.4　表面诊断 ·· 112

参考文献 ·· 114

第8章　电极非对称配置低频放电的聚合物材料等离子体处理 ···························· 117

8.1　引言 ··· 117

8.2　聚合物等离子体处理 ··· 118

　　8.2.1　表面的活化 ··· 118

　　8.2.2　官能化（接枝）反应 ··· 119

　　8.2.3　交联反应 ·· 119

　　8.2.4　表面刻蚀（消融）反应 ·· 120

8.3　在低频、低压反应器中采用非对称结构电极（ACE）的聚合物表面处理 ······ 123

　　8.3.1　表面官能化 ··· 124

　　8.3.2　接枝氮基团过程中的氨等离子体消融作用 ··· 126

　　8.3.3　酸碱性 ··· 128

　　8.3.4　等离子体处理表面的老化 ··· 131

8.4　等离子体聚合 ··· 134

8.4.1 CF₄＋H₂ 混合体等离子体聚合的基板化学组分影响 ············ 135

8.4.2 丙烯酸的等离子体聚合 ·· 138

8.5 结论 ··· 143

致谢 ··· 143

参考文献 ·· 144

第9章 碳氟化合物薄膜等离子体沉积的基础 ························ 150

9.1 连续放电的碳氟薄膜沉积 ·· 151

9.1.1 碳氟等离子体中的活性组分 ······································ 151

9.1.2 离子轰击效应 ·· 153

9.1.3 激活的增长模型 ·· 154

9.2 碳氟膜的余辉沉积 ·· 155

9.3 采用调制辉光放电的碳氟膜沉积 ······································ 156

9.4 四氟乙烯辉光放电的纳米薄膜沉积 ···································· 158

参考文献 ·· 167

第10章 硅薄膜太阳能电池的等离子体化学气相沉积（CVD）工艺 ·· 170

10.1 引言 ··· 170

10.2 在 SiH₄ 和 H₂/SiH₄ 等离子体中的离解反应过程 ················· 170

10.3 表面上的薄膜生长过程 ·· 172

10.3.1 a‐Si：H 的生长 ·· 172

10.3.2 μc‐Si：H 的生长 ·· 172

10.4 确定 a‐Si：H 和 μc‐Si：H 中的缺陷密度 ························ 175

10.4.1 采用 SiH₃ 自由基生长的 a‐Si：H 和 μc‐Si：H ·········· 175

10.4.2 短寿命组分的分布 ·· 176

10.5 太阳能电池应用 ··· 178

10.6 薄膜硅太阳能电池材料方面的最新进展 ····························· 178

10.6.1 控制 a‐Si：H 材料的光感度 ··································· 178

10.6.2 器件级 μc‐Si：H 的高速率生长 ······························ 179

10.7 总结 ··· 180

参考文献 ·· 181

第11章 用于太阳能电池的甚高频（VHF）等离子体生成 ··········· 182

11.1 引言 ··· 182

11.2 VHF 的 H₂ 等离子体特性 ··· 183

11.3　VHF 的 SiH$_4$ 等离子体特性 ·· 184

11.4　大范围 VHFH$_2$ 的等离子体特性 ·· 188

11.5　窄间隙 VHF 放电的 H$_2$ 等离子体 ·· 190

参考文献 ·· 194

第 12 章　在反应等离子体中的团簇生长控制及其在高稳定性 a‐Si：H 薄膜沉积中的

应用 ·· 196

12.1　引言 ·· 196

12.2　在 SiH$_4$ HFCCP 中团簇生长的综述 ··· 197

12.2.1　团簇生长开始的前体 ··· 197

12.2.2　团簇成核阶段 ··· 198

12.2.3　气体流动对团簇生长的影响 ·· 200

12.2.4　气体温度梯度对团簇生长的影响 ······································ 200

12.2.5　H$_2$ 稀释对团簇生长的影响 ··· 200

12.2.6　放电调制对团簇生长的影响 ·· 201

12.3　团簇在 SiH$_4$ HFCCP 中的生长动力学 ·· 203

12.4　团簇生长的控制 ·· 204

12.4.1　前体自由基生成速率的控制 ·· 205

12.4.2　团簇生长反应与输运损失的控制 ······································ 205

12.5　团簇生长控制在高稳定性 a‐Si：H 薄膜沉积中的应用 ················· 205

12.6　总结 ·· 207

参考文献 ·· 208

第 13 章　生物材料等离子体工艺中的微纳米结构：微纳米功能是解决选择性生物反应

的有效工具 ·· 210

13.1　引言：微米与纳米，生物医学的一个美好前景 ··························· 210

13.2　微纳米特征调节体内与体外的生物相互作用 ······························· 212

13.3　微米纳米制备技术 ·· 214

13.3.1　光刻：光刻掩模的作用 ··· 215

13.3.2　软光刻 ··· 218

13.3.3　等离子体辅助微构形：物理掩模的作用 ···························· 220

13.3.4　等离子体构形过程的新方法 ·· 224

13.4　结论 ·· 225

参考文献 ·· 227

第 14 章　在生物医学应用的等离子体改性基板上化学固化生物分子 ·········· 232

14.1　引言 ··· 232

14.2　生物分子的固定 ··· 236

14.2.1　PEO 链固定（不结垢的表面） ··· 236

14.2.2　多糖的固定 ·· 237

14.2.3　蛋白质与肽的固定 ·· 238

14.2.4　酶类的固定 ·· 241

14.2.5　碳水化合物的固定 ·· 241

14.3　结论 ··· 242

14.4　缩写列表 ··· 243

致　　谢 ·· 244

参考文献 ·· 245

第 15 章　评估等离子体改性表面生物相容性的体外方法 ···················· 248

15.1　引言 ··· 248

15.2　表面改性方法：等离子体处理与生物分子固定 ····························· 249

15.3　人工合成表面的体外细胞培养实验 ··· 250

15.4　细胞毒性分析 ··· 252

15.4.1　活力分析 ··· 252

15.4.2　代谢分析 ··· 252

15.4.3　刺激性分析 ·· 253

15.5　细胞黏附分析 ··· 253

15.6　细胞功能分析 ··· 256

15.7　结论 ··· 257

参考文献 ·· 258

第 16 章　生物医学中的冷气等离子体 ·· 261

16.1　引言 ··· 261

16.2　实验 ··· 263

16.3　等离子体特性 ··· 266

16.4　灭菌 ··· 269

16.5　细胞和组织的处置 ··· 271

16.6　结束语和观点 ··· 274

参考文献 ·· 275

第 17 章 低压等离子体杀菌消毒与表面净化的机理 ···················· 277

17.1 引言 ·· 277

   17.1.1 灭菌与净化方法的综述 ·· 277

17.2 细菌芽孢灭杀 ··· 280

17.3 热原去除法 ··· 281

17.4 蛋白质去除法 ··· 281

17.5 实验 ·· 281

   17.5.1 实验设置 ··· 281

   17.5.2 生物学实验 ··· 282

   17.5.3 热原样本检测 ·· 282

   17.5.4 蛋白质移除实验 ·· 283

17.6 结果 ·· 283

   17.6.1 灭菌 ·· 283

   17.6.2 热原去除 ··· 285

   17.6.3 蛋白质移除 ··· 287

17.7 讨论 ·· 288

   17.7.1 等离子体灭菌 ·· 288

   17.7.2 热原去除 ··· 291

   17.7.3 蛋白质移除 ··· 291

17.8 结论 ·· 292

致谢 ·· 292

参考文献 ··· 293

第 18 章 大气压辉光等离子体的应用：大气压辉光等离子体中的粉末涂层 ········· 295

18.1 引言 ·· 295

18.2 大气压辉光等离子体有机和无机颜料粉末的二氧化硅涂层方法的发展 ········· 295

   18.2.1 实验 ·· 296

   18.2.2 结果与讨论 ··· 297

   18.2.3 结论 ·· 300

18.3 SiO_2 膜包覆的 TiO_2 细粉末应用于抑制粉末光敏感性能 ··············· 301

   18.3.1 实验 ·· 301

   18.3.2 结果与讨论 ··· 301

   18.3.3 结论 ·· 303

致谢 ·· 304

参考文献 ··· 305

第 19 章 在大气压辉光介质阻挡放电中碳氢聚合物与碳氟聚合物薄膜的沉积 ········ 306

19.1 引言 ··· 306

19.2 用于薄膜沉积的 DBD：最新技术 ·· 307

19.2.1 丝状和辉光模式的介质阻挡放电 ·· 307

19.2.2 电极配置与供气系统 ·· 308

19.2.3 碳氢聚合物薄膜沉积 ·· 309

19.2.4 碳氟聚合物薄膜沉积 ·· 311

19.3 实验结果 ··· 311

19.3.1 设备与诊断 ··· 311

19.3.2 采 $He-C_2F_4$ GDBD 碳氢聚合物膜的沉积 ·························· 313

19.3.3 采用 $He-C_3F_6$ 和 $He-C_3F_8-H_2$ 工质 GDBD 碳氟聚合物膜的沉积 ··· 314

19.4 结论 ··· 317

参考文献 ··· 318

第 20 章 关于现代应用的大气压非热等离子体生成的评述 ························ 321

20.1 引言 ··· 321

20.2 为什么大气压非热等离子体具有吸引力 ··· 321

20.3 等离子体活性的来源 ··· 322

20.4 气体放电相似律的极限 ·· 323

20.5 降低气体温度 ·· 323

20.6 实现以上讨论的实例 ··· 324

20.7 大面积等离子体的生成 ·· 325

20.8 迄今为止获得均匀 DBD 的证据摘要 ·· 325

20.9 关于实现大面积均匀等离子体的考虑 ··· 325

20.10 实现 DBD 等离子体均匀性需要考虑的因素 ·································· 326

20.11 远区等离子体 ··· 326

20.12 结论 ··· 327

参考文献 ··· 328

第 21 章 等离子体彩色显示的现状与未来 ··· 329

21.1 引言 ··· 329

21.2 彩色 PDP 技术的发展 ·· 330

21.2.1 面板结构 ··· 332

21.2.2　驱动技术 ……………………………………………………………… 334

21.3　最新的研究与发展 ………………………………………………………… 335

21.3.1　PDP 放电分析 ………………………………………………………… 335

21.3.2　高发光性能和高发光效率 …………………………………………… 336

21.3.3　ALIS 结构 ……………………………………………………………… 336

21.4　结论 ………………………………………………………………………… 338

参考文献 …………………………………………………………………………… 339

第 22 章　PDP 等离子体特性 ……………………………………………………… 340

22.1　引言 ………………………………………………………………………… 340

22.2　PDP 运行 …………………………………………………………………… 341

22.3　PDP 的等离子体结构 ……………………………………………………… 341

22.4　等离子体密度和电子温度 ………………………………………………… 343

22.5　小结 ………………………………………………………………………… 344

参考文献 …………………………………………………………………………… 345

第 23 章　等离子体喷涂工艺的最新进展 ……………………………………… 346

23.1　引言 ………………………………………………………………………… 346

23.2　等离子体热喷涂技术的要素 ……………………………………………… 346

23.3　涂层的热等离子体喷涂技术 ……………………………………………… 347

23.3.1　等离子体粉末喷涂 …………………………………………………… 347

23.3.2　等离子体喷涂 CVD …………………………………………………… 350

23.3.3　等离子体喷涂 PVD …………………………………………………… 351

23.3.4　隔热涂层 ……………………………………………………………… 351

23.4　用于粉末冶金工程的热等离子体喷涂 …………………………………… 355

23.4.1　热等离子体球化 ……………………………………………………… 355

23.4.2　等离子体喷涂 CVD …………………………………………………… 356

23.4.3　等离子体喷涂 PVD …………………………………………………… 356

23.5　用于垃圾处理的热等离子体喷涂 ………………………………………… 357

23.6　结束语与展望 ……………………………………………………………… 357

参考文献 …………………………………………………………………………… 359

第 24 章　电解液放电直接等离子体水处理工艺 ……………………………… 361

24.1　引言 ………………………………………………………………………… 361

24.2　电解液放电系统的特性 …………………………………………………… 361

24.3　电解液放电产生的处理机制 ·· 362

24.4　通过电解液放电的化学污染物处理 ··· 363

24.5　采用 PAED 对致病污染物的消毒 ·· 367

24.6　市政污水处理 ··· 368

24.7　结论与总结 ··· 369

参考文献 ··· 370

第 25 章　先进空间推进技术的发展与物理问题 ······················ 372

25.1　引言 ··· 372

25.2　火箭推进系统特性 ·· 373

25.3　先进的空间推进器实验研究 ··· 376

25.3.1　实验仪器与诊断设备 ··· 376

25.3.2　采用磁拉瓦尔喷管改善 MPDA 等离子体 ···························· 377

25.3.3　高马赫数等离子体流的射频加热 ··· 379

25.4　总结 ··· 382

致谢 ··· 382

参考文献 ··· 383

第 1 章　等离子体生成与控制的基本方法

N. Sato

在未来的材料和设备制造"智能"等离子体加工过程中，等离子体的生成和控制至关重要。作者一直关注与放电等离子体相关的基础试验。这里给出了等离子体生成与基本控制方法的一些重点环节，包括大尺度等离子体生成、电子温度与离子能量控制、尘埃粒子收集与清除等。

首先，给出两种等离子体生成方法：一种是高密度电子回旋谐振反应器（electron cyclotron resonance reactor，ECR），另一种是在直径大于几十厘米的真空制造设备上生成均匀等离子体的射频等离子体。这些放电等离子体是在低气压下生成的。其次对中气压和高气压（大气压）下放电生成等离子体的新方法也进行了详细的描述。

在放电区域以外的区域，在 1 或 2 个数量级的范围内可连续控制电子温度。所采用的方法对寻求不同等离子体处理技术的最佳条件可能有用。事实上，在负离子高效生成、高质量金刚石颗粒形成和高质量 Si：H 薄膜生长方面，这些方法被证明是有用的。从"智能"等离子体应用需求来说，还应该建立一种理想的离子能量控制方法。这里也给出一种以此为目的的新方法。

尘埃的收集和清除对很多材料和设备的制造十分重要。基于等离子体中细微粒子的主要特征，我们提出了一种收集和控制等离子体中带负电细微粒子的简单方法。我们的收集器通常称为 NFP 收集器（negatively charged fine‐particle collector，带负电微粒收集器）。已经证明，这种收集器对漂浮在等离子体中尘埃粒子的收集与清除非常有效，在等离子体处理方面具有重要影响。

1.1　等离子体生成

1.1.1　低气压下的生成（<0.1 torr①）

这里给出两种简单的用于大尺度均匀等离子体处理的等离子体生成方法。一种基于 ECR，另一种采用磁控管式射频放电。两种方法都是在真空容器中通过低压放电来产生弱电离的等离子体。真空容器的壁面被分隔为两部分，其中一部分接地，另一部分作为天线或射频电极。因此，在真空容器中生成等离子体理论上不需要附加电极。在等离子体生成区域内，等离子体径向分布是非均匀的。但是，在距等离子体生成区一定的轴向距离外，径向扩散使得等离子体成为均匀等离子体。我们利用磁场来使等离子体有效生成并控制等

---

① 1 torr=1 mmHg=1.333 22×10² Pa

离子体流向壁面（或电极），这与等离子体损失和粒子溅射密切相关。通常由永久磁铁产生的磁场也可用于修正电子运动来控制等离子体分布，虽然这对基板前的离子没有直接的磁效应。

图 1-1（a）为 ECR 等离子体生成[1,2]示意图。位于真空容器一端的天线由后面带有永久磁铁的背板和一个与背板隔离的开槽平板组成。通过同轴波导馈入频率为 2.45 GHz 的微波来满足天线前磁铁表面附近区域的 ECR 条件（~875 G）。开槽平板可以用薄玻璃板覆盖。

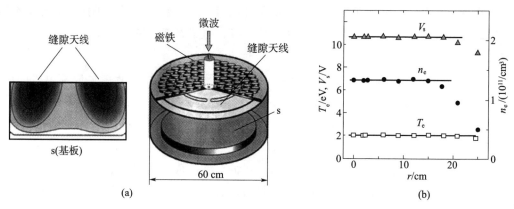

图 1-1　（a）采用有磁场平面缝隙天线的 ECR 等离子体发生器示意图；
（b）在 $z = 10$ cm 处的等离子体生成径向分布

在天线前面，所生成的等离子体是径向非均匀的，非均匀程度与缝隙的位置和磁场相关。但是，随着 z（距天线前端的距离）的增加，等离子体前向扩散使得等离子体在径向的分布变得平坦。典型的结果如图 1-1（b）所示，其中氩气压力≈1.5×10^{-2} torr，微波功率≈1 kW。在轴向距离 z 为 10 cm、直径 35cm 的径向区域内，等离子体密度 $n_p \approx 1.3 \times 10^{11}$ cm^{-3} 的情况下，均匀度在 3% 以内。等离子体密度与微波功率几乎成正比。通过改变天线前的磁场配置，可以控制等离子体径向均匀分布的轴向位置。

由这种方法生成的反应等离子体已用于均匀多晶硅刻蚀[3]。图 1-2 所示的天线系统已用于实际的等离子体处理中[4]。

图 1-3（a）是一种改进的磁控（modified magnetron - type，MMT）等离子体发生器[5]示意图。频率为 13.56 MHz 的射频功率馈入直径 55 cm、厚度 7 cm 的环形电极中，此电极位于直径 55 cm 的圆柱形真空容器的中部。在这个通电的电极和接地的真空容器之间放电，氩气压力范围是 $5.0 \times 10^{-4} \sim 5.0 \times 10^{-2}$ torr。永久磁铁刚好位于圆柱体外部构成的方位角磁环，提供了轴向接近于环形电极内表面的磁镜。这种磁配置能够增强等离子体的生成，这是因为在方位向运动对电离起作用的高能电子被俘获到环形电极附近区域内的磁镜中。电子的这种运动减少了电极前的电位降，与离子-电极之间的相互作用密切相关。

在电极附近等离子体密度出现一个峰值并在指向径向中心的方向逐渐降低。但是，随着 z（到设备中心的轴向距离）的增加，等离子体朝径向中心扩散，拉平了径向密度分布。

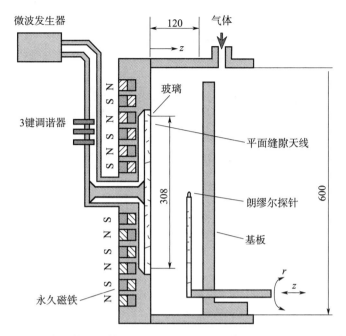

图 1 - 2　等离子体应用中的 ECR 等离子体发生器设备详图

如图 1 - 3（b）所示，在氩气压力为 1.0×10^{-3} torr，射频功率为 200 W 条件下，该 MMT 射频放电在放置基板 $z = 6.0$ cm 的位置处、直径 40 cm 的径向范围内产生了几乎均匀的等离子体。目前，我们已经可以产生直径大于 100 cm 的均匀等离子体[6,7]。对于米量级尺度等离子体的均匀处理，采用反馈控制是有效的。就是将非均匀产生的信号当作反馈信号，传送到一个起附加放电作用的小电极上来实现均匀加工。

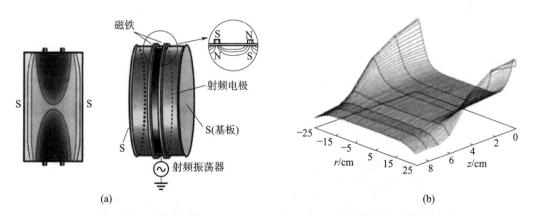

图 1 - 3　（a）MMT 等离子体发生器示意图；（b）轴向方向上的等离子体密度径向分布测量结果

通过改变磁场强度和配置可改变环形电极前的电位降。因此，可以控制朝向基板的离子能量[8]以及电位降加速高能离子而导致的粒子溅射。在试验中，可以找到满足电极不发生明显溅射的条件[9]。图 1 - 4 展示了 Hitachi Kokudai Electric Inc. 研制的用于制造半导体的 MMT 等离子体发生器[10]。

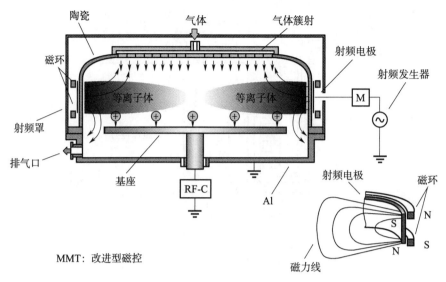

MMT：改进型磁控

图 1-4　用于制造半导体的 MMT 等离子体发生器（Hitachi Kokudai Electric Inc.[10]）

1.1.2　中气压下的生成（0.1～10 torr）

在这个压力范围内，通常使用平板射频放电生成等离子体。在阴极（射频供电电极）中形成多个空心，能够有效地提高等离子体密度。很多情况下，采用图 1-5（a）所示带有相互隔离空腔的阴极（凹型电极，cathode with isolated hollows，CIH）。但是，在那些特殊位置的空腔处经常会发生放电现象。在相互隔离的空腔内也存在俘获尘埃粒子的可能。

为消除 CIH 存在的问题，用了一种连接空腔（凸型电极，cathode with connected hollows，CCH）的阴极[11]，见图 1-5（b）。在这种情况下，空腔之间被沟槽所连接。CCH 在拓扑意义上与 CIH 不同。进气口位于空腔的底部或空腔之间。在图 1-6 中展示出了 CCH 的图形，图中还一并给出平行板放电和 CCH 放电的图片。在 CCH 放电情况下，放电亮度增强，而在同样射频输入功率条件下，等离子体密度是平行板放电的两倍。可以确认，随着射频功率的增加，等离子体的密度也在增加，而且没有局部放电的问题，能够产生可用于大规模工艺的均匀等离子体。

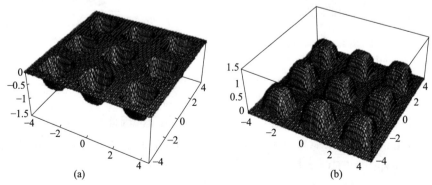

图 1-5　异型电极：（a）凹型电极（CIH）和（b）凸型电极（CCH）

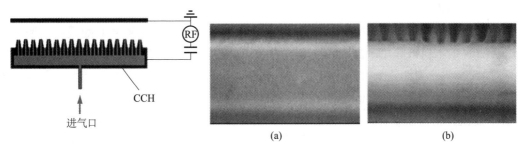

图 1-6　左图为 CCH 外形；（a）平行板放电；（b）CCH 放电

1.1.3　高气压（大气压）下的生成（>10 torr）

目前，采用大气压下生成等离子体的等离子体处理技术在不同领域中有广泛的应用。众所周知，一种在高气压（大气压）条件下生成等离子体的方法是所谓的"阻挡放电法"。这种放电的电极如图 1-7（a）所示，其中一个电极用介质材料覆盖，等效回路如图 1-7（b）所示。

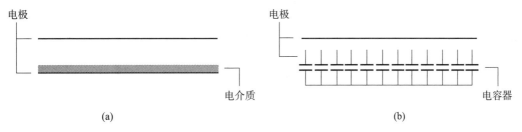

图 1-7　（a）典型阻挡放电的电极；（b）电容耦合多点放电电极（CCMD）

我们提出了一种十分简单的生成高气压（大气压）等离子体的方法。杆式电极设置在金属板附近，电极与外部电容器耦合。这种排列只是图 1-6（b）中电路的直接实现，称为电容耦合多点放电（capacity - coupled multi - discharge，CCMD）[12]。在某些条件下，电极杆的长度非常短，电极几乎可视为小平板。与阻挡放电不同，通过增加电容器的电容，也可以从外部控制 CCMD 的放电能量。测量结果表明，CCMD 提供了一种高功率放电模式，为高气压（大气压）下的等离子体应用提供了一种可能的新途径。

1.2　能量控制

1.2.1　电子温度控制

一般来说，在弱电离等离子体中改变电子温度非常困难。这里提出两种电子温度控制方法，在未来的等离子体处理中可能很有用。一种方法是采用空心阴极，另一种方法是采用格栅。两种方法都是基于俘获非放电区内电离的电子来改变局部放电结构来实现的。因此，两种方法都会在电子温度高的放电区中附加一个电子温度低的区域。这种区域的体积比很重要，在等离子体处理的实际应用中必须谨慎确定。我们的方法提出了在低压放电等离子体中控制电子温度的一般原则。

图 1-8 是在低压直流放电中空心阴极作用的示意图。一种典型的配置是，阴极由 20 cm 直径的不锈钢圆柱体制成，前缘有直径 17 cm 的孔，内置直径 0.2 cm 的不锈钢尖头[13]。在 16 cm 直径的圆周上等间隔排列 48 个与圆柱体电连接的销钉，销钉的长度 δ 在 0～7 cm 范围内可变。在 100～150 Gs（1 Gs＝10^{-4} T）的轴向弱磁场下，低压气体在这个空心阴极和直径 30 cm、中心有直径 10 cm 孔洞的阳极之间进行放电。

从图 1-8 可以看出，当 δ＝0 cm，在直至阳极的区域会出现了一个发光的等离子体柱，柱的直径取决于阴极的前孔。随着 δ 的增加，径向核心部分的等离子体辉光逐渐变弱。当 δ＝6～7 cm 时，辉光仅局限在径向边缘区域，而在核心处的等离子体穿过阳极的孔洞，于目标处终止。当 δ 增加时，随着核心区等离子体中的等离子体密度 n_p 略微增加，电子温度 T_e 急剧降低。在氩气压力≤$1.0×10^{-2}$ torr 条件下，当 δ 增加到 7 cm 时，电子温度从 T_e（2～3 eV，δ＝0 cm）降低大约一个数量级。这个结果是由于阴极中的销钉形成的势垒结构捕获了初级电子导致的。

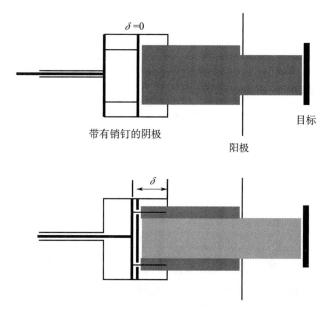

图 1-8　采用内部有可移动销钉的空心阴极放电示意图。上图 δ＝0 cm，下图 δ＝6 cm

图 1-9 给出了影响电子温度的一个典型例子，是在 5 mtorr 压力下，在 δ＝0 cm ［图 1-9（a）］和 δ＝6 cm ［图 1-9（b）］情况下，流速为 100 sccm 的纯氩气放电（"1"）和氩气加少量 CH_4（98 sccm 氩气和 2 sccm CH_4）（"2"）的放电。在纯氩气放电情况下，朗缪尔探针结果表明了 T_e 的明显下降；而在有少量 CH_4 情况下，探针结果显示负电流的剧烈下降，这表明生成了负离子。通过详细的测量可证明是负氧离子的生成，而负氧离子的增强是由于 T_e 降低引起的[14]。并且在这种有化学反应的等离子体中，自由基组分密度也会出现剧烈的变化[15]。

控制电子温度的另一种方法是采用格栅。通过格栅将放电区的（Ⅰ）区与用于等离子

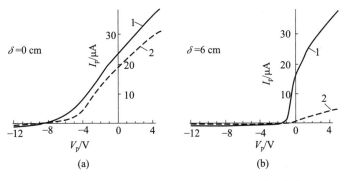

图 1-9　朗缪尔探针特性：(a) $\delta = 0$ cm；(b) $\delta = 6$ cm。图中 "1" 为纯氩气，"2" 为氩气＋少量 CH_4

体处理的（Ⅱ）区隔开[16]。如图 1-10 所示，当格栅处于负电位时，除了高能的尾电子外，（Ⅰ）区的大量电子都被格栅所反射。在（Ⅱ）区中，由于尾电子发生电离，在那里产生的电子，由于电子温度 T_e 低而不能维持放电。因此，随着负的栅极电位增加，（Ⅱ）区的 T_e 降低。

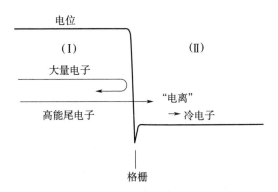

图 1-10　格栅控制电子温度的原理

在一个典型的低气压氩气放电试验中，（Ⅰ）区生成了密度 n_p 为 $10^9 \sim 10^{10}$ cm^{-3} 和电子温度为几个电子伏特的等离子体，它们通过一个粗格栅网扩散到（Ⅱ）区。已确认在 $z = 0.2$ cm 处存在穿过格栅的高能电子［z 为格栅到（Ⅱ）区某位置的距离］。然而，在 $z = 0.4$ cm 处却出现了低能电子。这是因为当 z 增加时，低能电子密度增加而高能电子逐渐消失。当 $z \geqslant 2.0$ cm 时，仅存在低能电子，其密度高于（Ⅰ）区的电子密度。V_G 对 T_e 有强烈的影响。随着 V_G 的增加，电子温度持续降低，在（Ⅱ）区中可降到 $T_e = 0.035$ eV，低于（Ⅰ）区将近 2 个数量级。这个结果通过图 1-10 所示的原理图很容易理解。在这个例子中，等离子体是由直流放电产生的。这种格栅控制电子温度的方法已被证实也可以应用于 ECR 和射频放电生成的低压等离子体中[17,18]。

电子温度的控制也可以通过在固定偏压下改变格栅网格尺寸来实现[19]。即便在格栅上没有外加电位，（Ⅱ）区的电子温度也依赖于网格尺寸。但是，在设备工作期间通常很难改变网格尺寸。最好在格栅中开一个孔（或缝隙），其尺寸远大于网格尺寸。通过机械地改变孔（或缝隙）的尺寸，可以控制电子温度。图 1-11（a）所示的是一个格栅应用的例子，其中的缝隙长度可变化。如同图 1-11（b）所证实的，电子温度可通过缝隙长度得到很好的控制。基于这种原理，对于控制有化学反应等离子体的电子温度可能非常有用，这种情况下通常用绝缘薄膜覆盖格栅。

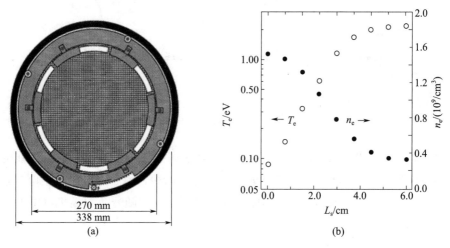

图 1-11　（a）带狭缝的格栅；（b）电子温度与等离子体密度随狭缝长度 L_s 的变化

　　上述两种方法都能够连续控制电子温度 1～2 个数量级。在试验中已观测到电子温度对等离子体化学反应有明显的影响。在氢等离子体中电子温度低的区域，有大量的负氢离子（高于 90%）生成[18]，这被认为是一种可能的负离子源，如融合取向（fusion-oriented）等离子体。图 1-12（a）给出了在氢-甲烷等离子体中电子温度对钻石微粒形成的影响。在这种 0.1 torr 左右的低气压下，随着电子温度的下降，氢-甲烷等离子体中形成了钻石[20]。它们的结构特性高于在其他不同条件下形成钻石的特性［见图 1-12（b）］。电子温度控制对于太阳能电池用高质量的 Si∶H 薄膜生产也非常有用[21]。

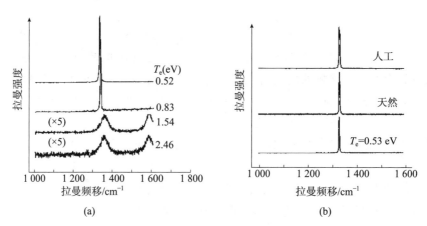

图 1-12　拉曼频谱仪测量结果：（a）在 $H_2 + CH_4$ 气体放电中不同电子温度下的钻石微粒形成；
（b）不同方法形成的钻石比较

1.2.2　离子能量控制

流向基板的离子流通常对等离子体处理有很大的影响。通过改变相对于等离子体的基板电位来改变离子能量，也可通过改变电子温度来改变离子能量。但是，在一些应用中，需要在不改变基板前鞘层结构的条件下改变离子能量。

这里介绍一种在固定基板电位和电子温度情况下控制离子能量的方法。这种方法采用了一种称为双等离子体（double plasma，DP）的技术。DP 的配置，通常需要两个等离子体源[22]。与通常的 DP 技术相比，我们这里的 DP 配置中仅有一个等离子体源[23]。把等离子体源生成的等离子体提供给真空容器的两个区域，如图 1－13 所示的Ⅰ和Ⅱ，每个区域壁面的电位不同。图 1－13 中，在柱形真空容器中安置了一个短的金属柱，微波放电生成的等离子体被分成两部分，即在柱内的等离子体（Ⅰ）和在柱到真空容器壁面之间区域的等离子体（Ⅱ）。在这种配置下，等离子体（Ⅰ）中的离子束会被提供给从区域（Ⅱ）穿过格栅的等离子体中。通过调节施加在等离子体（Ⅰ）周围柱形壁面的电位，可以控制离子的能量，该电位相对于接地的真空容器是正电位。因此，我们可以控制朝向处于弥散等离子体中基板的离子能量。测量结果已经证明了这种离子能量的控制方法可行。需要重申的是，如果必要，前述的电子温度控制的格栅方法，也可用于在等离子体（Ⅱ）提供的等离子体中的离子能量控制。

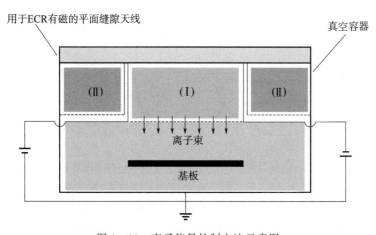

图 1－13　离子能量控制方法示意图

上述方法不能用于由等离子体源来确定等离子体电位的情况，例如，电极与等离子体生成电源之间连接的情况。即使在这种情况下，对离子能量具有决定性作用的等离子体处理问题，也应该为其设计一种基于 DP 技术的巧妙方法，因为 DP 技术很容易用于控制离子能量。

1.3　尘埃的收集与清除

在负离子等离子体和富勒烯等离子体的扩展实验中，作者参与了有关微粒等离子体的各项基本工作[24,25]。以物理过滤为基础，已经推出 NFP 收集器，用于在尘埃等离子体中收集和清除细微粒子[26]。收集器就是一个带孔洞的简单电极，在等离子体中偏置于较高的悬浮电位。根据使用目的和设备配置，收集器可以采用不同的结构。在等离子体中悬浮的微粒（＜50 μm）在电极表面无冲击地通过洞口进入到孔洞中。当收集器收集附近的微粒时，微粒之间的力平衡会使其他微粒接近于收集器，并被一个接一个地拉入到收集器中。

在金属板上方水平面中悬浮的细微颗粒所显现的空间分布，取决于平板表面上方的电位分布。在一定条件下，在等离子体中会出现细微颗粒漩涡。图 1-14 为观测到漩涡实例的示意图，俯视图所示的是在水平面上生成的漩涡。漩涡是通过一个负偏置（左图）和一个正偏置（右图）的圆柱形电极生成的，这就是悬浮在金属板上方的细微颗粒云。通常，在等离子体中的细微颗粒是带负电的，负偏置电极的尖锐边缘会将颗粒推离，导致如图 1-14 中左图所示的漩涡产生。当电极相对于悬浮电位正偏置时，细微粒子流向电极的尖锐边缘，也会加速漩涡的生成，但不会被电极所收集。观测结果表明，漩涡的大小会比负电位情况下的小。即使电极是正偏置，电极的电位仍然低于等离子体的电位。在电极的前端存在着鞘层电位降，它对细微颗粒起反射作用，这导致漩涡生成，漩涡的方向与加负电位时所产生漩涡的方向相反。

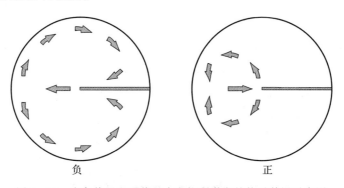

负　　　　　　　　　　正

图 1-14　由负偏置和正偏置小电极所激发的粒子漩涡示意图

现在，让我们来考虑两个正偏置电极接近放置的情况。这种情况如图 1-15 右边的情况。在电极电位低于等离子体电位的情况下，不难理解为什么细微颗粒会流入两个电极之间的区域了。这种细微颗粒的特性即是 NFP 收集器的基本原理。在特殊条件下，等离子体中的细微粒子会带正电。此情况下，也可以设想采用类似的收集器。但遗憾的是，如图 1-16 所证明的，假定收集器是圆柱形电极（外边包覆绝缘体），我们难以实现类似这种情况下的收集器。在带负电微粒的情况下，微粒流会进入到圆柱中，不会粘到内壁面上。而在带正电微粒的情况下，微粒会被壁面所收集，这正是通常的尘埃收集器情况。在上述两种情况下，电极的电位都低于等离子体电位。NFP 收集器的一个基本点就是细微颗粒被收集而不粘在收集器的壁面上，这是收集器可用于等离子体收集的原因。

图 1-17（a）所示的是一个 NFP 收集器的例子。在这个设备中，等离子体周围有一个管道，在它的内壁有一些洞。在每个洞的后面设置一个环形电极，电极正偏置用以收集

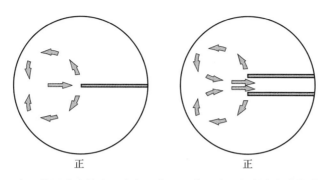

图 1 - 15　由正偏置小电极和两个相互靠近正偏置小电极激发的微粒漩涡示意图

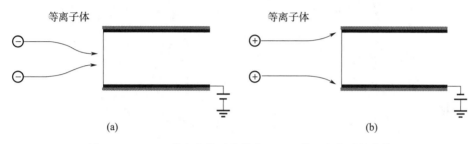

(a)　　　　　　　　　　　　　　　　(b)

图 1 - 16　（a）带负电粒子的收集；（b）带正电粒子的收集

从外面注入的悬浮在等离子体中的细微颗粒。图 1 - 17（b）中的照片是收集 10 μm 直径微粒的实验观测结果。观测到几乎所有粒子微粒被快速清除，真空容器中留下无尘埃的等离子体。

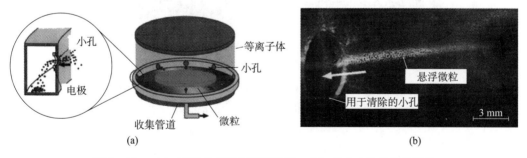

(a)　　　　　　　　　　　　　　　　(b)

图 1 - 17　（a）NFP 收集器实例示意图；（b）相应尘埃收集的图片

　　为了提高收集器的能力，我们使用带有沟槽的圆盘，沟槽的形状便于产生可将悬浮微粒引向 NFP 收集器的电位分布[27]。因此，收集器可以位于远离等离子体的中心区域，如图 1 - 18 所示。即使用绝缘材料填充这些沟槽或用绝缘薄膜覆盖圆盘构成一个平整表面，我们也能得到几乎相同的微粒清除结果。

　　由于在细微颗粒增大之前 NFP 收集器就将其清除，所以收集器对阻止有化学反应等离子体中的微粒增长是很有用的。在消除等离子体处理过程中产生的尘埃颗粒的收集器出现后，明显提高了 Si：H 薄膜的质量[28]。收集器可以用于清除核聚变设备所产生的尘埃微粒。在采用辉光放电清洁过程中，应用等离子体与壁面之间的电位差，能够将聚集在设备壁面上尘埃微粒溅射到辉光放电中，而这个电位差要足够大，才使之能够产生离子溅射。这些微粒被收集并通过收集器被移除。如果有好的方法能够在收集器周围产生等离子体，那收集器也可能用于清除空气中的各种微粒尘埃。因为等离子体中不同尺度的微粒悬浮在不同的垂直位置，所以收集器也可用于收集尺度不同的微粒。

为了提供等离子体加工中等离子体生成和控制的新方法，这里给出了等离子体的基本实验。期望对于未来"智能"等离子体处理是有帮助的。

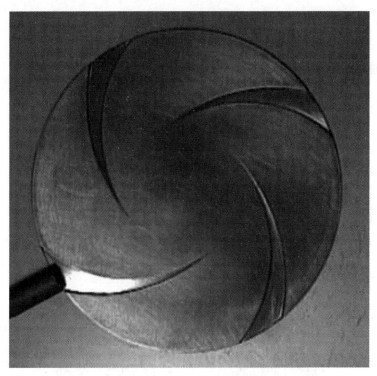

图 1-18　用于粒子悬浮的 5 cm 直径金属圆盘上的沟槽结构，为了给粒子向外方向的导向，沟槽的宽度和深度沿着每个沟槽增加

致谢

作者感谢与东北大学（日本）、ANELVA 公司、日立国际电气公司、夏普公司和 ADTEC 等离子体技术有限公司之间的合作。

参 考 文 献

[1] Sato, N., Iizuka, S., Nakagawa, Y. and Tsukada, T. (1993) Appl. Phys.Lett., 62, 1469.

[2] Iizuka, S. and Sato, N. (1994) Jpn. J.Appl. Phys., 33 (Part 1), 4221.

[3] Ishida, T., Nakagawa, Y., Ono, T.,Iizuka, S. and Sato, N. (1994) Jpn. J.Appl. Phys., 33 (Part 1), 4236.

[4] Horiuchi, K., Dowaki, S., Iizuka, S. and Sato, N. (1998) Proc. 15th Symp.on Plasma Processing, Hamamatsu,148 - 151.

[5] Li, Y., Iizuka, S. and Sato, N. (1994) Appl.. Phys. Lett., 65, 28.

[6] Li, Y., Iizuka, S. and Sato, N. (1997) Jpn. J. Appl. Phys., 36 (Part 1), 4554.

[7] Urano, Y., Li, Y., Kanno, K., Iizuka, S. and Sato, N. (1998) Thin Solid Films, 316, 60.

[8] Shimizu, T., Li, Y., Iizuka, S. and Sato, N. (1998) Proc. 15th Symp. on Plasma Processing, Hamamatsu, 593 - 596.

[9] Li, Y., Iizuka, S. and Sato, N. (1997) Nucl. Instrum. Methods Phys. Res.,B132, 585.

[10] Ogawa, U., Sato, N., Shino, K. and Furukawa, R. (2003) Hitachi Hyoron,85, 41.

[11] Sato, N.Proc. Plasma Sci. Symp.2005/22th Symp. on Plasma Processing, Nagoya, Japan, 1 - 4.

[12] Mase, H., Fujiwara, T. and Sato, N.(2003) Appl. Phys. Lett., 83, 5392.

[13] Sato, N., Iizuka, S., Koizumi, T. and Takada, T. (1993) Appl. Phys. Lett., 62,567.

[14] Iizuka, S., Koizumi, T., Takada, T.and Sato, N. (1993) Appl. Phys. Lett.,63, 1619.

[15] Iizuka, S., Takada, T. and Sato, N.(1994) Appl. Phys. Lett., 64, 1786.

[16] Kato, K., Iizuka, S. and Sato, N.(1994) Appl. Phys. Lett., 65, 816.

[17] Kato, K., Iizuka, S., Ganguly, G., Ikeda,T., Matsuda, A. and Sato, N. (1997) Jpn. J. Appl. Phys., 36 (Part 1), 4547.

[18] Iizuka, S., Kato, K., Takahashi, A.,Nakagomi, K. and Sato, N. (1997) Jpn. J. Appl. Phys., 36 (Part 1), 4551.

[19] Kato, K., Shimizu, T., Iizuka, S. and Sato, N. (2000) Appl. Phys. Lett., 76,547.

[20] Shimizu, T., Iizuka, S. and Sato, N.(2001) Proc. Plasma Sci. Symp. 2001/18th Symp. on Plasma Processing,Kyoto, 567 - 568.

[21] Kurimoto, Y., Shimizu, T., Iizuka.S.,Suemitsu, M. and Sato, N. (2002) Thin Solid Film, 407, 7.

[22] Taylor, R.J., MacKenzie, K.R. and Ikezi, H. (1972) Rev. Sci. Instrum.,43, 1675.

[23] Iizuka, S., Takahashi, A. and Sato, N.(1996) Proc. 3rd Asia - Pacific Conf. on Plasma Science & Technology, Tokyo,Vol. 2, 429 - 433.

[24] Sato, N. (1998) Physics of Dusty Plasmas (eds M. Horanyi et al.),American Institute of Physics, New York, pp. 239 - 246.

[25] Uchida, G., Iizuka, S. and Sato, N.(2000) Proc. 15th Symp. on Plasma Processing, Nagasaki, 617 - 620.

［26］　Sato，N.，Uchida，G. and Iizuka，S.（2000）IVth European Workshop on Dusty and Colloidal Plasmas，Portugal.

［27］　Sato，N. and Koshimizu，T.30th IEEE International Conference on Plasma Science，Korea，2 – 5 June 2003，Abstracts p. 195.

［28］　Kurimoto，Y.，Matsuda，N.，Uchida，G.，Iizuka，S. and Sato，N. （2004）Thin Solid Films，457，285.

第 2 章　等离子体源与反应器配置

P. Colpo，T. Meziani，F. Rossi

2.1　引言

用等离子体进行辅助材料加工目前在工业界处于重要的地位，已涵盖了众多的领域和应用。仅用等离子体对材料表面改性以提供新功能的概念已经过时，而引入等离子体增强的化学蒸汽沉积（plasma‐enhanced chemical vapor deposition，PECVD）或反应离子刻蚀（reactive ion etching，RIE）等方法已经很普遍，这使该领域发生了革命性的变化。的确，这些进展有利于新材料和结构创建、大批量处理及实现生态效益。

气体放电的产生一般通过施加高压电场来实现，该电场为自由电子提供足以使周围气体原子电离的最小能量。这里我们不详细讨论等离子体点火和维持的机理，因为在很多书中都有很好的描述[1-3]。但是，我们还是试图概述等离子体源当前的发展趋势，特别是诱导感应耦合的等离子体源。

目前仍然广泛使用的第一代等离子体源是所谓"二极管"等离子体源。在这类反应器中，通过真空中两个电极（阳极和阴极）之间的高电位差所建立的电场（直流或射频）产生等离子体放电[4]。由于在加工半导体和绝缘材料方面表现出来的能力，射频放电广泛地应用于工业领域。尽管如此，由于半导体行业在性能和产能方面的苛刻要求，等离子体密度在 10^8 cm^{-3} 量级已经接近了这类系统的极限。因此，为满足目前半导体行业的需求，已研制了称为"高密度等离子体源"的第二代等离子体源[5,6]，主要包括电子回旋谐振反应器、中性环形放电（neutral loop discharge，NLD）、螺线管、感应耦合等离子体（inductively coupled plasma，ICP）[3,7]。除了更高电子密度外，这些系统的优势是可以对基板施加单独的偏压，因此，控制离子轰击能量可以不依赖于离子轰击通量。

在前面所述的系统中，ICP 由于结构简单而得到广泛应用，其中刻蚀和沉积系统已被原始设备制造商商品化。此外，ICP 正在向新的应用方向发展，如航空或工具机械方面。因此，仍然有特殊反应器设计方面的需求。

在本章中，我们根据实验室工作的各种实例，就 ICP 源和反应器配置应该如何进一步发展才能满足当前应用需求，提出了一些方法。第一部分是包括阻抗匹配在内的 ICP 源工作原理的简要描述，接下来介绍我们实验室中两个特殊的反应器设计：用于航空的金属沉积和用于平面显示的二氧化硅刻蚀。

2.2　ICP 特性

2.2.1　原理

1884 年 Hittorf 首次发表了无电极放电工作[8]。那时并不清楚是由线圈两端高电位差静电产生的放电，还是由于线圈天线感应电场产生的放电。后来证明，实际上两种模式都存在，分别称为 E 模式和 H 模式。等离子体总是在 E 模式下启动。在特定门限电流（功率）之后出现 E 模式到 H 模式转换，通常可以看到从昏暗放电到发光放电的转换。模式的转换以电子密度增加和滞后现象为特征，通常情况下，电子密度增加一个数量级。实际上，从 E 模式转换为 H 模式的放电和从 H 模式转换为 E 模式的放电，其门限电流是不同的。Kortshagen 等[9]解释了在这类源中放电的动态情况，有几位作者也描述了滞后和双稳态现象[9-11]。

在线圈中流动的振荡电流会产生一个通过介质穿透气体容器的射频磁场，该磁场会在这个区域感应出一个交变电场。气体中的自由电子被加速，获得足够将气体电离并维持放电的能量。放电导体的电导率越高，其阻止电磁场进入导体的能力越强，这就限制电磁场仅能够进入到一个称为趋肤深度的薄层内。趋肤深度是能量转换的主要区域。

除了上述通过碰撞机制将能量转换为放电的欧姆加热过程外，也会出现一个所谓"随机加热"的非碰撞过程。在这种与非正常趋肤效应相关的机制中[12-14]，电子被加热之前会与线圈建立的交变电磁场相互作用[15-19]。

2.2.2　变压器模型

ICP 源的配置让人联想到初级绕组是激励线圈的变压器电气设置，而导电的等离子体放电则是次级绕组。这里类比变压器原理开发了一个简单化的模型，该模型可以相当精确地描述激励线圈与等离子体之间的耦合[20-22]。该模型的电原理图包括用电感与电阻（L_1，R_1）元件描述的激励线圈；用电阻 R_2 和两个电感分量（L_2，L_e）描述其阻抗效应的等离子体放电；两个电感分量分别对应于与放电电流路径相关的几何分量和等离子体电导率导致的电子惯性，如图 2-1 所示。线圈至等离子体的距离（通常取决于介质窗口的厚度）决定了初级与次级之间的互感，且会影响功率转换效率[23]。

用一般的电路分析方法能够将系统的电参数与电子密度、碰撞频率等微观放电特征联系起来。采用变压器电路分析的一般操作，通过对所谓耦合系数的次级阻抗 $\omega M^2/Z_2$（Z_2 对应于次级电路的复数阻抗）的变换，可将图 2-1 所示的电路转换为单一的 RLC 电路。

由于电量容易利用电探针测量，因此，采用这个模型能够很容易地描述感应放电特性[21,24-27]。然而，我们的结果证明，为了正确地描述 ICP 源，在等效电路中有必要包括寄生电容（图 2-2）[28,29]。

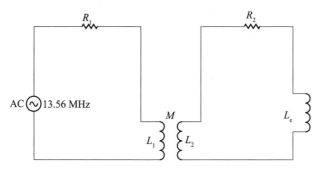

图 2-1　电感耦合等离子体源的变压器等效电路

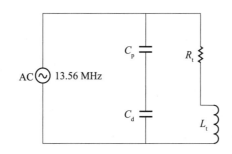

图 2-2　阻抗变换到初级之后的变压器等效电路

表明了寄生电容（C_p）和介电窗口电容（C_d）的贡献

2.2.3　技术方面

2.2.3.1　匹配

为了使能量转换最大化，电源输出阻抗与整个系统阻抗之间必须是匹配的。射频电源的输出阻抗通常为 50 Ω。而负载的阻抗明显是不同的，依赖于很多参数，如容器的尺寸和形状、气体压力、电极和天线的形状与尺寸等。但是，当改变压力、气体类型或供电电源时，负载阻抗会随着等离子体中的条件变化而变化。为了使射频发生器面对的总阻抗为 50 Ω，需要在电源和负载之间插入匹配电路。根据电路元件的参数值，匹配网络有一个特定的调节范围（图 2-3）。

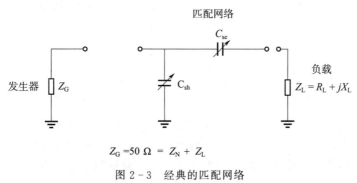

$$Z_G = 50 \ \Omega = Z_N + Z_L$$

图 2-3　经典的匹配网络

对于电感源，阻抗匹配可以采用推-挽变换器[30]，或有两个可变电容的经典 Γ 电路，但这种情况下应移除电路中无用的串联电感。第二种解决方案是最常用的。

ICP 源的电路布局如图 2-3 所示。在图中，Z_G 是发生器的输出阻抗，Z_N 是匹配网络阻抗，C_{sh} 和 C_{se} 分别为并联和串联可变电容。

为了正确地操作，发生器面对的总阻抗 Z_T（包括负载阻抗 Z_L 和匹配阻抗 Z_N）必须等于发生器阻抗 Z_G，由此构成发生器匹配条件为

$$Z_T = Z_N + Z_L = Z_G = 50\ \Omega \tag{2-1}$$

通过推导之后，我们得到负载阻抗的匹配条件函数为

$$R_L = \frac{Z_G}{(C_{sh} Z_G \omega)^2 + 1} \tag{2-2}$$

$$X_L = \frac{1}{C_{se}\omega} + R_L \frac{\sqrt{Z_G}}{R_L - 1} \tag{2-3}$$

可以看到，负载阻抗大于 50 Ω 的等离子体，如果不通过减少线圈匝数来修改天线几何形状的话，是无法匹配的。此外，关系式（2-3）表明，匹配一个大的电感线圈，需要更低的串联电容值 C_{se}，该值可以降低到 50 pF 以下，即通常处于地和耦合电路之间的寄生电容量级。由于不可控的寄生电容阻抗与匹配网络的阻抗相当，使得阻抗匹配变得很困难[31]。

大范围等离子体源的阻抗可能会表现出大的等离子体电阻和电感，因此，如果不改变线圈几何形状，很难进行阻抗匹配。因为线圈的几何形状是由等离子体密度、均匀性和工艺要求所决定的，所以改变线圈几何形状也是不适当的。

解决这个问题的一种方法是用一个较小的电感来短路大电感，以降低射频电源所面对的总阻抗。可以通过连接一个并联电感来匹配电路，如图 2-4 所示。通过仔细选择电感的值和降低欧姆损耗的设计，可以匹配较宽范围的阻抗。事实上，与 X_L 相比，增加的阻抗 X_{sh} 很小，在调谐端所看到的总阻抗却大幅度降低，这使得很容易验证调节条件式（2-2）和式（2-3）。电特性测量结果表明具有双倍的感应器件效率。采用这种设置，系统可以在很宽范围放电条件下成功匹配。

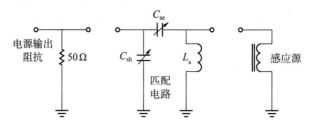

图 2-4 采用并联电感的修正匹配网络

有几位作者测量了传统 Γ 电路[32]以及推-挽变压器电路[30]中的匹配网络电路和电缆的功率损耗。在他们这些研究中，采用不同的测量方法获得了能量损耗测量结果。在我们的配置中，为了定量确定并联电感的总功率损耗，我们分别测量了射频电源、匹配网络、并

联电感和感应源等每个单独元件的能量损耗。通过测量每个元件向电路中流动冷却水所耗散的能量，以此方式获得能量损耗测量结果。在氩气放电的功率与压力范围内（3～30 mtorr 和 200～600 W 净功率），并联电感中的平均功率损失在 4%，匹配网络损失大约为总功率的 30%。因此应该考虑这种损耗，以避免高估了总放电功率。

精细设计的匹配网络能够明显地减少功率损失[33]。这里所描述的大范围感应等离子体源设计的解决方案也有利于阻抗匹配。事实上，多个并联电感的应用，具有降低总电感值的优点。

2.2.3.2　电容耦合

每种感应源在电容模式下均处于活动状态，即使在电感模式下工作，也会产生某些电容耦合。电容耦合会引起等离子体电位波动[1,34]，反过来将导致鞘层中离子的加速。这些离子获得的能量会引起介质窗口的加热和溅射。为了避免这种现象，可以采用静电屏蔽的方法来消除电容耦合[23]。通常，静电屏蔽采用带有一些缝隙的金属平板或金属盘来实现，这些缝隙能够将电磁耦合到等离子体中[33]。另一种可能消除电容分量的方法是采用没有任何缝隙的金属表面，这种工作条件是，金属片的厚度要小于 Daviet[35] 和 Godyak 等[33] 定义的电磁趋肤深度。

最后，据报道，增加静电屏蔽具有将线圈与等离子体去耦的优点，因此，降低了能量沉积对称性和等离子体均匀性对放电条件的依赖性[36]。

2.2.3.3　驻波效应

根据电磁学理论，如果导体长度与工作频率所对应的波长同量级，则导体长度在能量转换中至关重要。此时，导体元件不再是理想的导体，而是具有传输线的作用，在传输线中可以反射一部分传输波。特别是，只要导体的长度接近工作频率所对应波长的四分之一，整个导体的电流就不再恒定。这种驻波效应会导致感应源的加热分布明显不均匀，进而影响等离子体的均匀性[37,38]。

2.3　源和反应器的配置

源的布局通常根据应用要求确定。需要考虑的要点是基板的形状与尺寸，以及在基板上操作的类型和特异性（导电或非导电薄膜的沉积、刻蚀等）。

接下来，必须根据应用要求仔细设计线圈几何形状、等离子体容器和介质耦合器。

天线是感应源的主要部件之一。它的形状决定了电磁场的结构，因而在某种程度上决定了电子与离子密度以及等离子体均匀性等相关的等离子体参数[39,40]。通常，这种天线采用铜管或铜带制成。在高功率密度情况下，采用铜管可实现水冷；而为了使线圈电阻最小化，通常采用宽铜带。

天线可以置于真空容器外面，也可置于容器内部。当天线置于外部时，电介质通常起到真空密封作用，为了承受压差还需要一定的厚度。而采用内置天线时，线圈与等离子体之间的互感系数增大，因此会增大功率传输效率。这种情况能形成较高的等离子体密度，因此也通常获得更高的处理效率。当天线与等离子体接触时，天线需要浮置，因此，两端需要电容性地连接至电源[41]。这种配置不是很常用，主要是因为发生电弧放电问题的可能性较高。

在内置天线与等离子体之间采用介质材料进行隔离也有其他配置方法。这种配置的实例有 Wu 与 Lieberman[42] 设计的爬行波驱动 ICP 和作者研制的磁极增强 ICP（magnetic pole enhanced ICP，MaPE－ICP），前者将每匝天线杆都插入到介质管中；后者用薄介质窗口将天线与等离子体隔离。

2.3.1 基板形状

源的配置主要由反应器的几何特征和天线形状确定。通常，这两个参数是相关的，以便优化对系统的功率传输。源的布局取决于应用要求和需要处理的基板特征。

2.3.1.1 平板基板

半导体行业推动了用于处理硅晶片这类几何形状平面基板的发展。在 Keller[43] 首次描述的这类反应器中，平面天线置于介质窗口的上面，如图 2－5 所示。天线可以有不同的形状，如上面例子中的简单回路或更普遍应用的螺旋形。很多作者还对源进行了更广泛的研究并报道了相应源的特性[6,7,16,23,37,43-47]。

为了避免电磁场的影响，通常将待处理的样本放置在离介质窗口几个趋肤深度以外的地方。

反应器的纵横比（长/宽）对于放电参数具有重要影响，特别是对放电均匀性的影响。为了使到达壁面的带电粒子损失最小，通常采用低纵横比配置。关于纵横比问题在文献中已有广泛的讨论[48-50]，这里不再过多介绍。

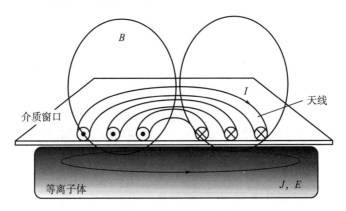

图 2－5　平面 ICP 源

2.3.1.2 复杂的三维形状

等离子体在半导体行业专门用于处理平面基板，如硅片等。但是，在其他行业中还有很多表面处理方面的应用。通常，需要加工的工件形状会更复杂，对整个表面的均匀度有一定的要求。为了满足这种要求，最常用的感应耦合等离子体反应器配置是螺旋状 ICP。

一种典型的柱状反应器如图 2－6 所示。这种类型反应器的天线是围着真空容器缠绕的，真空容器由能够进行电磁耦合的介质材料制造，通常是石英材料。

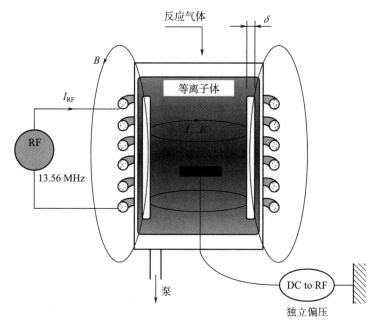

图 2－6　螺旋状 ICP 源和柱形反应器

采用的基板支架应避免遮挡待处理的样品。样品要完全被等离子体围绕，使它的整个区域都能够得到处理。处理的均匀性取决于多个参数，主要包括等离子体密度的体分布、气体喷射和温度分布。

这种类型的反应器已经成功地应用于有机或无机绝缘层的沉积[51]。为了加热并控制待加工样品的温度，Colpo 等研制了这种源的改进型[52]。他们采用一种叠加了低频次级天线以及特殊滤波器的感应加热系统，避免两个电感器件之间可能发生电磁相互作用而引起的任何干扰问题。

经典 ICP 配置的主要局限性与一项特定的应用相关，即通过等离子体增强化学气相沉积的金属层沉积。这种工艺的主要问题是金属膜也会沉积在介质容器的内壁面。在 ICP 源耦合介质上沉积的导电薄膜会导致离子流的漂移，并改变某些放电参数，如等离子体电位和鞘层电压[53]，因而改变了沉积条件。然而，面临的更主要问题是，当覆盖在反应器内表面的导电层足够厚时，导电层会屏蔽天线所生成的电磁场。当能量被导电膜吸收而不是被等离子体吸收时，就会导致等离子体没有能量馈入而熄灭。

我们实验室已经解决了这个问题，研制了一个用于航空金属膜沉积的特殊反应器 [Eureka 计划 1229，抗腐蚀涂层的感应等离子体（inductive plasma for anti erosion coatings，IPACERC）]。我们的解决办法是在等离子体容器内安装分段静电屏蔽层，导电膜将沉积在屏蔽层上而不会沉积在容器壁面。这个屏蔽层用铝制作，且在垂直于线圈电流方向开了 7 个槽，以避免感应电流在完整的屏蔽层边缘形成回路，如图 2－7 所示。以这种方式，在等离子体中感应各自的电流，屏蔽各扇区内产生的感应电流。这种配置已经成功完成了测试，通过 WF_6/Ar、$WF_6/Ar/CH_4$ 或 $WF_6/Ar/C_2H_2$ 混合气体分别进行钨膜和钨碳膜（WC_x）的沉积，沉积薄膜可用于改进直升机涡轮机第一级压缩机叶片的侵蚀[54]。

为了表征法拉第屏蔽对电效率的影响，采用射频探针进行了电特性测量。结果表明，有屏蔽层的 ICP 源和没有屏蔽层的 ICP 源相比，维持等离子体所需的线圈电流要更大些。这是由于线圈与等离子体之间互感增加导致，即法拉第屏蔽引起了有效作用到等离子体上的磁通量比例发生了变化。因此，在恒定功率下，维持等离子体需要较大的射频电流。这就导致了匹配网络电路中的欧姆损耗增加，功率转换效率从没有屏蔽层情况的 95％降低到有屏蔽层的 75％。重要的结果是，内部法拉第屏蔽层对离子密度的径向分布没有明显的改变，也可以保持很好的加工均匀性。

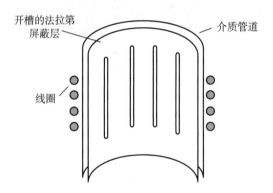

图 2-7　用于导电层沉积的内静电屏蔽层

2.3.1.3　大面积处理

平板显示、太阳能电池的发展以及现代半导体行业中不断增加的晶片尺寸，伴随着高效加工的需求，驱动了大范围高密度等离子体源的发展。在扩大规模问题上，螺旋形和 ECR 源在配置和原理上都表现出了固有的困难，而 ICP 似乎已经成为高密度大范围等离子体源最有希望的候选者。

如何在整个区域内生成均匀性非常好的等离子体是主要的困难。对于 ICP 源，等离子体密度均匀性主要取决于反应器的几何特征和感应天线的形状。通常，这两个参数的组合就确定了容器中等离子体密度的分布，其主要原因是：

- 感应器件直接影响电磁场分布，从而影响电离分布；
- 真空容器影响带电粒子的输运机制，特别是体积、壁面距离和纵横比[48-50]。

螺旋线圈是最常用的天线，因为它按电感值发射最高强度的通量，而单位面积具有最低的电感[39,40]。在改进放电均匀性的尝试中，有些作者也研究了其他形状的天线，目的是改进其加热分布[39,40,47,55-57]。

如 Patterson 和 Wendt 的研究所示[56]，改变线圈的形状，如梯形、三叶草形或蛇形天线，能够获得更均匀的加热模式。然而，这种感应器件限制了耦合效率，因而导致较低的等离子体密度。增加线圈的匝数能够提高耦合效率。但是，对于大范围等离子体源，这种解决方案会使得线圈长度接近于激发的射频波长，因而导致驻波效应。这种驻波效应使得电流沿线圈非均匀分布，导致非均匀加热模式。

我们实验室研制的大范围等离子体源结合了创新技术的解决方案。这些解决方案基于：

• 具有高加热均匀性的特殊天线设计；
• 通过增加磁芯来放大辐射的电磁场强度；
• 通过减小天线至等离子体的距离，提高线圈与等离子体之间的耦合效率。

为了获得放电区均匀加热模式，选择了一种蛇形感应器。然而，这样的天线耦合效率很低，在相当高的功率密度下才能达到高等离子体密度。为了解决这个问题，采用线圈天线埋入磁芯中的方式改进了感应源。磁芯采用高磁导率的特殊磁性材料制作。图 2-8 中采用的排列能够使磁场仅聚集到负载（即等离子体）上，从而降低在天线上端回路的损耗，如图 2-9 所示。

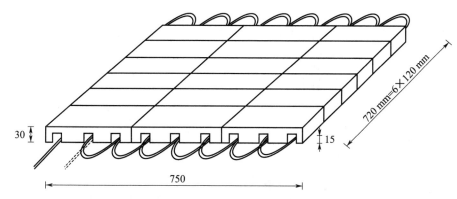

图 2-8 插入到磁芯中的蛇形天线

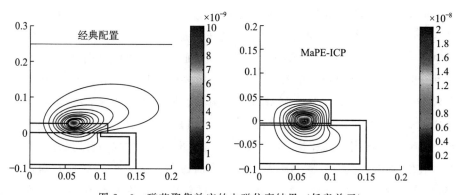

图 2-9 磁芯聚集效应的电磁仿真结果（任意单元）

这种解决方案首次在一个 200 mm 直径的 ICP 反应器上实现，使磁芯能够增加约 24% 的磁感应强度，使等离子体密度增加了 50%[58]。

所谓 MaPE-ICP 的另一个特征点是减小了介质窗口的厚度，而这样的窗口厚度会损失作为真空密封件的机械性能。介质窗口厚度降低到 4 mm，能够明显地增加线圈和等离子体之间的互感，因而达到较高的耦合效率。这种集成的解决方案显现出很好的性能，表现为有非常高的等离子体密度（在 30 mtorr 压力 700 W 功率下的氩气放电，离子流密度接近 30 mA/cm^2）和非常好的等离子体均匀性（线圈半径之内偏差 5％）[58]。

这种源将 1 m^2 反应器上的感应源尺度扩大到了 72 cm×75 cm。然而，为了避免驻波效应导致线圈中的电流不恒定，从而导致加热分布不均匀，实际的蛇形天线由三个独立回路的天线组成，相互之间采用并联连接，工作频率从 13.56 MHz 降到 2 MHz。这个频率的选择也不是随意的。这个频率是选用所采用磁性材料中具有最高磁导率的频率。我们可以观测到，与 13.56 MHz 频率下的结果相比，等离子体密度确实有很大的提高[59]。

三个并联线圈获得的相对离子电流密度如图 2 - 10 所示。在 60 cm 范围内的均匀度（标准差/平均值）为 7％，表明了这种源生成大范围、均匀等离子体的能力。

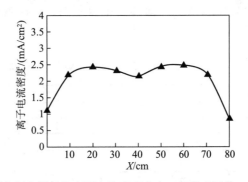

图 2 - 10　在大范围等离子体源上测量的离子电流密度分布（氩等离子体，1.5 mtorr，$P = 2\ 000$ W）

MaPE - ICP 源所采用的技术方案也具有一些其他优点。第一，使用多个并联的线圈使得整个天线的总电感降低，有利于与射频电源的阻抗匹配；第二，降低工作频率能降低线圈上的电压（正比于 $L\omega$），从而降低电容耦合。

对于 200 mm 直径的 MaPE - ICP 源，情况有所不同。在 MaPE - ICP 源上完成的电特性测量结果表明，磁芯结成线圈上的均方根电压增加[58]。此外，介质窗口减到 MaPE - ICP 技术中最低的厚度 5 mm。在这种情况下，预计放电过程中电容耦合会增加。

通过测量悬浮电位射频分量的幅度，可以预估放电过程中电容耦合的程度[47]。一种可信的电容耦合水平评估方法是，测量谐振频率对线圈电流的贡献[23]。事实上，电流谐波与系统中的非线性效应相关，在 ICP 源中的主要贡献是，鞘层电位与位移电流之间为非线性关系。然而，只有当电容性是主要的非线性时，电流谐波的测量结果才能很好地描述电容耦合。我们这里所述的系统中使用了磁芯，而磁芯是天然的非线性材料，它的特性（特别是磁导率）随所施加的磁场而变化。这些材料以存在饱和与滞后周期为特征。在 ICP 中还存在另一个非线性效应，与洛伦兹力 $\boldsymbol{F} = q\boldsymbol{v} \times \boldsymbol{B}$ 和内力分量 $\boldsymbol{v}\ \mathrm{grad}\ \boldsymbol{v}$ 导致的非线性电子输运机制相关[33,60]，形成的力与 $(\omega^2 + \nu_{\mathrm{eff}}^2)\ \mathrm{grad}\ \boldsymbol{E}^2$ 成正比[60,61]。通常，只有在低压（典型在 1 mtorr 左右或更低）和低频（低于兆赫兹）条件下，这种非线性效应才是明显的。因此，这里可以忽略这种非线性效应。

考虑到线圈的电压值（大于千伏），电容耦合对电流会有谐波贡献。关于所采用磁性材料的非线性特性，绘制出的 $B=F(I)$ 曲线表明：该器件的工作范围远离饱和区，磁芯在这个区域内表现为线性元件特征[58]。的确，磁芯由磁介质材料制成，这种材料呈现出接近线性特性的优势，通常仅在场强 300 A/cm 左右才出现饱和。因此，线圈电流中出现的谐波对电容分量提供了可信的预估。

以线圈电流的基波为参考，测量了一次、二次和三次谐波，均显现出类似的特征。随射频发生器净功率变化的曲线表明，电容分量随功率增加而降低，见图 2-11（a）。这主要是由于随着功率的增加，放电特征更趋向于感应型放电[44]。与在厚介质上（30 mm）仅使用一个线圈的配置相比，采用磁芯并减小介质窗口厚度会导致较高的电容分量。测量的所有谐波都是真实的，图 2-11（a）显示了一次谐波相对于基波的演化。为了减小电容分量，构造了静电屏蔽层。

不采用单独屏蔽层的一个集成解决方案是，在介质耦合窗口直接沉积导电膜，如图 2-11（a）中的插图所示。该屏蔽层是有效的，原因是不在基板支架上施加高压脉冲似乎不可能点燃等离子体。

这种配置下的电流谐波测量结果表明，谐波的贡献大幅度降低，而且不随施加到感应源的射频功率而变化。采用射频阻抗探针进行了功率转换效率的测量，使用静电屏蔽的效率从 80% 降低到了 70%，见图 2-11（b）。主要原因是，当采用屏蔽层时电流稍有增加，因而导致电路中的欧姆损耗增加。

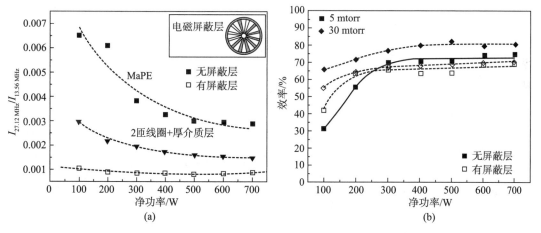

图 2-11　（a）静电屏蔽导致的电容耦合衰减；（b）静电效应对功率传输效率的屏蔽

对于大范围感应耦合等离子体的生成，也有人提出了其他解决方案。简要提一下，Wu 和 Lieberman[42,62]研制了爬行波驱动 ICP 且得到了等离子体密度和均匀度很好的结果。天线采用多杆串联构成的蛇形天线，通过特殊电配置链接，使得可以在天线内产生爬行波。Kawai 与合作者[63,64]描述了一种梯形天线的大范围等离子体源。他们通过提高工作频率解决了等离子体密度低的问题，这可能会导致影响等离子体均匀度的驻波问题。Setsuhara 等[65]采用了一种悬浮内置天线配置，也得到了等离子体密度和均匀度方面不错的性能。

2.4　结　论

　　感应耦合等离子体是一种可应用于很多领域的多功能工具。其结构的灵活性使其可以进行反应器的设计，实现在不同形状和尺寸的基板上控制等离子体参数，包括离子密度和能量等参数。等离子体源的设计完全满足应用的特殊要求。在本报告中，描述了我们实验室研制的等离子体源。这些仅是等离子体源很小的部分，但是强调了 ICP 的灵活性。这些源涵盖了很宽的工艺范围（从刻蚀到金属沉积）且可应用于不同领域（航空、平板显示等）。

　　为了满足如抗腐蚀、太阳能电池和生物技术等新应用需求，等离子体源的发展还存在很多机遇。

参 考 文 献

[1]　Lieberman, M. A. and Lichtenberg. A. J. (1994) Principles of Plasma Discharges and Material Processing, Wiley Interscience.

[2]　Braithwaite, N.S.J. (2000) Plasma Sources Sci. Technol., 9, 517 – 527.

[3]　Conrads, H. and Schmidt, M. (2000) Plasma Sources Sci. Technol., 9, 441 – 454.

[4]　Francis, G. (1956) in Handbuch der Physik; Vol. VVII (ed. S. Flu¨gge), Springer, Berlin.

[5]　Flamm, D.L. (1991) Solid State Technol., 34, 47.

[6]　Popov, O.A. (1995) High Density Plasma Sources, Noyes Publications.

[7]　Hopwood, J. (1992) Plasma Sources Sci. Technol., 1, 109 – 116.

[8]　Hittorf, W. (1884) Ann. Physik, 21, 137.

[9]　Kortshagen, U., Gibson, N.D. and Lawler, J.E. (1996) J. Phys. D: Appl.Phys., 29, 1224.

[10]　Turner, M.M. and Lieberman, M.A.(1999) Plasma Sources Sci. Technol., 8, 313.

[11]　Cunge, G., Crowley, B., Vender, D.and Turner, M.M. (1999) Plasma Sources Sci. Technol., 8, 576 – 586.

[12]　Demirkhanov, R.A., Kadysh, I. and Yu, S.K. (1964) Sov. Phys. JETP, 19, 791.

[13]　Weibel, E.S. (1967) Phys. Fluids, 10, 741.

[14]　Kolobov, V.I. and Economou, D.J.(1997) Plasma Sources Sci. Technol., 6, R1.

[15]　Holstein, T. (1952) Phys. Rev., 88, 1427.

[16]　Godyak, V.A., Piejak, R.B. and Alexandrovich, B.M. (1994) Plasma Sources Sci. Technol., 3, 169.

[17]　Godyak, V.A. and Piejak, R.B. (1997) J. Appl. Phys., 82, 5944.

[18]　Godyak, V.A., Piejak, R.B. and Alexandrovich, B.M. (1998) Phys. Rev.Lett., 80 (15), 3264.

[19]　Godyak, V.A., Piejak, R.B., Alexandrovich, B.M. and Smolyakov, A. (2001) Plasma Sources Sci. Technol., 10, 459.

[20]　Denneman, J.W. (1990) J. Phys. D: Appl. Phys., 23, 293 – 298.

[21]　Piejak, R.B., Godyak, V.A. and Alexandrovich, B.M. (1992) Plasma Sources Sci. Technol., 1, 179 – 186.

[22]　El – Fayoumi, I.M. and Jones, I.R.(1998) Plasma Sources Sci. Technol., 7, 179 – 185.

[23]　Hopwood, J. (1994) Plasma Sources Sci. Technol., 3, 460.

[24]　Sobolewski, M.A. (1995) J. Res. Natl Inst. Stand. Technol., 100, 341.

[25]　Piejak, R.B., Godyak, V.A. and Alexandrovich, B.M. (1997) J. Appl.Phys., 81, 3416.

[26]　El – Fayoumi, I.M. and Jones, I.R.(1997) Plasma Sources Sci. Technol., 6, 201.

[27]　El – Fayoumi, I.M. and Jones, I.R.(1998) Plasma Sources Sci. Technol., 7, 162 – 178.

[28]　Colpo, P., Ernst, R. and Rossi, F.(1999) J. App. Phys., 85 (3), 1366.

[29]　Meziani, T., Colpo, P. and Rossi, F.(2006) J. Appl. Phys. 99, 033303.

[30]　Godyak，V.A. and Piejak，R.B. (1990)J. Vac. Sci. Technol. A，8，3833.

[31]　Keller，J.H. (1996) Plasma Sources Sci. Technol.，5，166－172.

[32]　Butterbaugh，J.W.，Baston，L.D. and Sawin，H.H. (1990) J. Vac.Sci.Technol. A，8，916.

[33]　Godyak，V.A.，Piejak，R.B. and Alexandrovich，B.M. (1999) J. Appl.Phys.，85 (2)，703.

[34]　Sugai，H.，Nakamura，K. and Suzuki,K. (1994) Jpn. J. Appl. Phys.，33,2189.

[35]　Daviet，J.F. (2000) US Patent.

[36]　Khater，M.H. and Overzet，L.J. (2001)J. Vac. Sci. Technol. A，19 (3)，785.

[37]　Kushner，M.J.，Collison，W.Z.，Grapperhaus，M.J.，Holland，J.P. and Barnes，M.S. (1996) J. Appl. Phys.,80，1337.

[38]　Lamm，A.J. (1997) J. Vac. Sci.Technol. A，15，2615.

[39]　Intrator，T. and Menard，J. (1996)Plasma Sources Sci. Technol.，5，371.

[40]　Menard，J. and Intrator，T. (1996)Plasma Sources Sci. Technol.，5，363.

[41]　Suzuki，K.，Konishi，K.，Nakamura,K. and Sugai，H. (2000) Plasma Sources Sci. Technol.，9，199－204.

[42]　Wu，Y. and Lieberman，M.A. (1998)Appl. Phys. Lett.，72 (7)，777.

[43]　Keller，J.H. (1989) in Proceedings of the 33rd Gaseous Electronics Conference (unpublished).

[44]　Hopwood，J.，Guarnieri，C.R.，Whitehair，S.J. and Cuomo，J.J. (1993)J. Vac. Sci. Technol. A，11 (1)，147.

[45]　Keller，J.H.，Forster，J.C. and Barnes,M.S. (1993) J. Vac. Sci. Technol. A，11(5)，2487.

[46]　Lieberman，M. A. and Gottscho，R. A.(1994) in Physics of Thin Films；Vol.18 (eds M. H.，Francombe and J.L.Vossen)，Academic Press，San Diego,CA. pp. 1－119.

[47]　Forgotson，N.，Khemka，V. and Hopwood，J. (1996) J. Vac. Sci.Technol. B，14 (2)，732.

[48]　Wainman，P.N.，Lieberman，M.A.,Lichtenberg，A.J.，Stewart，R.A. and Lee，C. (1995) J. Vac. Sci. Technol. A,13，2464.

[49]　Stittsworth，J.A. and Wendt，A.E.(1996) Plasma Sources Sci. Technol.，5,429.

[50]　Collison，W.Z.，Ni，T.Q. and Barnes,M.S. (1998) J. Vac. Sci. Technol. A，16(1)，100.

[51]　Colpo，P.，Ceccone，G.，Sauvageot,P.，Baker，M. and Rossi，F. (2000) J.Vac. Sci. Technol. A，18，1096.

[52]　Colpo，P.，Ernst，R. and Keradec，J.P.(1999) Plasma Sources Sci. Technol.，8,587－593.

[53]　Sobolewski，M.A. (2005) J. Appl.Phys. 97 (3).

[54]　Colpo，P.，Meziani，T.，Sauvageot，P.,Ceccone，G.，Gibson，P.N.，Rossi，F.and Monge－Cadet，P. (2002) J. Vac.Sci. Technol. A，20，622.

[55]　Yu，Z.，Gonzales，P. and Collins，G.J.(1995) J. Vac. Sci. Technol. A，13,871.

[56]　Patterson，M.M. and Wendt，A.E.(1999) AVS Fall Conf. Contribution,Seattle.

[57]　Khater，M.H. and Overzet，L.J. (2000)Plasma Sources Sci. Technol.，9，545.

[58]　Meziani，T.，Colpo，P. and Rossi，F.(2001)，Plasma Sources Sci. Technol.,10，276.

[59]　Colpo，P.，Meziani，T. and Rossi，F.(2005) J. Vac. Sci. Technol. A，23，270.

[60]　Godyak，V.A.，Alexandrovich，B.M.,Piejak，R.B. and Smolyakov，A.(2000) Plasma Sources Sci. Technol.，9,541－544.

[61]　DiPeso，G.，Vahedi，V.，Hewett，D.W.and Rognlien，T.D. (1994) J. Vac. Sci. Technol. A，

12，1387.

[62] Wu，Y. and Lieberman，M.A. (2000)Plasma Sources Sci. Technol.，9，210.

[63] Kawai，Y.，Yoshioka，M.，Yamane，T.，Takeuchi，Y. and Murata，M. （1999）Surf. Coat. Technol.，116 – 119，662.

[64] Mashima，H.，Murata，M.，Takeuchi,Y.，Yamakoshi，H.，Horioka，T.,Yamane，T. and Kawai，Y. (1999) Jpn. J. Appl. Phys.，38，4305.

[65] Setsuhara，Y.，Miyak，S.，Sakawa，Y. and Shoji，T. (1999) Jpn. J. Appl. Phys.，38，4263.

第3章　工业等离子体应用的高级仿真

S. J. Kim, F. Iza, N. Babaeva, S. H. Lee, H. J. Lee, J. K. Lee

　　最近，在时空可分辨流体和低温等离子体粒子仿真方面的可信度和可用性方面已有明显的进展。动力学元胞粒子蒙特卡罗碰撞（particle‐in‐cell Monte Carlo collision，PIC‐MCC）模型是其中的一个例子，该模型使用了粒子与网格，是一个精确但耗时的工具。先进的 PIC‐MCC 仿真常常用于电容耦合等离子体研究，如用于 90 nm 以下的电介质刻蚀。动力学仿真阐述了电子与离子加热机制以及不同组分的能量与角度分布。这些参数与电位和密度分布密切相关。最近的 PIC‐MCC 仿真[1-4]已经获得了这些动力学特性的数值，能够与现有测量结果进行比较。元胞粒子仿真也可用于研究等离子体引起的充电损伤。相比之下，流体仿真适用于高压等离子体的建模，高压等离子体中的非局部效应通常是不重要的。尽管漂移-扩散广泛用于流体模型，但低压或高频等离子体仿真要求全动量方程的解，以便计算粒子的惯性。由于流体仿真比 PIC 仿真快，流体模型更适用于大范围等离子体源的仿真。在适当的应用下，两种方法（PIC 和流体）相互补充，能够为更好地理解等离子体物理和推动等离子体反应器的发展提供有价值的信息。

3.1　引言

　　低温等离子体已广泛应用于半导体加工和等离子体显示等工业领域。最近几十年期间，尽管等离子体技术在这个领域内持续发展，但对等离子体并没有完全的理解，而仿真提供了研究等离子体物理和改进低温等离子体源性能的唯一手段。通过仿真可以得到实验测量难以获得的物理参数。然而，由于计算能力的限制，等离子体模型需要近似处理。尽管存在误差，但仿真提高了我们对等离子体物理、等离子体加工和等离子体设备的理解。

　　针对粒子的等离子体仿真已经研究了半个世纪[5]。开始，由于粒子数的限制，只能进行一维（1D）仿真。这些分析只适用于当时半导体工业工作室中的平行板电容耦合等离子体（capacitive coupled plasma，CCP）源。这些早期的一维仿真目标是等离子体基本特性的研究和建模技术的改进。尽管今天仿真所用的有效算法是 90 年代后期开发的，但早期模型中已包括了粒子碰撞。为了研究电容耦合等离子体和感应耦合放电，90 年代引入了含有复杂化学过程的更全面的二维、三维流体模型。近年来，在时间与空间可分辨流体和粒子仿真方面的可信度和可用性取得了很大的进展。

　　元胞粒子与流体仿真作为数值模拟工具普遍应用于低温等离子体研究。作为一种自洽的完整动力学方法，PIC‐MCC 模型是描述带电粒子运动的最准确的模型之一[5-10]。在这种方法中，通过每个时间步长内对牛顿-洛伦兹（Newton‐Lorentz）运动方程的积分，确定带电粒子在相空间中的轨道。通过蒙特卡罗碰撞模型来调节碰撞粒子的速度[5,6]。在没有任何预先假定条件下，PIC-MCC 仿真解决了时间、空间相关的速度分布函数问题，且反应速率与输运系数是自洽建模的。但是，追踪单个粒子的计算量相当大。

相比之下，流体模型采用密度、平均速度和平均能量等宏观特性来描述等离子体。这些量通过解玻尔兹曼方程得到[11]。一阶矩是粒子连续方程、动量平衡方程和能量守恒方程。求解这个系统方程需要给出平均频率和输运系数，包括电离频率、动量交换频率、能量交换频率以及扩散常数。因为平均量依赖于电子能量分布函数（electron energy distribution function，EEDF），这是未知的，所以必须假定一个分布函数。一种通常采用的电子能量分布函数预估方法是局部场近似（local field approximation，LFA）。在 LFA 中，电子从电场中获得的能量通过碰撞损耗达到局部平衡。其结果是，不需要去解能量守恒方程，各种频率和输运系数可以根据电场的减少预先制定成表格。尽管流体模型计算很快，但对于高压放电，EEDF 假设限制了流体模型的可信度，又因为高压放电的电子运动是强碰撞，所以任意给定点的能量分布仅取决于该点的局部条件。

在本章中，我们给出了用于半导体加工的各种等离子体反应器的仿真结果，完成了 PIC-MCC 和流体仿真，可用于研究基础等离子体物理，确定可能的工艺和反应器改进。在 3.2 节中，讨论了 PIC-MCC 应用的仿真。采用一维 PIC-MCC 仿真，研究了电容耦合 Ar/O$_2$ 等离子体的放电特性。分析了密度、温度及离子能量分布函数（ion energy distribution functions，IEDF）随氧的浓度变化。PIC 模型的第二个应用是图案基板的充电仿真，其中采用一个三维（3D）粒子程序，研究了沟槽中带电粒子的通量。在 3.3 节中，描述了非磁化低温等离子体的二维（2D）流体仿真。在该节中分析了传统的平行板 CCP 和大范围等离子体源（large area plasma source，LAPS）。

3.2　PIC 仿真

PIC 仿真通过考虑局部和非局部效应，自洽地解决了等离子体中每种组分的能量分布函数问题。例如，可以可靠地获得电子能量分布函数和撞击到晶片上的离子能量与角度分布函数等动力学信息。在本节中，采用 PIC-MCC 仿真，验证了单频、双频电容耦合放电和窄沟槽充电的动力学特征。

3.2.1　电容耦合的 Ar/O$_2$ 等离子体

电容耦合射频（radio-frequency，RF）放电广泛应用于材料加工中，因为它具有刻蚀选择性与工艺均匀性的特点[12,13]。在 20 世纪最后的几十年，为了适应半导体行业的需求，具有单一射频（13.56 MHz）源的常规 CCP 反应器得到了持续的改进。可控的刻蚀工艺要求能够控制通量、能量和离子撞击基板的角度。为了克服传统单频 CCP 的局限性，近年来引入了双频 CCP。不同工作频率下的两个电源提供了独立控制等离子体密度（离子通量）和基板偏压（离子能量）的手段[14]。采用 PIC-MCC 仿真，Kim 和他的合作者[1,3,4,15]开发了一个双频电容耦合放电的总体分析模型，描述了每个电源的作用。

在本章中，我们研究 Ar/O$_2$ 等离子体特性随 O$_2$ 浓度和气体总压的变化。给出了单频和双频 CCP 的仿真结果。PIC - MCC 模型用于跟踪电子和三种离子组分，分别为 Ar$^+$，O$_2^+$ 和 O$^-$。在我们感兴趣的压力范围内（20～100 mtorr），这些组分是主要离子组分[16]。假定容器中 Ar 和 O$_2$ 的中性组分是均匀分布的，模型中不考虑亚稳态的碰撞，因为在 Ar/O$_2$ 混合气体中不可能存在彭宁电离，因此，这个近似不会直接影响离子组分生成的建模。但是，氩气的亚稳态会增加亚稳态氧的含量，因而导致臭氧和 O$_2^-$（由臭氧的离解电离产生）的增加。然而，在感兴趣的压力范围内，这些组分不是主要的，因而不包含在模型中。在文献［6］中可以查到所考虑的 33 种碰撞的描述。

3.2.1.1　气体组成

在三种气体组成下的 Ar/O$_2$ 放电中的等离子体密度分布如图 3-1（a）～（d）所示。在 1.6 cm 电极间隙单频平行板反应器中，放电是连续的。反应器是非对称的，电极面积比接近于 1.7。大电极接地，小电极连接 500 V/27 MHz 的电源。在容器中气体总压为 40 mtorr，在输送气体中的 O$_2$ 含量从 0%（纯氩气放电）变化到 100%（纯氧气放电）。在大多数情况下，准中性保持不变，因为正负电荷的总数是相同的。图 3-1（a）和（c）分别对应于纯氧气和纯氩气放电；图 3-1（b）为氧气和氩气各 50% 的混合气体放电。由于电子吸附，使得电子密度降低，且鞘层随着 O$_2$ 含量的增加而展宽，见图 3-1（a）～（c）。带电粒子密度（峰值）随气体组成的变化如图 3-1（d）所示。随着氧含量的增加，Ar$^+$ 和电子密度降低，而 O$_2^+$ 和 O$^-$ 增加。由于氩电离势和氧电离势相互接近（分别为 15.7 eV 和 12.6 eV），等离子体从纯氩放电到纯氧放电的转换非常平缓。在 50% 氧气情况下，氩气和 O$_2^+$ 的密度相当。最大有效电子温度和等离子体电位随气体组成变化如图 3-1（e）和（f）。与电子和离子密度分布相比，气体组成对电子温度与等离子体电位的影响不明显。试验中也观测到电子温度相对恒定，这个结果归因于 A$_r$ 与 O$_2$ 之间相互接近的电离势[17]。由于放电是由常压电源所驱动（500 V），等离子体电位与气体组成的相关性不明显。相对低的平均等离子体电位（～120 V）是由于供电电极负的自偏压所导致。

供电电极上的离子能量分布函数随等离子体中氧气含量的变化如图 3-2（a）和（b）所示。IEDF 依赖于鞘层的长度、鞘层电压、所用的射频频率、离子的平均自由程、鞘层边缘的粒子速度等。离子输运时间与射频周期的比值决定 IEDF 的形状。当离子穿过鞘层需要几个射频周期时，平均鞘层电位对离子起作用，在无碰撞的情况下，IEDF 出现一个独立的能量峰。当离子输运时间与射频频率接近时，瞬时鞘层电位开始对离子起作用，原来的单独能量峰会展宽，显现出两个最大值。这两个最大值分别对应于鞘层电压最大和最小时进入鞘层的离子[18]。然而，鞘层中的碰撞会明显地改变 IEDF 的形状。碰撞会限制轰击电极的离子最大能量，特别是共振电荷交换碰撞情况，使 IEDF 趋向于低能量值，从而引起附加的峰[19,20]。因为 IEDF 取决于离子输运时间和在鞘层中的碰撞，所以，不同质量和截面的离子表现出不同的分布［比较图 3-2（a）和（b），分别对应于 O$_2^+$ 和 Ar$^+$］。对于我们研究的放电条件，IEDF 趋向于低能量并出现多个峰值，证实了鞘层中发生的碰撞。

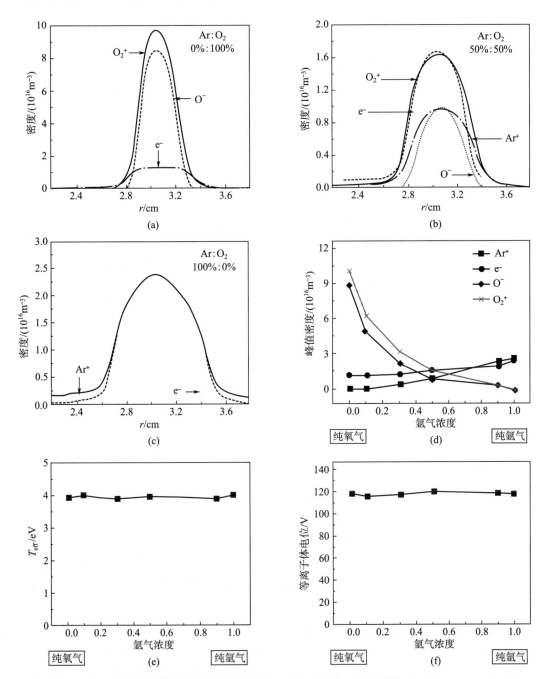

图 3-1　Ar/O₂ 等离子体的等离子体密度随氧气含量的变化：(a) 纯氧气；(b) Ar：O₂＝1：1；
(c) 纯氩；(d) 峰值密度；(e) 在大范围等离子体中的有效电子温度；(f) 等离子体电位随
气体含量的变化。总压 40 mtorr，电极间距 1.6 cm，在 500 V/27 MHz 条件下持续放电

但是，O_2^+ 和 Ar^+ 离子表现出不同的趋势。随着氧气浓度比例的增加，低能量 O_2^+ 离子数增加而 Ar^+ 离子数减少。在低氧含量下，由于氧分压低，O_2^+ 离子与氧气分子的共振电荷交换碰撞很少。此外，由于 Ar 的分压高，Ar^+ 离子会发生大量的共振电荷交换碰撞。当

氧气含量增加而氩含量减少时，情况相反。在高氧气含量时，O_2^+ 离子的共振电荷交换碰撞频繁，而氩共振电荷交换碰撞会很少。

　　大范围等离子体中电子能量分布函数随氧气含量变化如图 3 - 2（c）所示。由于具有两个电子温度，EEDF 表现为双麦克斯韦（bi - Maxwellian）分布。这种分布是典型的低压电容耦合氩气放电，由鞘层上的高能电子选择性加热引起[1,2]。当氧气含量增加时，高能电子温度几乎保持不变，而低能电子的温度会降低。

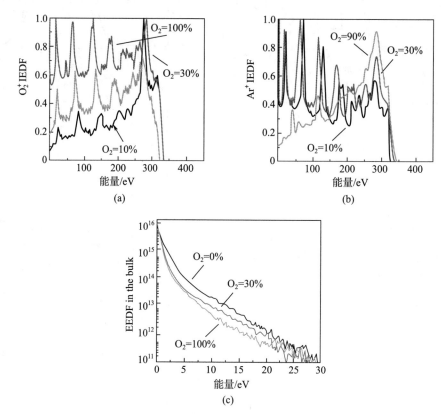

图 3 - 2　在供电电极上的离子能量分布函数：(a) O_2^+ IEDF；(b) Ar^+ IEDF；(c) 大范围等离子体的 EEDF。在 500 V/27 MHz 驱动下单频 CCP 反应器 40 mtorr 压力下的不同 O_2/Ar 等离子体数据

3.2.1.2　在 Ar/O_2 等离子体中的压力影响

　　在本节中，我们研究在 Ar/O_2 放电中气体总压的影响。在双频平行板反应器中放电是持续的。高频和低频电源分别提供 500 V/27 MHz 和 400 V/2 MHz 的供电。两个电极之间的间隙为 2 cm，压力从 20 mtorr 到 100 mtorr 变化。考虑到混合少量氧气的 Ar 等离子体（Ar/O_2＝97.3/2.7）和混合少量氩气的氧等离子体（Ar/O_2＝5/95）两种情况。

　　在大范围等离子体中，两种放电的电子密度和电子温度随气体总压的变化如图 3 - 3 所示。随着压力的增加，等离子体密度增加。由于氧的负电性，低 O_2 混合的氩等离子体的电子密度要高于低 Ar 混合氧等离子体的电子密度。当压力增加时，扩散到容器壁面的粒子减少，为了维持放电，要求较低的电子温度，见图 3 - 3（a）和（b）。在压力范围 60～100 mtorr 下，对于高氧含量等离子体的放电，仿真结果表明等效电子温度非常低（$T_{eff} < 1$ eV）。根据总体模型分析，由于氧放电有 O_2^+ 离子与 O^- 体复合的主要损失机制，氧放电要求～2 eV 的电子温度，值得注意的是，这样的分析假定了电子的麦克斯韦分布。然而，如同图 3-2（c）所示的，在这种压力范围内，EEDF 是双麦克斯韦分布。在这种情况下，有效电子温度（图 3-3）主要由大量低能电子来确定，而电离率由高能量的尾部来确定。其结果是，给定有效电子温度 T_{eff} 的双麦克斯韦分布与电子温度大得多的麦克斯韦分布具有相同的电离率。虽然这个结论对于氩和氧放电是正确的，但在氧放电中的振动激发过程会加重双麦克斯韦 EEDF ［图 3-2（c）］，进一步降低等效电子温度。

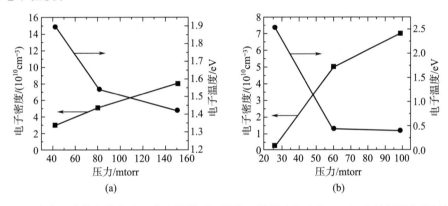

图 3-3　密度（曲线上的方点）和电子温度（圆点）随压力的变化：（a）少量氧混合的氩放电 Ar：O_2＝97.3：2.7；（b）少量氩混合的氧放电 Ar：O_2＝5：95。由 500 V/27 MHz 和 400 V/2 MHz 电源供电的双频 CCP 反应器的持续放电

3.2.2　三维（3D）充电仿真

在器件发展到纳米级的情况下，在等离子体处理过程中，等离子体引起的损伤（plasma-induced damage，PID），如弯曲、沟槽、反应离子刻蚀滞后和缺口等，变成了影响器件可靠性和再现性的一个重要问题[21,22]。在反应离子刻蚀中，引起缺口的主要原因之一是被处理材料的充电问题。窄沟槽充电是由于离子和电子的不同运动引起的。尽管离子运动主要是垂直基板运动，从而进行各向异性刻蚀，但电子的运动却是各向同性的。因此，进入到高纵横率沟槽底部的电子通量远小于离子通量，沟槽底部带正电。这些不对等的通量在沟槽内感应的电位，会改变后续离子的轨道，导致不希望的刻蚀剖面[23-25]。

3.2.2.1　3D 充电仿真的描述

电子和离子运动不同导致沟槽内形成的不对等电荷积累会感应出局部电位梯度。使用 3D 充电仿真[26,27]，我们研究了在高纵横比沟槽中产生的电位分布。仿真过程根据等离子体反应器（>1 cm）和沟槽尺度（<1 μm）分为两部分。采用 3.2.1 节相同方法的 PIC-MCC 反应器仿真，确定了到达基板的电子与离子通量。然后将得到的通量传给 3D PIC 仿真器，以便研究微沟槽中的充电。第二个 PIC 模型的仿真域如图 3-4（a）所示。场解算

器的边界条件为：在上述沟槽的左边界（$x=0$）和右边界（$x=x_{max}$），采用诺伊曼（Neumann）边界条件（$\nabla V=0$）。在前（$z=0$）和（$z=z_{max}$）表面采用周期边界条件。在顶部（$\gamma=\gamma_{max}$）和底部（$\gamma=0$）采用狄利克雷（Dirichlet）边界条件。离子与电子从顶部平面注入，以再现反应器仿真中获得的通量。介电材料假定为理想电介质，即撞击的带电粒子被吸收且不再重新分布。考虑到问题的对称性，可以将仿真域简化为图 3-4（a）的四分之一。

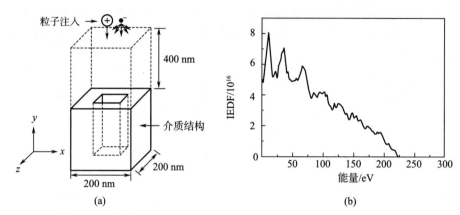

图 3-4　（a）3D 充电模拟的仿真域示意图；（b）注入离子的能量分布函数。
从一个单频 CCP 源的 PIC-MCC 仿真得到的 IEDF

　　注入粒子、跟踪它们的轨道、更新在沟槽中的电势，这些构成一个计算周期。在反应器大规模仿真得到的离子能量分布结果中，通过随机采样确定注入离子的能量与角度。尽管电子也能从另一个分布中采样，但这里假定电子为麦克斯韦分布。因为稳态等离子体具有相同的平均电子通量与离子通量，所以，每个周期内注入的电子和离子数量相同。因为单个粒子在纳米范围内的电场非常强，所以，由有限数量粒子在沟槽内产生的电势可能非常混乱。为了缓和这种噪声问题，3D 电荷充电仿真采用了计算粒子（也称为超粒子）代替实际的离子和电子。在传统的 PIC 仿真中，超粒子代表多个实际粒子，这个仿真与传统 PIC 仿真不同，这里的超粒子代表 1 个实际粒子的一部分。例如，如果每个超粒子代表 0.1 个实际粒子，则 1 个实际粒子的贡献可以认为是 10 次不同仿真的分布。采用统计平均粒子能够降低仿真中的噪声水平，使之能够解析后续进入粒子的轨道。

　　因为我们感兴趣的是表面电荷积累引起的电位梯度，在仿真域中忽略了空间电荷。实际上，在注入粒子的分布中已经考虑了空间电荷的影响，因为它们的速度是从自洽 PIC 仿真结果中采样得到的。因此，入射离子能量中已包含了偏压和鞘层区中空间电荷的影响，而且，由于仿真域尺度远小于鞘层的厚度，顶部边界与底部边界之间的电位差可以假定为零。由于在每个周期内，电位分布随介质上电荷积累而演化，因此必须求解拉普拉斯（Laplace）方程（$\nabla^2 V=0$）。

　　由于电子和离子的平均自由程（λ_e，λ_i）远大于仿真域，因此，在仿真域中忽略了碰撞。在高纵横比的沟槽中，典型的充电时间是 1/10 s，而刻蚀是在更长的时间长度上进行的（每秒几百纳米）。因此，充电期间的刻蚀是可以忽略的，这期间沟槽的结构不会变化。

在充电仿真中所用的 IEDF 如图 3 - 4（b）所示，该分布是通过一个 400 V/27 MHz 稳压源驱动 CCP 的 1D PIC - MCC 仿真得到的，在 2 cm 的电极间隙和 50 mtorr 的氩气中放电是持续的。在这些条件下，鞘层是碰撞的，离子撞击基板具有很宽的能量范围（0～225 V）。

3.2.2.2　二次电子发射效应

电子运动和离子运动的差别导致电荷非均匀分布，在沟槽内形成电位梯度。电子遮蔽效应：即在沟槽顶部出现负电位，阻止电子继续进入沟槽。但是，当离子轰击基板时，可以二次发射电子。发射的电子与轰击的离子之比被称为二次电子发射系数（secondary electron emission coefficient，SEEC）γ_i。通常，SEEC 依赖于基板的材料、气体的组分、轰击离子的能量与角度[28]。在仿真中，我们假定了一个平均的 SEEC 常数。由于电位梯度的存在，在沟槽中生成的二次电子会向底部漂移，从而削弱充电效应。

二次电子效应如图 3 - 5 所示，比较了在没有二次电子和 SEEC 为 0.4 的情况下，入射离子通量和产生的充电电位方面的仿真结果。在两种情况下，以 1 eV 麦克斯韦分布的电子注入和以离子能量分布函数（IEDF）的离子注入如图 3 - 4（b）所示。饱和电位与充电时间取决于离子能量分布函数 IEDF 和沟槽的几何特性。但是，二次电子发射导致充电时间更长和沿沟槽的电位差减小。大电位梯度俘获了沟槽中的大多数二次电子，最终被收集在沟槽的底部。到达沟槽底部的电子通量降低了顶部与底部之间的电位差，且延长了充电时间。由于改变了电位梯度，因此影响了后续注入的离子轨道。如图 3 - 5 所示，二次电子发射导致沟槽顶部的离子轰击减弱以及到达底部的离子通量增加。由于离子通量决定了刻蚀工艺的速率和各向异性，所以二次电子能够减少侧壁的刻蚀，抵消高纵横比特性下刻蚀速率的降低。因此，高二次电子发射系数能够降低充电损伤。尽管 SEEC 是一个材料内在属性，但可以通过选择轰击离子的组分、能量和角度来控制。

3.2.2.3　负离子的提取

前面已经研究了采用各向异性负离子而不是各向同性电子来降低充电损伤问题。然而，从等离子体中提取负离子是非常困难的，这是由于正离子和构成等离子体正电位的电子之间，在质量和温度上存在差别。等离子体的正电位会阻止负离子进入鞘层，因此，负离子不能从大范围等离子体中提取出来。然而，采用时间调制电源能够生成耗尽电子的离子-离子等离子体。在这种情况下，在电源关闭阶段的鞘层反转能够提取负离子[29-32]。

我们采用 1D PIC - MCC 程序（见 3.2.1），研究了双频 CCP 的负离子提取问题。在 3 cm 电极的反应器中、50 mtorr 压力下持续地氧气放电。高频电源（300 V/100 MHz）设置为 20 μs 打开、150 μs 关闭的模式。通过低频电源（300 V/500 kHz）来控制负离子的通量与能量。该电源采用上升和下降时间为 50 ns 的方波。正离子（O_2^+）、负离子（O^-）和电子的能量与角度分布函数的结果被用作 3D 充电仿真的输入参数。

在偏置电极上时间积分的离子通量和离子能量分布函数如图 3 - 6 所示。在高频电源

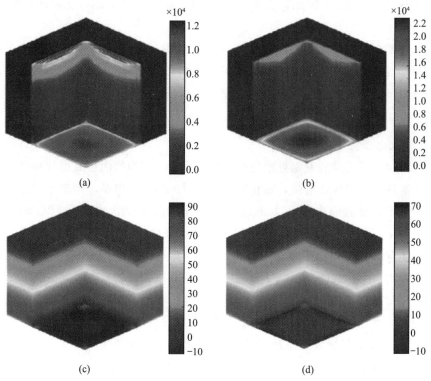

图 3 - 5 （a），（c）离子通量；（b），（d）充电电位分布

（a），（b）SEEC＝0；（c），（d）SEEC＝0.4

调制关闭阶段的余辉中可以提取负离子。由于有初始电子存在，高频电源关闭后的负离子提取是延迟的。只有电子到达壁面或被氧原子吸附，大多数电子消失之后才可能从等离子体中提取负离子。含氟气体，如 CF_4 和 SF_6，由于具有很强的电子吸附截面，因而延迟时间很短。在调制关闭状态下，由于正离子持续消失，正离子通量降低。O_2^+ 的离子能量分布函数在调制关闭状态与调制开启状态下不同 ［见图 3 - 6（b）和图 3 - 6（c）］，在调制关闭状态下，能量最大值较低。在电源关闭模式下的负离子 O^- 的离子能量分布函数如图 3 - 6（d）所示。O_2^+ 离子的平均入射角约 1.5°。O^- 离子显示为平均入射角约 17°的各向异性运动，而电子到达基板时的平均入射角约 40°。图 3 - 7 所示为高频电源工作在连续波模式和时间调制模式下获得的 3D 电位分布。在电源调制状态下，沟槽底部的电位从 120 V降到 95 V ［比较图 3 - 7（a）和（b）］。由于负离子各向异性通量导致的这种降低结果表明，时间调制电源可用来降低充电损伤。尽管离子通量降低会影响刻蚀率，但由于能够降低对沟、槽、弯曲等充电损伤，所以从时间调制等离子体中提取负离子仍是一种值得关注的方法。

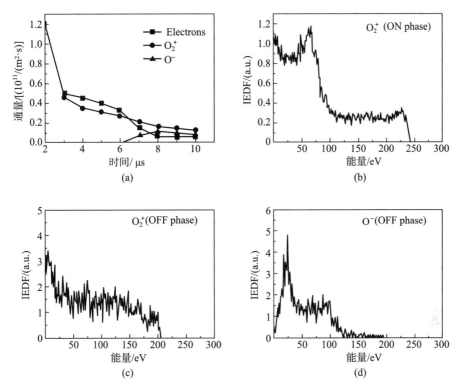

图 3 - 6　（a）在时间调制 CCP 中粒子通量随时间变化；（b）在开启模式下 O_2^+ 的时间积分能量分布
（c）O_2^+ 在关闭模式的时间积分能量分布；（d）O^- 在关闭模式下的时间积分能量分布

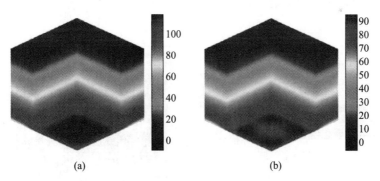

图 3 - 7　三维电位分布（V）
（a）连续波电源；（b）时间调制电源

3.3　流体仿真

尽管 PIC - MCC 仿真能详细地掌握局部和非局部粒子动力学，但这种仿真是非常密集的计算。由于这个原因，通常会采用更快的流体仿真。在本项工作中，我们采用了二维全动量漂移扩散流体（full - momentum drift - diffusion，FMDC）程序。在这个程序中，可以选择动量守恒方程或漂移扩散近似两种方法中的一种来确定离子的运动。对于低压高频放电，全动量方程［式（3－1）］用于计算离子的惯性，即

$$\frac{\partial}{\partial t}(n_i v_i) + \nabla \cdot (n_i v_i v_i) = \frac{Z_i}{M_i} n_i E - \frac{\nabla(n_i kT)}{M_i} - n_i \nu_{in} v_i \qquad (3-1)$$

式中，n_i 和 v_i 为离子的密度和平均速度；ν_{in} 为离子与中性组分动量交换的碰撞频率；Z_i、k、M_i 和 E 分别为离子电量、玻尔兹曼常数、离子质量和电场。对于质量小的电子，采用漂移扩散理论近似。假定离子处于室温（$T_i = 0.026$ eV），因此仅需对电子的能量方程求解。程序提供了改变电极结构和电源配置的选项（底部-底部或顶部-底部）。

在我们的研究工作中，重点是用于材料处理的低压、低温等离子体。对于大区域等离子体处理，等离子体的均匀性是一个重要的问题，我们采用二维流体模型，模拟这种大规模等离子体源。给出了 2D FMDC 程序与 1D PIC－MCC 程序得到的电容耦合等离子体仿真结果的对比。

3.3.1　电容耦合放电

采用二维轴对称 FMDC 流体程序分析了一个电极间隙 2 cm 的非对称双频 CCP 反应器。反应器的示意图如图 3－8（a）。在这个仿真中仅采用了高频电源（300 V/27 MHz）。高频电源与位于顶部直径 16.8 cm 的电极连接，低频电源与位于底部直径 9.4 cm 的不供电电极连接。因为两个电极之间存在截面差，所以底部电极处于负的自偏压状态。假定反应器壁面是电介质。二维 Ar 等离子体密度曲线如图 3－8（b）所示。等离子体密度最大值出现在电极的边缘处而不是人们通常预测的放电中心处。这是由于放电压力相对较高（100 mtorr）以及电极和壁面之间强电场所导致的。

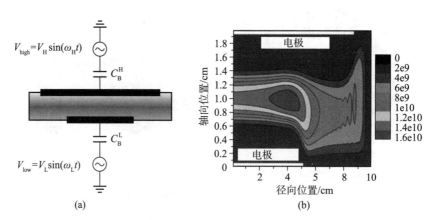

图 3－8　（a）2D 流体仿真所用非对称单频 CCP 示意图，电极间隙 2 cm，电极直径分别为 16.8 cm 和 9.4 cm；（b）300 V/27 MHz 供电 100 mtorr 氩放电的 2D 等离子体密度曲线

图 3－9 所示的是 2D 流体仿真与 1D PIC－MCC 仿真结果的比较。为了考虑不同的电极截面，1D PIC－MCC 采用柱坐标（沿 r 方向）。密度分布和每单位体积电子、离子吸收的能量如图 3－9 所示。尽管 2D 流体仿真得到的能量吸收曲线与 1D PIC－MCC 仿真结果

有差别，但轴向密度分布曲线是相似的。电子能量吸收方面的差异是由于非局部电子动力学引起的，PIC 模型中考虑了这个因素而在流体模型中没有考虑。

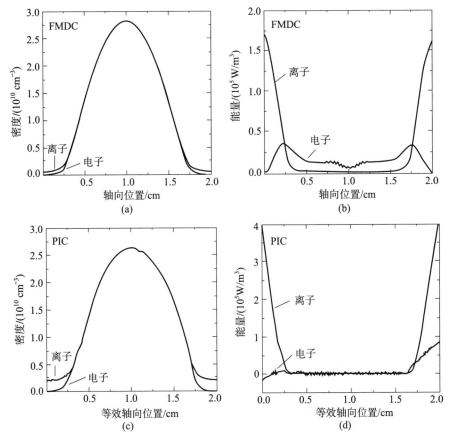

图 3-9　（a）2D 流体仿真中电子与离子平均密度曲线；（b）2D 流体仿真中电子与离子单位体积吸收的能量；
（c）1D PIC - MCC 仿真的平均密度分布曲线；（d）1D PIC - MCC 仿真的单位体积能量；
放电条件：氩气 80 mtorr，100 V/27 MHz

3.3.2　大范围等离子体源

半导体和平面显示行业向大晶片和玻璃基板方向发展的趋势，提出了对大尺度等离子体反应器的需求。在过去十年中，通过介质窗口将射频或微波耦合到等离子体中的感应耦合源，已经作为高密度、低压等离子体源得到了应用[33,34]。但是，由于大尺度天线高阻抗和介质窗口厚度的要求，外部平面感应耦合等离子体源存在扩大规模方面的局限性[35]。

这些局限性迫使人们去寻求可替代的等离子体源，这种等离子体源应该能够生成大范围、高密度的等离子体，而没有传统 ICP 源存在的尺度和均匀性问题。图 3-10（a）给出一种这样源的示意图。将线状天线埋入等离子体中，避免了对大介质窗口的需求。天线采用 10 mm 直径的铜制成。采用 2 mm 厚的石英管（外径 15 mm）来实现天线与等离子体之间的隔离和保护。天线将功率感应耦合到等离子体中，生成高密度、大范围等离子体。

我们模拟了两种天线配置，研究了这种大范围等离子体源的均匀性。尺寸为 1 020 mm×830 mmm×300 mm 的反应器用于平板显示加工[36,37]。第一个天线是 5 个线段串联连接的蛇形天线［图 3-10（c）］。相邻两个线段相距 10.2 cm。第二个天线是双梳子天线［图 3-10（d）］。这种配置下，5 个线段并联连接构成一个较短的天线，能够减少驻波效应。在这两种情况下，通过输送功率为 600 W 的 13.56 MHz 电源，能够实现持续的放电。采用同相位信号为双梳子形天线的两个梳子供电。

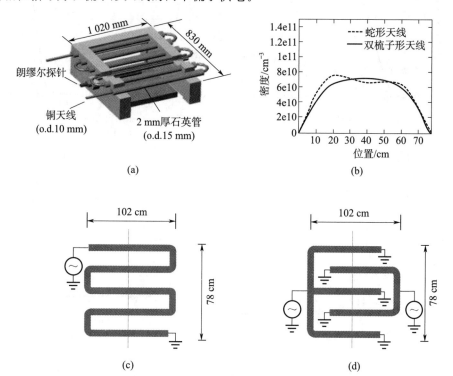

图 3-10　（a）大范围等离子体源示意图；（b）两天线配置情况下天线下部 8 cm 处的电子密度；
（c）蛇形天线示意图；（d）双梳子形天线示意图
带阴影的正方形表示接地，实心正方形表示与电源连接，点线表示仿真的平面

　　在垂直于天线线段的一个平面上［图 3-10（c）和（d）］进行了二维流体仿真。通过解波动方程，确定了耦合到等离子体中的能量和感应的电场。图 3-10（b）给出了天线下 8 cm 处的反应器截面上的密度分布。当采用双梳子形天线时，均匀性得到了改进。天线具有较低的自感应，天线的缩短降低了驻波效应。仿真结果与试验测量结果一致性很好[31]。

3.4　小结

　　流体时间与空间求解和低温等离子体粒子仿真的可信度和可用性越来越被工业界和科学界认可。仿真为等离子体和反应器的研究提供了有价值的手段，减少制造原理样机的相

关费用。但是，等离子体的建模是很复杂的。在具有明显不同时空尺度的自相容分析中，等离子体有很多需要考虑的物理问题。尽管存在很多困难，仿真对于理解等离子体物理和改进等离子体设备性能方面，仍然是一种非常有用的工具。PIC-MCC 和流体仿真是模拟低温等离子体最常用的方法。尽管在本章中没有讨论，但应该考虑计算参数数值的合理性，如单元尺度 Δx 和时间步长 Δt，以保证仿真的稳定性和精度。

PIC-MCC 仿真能够精确地描述带电粒子的动力学特性。通过仿真可以研究局部和非局部动力学特性。但是，PIC-MCC 仿真是密集计算，因此比较慢。由于这个原因，PIC-MCC 程序主要用来模拟低压高频等离子体，而这种情况必须考虑非局部效应。我们完成了单频和双频 CCP 的 O_2/Ar 等离子体的 1D PIC-MCC 仿真，完成了连续的和时间调制的等离子体对高纵横比形貌充电的三维仿真。在 O_2/Ar 等离子体中，氧的含量影响电子密度和电子能量分布函数。在研究的压力范围内（20～100 mtorr），EEDF 是双麦克斯韦分布，在高氧含量放电中能够生成 1 eV 以下的有效温度。三维充电仿真表明，二次电子发射和时间调制电源激活的各向异性负离子轰击，能够降低充电损伤。

流体仿真通过密度、平均速度和平均能量等宏观量描述等离子体，它们适合于高压放电的建模。在这种情况下，可以根据局部条件来估计 EEDF 并忽略非局部效应。流体仿真比 PIC-MCC 仿真快。这种快速分析的能力，使其能够解决 PIC-MCC 所无法进行的具有复杂化学特征的 2D 和 3D 仿真。为了计算低压和高频等离子体，必须考虑离子的全动量方程。非对称 CCP 的二维仿真结果表明，密度峰值处于电极的边缘而不是在容器的中心。放电压力高和电极与壁面之间生成的强电场导致了这种密度分布。2D 流体仿真的轴向密度分布与 1D PIC-MCC 仿真得到的密度分布一致性很好。因为流体仿真计算速度快，所以流体程序适合大范围等离子体源的仿真，等离子体均匀性是这种等离子体源的重要议题。大范围等离子体源仿真表明，因为低自感且能够降低驻波效应，所以双梳子形天线改进了等离子体的均匀性。

致 谢

作者感谢 O. Manuienko 博士、S. S. Yang 博士、M. I. Kushner 教授、F. F. cheng 教授、M. A. Lieberman 教授和 J. P. Verboncoeur 教授有助的评论和讨论。本研究工作得到 Samsung Electronic、Jusung Engineering 和 Korean Science and Enginering Foundation 的部分支持。

参 考 文 献

[1] Kim, H.C., Iza, F., Yang, S.S., Radmilovic – Radjenovic, M. and Lee, J.K. (2005) J. Phys. D: Appl. Phys., 38, R283.

[2] Kim, H.C. and Lee, J.K. (2004) Phys. Rev. Lett., 93, 085003.

[3] Kim, H.C., Lee, J.K. and Shon, J.W. (2004) Appl. Phys. Lett., 84, 864.

[4] Lee, J.K., Babaeva, N.Yu, Kim, H.C., Manuilenko, O. and Shon, J.W. (2004) IEEE Trans. Plasma Sci., 32, 47.

[5] Birdsall, C.K. (1991) IEEE Trans. Plasma Sci., 19, 65.

[6] Vahedi, V. and Surendra, M. (1995) Comput. Phys. Commun., 87, 179.

[7] Birdsall, C.K. and Langdon, A.B. (1991) Plasma Physics via Computer Simulation, IOP Publishing, Bristol.

[8] Hockney, R.W. and Eastwood, J.W. (1988) Computer Simulation Using Particle, Adam Hilger, Bristol.

[9] Tajima, T. (1988) Computational Plasma Physics, Addison – Wesley, Redwood City.

[10] Verboncoeur, J.P., Alves, M.V., Vahedi, V. and Birdsall, C.K. (1993) J. Comput. Phys., 104, 321.

[11] Makabe, T. (2002) Advances in Low Temperature RF Plasmas: Basis for Process Design, Elsevier.

[12] Lieberman, M.A. and Lichtenberg, A.J. (2005) Principles of Plasma Discharges and Material Processing, Wiley, New York.

[13] Chen, F.F. and Chang, J.P. (2003) Lecture Notes on Principles of Plasma Processing, Kluwer/Plenum, New York.

[14] Goto, H.H., Lowe, H.–D. and Ohmi, T. (1992) J. Vac. Sci. Technol. A, 10, 3048.

[15] Kim, H.C., Lee, J.K. and Shon, J.W. (2003) Phys. Plasmas, 10, 4545.

[16] Gudmundsson, J.T., Kouznetsov, I.G., Patel, K.K. and Lieberman, M.A. (2001) J. Phys. D: Appl. Phys., 34, 1100.

[17] Taylor, K.J. and Tynan, G.R. (2005) J. Vac. Sci. Technol. A, 23, 643.

[18] Kawamura, E., Vahedi, V., Lieberman, M.A. and Birdsall, C.K. (1999) Plasma Sources Sci. Technol. 8, R45.

[19] Babaeva, N.Y., Shon, J.W., Hudson, E.A. and Lee, J.K. (2005) J. Vac. Sci. Technol. A, 24, 699.

[20] Lee, J.K., Manuilenko, O.V., Babaeva, N.Y., Kim, H.C. and Shon, J.W. (2005) Plasma Sources Sci. Technol., 14, 89.

[21] Gottscho, R.A., Jurgensen, C.W. and Vitkavage, D.J. (1992) J. Vac. Sci. Technol. B, 10, 2133.

[22] Hashimoto, K. (1994) Jpn. J. Appl. Phys., 33, 6013.

[23] Kinoshita, T., Hane, M. and Mcvittie, J.P. (1996) J. Vac. Sci. Technol. B, 14, 560.

[24] Matsui, J., Nakano, N., Petrovic, Z.L. and Makabe, T. (2001) Appl. Phys. Lett., 78, 883.

[25] Hwang, G.S. and Giapis, K.P. (1999) Appl. Phys. Lett., 74, 932.

[26]　Park，H.S.，Kim，S.J.，Wu，Y.Q. and Lee，J.K. (2003) IEEE Trans. Plasma Sci.，31，703.

[27]　Kim，S.J.，Lee，H.J.，Yeom，G.Y. and Lee，J.K. (2004) Jpn J. Appl. Phys.，43，7261.

[28]　Phelps，A.V. and Petrovi $\bar{c}$，Z.L.(1999) Plasma Sources Sci. Technol.，8，R21.

[29]　Shibayama，T.，Shindo，H. and Horiike，Y. (1996) Plasma Sources Sci. Technol.，5，254.

[30]　Midha，V. and Economou，D.J.(2000) Plasma Sources Sci. Technol.，9，256.

[31]　Kanakasabapathy，S.K.，Khater，M.H. and Overzet，L.J. (2001) Appl. Phys. Lett.，79，1769.

[32]　Dai，Z.L. and Wang，Y.N. (2002) J.Appl. Phys.，92，6428.

[33]　Kushner，M.J. (2003) J. Appl. Phys.，94，1436.

[34]　Hoekstra，R.J. and Kushner，M.J. (1996) J. Appl. Phys.，79，2275.

[35]　Wu，Y. and Lieberman，M.A. (2000)Plasma Source Sci. Technol.，9，210.

[36]　Park，S.E.，Cho，B.U.，Lee，J.K.，Lee，Y.J. and Yeom，G.Y. (2003) IEEE Trans. Plasma Sci.，31，628.

[37]　Kim，K.N.，Lee，Y.J.，Jung，S.J. and Yeom，G.Y. (2004) Jpn J. Appl. Phys.，43，4373.

第 4 章 用于聚合物处理的氦气放电的建模与诊断

E. Amanatides，D. Mataras

采用不同试验技术与氦等离子体自洽的二维建模相结合的方法，完成了基板偏压对氦气放电的聚对苯二甲酸乙二醇脂（polyethylene terephthalate，PET）薄膜处理影响的详尽研究。模型与试验良好的吻合使其能够用于研究 PET 表面改性的主要机制。在基板为负偏压条件下，粒子轰击是最有利的，有非常强的表面处理能力。在这种条件下，来自表面分解的组分明显增加，随后使氦的亚稳态淬灭。离子的轰击显然是 PET 表面改性的主要机制，且在一定条件下可以完全解释所观测到的刻蚀率。

4.1 引言

在过去的几十年，因为聚合材料独特的物理、化学和机械性能[1-3]，所以其在工业领域应用得到快速的发展。聚合物应用的技术领域包括汽车、航空、微电子、生物和食品行业[4-6]。但是，对于有些聚合物材料的现代应用，特别是 PET 这种低成本聚合物的应用，要求改进它们的表面特性，如可湿性、可印刷性和生物相容性等[7,8]。在聚合物改性的成熟技术中，等离子体处理具有某些主要优点，如干燥、清洁和可在非常低的化学和能量消耗下快速处理。而且，仅仅改变其表面特性而不影响基体材料[9,10]。

气体放电，如 H_2、Ar、O_2、N_2、NH_3、H_2O 以及这些组分的混合气体，已经用于不同聚合物表面改性[11,14]。反应气体（O_2、N_2、NH_3、H_2O）的应用，主要是在处理过的表面形成新的官能团，这个过程称为官能化[15]。

惰性气体（H_2、Ar）放电导致聚合物的最外层断链，然后交联，这个工艺称为通过惰性气体活化组分的交联（crosslinking by activated species of inert gases，CASING）[16]。这个工艺的优点是简便，在某些情况下，就润湿性改进而言，它可以与反应气体放电一样有效。因此，关于射频耦合 He 等离子体与不同聚合物材料［PET，聚碳酸酯、聚乙烯（甲基丙烯酸甲酯）］相互作用的问题，出现了越来越多的研究工作[17-19]。但是，这些研究工作大多关注的是这种工艺的产出，仅有很少文献涉及气相机理和在表面改性中起主要作用的组分特性[20,21]。

因此，本章的目标是研究主要导致表面改性组分生成的气相机理。为达到这个目标，采用两种不同的方法。一是，应用一系列等离子体诊断技术来研究这种工艺，包括射频功率和阻抗测量、空间分辨的发射光谱测量、质谱测量以及激光反射干涉法原位刻蚀速率的测量等。再就是通过开发氦气放电的 2D 自洽仿真，对聚合物表面在处理过程中引起的等离子体宏观参数变化进行了建模，对这些研究工作进行了完善。

在这两种方法中，系统地记录了基板偏压（−30 V～＋30 V）对放电中实际耗散的功率、受激发的 H_2^* 的组分生成，PET 处理副产物的形成和刻蚀率的影响。完成了模型和实验结果的比较，发现在功率耗散、放电电流、放电过程中受激组分空间分布等方面有非常好的一致性。这种吻合至少证实了这个条件范围内模型的可用性，能够使用该仿真结果预测那些实验难以获取的参数，掌握控制 PET 处理的机制。

4.2　实验

从电气角度来看，实验装置围绕一个完全表征的单元构建。实验设备包括一个 160 mm 不锈钢高真空容器；带有两个平行的圆形不锈钢电极，电极直径 55 mm；四个直径 50 mm 的石英观测窗口[22]。在所有实验中，电极之间距离保持为 25 mm。厚度 23 μm 的 PET 薄膜层粘贴在接地电极的表面。采用频率 13.56 MHz 的电源，通过一个驻波计和一个阻抗匹配网络为系统供电。

在纯净氢气引入之前，通过扩散泵建立 10^{-6} torr 的基础真空环境。采用质量流量控制器控制气流，根据电容式压力计的反馈，通过下游节流阀独立调节至所要求的压力。

采用傅里叶变换电压与电流波形测量（fourier transform voltage and current wave form measurements，FTVCWM）的精确方法，确定实际馈入放电容器中的射频功率大小。即，采用 1∶100 的高阻抗弱电压探针和 0.1 Ω 传输阻抗的射频电流探针，测量供电电极一端的射频电压和放电波形，然后按文献［23］所描述的方法进行数据处理。

通过移动真空容器，然后在电极间隙特定位置记录强度值，获得空间分辨的光学发射曲线（optical emission profiles，OES）[24]，分辨率为 0.5 mm。在配有光电倍增管的单色入口狭缝处，采用 10 cm 焦距的镜头收集放电所发射的光。

除了上述测量，在 70 eV 电子碰撞电离之后，还使用了 1 个四级质谱仪进行了气体分析[25]，分子质量范围为 1～50 Da。

另外，采用激光反射干涉法测量了原位（in situ）刻蚀速率。在这种情况下，将 532 nm 波长的绿色、固态二极管激光直接照射到聚合物薄膜上，用一个适当的镜头收集反射的光束，用光电二极管进行记录。因为记录了处理过程中的真实情况，不会干扰放电，也不会将样品暴露于大气中，因而是监控表面厚度变化的理想方法。

4.3　模型描述

文献［26，27］中对二维的自洽模型进行了详尽的描述。简言之，这个模型使用了从玻尔兹曼输运方程的矩中获得的粒子、动量和能量平衡，再结合泊松方程进行电场的自洽求解。电子、离子和中性组分的粒子平衡由连续方程来描述

$$\frac{\partial n_j}{\partial t} + \nabla \cdot \boldsymbol{\Gamma}_j = S \qquad (4-1)$$

式中，n_j 为粒子 j 的密度；$\boldsymbol{\Gamma}_j$ 为粒子 j 的通量；S 为化学反应中生成或耗散的粒子源。

用漂移扩散近似替代带电粒子动量平衡

$$\boldsymbol{\Gamma}_j = -D_j \nabla n_j + \mu_j n_j \nabla V \tag{4-2}$$

式中，μ_j 为带电组分的迁移率；D_j 为扩散系数；V 为静电势。

假定离子与中性组分具有相同的能量，仅对电子求解能量平衡。电子温度 T_e 从电子能量平衡导出

$$\frac{3}{2}\frac{\partial}{\partial t}(n_e T_e) + \nabla \cdot \left(\frac{5}{2}T_e \boldsymbol{\Gamma}_e - \frac{5}{2}n_e D_e \cdot \nabla T_e\right) = P - n_e \sum N_i K_i \tag{4-3}$$

这里，能量转换是对流通量和热扩散引起的（分别用下标 e 和 i 来描述电子和离子），P 为压力梯度，方程右边最后一项是在电子冲击碰撞中的电子生成率或耗散率。

在电场/电位的自洽计算中，采用泊松方程与流体方程同时求解

$$\nabla^2 V = -\frac{e}{\varepsilon_0}\left(\sum_{i=\text{ions}} q_i n_i - n_e\right)；\boldsymbol{E} = -\nabla V \tag{4-4}$$

式中，ε_0 为自由空间的介电常数；q_i 为离子 i 的电荷电量；$\boldsymbol{E}$ 为电场。

设定组分密度和电位的一组边界条件后，系统方程式（4-1）～式（4-4）是封闭的。驱动电压和接地电极分别定义为

$$V_{\text{RF}} = V_0 \sin 2\pi F；V_{\text{sub}} = V_{\text{bias}} \tag{4-5}$$

垂直于壁面的电子通量（假定无反射或二次电子发射）由下式给出

$$\Gamma_{e,n} = \frac{1}{4}n_e v_{e,\text{th}}；v_{e,\text{th}} = \left[\frac{8K_B T_e}{\pi m_e}\right]^{1/2} \tag{4-6}$$

式中，$v_{e,\text{th}}$ 为电子热运动速度；K_B 为玻尔兹曼常数；m_e 为电子质量。

通过局部电场值来确定离子的速度，当速度指向壁面时，到达壁面的离子通量可认为是纯漂移

$$\Gamma_{i,n} = q_i \mu_i E_n n_i \tag{4-7}$$

而当速度不指向壁面时，离子通量为零。在介质表面，根据粒子通量获得净面电荷 σ_s

$$\frac{\partial \sigma_s}{\partial t} = e\left(\sum q_i \Gamma_{i,n} - \Gamma_{e,n}\right)；\varepsilon_0 E_n = \sigma_s \tag{4-8}$$

根据表面上化学反应和它们在表面的通量平衡关系，对表面上的气相组分通量进行修正

$$\boldsymbol{n} \cdot \boldsymbol{\Gamma}_p = m_p S_p \tag{4-9}$$

式中，$\boldsymbol{n}$ 为垂直于表面的单位矢量；S_p 为表面生成量（单位面积的耗散率）。

最后，采用以下关系式计算以 Å/s 为单位的 PET 刻蚀率

$$R = 10^8 \frac{m}{N_A \rho}\left(\sum s_n D_n \frac{\partial n_n}{\partial x} + \sum s_i n_i u_i\right) \tag{4-10}$$

式中，m 为 PET 的摩尔质量；ρ 为 PET 的质量密度；N_A 为阿伏伽德罗常数。括号中一项是导致 PET 刻蚀的中性组分和离子通量之和。s_n 和 s_i 分别是中性组分和离子的刻蚀概率。

仿真的气相化学模型考虑了 16 种化学反应（电子-分子、去激励、淬灭），列入在表 4-1 中，描述等离子体与 PET 相互作用的 14 个反应列于表 4-2 中。除了 He 的化学反应外，还包括了电子与 PET 裂解产物（H、CO、CO_2、C_2H_4）之间的反应（R4～

R10)。采用碰撞截面计算电子与分子之间的碰撞率。此外。考虑了 PET 处理的产物对亚稳态 He 的淬灭（R11～R14），淬灭率假定为 He* 的 10%，则分子碰撞是有效的。对该假定的有效性进行了参数研究，结果在 4.4.2 节中介绍。

表 4-1　气相模型中包含的电子碰撞电离、动量转换与淬灭

化学反应	过程	速率常数 *	参考文献
R1	$e^- + He \longrightarrow e^- + He$	碰撞截面	[28]
R2	$e^- + He \longrightarrow e^- + He^* (^3S—^3P^o)$	碰撞截面	[28]
R3	$e^- + He \longrightarrow 2e^- + He^+$	碰撞截面	[28]
R4	$e^- + CO_2 \longrightarrow 2e^- + CO_2^+$	碰撞截面	[28]
R5	$e^- + CO_2 \longrightarrow e^- + CO + O$	碰撞截面	[28]
R6	$e^- + CO_2 \longrightarrow e^- + CO_2$	碰撞截面	[28]
R7	$e^- + CO \longrightarrow e^- + CO^+$	碰撞截面	[28]
R8	$e^- + C_2H_4 \longrightarrow e^- + C_2H_4$	碰撞截面	[28]
R9	$e^- + C_2H_4O \longrightarrow e^- + C_2H_4O$	碰撞截面	[28]
R10	$e^- + H \longrightarrow e^- + H^* (n=4 \longrightarrow 2)$	碰撞截面	[28]
R11	$He^* + CO_2 \longrightarrow He + CO_2$	1.8×10^{-11}	[29]
R12	$He^* + CO \longrightarrow He + CO$	1.14×10^{-11}	[29]
R13	$He^* + C_2H_4 \longrightarrow He + C_2H_4$	1.14×10^{-11}	[29]
R14	$He^* + C_2H_4O \longrightarrow He + C_2H_4$	1.8×10^{-11}	[29]
R15	$He^* \longrightarrow He$	1.5×10^7	[29]
R16	$H^* \longrightarrow H$	2×10^8	[30]

注：* 反应 15,16 的速率常数的单位为 s^{-1}。

图 4-2　在表面模型中包含的表面位点之间反应的频率 v 与活化能 E_a、自由基-表面相互作用的概率

化学反应	表面反应	$v/(s^{-1})$	E_a/J	参考文献
R1	$2C_{10}H_7O_4 \longrightarrow C_{20}H_{14}O_8$	1.4×10^{13}	0.11	[31]
R2	$2C_7H_4O_2 \longrightarrow C_{14}H_8O_4$	1.3×10^{14}	0.06	[31]
R3	$2C_7H_4O \longrightarrow C_{14}H_8O_2$	1.6×10^{13}	0.18	[31]
R4	$C_{10}H_7O_4 + C_7H_4O_2 \longrightarrow C_{17}H_{11}O_6$	3.0×10^{13}	0.89	[31]
R5	$C_7H_4O_2 + C_7H_4O \longrightarrow C_{14}H_8O_3$	1.2×10^{12}	0.94	[31]
R6	$C_{10}H_7O_4 + C_7H_4O \longrightarrow C_{17}H_{11}O_5$	8.5×10^{11}	0.30	[31]
化学反应	表面与组分反应	概率		
R7	$He^* + C_{10}H_8O_4 \longrightarrow He + C_2H_4 + CO_2 + C_7H_4O_2$	$P_1 = 0.06$		估值
R8	$He^* + C_{10}H_8O_4 \longrightarrow He + C_2H_4 + CO_2 + C_7H_4O_2$	$P_2 = 0.06$		估值
R9	$He^* + C_{10}H_8O_4 \longrightarrow He + H + C_{10}H_7O_4$	$P_3 = 0.04$		估值
R10	$He^* + C_{10}H_8O_4 \longrightarrow He + H + C_{10}H_7O_4$	$P_4 = 0.04$		估值
R11	$He^* + C_{10}H_8O_4 \longrightarrow He + C_2H_4 + CO_2 + C_7H_4O$	$P_5 = 0.05$		估值

续表

化学反应	表面与组分反应	概率	
R12	$He^* + C_{10}H_8O_4 \longrightarrow He + C_2H_4O + CO_2 + C_7H_4O$	$P_6 = 0.05$	估值
R13	$He^* \longrightarrow He$	$P_7 = 0.6$	估值
R14	$He^* \longrightarrow He$	$P_8 = 0.6$	估值

此外，在 PET 表面，考虑了溅射以及亚稳态的 He 与 PET 单体相互作用。认为这些相互作用的结果是 PET 链（C—C，C—H，C—O）键的断裂，这将反过来产生表面位点（$C_7H_4O_2$、$C_{10}H_7O_4$、C_7H_4O）。而且，这些位点的反应会产生带有（$-C_{70}H_{14}O_8-$、$-C_{17}H_{11}O_6-$、$-C_{14}H_8O_3-$、$C_{17}H_{11}O_5$）等化学组分的表面，这个表面与 PET 完全不同。大多数表面反应的频率和活化能都取自参考文献 [31]。在某些无数据可用的情况下（R2 和 R5），可采用类似反应的频率和活化能来代替。考虑到离子和激发态 He 原子键断裂的概率，初步预估这些组分的 15% 能够贡献于表面处理。可根据这些组分的化学键能来调节它们断裂 C—C、C—H、C—O 键的概率。此外，在后两个反应（表 4-1 中 R13、R14）中，还考虑了 He 放电与反应器不锈钢部分之间的相互作用。

4.4　结果与讨论

上述的诊断技术和放电仿真器已经应用于纯氦气放电中基板偏压对 PET 处理的影响研究。条件是：压力 500 mtorr，施加峰-峰值电压 300 V、氦气流速 20 sccm，电极间距 25 mm。基板偏压从 -30 V 到 +30 V 以 10 V 为步长变化，监控/模拟了偏压变化对放电的电特性、气相化学、PET 刻蚀率与处理的影响。在以下几节将给出这些研究结果并进行讨论。

4.4.1　电特性

在工作的第一阶段，研究了放电时偏压对能量消耗的影响，而此时保持射频电压为常值。图 4-1 (a) 给出了 -30 V 偏压情况下，反应器中平均功率的耗散图，与模型预测一致。仿真区域是反应器的一部分，完成这个区域的实验，包括供电电极、一个用于遮蔽射频的介质部件（聚四氟乙烯 Teflon）、PET 薄膜和一个将聚合物固定到电极上的不锈钢箍带（SS 环）。该功率耗散结果清晰地描述了众所周知的"边缘效应"[32]，即由于射频电极的遮蔽，在靠近供电电极位置和介质材料表面有较高的功率耗散。此外，放电过程中靠近供电电极处的高能量消耗，表明鞘层的欧姆加热是电极获得能量的主要机制。相反，在靠近材料表面（PET、SS 环）的位置能量耗散非常低，表明与电子能量相比尽管采用了基板偏压，用于离子加速的能量几乎可以忽略。值得注意的是，在放电的过程中，偏置电位的变化不影响能量耗散的分布。

然而，当我们从负偏置电位向正偏置电位调节时，由 FTVCWM 得到的测量结果 [图 4-2 (b)] 表明，放电耗散的总功率是下降的。实际上，该模型略微低估了功率的耗散，但很好地再现了基板偏压变化引起的能量降低。

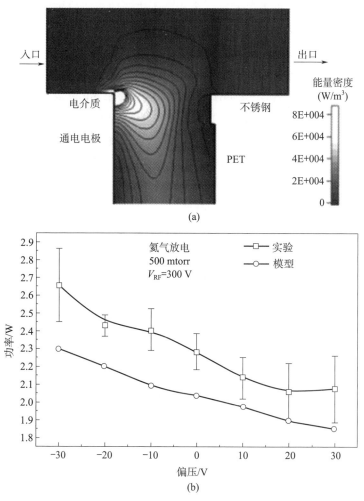

(a)

(b)

图 4-1　（a）在 −30 V 基板偏压和 0.5 torr 压力下 He 放电的能量密度（W/m³）；
（b）放电中总功率耗散随基板偏压变化的测量与计算结果

　　为了解释射频功率随偏压的变化，研究了同样条件下放电电流的变化。图 4-2（a）
（左纵轴）显示了 −30 V 基板偏压情况下，在射频周期内，射频电极处的位移电流、电子
电流、离子电流和总放电电流变化的模型预测结果。图 4-21（a）的右纵轴显示了所用的
射频电压随时间变化，具有 $V = -V_{dc} + V_{RF} \sin \omega t$ 的形式。可以看出，由于鞘层的电容性
质，位移电流受远处传导电流所支配，相对于施加的电压有 $-\pi/2$ 的相位漂移。在射频周
期的 $\pi/2$ 处，也就是施加正电压的最高点，电子电流出现一个尖峰，而在一个射频周期内
的其他部分，电子电流几乎保持为 0。由于氦离子的高迁移率，离子电流不具备纯直流特
征，而是随着射频周期变化。事实上，在射频周期内的大部分时间内，离子被射频电极所
吸引，离子电流在 $3\pi/2$ 处出现最大值，此时施加的电压是最负电压值。在 $\pi/2$ 附近的射
频周期，仅仅有很小部分离子是被推离电极的。这种特征是很令人感兴趣的，因为它直接

影响 PET 表面的离子轰击,这种特征在后面还会详尽讨论。

此外,位移电流和传导电流之和是一个相当不协调的总放电电流,相对于所施加的电压,其相位漂移 − 82°。这个值很接近实验确定的放电相位阻抗,在一定条件下其值为 −78°,射频电极的电流测量结果确认了放电电流的非协调性。

除了在相位阻抗和电流非协调性方面模型与实验一致性很好之外,总电流幅度值的理论与实验结果也非常吻合 [图 4 - 2 (b)]。在这两种情况下,都是采用电流波形的快速傅里叶变换计算得到的幅度。偏压对放电电流的影响类似于对功率的影响,正基板偏压的应用导致放电电流的下降。模型与实验在放电电流方面一致性非常好,与此同时,模型在总功率耗散方面出现不足,这种情况意味着,这种不一致可能来自放电相位阻抗的微小差别,或来自电场计算以及因此影响到的放电电压分布。

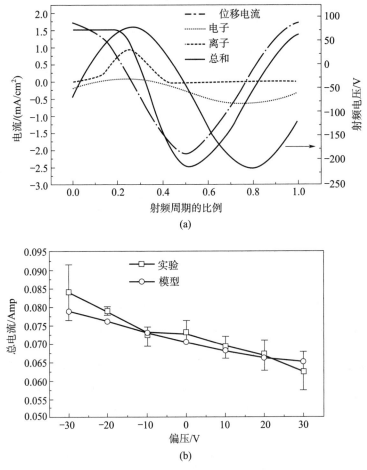

图 4 - 2 　(a) 在 −30 V 基板偏压、0.5 torr 的 He 放电中,一个射频周期内的位移电流、传导电流及总电流 (左纵轴) 和射频电压 (右纵轴);(b) 放电中的总功率耗散随基板偏压变化的实验与测量结果

图 4 - 3 (a) 是不同基板偏压情况下的电位空间变化,是对 γ 方向的电压计算值进行时间平均的结果。可以清楚地看出,基板偏压从负变为正,在通电电极处,电压的负值变

化较小，而在大部分区域内，电压的正值变化较大。这意味着，从 -30 V 到 +30 V 施加偏压，会提升每个放电点的电位。但是，电位的增加与基板偏压的变化并不是一对一的关系。图 4-3（b）更清晰地给出了自偏压电位（V_{dc}，左纵轴）和等离子体电位峰值（V_p，右纵轴）的计算与实验结果。在基板偏压的 60 V 变化过程中，V_{dc} 的计算值向负方向减小了 45 V，而等离子体电位增加了 45 V。另外，如果考虑 V_{dc} 和 V_p 实验测量结果，与偏置电位相比，电位的变化甚至更缓慢（25 V）。这种一对一关系的偏离是电子与离子密度关系改变的结果，因此是朝向供电电极、基板、反应器壁面的电子与离子损失率变化的结果。电子损失主要通过它们的高热运动速率和它们向壁面的扩散来确定，因此，基板偏置电位的变化不会对电子损失率产生严重影响。此外，由于施加了正偏压，仅由鞘层场中的漂移来决定的离子损失率将会减小。因此，在这种条件下，相对电子密度来说，离子密度是增强的，因此修正了 V_{dc} 和 V_p 变化与基板偏压变化之间的一对一关系。

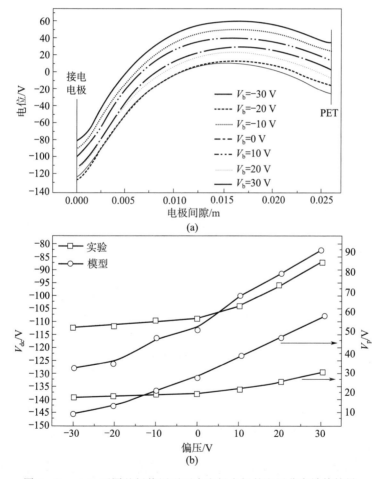

图 4-3　（a）不同基板偏压下两个电极之间的电压分布计算结果；
（b）自偏压（左纵轴）与等离子体电位（右纵轴）随基板偏压变化的实验测量与计算结果

V_{dc} 和 V_p 对基板偏压变化的滞后响应表明，在负偏置情况下，供电电极和基板支架中的电场会增加。这种增强也在图 4-4（a）和（b）得到反映，该图给出了射频周期内 $\pi/2$ 和 $3\pi/2$ 两个不同时刻，在 γ 方向平均电场的空间分布。在两种情况下，都是在 -30 V 偏压时电场较高，在 30V 偏压时电场最低。值得注意的是，在 $\pi/2$ 时供电电极的电场为正值，这表明在射频周期内的这个时段，电极吸引电子。在 $3\pi/2$ 情况下，基板支架也是如此，这归因于 He 离子的高迁移率，导致相当高的表面损失率，并因此增加了电子通量以补偿正离子的损失[33]。对于正偏压的情况，这种必然性更明显，这与前面讨论的 V_{dc} 和 V_p 随基板偏压的相对变化是一致的。

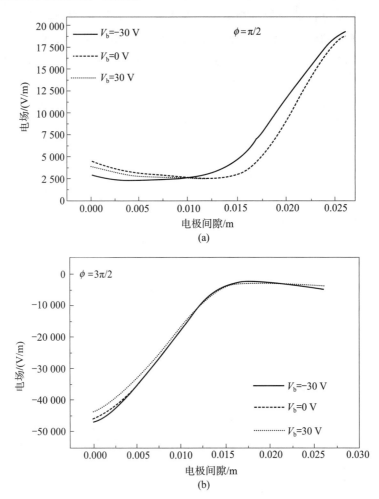

图 4-4　（a）不同基板偏压下在 $\varphi = \pi/2$ 时两电极之间的电场计算结果；
（b）不同基板偏压下在 $\varphi = 3\pi/2$ 时两电极之间的电场计算结果

电场强度随偏压的变化，也会影响电子通过鞘层的欧姆加热获取能量。这种变化也会影响电离时的电子-分子碰撞过程以及等离子体密度。图 4-5（a）给出了 -30 V 基板偏压放电时的电流密度分布。由于"边缘效应"，在等离子体体积外边界和两电极中间位置，电子密度出现最大值。此外，图 4-5（b）表明，偏压从 -30 V 到 30 V 变化，会导致时间、空间平均电子密度下降，这与前面所述的放电电流降低是一致的。电子密度随着正偏置而下降，与电场和电离率下降相关，而通过 R4 和 R5 反应（见表 4 - 1）生成带电组分也有一定的作用。

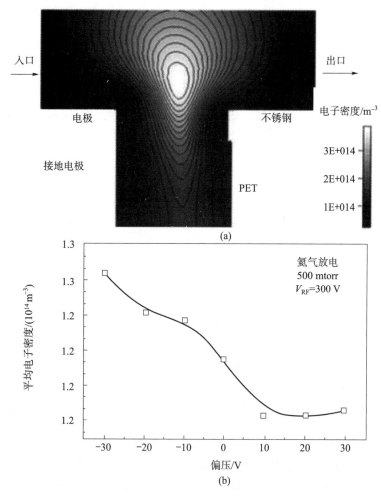

图 4 - 5 （a）在基板偏压 - 30 V、0.5 torr 压力的 He 放电中的电子密度分布（m⁻³）；
（b）平均电子密度随基板偏压变化的计算结果

　　当偏压从 - 30 V 到 30 V 变化时，等离子体密度和电场强度下降，意味着流向表面的带电组分通量降低。图 4 - 6（a）表述了这种特征，该图给出流向 PET 的离子电流（左纵轴）。图的右纵轴是 PET 表面的离子轰击变化，通过电场与离子电流乘积计算获得。随着从负偏压到正偏压变化，离子轰击下降，同时它在射频周期内也有一个重要的变化。因此，在图 4 - 6（b）中给出了偏压从 - 30 V 到 30 V 变化时，射频周期内单位表面离子轰击的变化。射频周期内的 π/2 处离子轰击达到最大值，而在 π 和 2π 之间的半个射频周期内几乎为 0。在 - 30 V 偏压时，离子传递到表面的能量较高，对表面轰击的射频周期比例也较大。

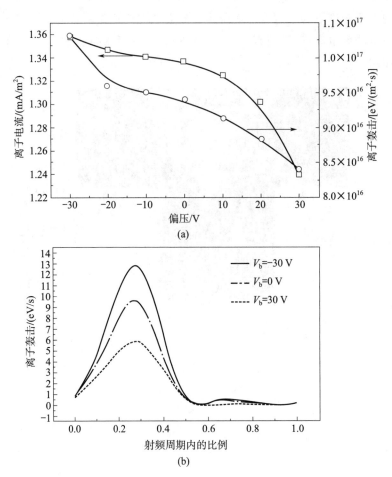

图 4 - 6　　(a) 流向 PET 表面的离子流（左纵轴）与离子轰击随基板偏压变化的计算结果（右纵轴）；
(b) 不同基板偏压下，在射频周期内单位表面的离子轰击计算结果

必须注意到，在正偏压情况下，传递到表面的能量相当低，在 $\pi/2$ 时刚刚超过 5 eV/s。如果考虑到 PET 键断裂需要的最低能量为 3.5 eV，很明显，在正偏压情况下，离子轰击是无效的。

4.4.2　气相化学

根据实验测量与建模所获得的结果可知，功率、电场和等离子体密度的变化，对所有的电子-分子反应率都有明显的影响。事实上，在前面一节中已经指出，偏压从负变为正的过程中，电离率是下降的，因而导致离子通量和对 PET 表面轰击的下降。

PET 在氦气等离子体中处理的另外一个重要过程是亚稳态 He* 的生成，被认为是 PET 表面改性的主要原因[34]。我们采用空间高分辨光学发射频谱仪记录了亚稳态 He* 密度随基板偏压的变化。记录了 388.9 nm 的谱线，该谱线对应于具有微秒量级寿命的 $^3S—^3P^0$ 跃迁。在仿真中，用总激发截面（表 4 - 1 中 R2）来考虑全部氦的亚稳态生成，同时也考虑了这些分子的退激发率和淬灭（表 4 - 1 中 R11~R15）。图 4 - 7 (a) 给出了亚

稳态氦的典型二维分布图，是通过模型预测 −30 V 偏压情况下的结果。与电子密度情况
［图 4 - 5 (a)］相同，氦亚稳态密度最大值出现在等离子体体积之外靠近射频电极的位
置。这些组分在所有表面的含量都非常低，因为不锈钢和 PET 表面都会消耗这些组分
（表 4 - 2 中 R8、R10、R12、R14）。图 4 - 7 (b) 给出了总的 He* 密度随基板偏压变化的
模型计算结果（左纵轴）和光学发射频谱仪测量结果（右纵轴）。与等离子体密度不同，
在基板偏压从负变为正的过程中，氦亚稳态的密度是增加的。这种增加明显是由于正偏压
情况下淬灭速率降低（表 4 - 1 中 R11～R14）所导致，因为激发速率（表 4 - 1 中 R2）降
低，退激发速率不受基板偏压影响。需要说明的是，在淬灭速率计算中，认为 10％的氦亚
稳态与 PET 处理副产物碰撞最终会导致淬灭。

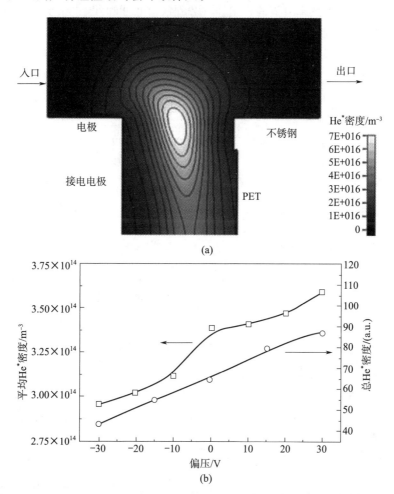

图 4 - 7　(a) 在 −30 V 基板偏压下，0.5 torr 压力下 He 放电的亚稳态 He 密度分布 (m⁻³)；
(b) 平均 He 亚稳态密度（左纵轴）随基板偏压变化计算结果和总 He* 发射强度
随基板偏压变化测量结果（右纵轴）

为了更好地估计假定条件对结果的影响，开展了表 4 - 1 中 R11～R14 速率常数的参数
研究工作。这些速率常数变化从 0（无淬灭）～9×10⁻¹¹ m³/s（80％的碰撞导致淬灭），计

算给出了氦亚稳态退激发的空间分布与实验结果的比较。图 4-8（a）总结了 −30 V 偏压条件下的这些结果。实测氦亚稳态的空间分布，在靠近射频电极位置（0.7 cm）出现最大值，而在靠近供电电极和 PET 表面处，发射辐射强度出现急剧的下降。此外，仿真计算得到的无淬灭时的空间分布为三角形，最大值在 1.5 cm 附近，而靠近表面处的 He* 密度下降却非常平稳。假设 10% 的氦亚稳态与 PET 处理副产品之间碰撞会导致亚稳态淬灭，则曲线的轮廓向射频电极方向移动（1.2 cm）；但是，没有明显影响曲线的形状。淬灭率进一步增加（80% 的碰撞）时，空间分布曲线可以很好地再现实验测量结果。最大值出现在0.7 cm 处，从最大值到 PET 表面，退激发率的下降一致性很好。然而，即使在这些条件下，模型也很难再现出接近表面处退激发率急剧下降的结果，这归因于氦亚稳态与不锈钢或 PET 表面相互作用概率取值的合理性（分别取值 0.6 和 0.15）。无论哪种情况，都可以很清晰地证明，He* 亚稳态淬灭决定了它们在放电中的空间分布与密度。这个结论与本章前面的结果是一致的，该结果给出了放电过程中或没有 PET 薄膜情况下的氦亚稳态变化[35]。

此外，淬灭也会影响亚稳态的通量，图 4-8（b）给出了向 PET 表面能量的转换随基

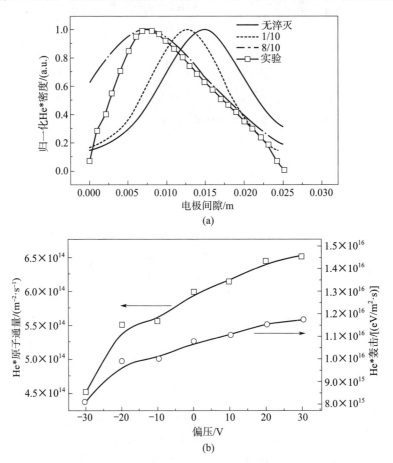

图 4-8　（a）在 −30 V 偏压、不同淬灭速率条件下，0.5 torr 氦放电的 He* 密度空间分布归一化测量结果和计算结果；（b）亚稳态 He 通量（左纵轴）和亚稳态 He 轰击 PET 表面随基板偏压变化（右纵轴）

板偏压的变化。因此，偏压从 -30 V 到 $+30$ V 变化时，尽管激发速率下降，但由于正偏置，亚稳态通量却是增加的（左纵轴）。反过来，在 $+30$ V 偏压时，传递到 PET 表面的能量较高，这与离子传递到表面的能量观测结果 ［图 4-6（a）］ 是相反的。此外，与离子相比，亚稳态为 PET 表面提供的能量低一个数量级，因而自动限制了它们在 PET 处理工艺中的作用。从氦亚稳态向表面传递的能量计算中，采用了 20 eV 这样一个相当乐观的值。

如前所述，PET 处理时产生的分子碎片会严重影响 PET 刻蚀的前体流量组成。因此，监测放电过程中这些组分的分布和它们的密度随基板偏压的变化是很有意义的。图 4-9（a）给出了 -30 V 基板偏压情况下，放电过程中 CO_2 的密度分布图。CO_2 是大多数表面反应（表 4-2 中 R7、R8、R11、R12）的产物，它的密度高于产物中其他所有分子[36]。从分子的分布，我们可以观测到，CO_2 密度并不是均匀地分布在整个等离子体体积中，而是在生成它的 PET 表面附近较高。这就解释了在 PET 表面的氦亚稳态淬灭较强的事实[35,36]，也解释了发射辐射曲线形状。并且也得到了所有 PET 处理的副产物（C_2H_4O、C_2H_4、H）类似的空间分布，包括受质量影响的非均匀分布以及这些组分的扩散系数。因此，轻组分（氢原子）在等离子体中的扩散比重组分更均匀。此外，计算了平均 CO_2 分子生成随基板偏压的变化，结果绘制在图 4-9（b）中。基板偏压从负变为正的过程中，使得 CO_2 密度连续下降，这归因于 4.4.1 节中出现的离子通量降低和离子轰击减弱以及随之而来的 R7 和 R11 表面反应的限制。上面所出现的氦亚稳态通量的增加，不会通过 R8 和 R12 表面反应导致 CO_2 密度的增加，这是因为它们的通量要比离子低很多。此外，在负偏压情况下，最大 CO_2 密度对应于更高的淬灭速率，从而导致最低的氦亚稳态密度。

4.4.3　等离子体与表面的相互作用

氦放电的电特性与气相化学的实验和计算结果表明，在负偏置基板条件下，PET 处理的强度会更高。刻蚀率的实验测量结果也证实了这个结论。刻蚀率是通过激光反射干涉仪原位（in situ）测量和等离子体处理的 PET 薄膜质量差别 异位（ex situ）测量获得。图 4-10（a）给出了刻蚀率随基板电压变化，同时也给出了模型的预测结果。偏压从负变到正的过程中，实验和仿真结果都出现刻蚀率的下降。这种现象可以归因于，随着偏压向正方向变化，离子通量和离子轰击降低。然而，在整个基板偏压范围内，模型预测结果都比实验测量结果低 30%～40%。这种差异也许正是仿真中采用的离子刻蚀概率（15%）导致的结果。这个概率是预先未知的，也是需要进一步研究的一个问题。但是，注意到这一点很重要，如果采用的刻蚀概率高于 25%，根据这些结果，则离子就可以解释所观测到的总刻蚀速率。另外，由于模型不包括辐射问题，在仿真中还没有考虑紫外辐射作用，而据其他研究团队报导，紫外辐射是 PET 处理的主要途径[37]。本研究工作的明确结果是，离子在 PET 处理中起到非常重要的作用。

最后，在负偏压条件下，刻蚀速率增加和 PET 处理的强度更高，使得表面位点的交

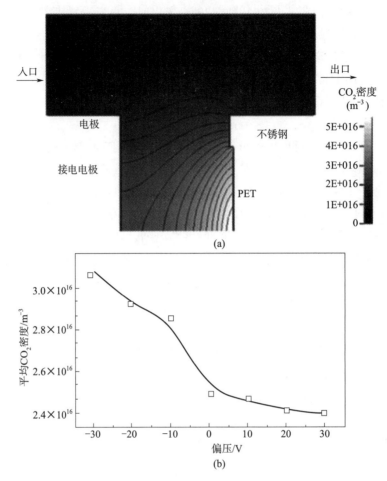

(a)

(b)

图 4 - 9 （a）在 −30 V 偏压 0.5 torr 氦放电中的 CO_2 密度分布（m^{-3}）；
（b）平均 CO_2 密度随基板偏压变化计算结果

联增强。图 4-10（b）给出了表面位点（—$C_{20}H_{14}O_8$—、—$C_{14}H_8O_4$—、—$C_{14}H_8O_2$—）的比例随基板偏压变化曲线。偏压从 −30 V 到 +30 V 变化，导致所有交联表面位点比例的降低。与其他位点相比，—$C_{14}H_8O_4$—位点的比例较高，因为导致该位点表面反应的频率高得多。同样也很明显，交联位点的比例相当低（0.028%），所有交联位点（表 4 - 1，R1～R6）的总和与所有中间位点（表 4 - 1，R7～R12）的总和，略微超过总面积的 0.1%。这个观测结果表明，大部分 PET 的表面是未改性的，这主要是由于仿真中设置的处理时间短（1 s）。然而，表面位点比例随基板偏压变化计算结果的最重要特征是，负偏压条件下，交联表面位点比例增强。这又可以解释，在这些条件下处理的 PET 膜稳定性更高，对众所周知的老化效应有抵制作用[38,39]。

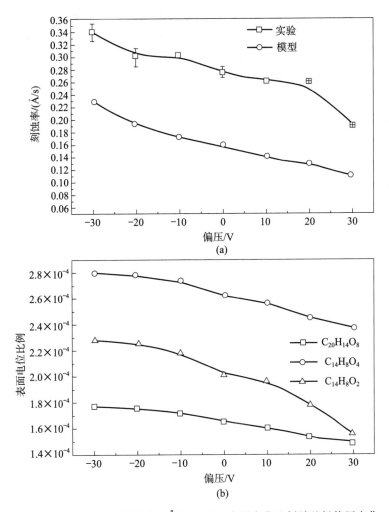

图 4 - 10　　（a）PET 刻蚀率（Å/s）；（b）表面点位比例随基板偏压变化

4.5　结论

通过应用一系列等离子体诊断（电特性、频谱和刻蚀速率的测量）方法并结合氦气等离子体自相容建模，完成了氦气放电中基板偏压对 PET 处理影响的完整研究。

对于恒定施加的射频电压，当基板偏压从负向正变化时，放电中所耗散的总能量和总放电电流会稍有下降。模型计算很好地再现了这种趋势，揭示了功率耗散与放电电流的下降是电子密度和电场强度同时下降所导致的。这种下降的结果是，正偏压不利于离子通量和 PET 表面的离子轰击。

相对来讲，偏压从 −30 V 向 ＋30 V 变化过程中，尽管激发率降低，但有利于氦亚稳态密度的增加。这归因于 PET 表面改性的副产物会淬灭氦亚稳态分子，这种情况在负偏压时更强烈。氦亚稳态淬灭速率的参数研究表明，理论模型与实验记录的 He* 空间分布结果符合的很好，只有 8～10 种氦亚稳态与表面处理副产物之间的碰撞会导致氦亚稳态淬灭。在偏压从 −30 V 到 +30 V 变化时，相当高的淬灭速率与副产物密度的降低相结合，导致流向 PET 表面的氦亚稳态通量增加以及这些组分向表面传递的能量增加。但是，与离子相比，流量与能量都降低很多，这严重地限制了 He* 在 PET 表面改性中的作用。

　　此外，随着 PET 基板负偏置向正偏置变化，PET 刻蚀速率降低，标志着离子轰击的重要作用。模型计算结果还表明，如果离子刻蚀概率约为 25%，则离子是影响刻蚀速率唯一因素。最后，在负偏压条件下，高强度的 PET 处理导致表面交联位点的增加，可以提高这种条件下的 PET 膜处理稳定性，具有抵制老化的作用。

参 考 文 献

［ 1 ］ Carlsson, C.M. and Johansson, K.S.(1993) Surf. Interface Anal., 20, 441.

［ 2 ］ Dai, L., Griesser, H.J. and Mau,A.W.H. (1997) J. Phys. Chem. B, 101,9548.

［ 3 ］ Arefi, F., Andre, V., Montazer – Rahmati, P. and Amourouz, J. (1992) Pure Appl. Chem., 64, 715.

［ 4 ］ Xie, Y., Sproule, T., Li, Y., Powell, H.,Lannuti, J. and Kniss, D.A. (2002) J Biomed. Mater. Res., 61, 234.

［ 5 ］ Friedrich, J.F. et al. (1995) J.Adhesion Sci. Technol., 9, 1165.

［ 6 ］ Inagaki, N., Narushim, K., Tuchida,N. and Miyazaki, K. (2004) J. Polym.Sci. B: Polym. Phys., 42, 3727.

［ 7 ］ Jie – Rong, C., Xue – Yan, W. and Tomiji, W. (1999) J. Appl. Polym. Sci.,72, 1327.

［ 8 ］ Koen, M.C., Lehmann, R., Groening,P. and Schlapbach,L. (2003) Appl. Surf. Sci., 207,276.

［ 9 ］ Laurens, P., Petit, S. and Arefi – Khonsari, F. (2003) Plasmas Polym.,8, 281.

［10］ Arefi – Khonsari, F., Kurdi, J. and Tatoulian, M. (2001) J. Amouroux,Surf. Coat. Technol., 142 – 144,437.

［11］ Goldblatt, R.D. et al. (1992) J. Appl.Polym. Sci., 46, 2189.

［12］ Tahara, M., Cuong, N.K. and Nakashima, Y. (2003) Surf. Coat.Technol., 173 – 174, 826.

［13］ Drachev, A.I., Gil'man, A.B., Pak, V.M. and Kuznetsov, A.A. (2002) High Energ. Chem., 36, 116.

［14］ Guruvenket, S., Mohan Rao, G.,Komath, M. and Raichur, A.M.(2004) Appl. Surf. Sci., 236, 278.

［15］ Liston, E.M. (1989) Adhes. Age, 30,199.

［16］ Carlotti, S. and Mas, A. (1998) J.Appl. Polym. Sci., 69, 2321.

［17］ Hegemann, D., Brunner, H. and Oehr, C. (2003) Nucl. Instrum.Methods Phys. Res. B, 208, 281.

［18］ Cioffi, M.O.H., Voorwald, H.J.C. and Mota, R.P. (2003) Mater. Charact.,50, 209.

［19］ Kim, B.K., Kim, K.S., Park, C.E. and Ryu, C.M. (2002) J. Adhes. Sci.Technol., 16, 509.

［20］ Shi, M.K., Graff, G.L., Gross, M.E.and Martin, P.M. (1999) Plasmas Polym., 4, 247.

［21］ Wilken, R. and Holländer, A. (1999)J. Behnisch, Surf. Coat. Technol.,116 – 119, 991.

［22］ Mataras, D., Cavadias, S. and Rapakoulias, D.E. (1989) J. Appl.Phys., 66, 119.

［23］ Spiliopoulos, N., Mataras, D. and Rapakoulias, D.E. (1996) J. Vac. Sci.Technol. A, 14, 2757.

［24］ Mataras, D., Cavadias, S. and Rapakoulias, D.E. (1993) J. Vac. Sci.Technol., 11, 664.

［25］ Spiliopoulos, N., Mataras, D. and Rapakoulias, D. (1997) J. Electrochem.Soc., 144, 634.

［26］ Lyka, B., Amanatides, E. and Mataras, D. (2004) Proc. 19th European Photovoltaic Solar Cell Energy Conf. and Exhibition, Paris.

［27］ Amanatides, E., Lykas, B. and Mataras, D. (2005) IEEE Trans.Plasma Sci., 33, 372.

［28］ ftp://jila.colorado.edu/collision_data/.

［29］ Dubreuil, B. and Prigent, P.(1985) J. Phys. B - At. Mol. Opt.,18, 4597.

［30］ Tochikubo, F., Makabe, T., Kakuta, S.and Suzuki, A. (1992) J. Appl. Phys.,71, 2143.

［31］ http://kinetics.nist.gov/index.php.

［32］ Boeuf, J.P. and Pitchford, L.C. (1995)Phys. Rev. E, 51, 1376.

［33］ Czarnetzki, U., Luggenholscher, D.and Dobele, H.F. (2001) Appl. Phys.A, 10, 1007.

［34］ Arefi - Khonsari, F., Placinta, G.,Amouroux, J. and Popa, G. (1998)Eur. Phys. J. Appl. Phys., 4, 193.

［35］ Papakonstantinou, D., Mataras, D.and Arefi - Khonsari, F. (2001) J.Physique IV, 11 (Pr3), 357.

［36］ Papakonstantinou, D. and Mataras,D. (2001) 15th International Symposium on Plasma Chemistry, Orleans, 2421.

［37］ Holländer, A., Wilken, R. and Behnisch, J. (1999) Surf. Coat.Technol., 116 - 119, 788.

［38］ Kaminska, A., Kaczmarek, H. and Kowalonek, J. (2002) Eur. Polym. J.,38, 1915.

［39］ Chatelier, R.C., Xie, X., Gengenbach,T. and Griesser, H.J. (1995)Langmuir, 11, 2576.

第 5 章　用于源和工业过程设计的热等离子体（射频与转移电弧）的三维建模

V. Colombo，E. Ghedini，A. Mentrelli，T. Trombetti

博洛尼亚大学（University of Bologna）采用定制的计算流体力学（computational fluid dynamics，CFD）商业软件 FLUENT®，开发了工作在大气压下的感应耦合等离子体炬（inductively coupled plasma torche，ICPT）的三维（3D）仿真模型。该模型考虑了螺旋线圈的真实 3D 外形，在没有轴对称假设的简化下，给出了螺旋线圈对不同几何、电子和工作条件下的等离子体放电的影响。已经完成了氩（Ar）等离子体的仿真。模型中也包含了一个工业 TEKNA PL - 35 等离子体炬的气体喷射部件，模型没有几何简化，在喷射点细化了网格，为了实现放电入口区域的更真实模拟，考虑了湍流效应。考虑到连续相与离散相之间的能量和动量传递以及粒子的湍流耗散影响，模拟了探头通过载气将金属和陶瓷颗粒轴向注入放电区。采用 CFD 定制版的商业化软件 FLUENT®，通过三维的时间相关数值模型方法，研究了大气压条件工作下，用于基板材料处理（废料处理、金属基板切割或加固）的转移电弧热等离子体源的特性。在层流和局部热力学平衡（local thermodynamic equilibrium，LTE）条件下，对于光学薄的氩气等离子体，采用耦合电磁方法，求解了非定常流动与热交换方程。研究了施加外磁场对单炬电弧形状的影响。参考由位于罗马 Castel Romano 的 Centro Sviluppo Materiali（CSM SpA）设计和运行的等离子体源，针对用于废料处理的高能双炬转移电弧系统设计，阐述了充分研究等离子体速度场和温度场的重要性。所有的计算都在博洛尼亚大学 CIRAM & DIEM 的一个工作站网络 PlasMac 上完成，使得能够大幅度降低计算时间，处理传统个人计算机无法完成的复杂计算域问题。

5.1　引言

近年来，ICPT 在许多技术过程中扮演越来越重要的角色，作为一种清洁、高效的高焓等离子体喷流生成方法，可用于很宽的应用领域，如材料的等离子体喷雾沉积、粉末的致密和球化、纳米颗粒的化学合成、废料处理等[1-11]。因为特定工艺的成功直接取决于放电过程中和喷流中的等离子体温度和速度场，而温度和速度场反过来依赖于系统的几何特征与运行参数，炬的特性以及这些参数对等离子体特性影响的知识是至关重要的。但是，ICPT 的详细诊断是非常困难的，这是因为所涉及的是高温，且很难做到进入设备的内部区域而对放电不产生干扰。由于近年来计算机相关技术的发展，能够执行越来越精细的建模方法，数学建模作为一种替代方法成为预测这种系统的有效且有力的工具。在这方面，不同作者[12-19]曾提出了多种模拟 ICPT 中等离子体物理特性的二维模型，还采用扩展网格方法进行了电磁场描述[15-19]。但是，所有这些模型都假定炬是轴对称的，没有考虑感应线圈实际形状的影响或进口处气体非轴对称分布等重要三维效应。此外，二维模型无法研究非圆截面的炬。Xue 等[19]工作的第一步是试图强化螺旋线圈引起的三维效应，他们在二维建模中考虑了理想轴对称柱形线圈中以一定倾斜角流过的感应电流的轴向分量。Mostaghimi 和他的合作者[20]完成了以 ICPT 下游区域中气体混合研究为目标的三维仿真，仿真是在不包含感应线圈和它的电磁效应计算区域内。为了获得更实际的 ICPT 描述，最近开发了完全去除轴对称假定的 3D 模型[21-27]。这个模型是在商业软件 FLUENT® 框架下完成的，采用了向等离子体外部延伸的网格来处理电磁场。为了将麦克斯韦方程加到所构造的流体力学模块中，采用了一种称为用户定义量（user‑defined scalar，UDS）技术，以满足用户的基本 FLUENT® 编程需求。在本章中，针对典型工业运行条件下的 Tekna PL‑35 等离子体炬，给出了采用 3D 模型获得的仿真结果，也考虑了等离子体处理的粉末喷射和在容器下游的炬出口处的粉末收集。

热等离子体设备也包括直流转移电弧等离子体炬，这种设备广泛用于工业处理中[28]。例如，转移电弧炬可用于金属材料表面处理。在这方面，通过导线中的电流产生的外部磁场，使电弧发生偏转，可以用于大面积的阳极表面处理[29-31]。直流转移电弧系统应用的另一个领域是废料处理。例如，本章中给出的双炬设备一直是近期研究的对象，模拟它在等离子体炉中的特性，用于有害废料焚化和石棉惰性化[32]。过去，已完成了直流转移电弧双炬系统的研究[33]，涉及以放射性废料的焚化/玻璃化为应用的等离子体炉中 3D 流动仿真，基于在两个平行金属电极（阴极和阳极）之间转移的电弧下的熔融玻璃浴，假设电弧的形状通过熔池自身闭合。采用了 3D 结构网格对电弧域建模，该网格包含了两个平行的炬，给出等离子体一侧的电位、电弧形状、等离子体温度以及与一些实验结果的比较，如发射频谱仪测量结果或高速摄像仪拍摄的电弧结果。切割炬是本章给出另一个数值模拟结果的等离子体设备，由于具有高生产效率，这种设备广泛应用于多种金属材料工业切割工艺中[34-37]。等离子体电弧切割工艺以电极间的转移电弧为特征，其中一个电极作为切割炬的一部分（阴极），而另一个电极是需要切割的金属工件（阳极）。为了获得高质量和高效率的切割（切割速度），对于等离子体喷流，除了其他事项外，还要求喷流应尽可能平行且具有尽可能高的功率密度。对这种设备的等离子体放电特性研究以及对工业切割炬的优化、建模和数值模拟是非常有用的工具。在本章中，给出了关于转移电弧等离子体炬建模最新进展的简要回顾，还给出了磁偏转电弧、双炬和切割等离子体炬等部分数值模拟结果。

5.2　感应耦合等离子体炬

5.2.1　建模方法

5.2.1.1　建模假定

将等离子体处理为连续流体，去除了以前大多数 ICPT 研究中的轴对称假设，最近已经完成了等离子体的物理特性建模。作者已经在 FLUENT® 环境下，完成这个趋于完全的 3D 模型[21-27]。

在全部数值模拟中，采用了以下基本假设：

- 定常流动；
- 等离子体在光学上很薄，且处于局部热力学平衡状态；
- 忽略能量方程中的黏性耗散项；
- 忽略位移电流；
- 热力学与输运特性仅仅是温度的函数[38,39]。

与等离子体流动机制相关的附加假定需要考虑。根据所执行特殊仿真，考虑了两个不同的假定：

- 等离子体流动是层流；
- 等离子体流动是湍流，由雷诺应力模型描述。

在数值模拟中，还需要考虑粉末喷射到炬中，以评估在炬中区域和反应容器区域（炬出口的下游）驻留时，这些粉末的轨道和热特性[40-44]。在仿真中，将喷射的粉末视为离散相，分散在代表等离子体的连续相中。

考虑粉末喷射时，连续相建模的基本假设与以前所解释的相同。考虑离散相时，作如下基本假设：

- 粉末沿轴向喷射，与载气具有相同的速度；
- 假定粉末为球形；
- 忽略粉末的内部热阻。

5.2.1.2　连续相的控制方程

描述等离子体连续相的质量、动量和能量输运方程如下所述。

质量守恒方程为

$$\nabla \cdot (\rho \boldsymbol{u}) = 0 \tag{5-1}$$

动量守恒方程为

$$\nabla \cdot (\rho \boldsymbol{uu}) = -\nabla p + \nabla \cdot \left[\mu \left(\nabla \boldsymbol{u} + \nabla \boldsymbol{u}^{\mathrm{T}} - \frac{2}{3} \mu \nabla \cdot (\boldsymbol{u} I) \right) \right] + \rho \boldsymbol{g} + \boldsymbol{J} \times \boldsymbol{B} \tag{5-2}$$

能量守恒方程为

$$\nabla \cdot (\rho \boldsymbol{uh}) = \nabla \cdot \left(\frac{k}{c_{\mathrm{p}}} \nabla h \right) + J \times E - R \tag{5-3}$$

上述式中，ρ 为等离子体密度；p 为压力；h 为焓；$\boldsymbol{u}$ 为速度；$\nabla \boldsymbol{u}$ 为速率梯度张量；$\nabla(\boldsymbol{u})^{\mathrm{T}}$ 为 $\nabla \boldsymbol{u}$ 的转置；I 为二阶单位张量；k 为热传导率；c_{p} 为定压比热；μ 为分子黏性系数（层流模式下采用）或分子与湍流黏性之和（湍流模式下采用）；$\boldsymbol{g}$ 为重力；E 为电场；$\boldsymbol{B}$ 为磁感应场；J 为等离子体的感应电流密度；R 为体辐射损失。

线圈中流动的电流（$\boldsymbol{J}^{\mathrm{ciol}}$）和等离子体感应的电流（$\boldsymbol{J}$）所生成的电磁场，可以用麦克斯韦方程的矢量势形式写出

$$\nabla^2 \boldsymbol{A} - i\omega\mu_0\sigma\boldsymbol{A} + \mu_0\boldsymbol{J}^{\text{ciol}} = \boldsymbol{0} \tag{5-4}$$

式中，μ_0 为自由空间的传导率（$4\pi\times10^{-7}$ H/m）；σ 为等离子体的电导率；$\omega = 2\pi f$（f 为电磁场频率）。在这个模型中，如同文献 [16] 的假定，采用简化的欧姆定律 $\boldsymbol{J} = \boldsymbol{E}$。方程（5-2）和（5-3）中的电场 $\boldsymbol{E}$ 和磁场 $\boldsymbol{B}$，根据以下的矢量 $\boldsymbol{A}$ 表达式得到：$\boldsymbol{E} = i\omega\boldsymbol{A}$ 和 $\boldsymbol{B} = \nabla^2 \times \boldsymbol{A}$。

当等离子体流动需要考虑湍流流动时，将雷诺应力传递方程与上述的控制方程联立求解，参见文献 [45]。

5.2.1.3 离散相的控制方程

对于由载气携带向大气压下工作的 ICPT 中喷射粉末的情况，当进行粉末轨道与加热过程的数学仿真时，在连续方程、动量方程与能量方程中，为了考虑连续相（如等离子体）与离散相（如粉末）之间相互作用导致的源项，前面所述的基于完全 3D FLUENT® 模型必须进行适当的修正。

在这种框架下，如同文献 [46-50] 所解释的，通过在流体力学方程中加入适当的交互项方法，描述微粒喷射对等离子体的影响。

通过求解以下方程获得微粒的轨道

$$\rho_p \frac{\mathrm{d}\boldsymbol{v}_p}{\mathrm{d}t} = \left(\frac{3\rho_\infty C_D}{4d_p}\right) |\boldsymbol{v}_\infty - \boldsymbol{v}_p| (\boldsymbol{v}_\infty - \boldsymbol{v}_p) + \boldsymbol{g}(\rho_p - \rho_\infty) \tag{5-5}$$

式中，$\boldsymbol{v}_\infty$ 和 ρ_∞ 分别为等离子体的速度和密度；v_p、d_p、ρ_p 分别为微粒的速度、直径和密度；$\boldsymbol{g}$ 是重力加速度；C_D 是按文献 [51] 中计算的阻力系数，但忽略了的克努森（Knudsen）效应（稀薄效应）

$$C_D = \gamma f(Re_\infty) \left(\frac{Re_\infty}{Re_w}\right)^{0.1} = \gamma f(Re_\infty) \left(\frac{v_\infty}{v_w}\right)^{0.1} \tag{5-6}$$

式中，v_∞ 和 v_w 为气体动力黏性系数，是在等离子体温度为 T_∞ 和微粒温度为 T_w 条件下计算得到的；$f(Re_\infty)$ 为流动雷诺数 $Re_\infty = d_p|\boldsymbol{v}_\infty|/v_\infty$ 的函数，即

$$f(Re_\infty) = \begin{cases} \dfrac{24}{Re_\infty} & Re_\infty < 0.2 \\[2mm] \left(\dfrac{24}{Re_\infty}\right)(1 + 0.1875Re_\infty) & 0.2 \leqslant Re_\infty < 2 \\[2mm] \left(\dfrac{24}{Re_\infty}\right)(1 + 0.11Re_\infty^{0.81}) & 2 \leqslant Re_\infty < 21 \\[2mm] \left(\dfrac{24}{Re_\infty}\right)(1 + 0.189Re_\infty^{0.632}) & 21 \leqslant Re_\infty < 200 \end{cases} \tag{5-7}$$

γ 为考虑微粒蒸发（如果出现）影响的修正因子，计算公式为

$$\gamma = \frac{\lambda_v}{S_\infty - S_w} \int_{T_w}^{T_\infty} \frac{k_\infty}{h_\infty - h_w + \lambda_v} \mathrm{d}T \tag{5-8}$$

式中，λ_v 为微粒材料蒸汽的潜热；h_∞、h_w 是在等离子体温度下和微粒温度下的气体比焓值；k_∞ 是等离子体的热传导率；S_∞、S_w 是在 S_∞ 和 T_p 遵从以下 $S(T)$ 定义下，通过计算

得到的热传导势为

$$S(T) = \int_{T_0}^{T} k(t) \mathrm{d}T \tag{5-9}$$

T_0 是一个任意参考温度。通过解能量平衡方程得到固相微粒的热过程为

$$m_p c_p \frac{\mathrm{d}T_p}{\mathrm{d}t} = A_p h_c (T_\infty - T_p) - A_p \varepsilon \sigma (T_p^4 - T_a^4) \tag{5-10}$$

式中，m_p 和 A_p 为微粒的质量和表面积；c_p 和 ε 为微粒的比热和发射率；σ 为斯特藩-玻尔兹曼常数 $[5.67 \times 10^{-8} \text{ W}/(\text{m}^2 \cdot \text{K}^4)]$；$T_a$ 为室温（300 K）；h_c 为下式定义的对流系数

$$h_c = \gamma \frac{Nu (S_\infty - S_w)}{d_p (T_\infty - T_p)} \tag{5-11}$$

式中，Nu 是按文献 [52] 计算的努塞特数（Nusselt），即

$$Nu = 2 \left[1 + 0.63 Re_\infty Pr_\infty^{0.8} \left(\frac{Pr_w}{Pr_\infty} \right)^{0.42} \left(\frac{\rho_\infty \mu_\infty}{\rho_w \mu_w} \right)^{0.52} C^2 \right]^{0.5} \tag{5-12}$$

式中，ρ_∞、μ_∞、Pr_∞ 分别是等离子体温度下的气体的密度、动力学黏度和普朗特数 $(Pr - \mu c_p / k)$；ρ_w、μ_w、Pr_w 是微粒温度下的密度、动力学黏度和普朗特数，C 是一个因子，表达式为

$$C = \frac{1 - \left(\dfrac{h_w}{h_\infty} \right)^{1.14}}{1 - \left(\dfrac{h_w}{h_\infty} \right)^2} \tag{5-13}$$

只要微粒的温度接近熔点，它就保持为常数，而液相的分数 x 通过积分下面方程来计算

$$\frac{\mathrm{d}x}{\mathrm{d}t} = \frac{6q}{\rho_p d_p \lambda_m} \tag{5-14}$$

式中，q 是传递到微粒的净比热流，由方程（5-10）右侧确定，λ_m 是微粒材料的溶解潜热；d_p 为微粒的直径；ρ_p 为微粒的密度。只要微粒被完全熔化（$x=1$），它的温度就再次服从方程（5-10）。一旦达到蒸发点，微粒的温度就保持为常数而它的直径按下式减小

$$\frac{\mathrm{d}d_p}{\mathrm{d}t} = -\frac{6q}{\rho_p \lambda_v} \tag{5-15}$$

值得注意的是，在目前的模型中不考虑微粒与等离子体之间的质量交换，即蒸发的粒子那部分并不改变周围等离子体气体的组成，等离子体气体始终认为是纯氩。

5.2.1.4　计算域和边界条件

Takna PL-35 等离子体炬的几何外形如图 5-1 所示，对该设备的特性进行了数值模拟。

为了考虑气体入口区域、非轴对称线圈和炬的出口区域的真实几何特性，进行了实际炬的几何特性精确建模。在图 5-1 中，注重了轴向鞘层气体喷口和切向等离子体气体喷射口的细节。这些几何特征的细节通常都不会含在计算模型中，为了简化模型，通常按非均匀喷射气体的假设来处理。由于有了并行计算的资源，这种超现实的仿真只是最近才成为可能。在文献 [42] 中，可以查到详细的几何配置，包括各零部件的尺寸。

图 5-1　含有详细气体喷射部件的感应耦合等离子体炬三维图

　　质量守恒方程［方程（5-1）］、动量守恒方程［方程（5-2）］和能量守恒方程［方程（5-3）］的边界条件为：在限流管内壁采用无滑移条件，而在限流管的外壁采用 300 K 的固定温度值；在炬的入口处假定为均匀气体速度分布（按给定的流速计算）；在炬的出口，采用 FLUENT® 的外流条件（对应于完全发展的流动条件[45]）；方程（5-2）的求解域扩展到炬区域以外，采用矢量势等于零的边界条件[18]。

　　在进行感应耦合等离子体炬中喷射粉末的轨道与加热过程的数值仿真中，计算区域扩展到炬区域的下游，以便考虑等离子体喷流在收集粉末的反应容器中的扩散。在这类仿真中，假定喷射微粒的速度与温度和载气的速度与温度相等。当一个微粒打到炬的限流管道内壁上时，就假定该微粒被壁面所俘获，在进一步的计算中不再包括该微粒。

　　计算网格为四面体、六面体和楔形体组成的混合网格，采用 GAMBIT© 软件包为工具构造，然后输入到 FLUENT® 环境中。构成网格的单元数近似为 4.5×10^5（根据炬和线圈的配置不同稍有不同）。

　　仿真主要在一个工作站网络上完成，即将网格与数据分割为不同部分，然后将各部分分配给不同的计算进程。

5.2.2　选定的仿真结果

5.2.2.1　工业 ICPT 的高精细数值仿真

　　为了强调非轴对称线圈形状对放电的影响，图 5-2（a）中给出了 3D 视图的温度场。图 5-2（b）给出了穿过炬轴线的两个相互垂直平面视图的更详细的温度场结果。图 5-3 所示为受湍流影响区，在两个相互垂直的平面上给出了湍流黏度比场。这两个平面与图 5-2（b）给出等离子体温度场的平面相同。

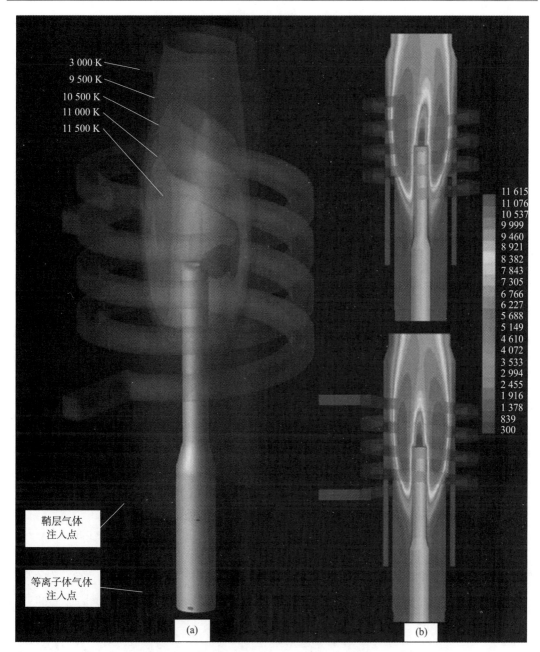

图 5-2　完全 3D 视图和穿过炬轴线相互垂直两个平面的温度场（K）；
ICPT Tekna 35 的工作条件为，放电功率 15 kW，射频感应频率 3MHz，
鞘层、等离子体和氩气载气的入口质量流量分别 60 slpm、15 slpm 和 2.5 slpm

图 5-3 的结果表明，等离子体区入口和鞘层气体入口截面具有不可忽略的湍流效应，而由于等离子体的高黏性，放电是完全层流的[52]。

5.2.2.2　工业 ICPT 中喷射的粉末轨迹和热历史的数值仿真

在本节中，给出了向 Tekna PL-35 炬中以 20 g/min 速率喷射三氧化二铝（Al₂O₃）

颗粒（直径 $d=25\ \mu\mathrm{m}$）的仿真结果。参照文献［42］的炬，其工作条件参数为：$Q_1 = 0.5\ \mathrm{slpm}$、$Q_2 = 15\ \mathrm{slpm}$、$Q_3 = 60\ \mathrm{slpm}$，$F = 3\ \mathrm{MHz}$，$P_0 = 10\ \mathrm{kW}$。

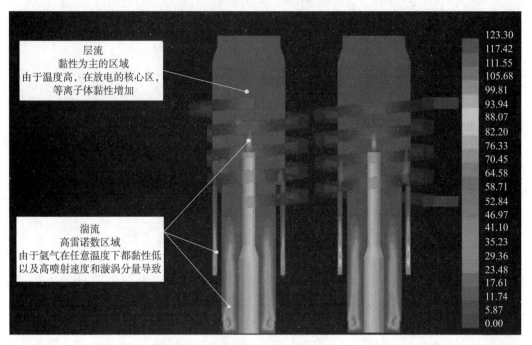

图 5-3　在穿过炬轴线的两个相互垂直平面内的湍流黏度比场；工作条件与图 5-2 相同

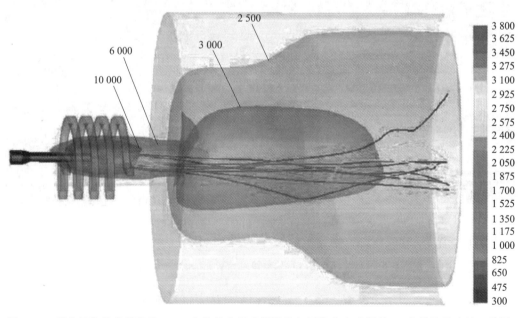

图 5-4　等离子体温度等值线（K）和从微粒温度阴影的相同注入点喷射的 10 个微粒轨迹的三维图，
重力矢量沿着炬的轴线指向下游

在图 5 - 4 中，给出了等离子体温度三维等值线图以及从相同注入点注入放电区中 10 个微粒的轨迹图。轨迹被微粒温度遮蔽，这也表明在这种配置和工作条件下，大多数微粒以熔融态到达反应容器的底部（铝的熔点和沸点分别为 $T_m = 2\,323$ K 和 $T_b = 3\,800$ K）。

图 5 - 5 (a) 给出了一个穿过炬轴线的平面上等离子体温度等值线图，表明了微粒注入对等离子体上的实质性局部制冷作用（称为装载效应）和由于非轴对称线圈以及湍流耗散现象固有的三维特性所导致的放电非轴对称。

图 5 - 5 (b) 和 (c) 给出了在炬和反应容器区的微粒浓度和等离子体速度大小的可视化图，工作条件下与图 5 - 4 相同。

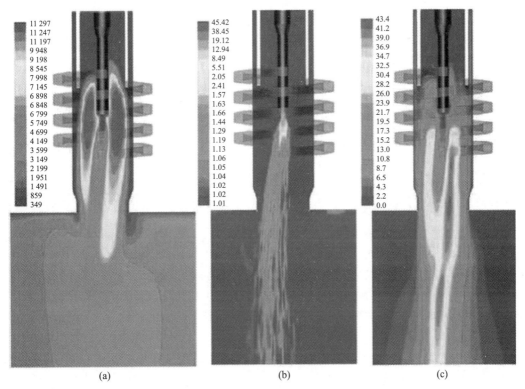

图 5 - 5 在通过炬轴线的平面内的：(a) 等离子体温度场 (K)；(b) 微粒浓度 (kg/m³)；
(c) 等离子体速度大小 (m/s)。其位置可以通过相对线圈位置来确定

5.3 直流转移电弧等离子体炬

近年来已经进行了很多类型直流转移热等离子体电弧设备的建模和数学模拟[53-61]。

5.3.1 建模方法

5.3.1.1 建模假定
用于直流转移电弧等离子体炬仿真的三维计算模型，涉及同步求解耦合的非线性流体

力学、电磁与能量转换方程组问题。在所建立的模型中，主要简化假定如下：

- 定常流动；
- 等离子体用一个连续单组分相来描述；
- 等离子体是光学薄的且处于局部热平衡态（LTE）；
- 忽略能量方程中的黏性耗散项；
- 热力学与输运特性只是温度的函数；
- 采用重整化群（renormalization group，RNG）的湍流模式描述湍流等离子体的流动。

5.3.1.2 控制方程

在前述的假定下，质量和动量守恒方程为

$$\nabla \cdot (\rho \boldsymbol{v}) = 0 \qquad (5-16)$$

$$\nabla \cdot \rho \boldsymbol{v}\boldsymbol{v} = -\nabla p + \nabla \cdot \tau + \boldsymbol{F}_L \qquad (5-17)$$

式中，ρ 为流体密度；$\boldsymbol{v}$ 为流体速度；p 为压力；τ 为应力张量；$\boldsymbol{F}_L$ 为导电流体与地磁场相互作用引起的洛伦兹力。

湍流模式为 FLUENT® 提供的基于 k 的 RNG 模式，是具有类似于标准 k 模式的二方程模式，即

$$\frac{\partial}{\partial t}(\rho k) + \frac{\partial}{\partial x_i}(\rho k u_i) = \frac{\partial}{\partial x_j}\left(\alpha_k \mu_{\text{eff}} \frac{\partial k}{\partial x_j}\right) + G_k + G_b - \rho \varepsilon - Y_M \qquad (5-18)$$

$$\frac{\partial}{\partial t}(\rho \varepsilon) + \frac{\partial}{\partial x_i}(\rho \varepsilon u_i) = \frac{\partial}{\partial x_j}\left(\alpha_\varepsilon \mu_{\text{eff}} \frac{\partial \varepsilon}{\partial x_j}\right) + C_{1\varepsilon} \frac{\varepsilon}{k}(G_k + C_{3\varepsilon} G_b) - C_{2\varepsilon}\rho \frac{\varepsilon^2}{k} - R_\varepsilon$$

$$(5-19)$$

上述方程中，G_k 为平均速度梯度产生的湍动能；G_b 为由于浮力产生的湍动能；Y_M 为可压缩湍流中的波动扩张对总耗散率的影响；μ_{eff} 为等效黏性系数；α_k 和 α_ε 分别为 k 和 ε 的逆有效普朗特数[45]。

能量方程的求解不考虑黏性耗散，对于热等离子体研究，黏性耗散是可以忽略的，即

$$\nabla \cdot \rho \boldsymbol{v} h - \nabla \cdot k \nabla T - \frac{5k_B}{2e}\left(\boldsymbol{j} \cdot \frac{1}{C_p} \nabla h\right) = Q_j - Q_R \qquad (5-20)$$

式中，h 为流体焓；k 为流体的热导率；k_B 为玻尔兹曼常数；e 为电子电荷；$\boldsymbol{j}$ 为电流密度；C_p 为流体定压比热，方程左边最后一项是导电电子流引起的焓输运；Q_j 为焦耳效应导致的放电能量耗散；Q_R 为辐射损失。

静电势计算的方程为

$$\nabla \cdot \sigma \nabla V = 0 \qquad (5-21)$$

式中，σ 为等离子体的电导率；V 为静电势。采用以下矢量方程计算用于分析电磁场的矢量势 $\boldsymbol{A}$

$$\nabla^2 \boldsymbol{A} + \mu_0 \boldsymbol{j} = \boldsymbol{0} \qquad (5-22)$$

式中，$\boldsymbol{j} = \boldsymbol{E} = -\nabla V$ 为电流密度；μ_0 为真空中的磁导率。

通过 FLUENT® 解算器，采用用户定义的标量方法，以类似于文献［18］的描述方

法，完成电磁场方程组的求解。

5.3.1.3　计算域和边界条件

（1）磁偏转的转移弧

阴极顶端表面的电流密度为边界条件，即

$$j(r) = -\sigma \nabla V = j_{\max} e^{-br} \boldsymbol{n} \tag{5-23}$$

式中，$j_{\max} = 1.4 \times 10^8$ A/m^2 为阴极顶端电流密度最大值；r 为至对称轴的距离；b 为一个参数，该参数的取值能够使得阴极表面总电流 I 达到所期望结果；$\boldsymbol{n}$ 为垂直于阴极表面的单位矢量。$j_{\max}$ 为这种炬配置的典型实际值。

在阳极底部表面，给定电势 V 为一个边界条件（$V=0$），而在计算域边界的其余部分以电流值（$j=0$）为边界条件。

温度边界条件：底部阳极表面和计算域内表面温度为 300 K，而阴极表面温度为 3 500 K。

应用于实体壁面的动量方程边界条件为传统的无滑移条件。侧面边界采用 FLUENT® 提供的压力出口条件。

关于矢量势方程，在垂直所有表面的方向，$\boldsymbol{A}$ 的导数分量为零。

假定偏转电流在平行于阴极轴线的引线中流动，引线与阴极轴线的间隔 1 cm。偏转电流密度用 I_c 表示。

计算采用的计算网格为四面体网格，在阴极顶部至阳极表面之间距离 L 等于 11 mm 情况下，网格单元数为 6.5×10^5。

（2）双炬

在双炬情况下，由于完整 3D 配置的仿真计算量非常大，因此，计算域的确定不扩展到整个反应器，仅限定于发生放电的阴极和阳极之间区域，如图 5-8 和图 5-9 所示。

与磁偏转电弧配置下相同，阴极表面电流密度分布作为边界条件。在这种情况下，分布为抛物线族，即

$$j(r) = -\sigma \nabla V = -j_{\max} \left[1 - \left(\frac{r}{R_0} \right)^2 \right] \tag{5-24}$$

式中，$j_{\max} = 0.8 \times 10^7$ A/m^2 为阴极电流密度最大值；r 为距阴极轴线的距离；R_0 为在阴极表面上施加给定的总电流 I 值后而计算出的参考值。

阳极表面的电位假定为零，计算域的其他所有表面电流通量为零。

阳极和阴极表面的温度值源自 CSM SpA[33] 以前的计算结果，其他表面的温度固定为 500 K。FLUENT® 提供的压力出口条件作为动量方程在计算域外边界的边界条件。而传统的无滑移条件为所有内壁面的边界条件。

在双炬仿真中，工作气体为纯氩气或氧气占 5% 体积的氩-氧混合气体。在这种氧气含量下，扩散和分层效应是可以忽略的[62,63]，可以将等离子体处理为单组分流体。

（3）切割炬

前面几节给出的 3D 模型已经应用于大气压下工作的 CP-200 CEBORA 等离子体切

割炬,建模适当考虑了气体入口截面几何特征的细节。

对于处于局部热平衡态的光学薄气体等离子体,流体流动与热输运方程以及电磁场方程耦合求解。为了确定几何特征对放电流场特性的影响并在设计阶段对其优化,在计算域中包含了气体注入截面和阴极容器的细节。仅在电动力学和流体动力学的计算域中包括了含小孔的金属基板,以便考虑它对喷管出口的放电流场影响。这里给出的等离子体切割炬模型中,采用 k-ε RNG 模式处理湍流现象,以便更好地描述设备内部的流场。

5.3.2　选择的仿真结果

5.3.2.1　偏转的转移电弧

在图 5-6(a)和(b)中,给出了无偏转电弧(外部导体中的电流 $I_c=0$)配置条件下,在相互垂直且通过阴极轴线的两个平面内的等离子体温度场。在图 5-6(c)和(d)中,在分别与图 5-6(a)和(b)相同平面内,给出了相同工作条件下的金属基板内部(阳极)温度场。图 5-6(e)给出了阳极上表面(等离子体与阳极接触面)的温度场。需要注意的是,因为炬为完全轴对称的,在放电区域和阳极区域的温度场也是轴对称的。

图 5-7 中,给出了有电弧偏转情况下与图 5-6 相同的温度场,通过在一个与阴极轴线平行的导线中流动密度 $I_c=50A$ 的电流而感应磁场实现电弧偏转。在这种情况下,由于偏转外部磁场的出现,破坏了放电的对称性和基板的温度分布对称性。在图 5-7(e)中,电流流过的导线位置用一个黑点标出。

5.3.2.2　双炬

本节中给出表征这种设备的流体流动与温度场特征的结果。电弧电流 I(作为边界条件加到阴极表面)为 1 500 A,阳极和阴极气流速率分别为 5.34 m^3/h 和 4.74 m^3/h,工作气体为纯氩气或氩气与氢气混合气体。

图 5-8(a)给出了纯氩气放电的 3D 等温面可视化图,图中可明显看到洛伦兹力的排斥作用所导致阴极和阳极喷流的偏转。图 5-8(b)给出了靠近两电极区域的等离子体温度场更详细的可视化结果。

最高等离子体温度位于阴极表面附近,对于图 5-8 给出的情况,最高温度接近30 000 K,而在阳极表面附近,等离子体温度接近 12 000 K。值得注意的是,电极附近的等离子体温度值主要受电极表面电流密度最大值的影响,而电弧的总电流影响并不明显。对于双炬配置,还完成了氩气氢气均匀混合的气体为工作气体的仿真。在这种情况下,由于目前仅考虑低氢气含量(占 5%体积),忽略了双组分扩散问题。

图 5-9(a)所示的是 Ar/H_2 为工作气体的 双炬 3D 等离子体温度等值面可视化图。图 5-9(a)与图 5-8(a)的等离子体温度场之间主要差别是阳极附近区域的温度较高。事实上,氩气与氧气混合气体的仿真中,阳极附近温度接近于 14 000 K,而纯氩气情况下相同区域的温度在 12 000 K 左右。对比这个结果的数值,或许标志着,氢气的注入并不会明显地影响放电的宏观特性。图 5-9(b)给出了阴极和阳极之间等离子体温度场的详细可视化结果。

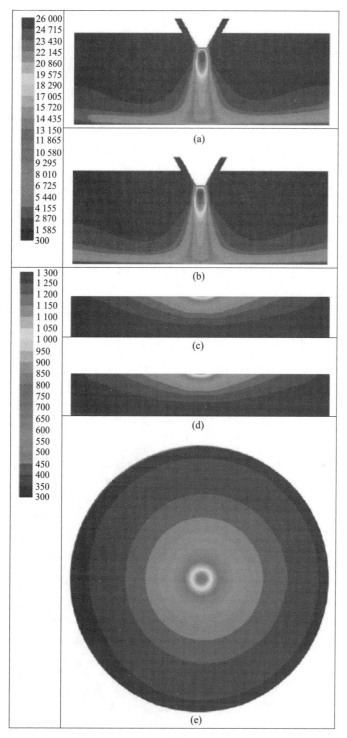

图 5-6　在没有偏转电流情况下，放电区（a），（b）和阳极内部通过阴极轴线的
两个相互垂直品面内（c），（d）以及阳极上表面（e）的温度场分布（K）

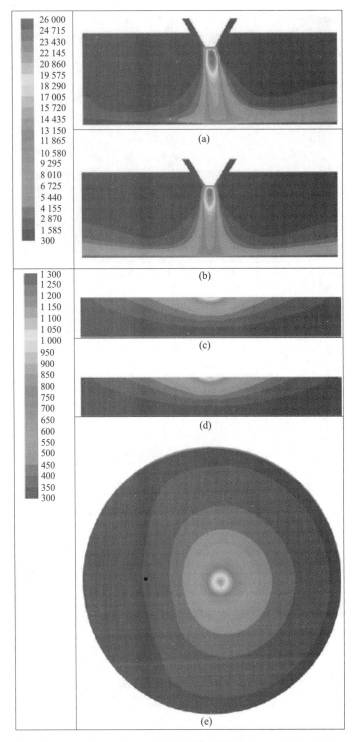

图 5 - 7　在放电区（a），（b）和阳极内部通过阴极轴线的两个相互垂直品面内（c），（d）
以及阳极上表面（e）的温度场分布（K）。导线位置用黑点标记在（e）中

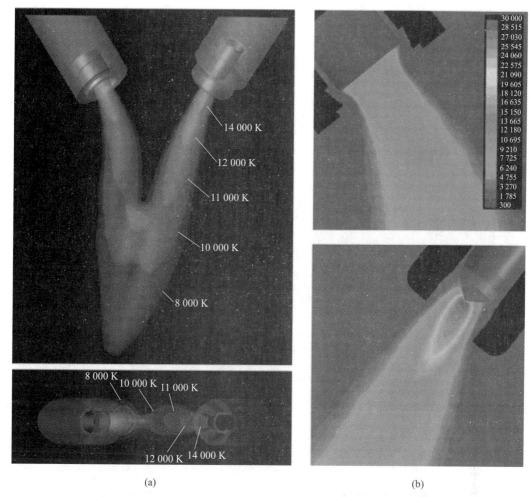

图 5-8　(a) 放电过程的等温面图；(b) 在阳极（顶部）和阴极（底部）表面附近区域的等离子体温度。工作条件 $I = 1\,500\,A$，工作气体为纯氩气

对于某些特殊的几何特征和工作条件，在迭代过程中计算的场存在振荡现象。由于本工作采用的是稳态软件，在这个时间进程中观察到的振荡特征并不符合设备的物理原理。尽管如此，仍然可以认为，放电中的非稳态现象是存在的。仿真还给出了在特殊工作条件下非轴对称阳极的某些重要信息，使得能够应用这个建模工具，在临界运行条件下，由于阳极区夹带气体而发生阳极击穿时，预测等离子体放电特性。

5.3.2.3　切割炬

图 5-10 所示的是 CP-200 CEBORA 切割等离子体炬的三维仿真得到的详细温度场结果。将入口区域包括在内，式中能够更好理解等离子体容器上游区的流动特性，从而更好地设计炬的部件。

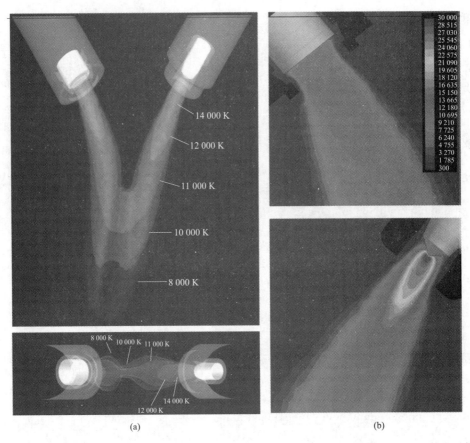

(a)　　　　　　　　　　　　　(b)

图 5-9　(a) 放电过程的等温面图；(b) 在阳极（顶部）和阴极（底部）表面附近区域的等离子体温度。
工作条件 $I = 1\,500$ A，工作气体为氩氧混合气体（5%氢气含量）

图 5-10　在 CP-200 CEBORA 等离子体切割设备喷管区的详细温度场（K）；喷管直径 1.8 mm，
阴极电流 160 A，入口压力 400 kPa（绝对值）

参 考 文 献

[1] Boulos, M.I. (1997) High Temp.Mater. Process., 1, 17.

[2] Dignard, N.M. and Boulos, M.I.,(1997) Ceramic Powders Spheroidization Under Induction Plasma Conditions, Proceedings of 13th International Symposium on Plasma Chemistry (ISPC-13), Bejing, China, 18-22 August 1997, Vol. III,1031-1036.

[3] Dignard, N.M. and Boulos, M.I.(1998) Metallic and Ceramic Powder Spheroidization by Induction Plasmas, Int. Thermal Spray Conf.(ITSC-98), Nice, France.

[4] Fauchais, P. and Vardelle, A. (1997)IEEE Trans. Plasma Sci., 25, 6.

[5] Nutsch, G. (2003) Progress in Plasma Processing of Materials 2003(ed P. Fauchais), Begell House, New York, pp. 401-408.

[6] McKelliget, J.W. and El-Kaddah, N.(1988) J. Appl. Phys., 64, 2948.

[7] Salvati, F., Tolve, P., Masala, M., Peisino, E. and Broglio, D. (1991) Application of Plasma System for Tundish Heating, Proceedings of the 1st European Conference on Continuous Casting, Firenze, Italy.

[8] Salvati, F. (2002) Development of Thermal Technologies for Pyrolysis and Combustion of Waste with Vitrification of Ash, Proceedings of the 22nd International Conference on Incineration and Thermal Treatment Technologies, Orlando, FL.

[9] Panciatichi, C., Cocito, P. and DeLeo, M.C.N. (1999) Progress in Plasma Processing of Materials 1999(eds P. Fauchais and J. Amoroux),Begell House, New York,pp. 885-890.

[10] Venkatramani, N. (2002) Curr. Sci.,83, 3.

[11] Fauchais, P. (2004) J. Phys. D: Appl.Phys., 37, R86.

[12] Mostaghimi, J. and Boulos, M.I. (1989)Plasma Chem. Plasma Process., 9, 25.

[13] Chen, X. and Pfender, E. (1991)Plasma Chem. Plasma Process., 11,103.

[14] Proulx, P., Mostaghimi, J. and Boulos, M.I. (1991) Int. J. Heat Mass Transfer, 34, 2571.

[15] Colombo, V., Panciatichi, C., Zazo,A., Cocito, G. and Cognolato, L.(1997) IEEE Trans. Plasma Sci., 25,1073.

[16] Xue, S., Proulx, P. and Boulos, M.I.(2001) J. Phys. D: Appl. Phys., 34,1897.

[17] Boulos, M.I. (2001) J. Visualization,4, 19.

[18] Bernardi, D., Colombo, V., Ghedini,E. and Mentrelli, A. (2003) Eur. Phys.J. D, 27, 55.

[19] Xue, S., Proulx, P. and Boulos, M.I.(2003) Plasma Chem. Plasma Process.,23, 245.

[20] Njah, Z., Mostaghimi, J. and Boulos,M. (1993) Int. J. Heat Mass Transfer,36, 3909.

[21] Bernardi, D., Colombo, V., Ghedini,E., Mentrelli, A., Tolve, P., Masala,M., Pcisino, E. and Broglio,D.(2003) Eur. Phys. J. D, 22, 119.

[22] Bernardi, D., Colombo, V., Ghedini,E. and Mentrelli, A. (2003) Eur. Phys.J. D, 25, 271.

[23] Bernardi, D., Colombo, V., Ghedini,E. and Mentrelli, A. (2003) Eur. Phys.J. D, 25, 279.

[24]　Bernardi, D., Colombo, V., Ghedini, E. and Mentrelli, A. (2003) Threedimensional Effects in the Design of Inductively Coupled Plasma Torches, Atti del XVI Congresso dell'Associazione Italiana del Vuoto, ed. Compositori, Bologna, 267 - 272.

[25]　Bernardi, D., Colombo, V., Ghedini, E. and Mentrelli, A. (2004) Time Dependent 3 - D Modelling of Inductively Coupled Plasma Torches, 16th International Vacuum Congress (IVC - 16), Venezia, Italy.

[26]　Bernardi, D., Colombo, V., Ghedini, E. and Mentrelli, A. (2005) IEEE Trans. Plasma Sci., 33, 426.

[27]　Bernardi, D., Colombo, V., Ghedini, E. and Mentrelli, A. (2005) Pure Appl. Chem., 77, 359.

[28]　Ushio, M., Tanaka, M. and Lowke, J.J. (2004) IEEE Trans. Plasma Sci., 32, 1.

[29]　Blais, A., Proulx, P. and Boulos, M.I. (2003) J. Phys. D: Appl. Phys., 36, 488.

[30]　Franceries, X., Lago, F., Gonzalez, J.J., Freton, P. and Masquere, M. (2005) IEEE Trans. Plasma Sci., 33, 432.

[31]　Bernardi, D., Colombo, V., Ghedini, E., Melini, S. and Mentrelli, A. (2005) IEEE Trans. Plasma Sci., 33, 428.

[32]　Colombo, V., Ghedini, E., Mentrelli, A. and Malfa, E. (2005) 3 - D Modelling of DC Transferred Arc Twin Torch for Asbestos Inertization, in Nuclear Reactor Physics. A Collection of Papers Dedicated to Silvio Edoardo Corno, ed. CLUT, Torino, Italy, 167 - 192.

[33]　Barthelemy, B., Girold, C., Delalondre, C., Paya, B. and Baronnet, J.M. (2003) Modeling a Pilot - Scale Combustion/Vitrification Furnace under Oxygen Plasma Arc Transferred between Twin Torches, Proceedings of the 16th International Symposium on Plasma Chemistry (ISPC - 16), Taormina, Italy, 22 - 27 June.

[34]　Nemchinsky, V.A. (1998) J. Phys. D: Appl. Phys., 31, 3102.

[35]　Gonzalez - Aguilar, J., Pardo Sanjurjo, C., Rodriguez - Yunta, A. and Angel Garcia Calderon, M. (1999) IEEE Trans. Plasma Sci., 27, 1.

[36]　Freton, P. (2002) Etude d'un Arc de Découpe par Plasma D'oxygène. Modélisation - Expérience, Ph.D. thesis, Universite Paul Sabatier, Toulouse III, France. [In French].

[37]　Freton, P., Gonzalez, J.J., Gleizes, A., Camy Peyret, F., Caillibotte, G. and Delzenne, M. (2002) J. Phys. D: Appl. Phys., 35, 5131.

[38]　Murphy, A.B. and Arundell, C.J. (1994) Plasma Chem. Plasma Process., 14, 451.

[39]　Murphy, A.B. (2000) Plasma Chem. Plasma Process, 20, 279.

[40]　Bernardi, D., Colombo, V., Ghedini, E., Mentrelli, A. and Trombetti, T. (2003) Powders Trajectory and Thermal History Within 3 - d Modelling of Inductively Coupled Plasma Torches, Proceedings of the IV Int. Conf. Plasma Physics Plasma Technology (PPPT - 4), Minsk, Belarus, 15 - 19 September 2003, vol. 2, 463 - 464.

[41]　Bernardi, D., Colombo, V., Ghedini, E., Mentrelli, A. and Trombetti, T. (2003) Powders Trajectory and Thermal History Within 3 - D ICPTs Modelling for Spheroidization and Purification Purposes, Proceedings of the 48th Internationales Wissenschaftliches Kolloquium (48. IWK), Ilmenau, Germany, 22 - 25 September 2003, 285 - 286.

[42]　Bernardi, D., Colombo, V., Ghedini, E., Mentrelli, A. and Trombetti, T. (2004) Eur. Phys. J. D,

28，423.

[43] Bernardi，D.，Colombo，V.，Ghedini，E. and Mentrelli，A.（2004）3 - D numerical Analysis of Powder injection in Various ICPT Configurations，16th International Vacuum Congress（IVC - 16），Venezia，Italy.

[44] Bernardi，D.，Colombo，V.，Ghedini，E.，Mentrelli，A. and Trombetti，T.（2005）IEEE Trans. Plasma Sci.，33，424.

[45] FLUENT 6.1 User's Guide，Fluent Inc.，Lebanon，NH（2003）.

[46] Proulx，P.，Mostaghimi，J. and Boulos，M.I.（1985）Int. J. Heat Mass Transfer，28，1327.

[47] Proulx，P.，Mostaghimi，J. and Boulos，M.I.（1987）Plasma Chem.Plasma Process.，7，29.

[48] Huang，P.C.，Heberlein，J. and Pfender，E.（1995）Surf. Coat.Technol.，73，142.

[49] Ye，R.，Proulx，P. and Boulos，M.I.（2000）J. Phys. D：Appl. Phys.，33，2154.

[50] Xu，D.- Y.，Chen，X. and Cheng，K.（2003）J. Appl. Phys.，36，1583.

[51] Li，H. and Chen，X.（2002）Plasma Chem. Plasma Process，22，27.

[52] Chen，K. and Boulos，M.I.（1994）J.Phys. D：Appl. Phys.，27，946.

[53] Hsu，K.C.，Etemadi，K. and Pfender，E.（1983）J. Appl. Phys.，54，1293.

[54] Zhu，P.，Lowke，J.J. and Morrow，R.（1992）J. Phys. D：Appl. Phys.，25，1221.

[55] Speckhofer，G. and Schmidt，H.- P.（1996）IEEE Trans. Plasma Sci.，24，1239.

[56] Lowke，J.J.，Morrow，R. and Haidar，J.（1997）J. Phys. D：Appl. Phys.，30，（2033）.

[57] Freton，P.，Gonzalez，J.J. and Gleizes，A.（2000）J. Phys. D：Appl.Phys.，33，2442.

[58] Chen，X. and He - Ping，L.（2001）Int.J. Heat Mass Transfer，44，2541.

[59] Freton，P.，Gonzalez，J.J. and Gleizes，A.（2002）J. Phys. D：Appl.Phys.，35，3181.

[60] Gleizes，A.，Gonzalez，J.J. and Freton，P.（2005）J. Phys. D：Appl.Phys.，38，R153.

[61] Lago，F.，Freton，P. and Gonzalez，J.J.（2005）IEEE Trans. Plasma Sci.，33，434.

[62] Murphy，A.B.（1997）Phys. Rev. E，55，7473.

[63] Murphy，A.B.（2001）J. Phys. D：Appl.Phys.，34，R151.

第6章　用于半导体处理的射频等离子体源

6.1　引言

在半导体芯片生产的刻蚀与沉积工序中，有三个原因需要进行等离子体处理。第一，采用电子将输入的气体离解为原子。第二，通过离子轰击可以大大增强刻蚀率，离子轰击能够破坏表面前几层的键，使得刻蚀剂原子与基板原子结合，形成易挥发的原子，刻蚀剂通常为氯（Cl）和氟（F）。第三，也是最重要的原因，等离子体鞘层的电场具有将轰击离子轨道调直的作用，有利于实现各向异性的刻蚀，能够建立接近纳米尺度的形貌。

由于对源的工作原理缺少基本理解，最初半导体工业中的等离子体源研制经过了反复试验探索的过程。为了理解其工作原理，不得不解决了很多具有挑战性的物理问题。本章介绍迄今为止最常见的射频等离子体源的科学。这里不考虑工作频率为零或其他频率的源，如 2.45 GHz 微波频率。大多数射频源均采用 13.56 MHz 行业标准频率。射频源有三种主要类型：①电容耦合等离子体或 CCP，也称为反应离子刻蚀机；②感应耦合等离子体，也称为变压器耦合等离子体（transformer coupled plasma，TCP）；③螺旋波源，这是一种新的源，也称为 HWS（helicon wave source）。

6.2　电容耦合等离子体

图 6-1 给出了一个 CCP 主要部件示意图。在最简化形式下，射频电压施加到两个平行金属板电极之间，在金属板之间产生震荡的电场。该场加速电子，加热它们的热分布，使尾部有足够的高能电子，从而引起电离雪崩。其密度将上升到一个平衡值，该平衡值由射频功率和中性气体密度决定。采用一个静电卡盘，将待处理的硅片贴附到接地的电极上。静电卡盘通过静电荷将芯片固定在电极上，同时也为冷却硅片的氦流动提供了一些微小通道。为了维持等离子体的电中性，在电极附近会自动形成鞘层，在垂直于鞘层面间形成了电场（E 场）。鞘层中的电位降抑制快速运动的电子，使它们逃逸速度低于离子速度。同时，鞘层中的电场加速轰击表面的离子，有利于实现前述的功能。

鞘层中的电位降约为 $5KT_e$，其中 T_e 为电子温度。对于 3 eV 的等离子体，离子能量 15 eV。由于施加射频电压，鞘层中的电位降和鞘层厚度会以射频的频率振荡。即使一个电极接地，等离子体电位也会振荡，以便两个鞘层中的电位相同，但相位不同。鞘层的振荡将影响离子能量分布函数（IEDF），具体取决于离子穿过鞘层的输运时间。在低压下，芯片表面的 IEDF 具有双峰趋势，峰值出现在鞘层中电位降的最大值和最小值处，这是正弦波在极值附近变化缓慢导致的。CCP 是相对低效率的电离器，在高压和低密度状态下工作最好。因此，鞘层的厚度可变为可观的厚度，达到毫米量级。如果离子与中性粒子之间碰撞的平均自由程小于鞘层的厚度，则 IEDF 将被压宽。其他加热机制也是存在的。在共振加热下，一些高速的电子可以在两个鞘层之间无碰撞地穿越，那些具有合适速度的电子，刚好在鞘层的膨胀阶段达到鞘层，因而在每次穿越过程中都得到加速。一般教科书中都会详细描述这种经典 CCP 的效应[1,2]。

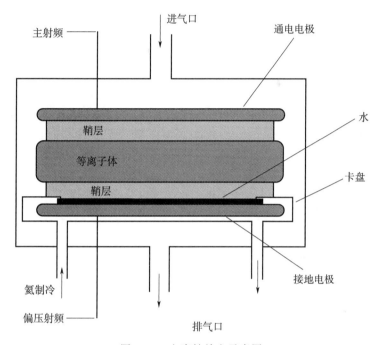

图 6-1　电容性放电示意图

6.2.1　双频 CCP

如果希望离子轰击能量大于一般鞘层的电位降，可以在支撑基板的电极上应用第二射频电源，称为偏压振荡器。该电源通常处于较低频率，对大质量离子有较大影响。因此，时间平均的鞘层位降将随着这种整流效应而增加。当电极为正时，大量电子流通过较低的库仑势垒流向该电极；而当电极变为负时，却不会出现相应的离子流，原因是离子要慢得多。除非该电极发射电子，否则它将会积累负电荷。因此，在基板上施加一个较大的射频偏压，会增加鞘层直流位降，尽管偏压是交流的。通常不可能直接施加直流电压，因为芯片元件可能是非导体。但是，射频电压却会以电容方式通过绝缘层传输。

偏压电源已应用了很多年，但直到最近才在窄间隙的 CCP 中发现双频概念的重要应用。这些新设备很好地完成了氧化物刻蚀；例如，SiO_2 刻蚀是一个很难的工艺，因为本质上 Si 的刻蚀就比它的氧化物要快。尽管窄间隙 CCP 起作用的原因还不明确，但是人们对它们的兴趣催生了计算技术的研究，这些研究总体上推动了 CCP 科学的发展。图 6-2

中给出了一个这类源的示意图。源的电极是非对称的，芯片支撑平台要小些，以便增强那里的鞘层位降。采用高频生成等离子体，低频控制鞘层中的离子分布。这些设备与原来的RIEs完全不同，因为它们在高压（10～100 mtorr）下运行，间隙非常小（1～3 cm）。由于射频偏压高，鞘层很厚且能够占据大部分空间，只在中间平面留下小区域的准中性等离子体。在这种限制条件下，鞘层中的情况控制着等离子体的生成。那些穿过鞘层的电子撞击基板后，通过二次发射产生更多的电子。这些发射电子通过鞘层电场加速朝向等离子体。因为电离的平均自由程小于鞘层厚度，因而使鞘层内的中性气体电离。因此，在鞘层中开始生成等离子体的雪崩效应。

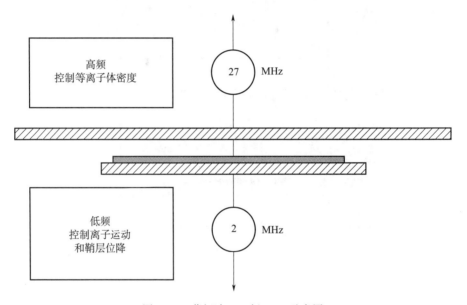

图 6-2　薄间隙、双频 CCP 示意图

因为鞘层随着两个频率下的节拍与谐波振荡，很明显，为了模拟这些有碰撞鞘层中的复杂特性，需要进行大规模计算机仿真。这里，我们仅引用来自韩国浦项大学 Lee 研究团队的一些结果[3,5]。从事 CCP 行业的都清楚[1]，密度随频率的平方增加。因此，在特定功率下，随着频率的增加，密度增加，德拜长度减小。图 6-3 清晰地给出了鞘层厚度的变化。离子能量分布函数（IEDF）和电子能量分布函数（EEDF）不仅随频率变化，也随着压力变化。图 6-4 为 IEDF 随着压力的变化，可以看出，低压下典型的双峰分布通过高压碰撞变得平滑。采用单元粒子模拟方法，对于理解这种复杂的等离子体非常有用。但是，在某些方面仍超出理论的能力，如为什么 CCP 对氧化层刻蚀中损伤小的问题。从这方面来看，CCP 已经成为重要的制造工具和有意义的科学问题。

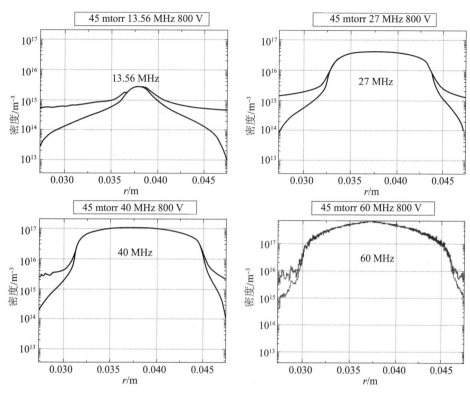

图 6-3　不同频率下离子和电子密度分布的仿真结果

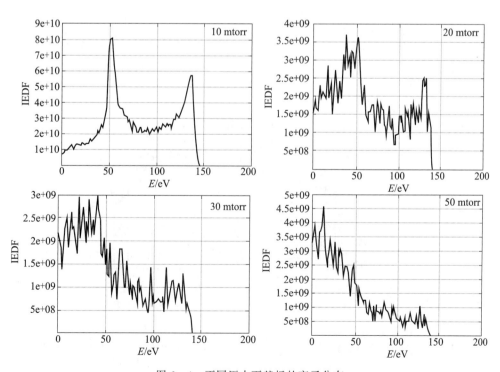

图 6-4　不同压力下基板的离子分布

6.3　电感耦合等离子体

6.3.1　基本描述

原始的 CCP 尽管有结构简单和经济性好的特点，但仍有一些缺点，迫切需要发展新一代等离子体源。例如，CCP 中的内部电极会将不必要的杂质引入到等离子体中。在双频等离子体源引入之前，等离子体源是无控的，变化射频功率会同时改变等离子体密度和鞘层位降，变化压力也会改变化学性质。高压也会产生尘埃问题，如形成带负电的微粒或更大尺度的微粒，在电场作用下悬浮在基板上方，当等离子体关闭时，它们会落到芯片上因而使一些集成电路损坏。这些问题在 ICP 中得到克服，根据法拉第定律，ICP 采用外部线圈（"天线"）在容器内部感应电场。最普遍采用的天线形状如图 6-5 所示。

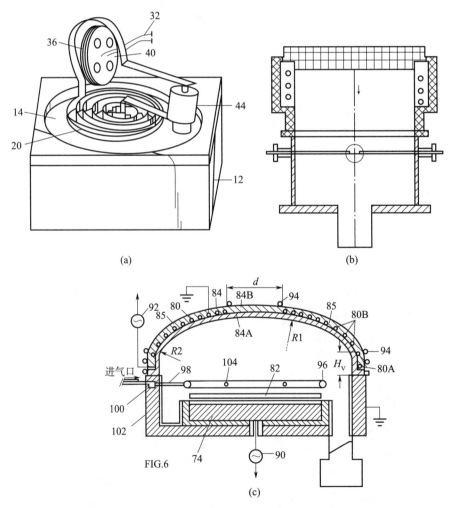

图 6-5　三种类型的 ICP 天线：（a）平面线圈；（b）柱形线圈；（c）圆屋顶型线圈

图 6 - 5（a）所示的是 TCP 的原始 Lam 专利[6]，其天线是一个螺旋线圈，形状像火炉盖的加热元件，通过一个厚绝缘板与等离子体分隔开。该图所示的是一个用于阻抗匹配的调压变压器，以此而得名 TCP（transformer coupled plasma）。电容自动匹配电路现已成为标准配置。图 6 - 5（b）中，天线是一个环绕柱形容器外的线圈。这种类型的天线由 Unaxis 的 Plasma - Therm 分部成功地研制。图 6 - 5（c）所示的来自最大等离子体源制造商 Applied Materials 的一个专利[7]，其天线是圆屋顶形，集成了前两种天线的特征，同时提出了添加侧向线圈的方案。

当射频电流加到平面线圈中时，在线圈的上下两端将激发振荡的磁场（B 场）。这个磁场会产生方位向的射频电场。在真空容器内部，E 场会启动等离子体的电子雪崩，生成等离子体。一旦等离子体生成，电子电流就会以与天线中电流相反的方向在表层内流动，保护等离子体免受外加场的影响。因此，大部分射频能量沉积在表面的趋肤深度以内。在那里生成的等离子体向下漂移，同时衰减。为了暴露在高密度等离子体中，基板必须距顶部表面不是很远；但是如果距离太近，由于天线箍带组件的影响，等离子体将变得非均匀。如果在天线的两端施加高电压，可能会产生电容耦合问题，且如果线圈长度与射频波长成一定比例，还会由于驻波效应造成非均匀。这些问题都可以解决，TCP 已经成为非常成功的 ICP。

为了了解 TCP 线圈设计对等离子体均匀度的影响，可以计算所感应的磁力线。图 6 - 6 为磁力线的计算结果，其中螺旋线用圆环来近似。图 6 - 6（a）和（b）是 3 匝与 2 匝的对比，磁场的形状几乎是相同的。图 6 - 6（a）和（c）比较了直立放置铜带与扁平放置铜带的计算结果。虽然场的形状几乎相同，但它们都居中于铜带的中心。因此，扁平导体会靠近等离子体位置产生强场区。图 6 - 6（d）是置于圆屋顶上的天线产生的磁场。与其他完全不同，这些磁力线在线圈下方分散的不是那么快，有可能会导致更均匀的电离。这种类型的 ICP 由 Applied Materials 生产。

6.3.2　反常趋肤深度

最初看来，图 6 - 5（b）的侧缠绕天线产生的等离子体均匀性会很差。因为趋肤深度是几厘米量级，远小于待处理的基板的半径，因此，人们认为仅在边缘附近密度高。实际上恰恰相反，可以通过调节参数，实现芯片截面上很好的均匀性。图 6 - 7 给出了 $n(r)$、$T(r)$ 和射频磁场 $B_z(r)$ 的径向分布关系。射频磁场从壁面开始逐渐衰减，趋肤深度约 3 cm，而 T_e 在表层内达到预期的峰值。然而，密度峰值出现在轴线附近。在没有功率沉积的地方，等离子体是如何产生的？这个被称为反常趋肤深度的问题，在 20 世纪 70 年代已经发现并得到理论界的广泛关注。他们提出的论点是，趋肤层内被加速的高速电子能够通过热运动进入到放电区内部。这些理论通常是线性的、动力学的和笛卡儿几何学的，在文献［9］中有简要介绍。通过多个射频周期内跟踪电子的轨道，我们发现[8]，这种效应是由于柱形几何体与非线性洛伦兹力 $F_L = -ev \times B_{rf}$ 共同导致的。图 6 - 8 所示的是一个处于表层内的电子从静止开始在四个射频周期内的两条运动轨迹。一条轨迹是有洛伦兹力

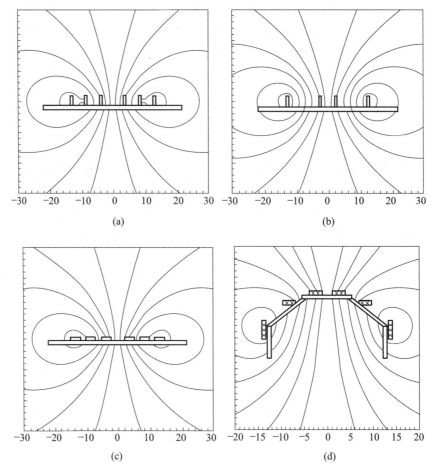

图 6-6　ICP 天线的磁场分布图：（a）三匝圆环；（b）两匝圆环；（c）三匝贴于平面的环；
（d）圆屋顶型线圈排列

F_L，另一条不考虑洛伦兹力。电子被方位向的 E 场所加速，并在壁面的德拜层上镜面反射。电子与壁面发生切向碰撞，直到减速到电离速率以下才会漂移到放电区内。由于洛伦兹力 $v_\theta \times B_z$ 是在径向上，导致电子以陡峭的入射角与壁面碰撞，致使它们更快地进入中心，此时它们仍然具有电离能。当包括 F_L 时，$n(r)$ 实际的峰值出现在轴线附近，与图 6-7 的结果一致。这主要归因于两个效应：（a）穿过放电区轨道的电子，有利于内部的电子密度提升，因为那里的体积较小；（b）在中心区附近生成的电子，需要很长时间才能到达获得能量的趋肤层。反常趋肤深度问题似乎是解决了，但还需要进一步的计算包括轴线方向的粒子运动。在任何情况下，ICP 实际上如何工作不是一个简单的问题。

6.3.3　磁化 ICP

在图 6-6 中的场分布中，可以清楚地看到，磁场能量一半出现在天线以上，这部分能量是无用的。该磁场被等离子体中的表面电流部分抵消，但是由于表面电流距离较远且具有弥散性，减小的幅度并不大。为了开通能量进入等离子体的通道，Colpo 和他的合作

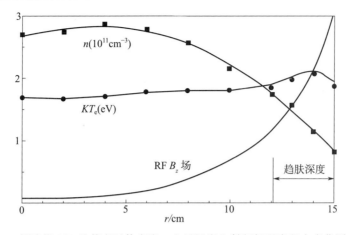

图 6-7　侧缠绕 ICP 的等离子体密度、电子温度和射频场强度径向变化测量结果

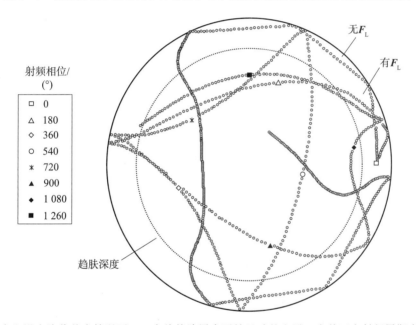

图 6-8　在有和没有洛伦兹力情况下，一个从趋肤层内开始运动的电子，在前四个射频周期内的运动轨迹

者[10]采用磁性材料覆盖天线上的方式改进了 ICP。图 6-9 初步描述了这种改进的机理。磁场矢量 H 不受磁导率 μ 的影响，在图的两部分是相同的。当一个高 μ 值的铁氧体材料加到天线上时，场 $B=\mu H$ 会大幅度增强，有效地俘获了磁场能量并将其注入等离子体中，而一般情况下这部分能量是损失掉的。更详细的讨论可参见第 2 章。

　　为了大面积覆盖，ICP 天线可由不同串联与并联组合形式的平行杆组成。图 6-10 示出了 Meziani 和他的合作者[10,11]的设备。他们发现磁场的覆盖不仅能增强射频场，还提高了等离子体的均匀性。Lee 等[12-15]采用了不同的蛇形天线，采用永久磁铁成对地放置在天线的上面（图 6-11）。形成磁场的物理图像和它们的作用没有在图中给出，但 Park 等[16]对这种配置进行了详细的建模。尽管 ICP 在半导体行业是标准的，但是正在通过采用磁性材料进一步开发它们在大面积显示器方面的应用。

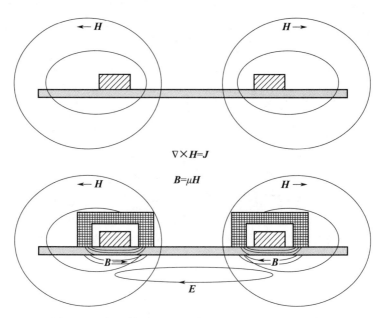

$$\nabla \times H = J$$

$$B = \mu H$$

图 6-9　采用铁磁材料改进前后的 ICP 的磁力线示意图

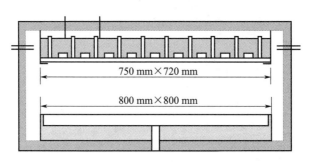

图 6-10　有磁化阵列线性 ICP 天线的处理容器

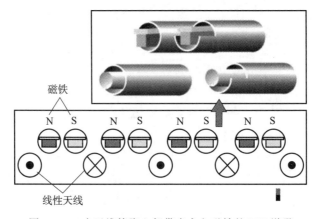

图 6-11　在天线管脚上部带有永久磁铁的 ICP 增强

6.4 螺旋波等离子体源

6.4.1 一般描述

这种类型等离子体源是由 Boswell 在 20 世纪 70 年代发现的[17]，它的波动特性在 1984 年得到验证[18]。如同在 ICP、天线或匹配电路中应用一样，但是需要加一个直流磁场 B_0。在这个 B_0 场存在的情况下，天线沿着 B_0 方向发射圆极化螺旋波，与电离层中的"哨声波"类似。这些波是非常有效的电离发生器，仅使用千瓦的射频功率，就可以生成密度达 10^{19} m^{-3} 的等离子体，其原理十余年来一直未被掌握。螺旋源在一些基本方法上与 CCP 和 ICP 不同。第一，由于直流 B 场的原因，它们变得更复杂；第二，采用相同的功率，它们能生成密度高于以前设备一个数量级的等离子体；第三，在被工业界广泛接受之前，已经对它们进行了研究和理解。

图 6-12 是一个用于研究螺旋波传播和等离子体生成特性的典型示意图。图 6-13 是一个商用螺旋波等离子体源[19]。该设备采用两个环形天线，两个天线的电流相反，磁场的形状通过两个线圈中的电流比来控制，其中一个线圈包住另一个线圈，两个线圈电流也相反。假设 m 为方位对称数，$m=1$ 的天线比 $m=0$ 的天线更常见，两者如图 6-14 所示。Nagoya III 天线是对称的，可发射右旋（RH）和左旋（LH）两个方向的圆极化波。HH 天线是半波天线，为了与螺旋波的螺旋性相匹配。它在一个方向发射 RH 波，在另一方向发射 LH 波，其方向与 B_0 场相反。最有效的耦合是采用双线天线（两个 HH 天线在空间上 90° 分割方位，也在时间上 90° 分割相位，给出一个随螺旋波旋转的磁场[20]）。

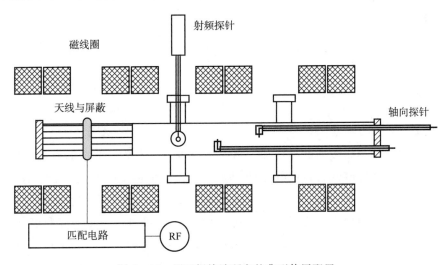

图 6-12 用于螺旋波研究的典型使用配置

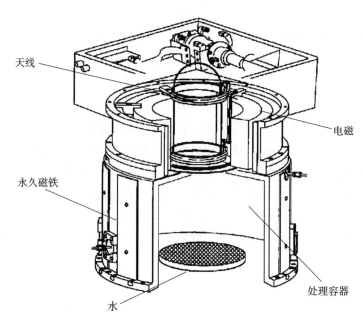

天线

电磁

永久磁铁

处理容器

水

图 6-13 PMT MORI 设备，源中有两个共面磁线圈，处理容器中带有永磁体多偶极子约束的商用反应器。
顶端剖面的盒子是匹配电路[19]

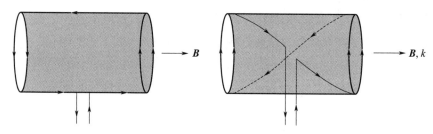

B

B, k

图 6-14 两个常见的天线：左边是 NagoyaⅢ 天线，右边是半螺旋（Half-Helical HH）天线

6.4.2 非寻常特性

在螺旋放电特性方面曾出现很多具有挑战性问题，这些问题都逐个得到了解决。在击穿之后，如果射频功率或磁场继续增加，则等离子体密度不会连续增加而是离散的跳变。在低功率下，耦合是电容性的，放电是 CCP 放电。当功率提高时，随着电感耦合的发生，等离子体跃变为 ICP 运行状态。当达到螺旋波传播条件时，会出现一次大的跃变，进入到最低螺旋态模式，峰值密度可达到 ICP 模式的 20 倍。还可以进一步跃变到更高阶的径向模式（radial modes）。第二个观测现象是密度峰值并不在天线下面，而是在距天线若干厘米的下游，如图 6-15 所示。出现这种现象可能有三个原因：第一，从 T_e 曲线可以看出，由于非弹性碰撞（谱线辐射和电离），温度在下游衰减；第二，当漂移速度达到离子声速 c_s 量级时，等离子体会从天线区域喷射出去。这就是鞘层的玻姆准则（Bohm criterion）。这里虽然并没有鞘层，但如果下游产生的离子很少，下游的离子就可以返回到天线，这

个准则就仍然必须满足；第三，由于参数的非稳定性，在下游可能是低电离状态，最近的实验验证了这种效应。这个结果表明，螺旋放电是一个理想的"远程"源，在这种情况下，基板可以置于所期望的密度高、电子温度低的区域，该区域远离天线附近的高磁场。

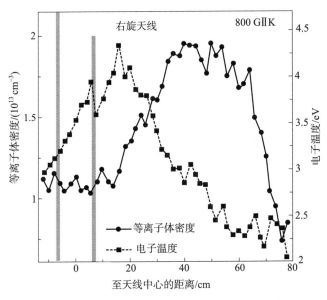

图 6 - 15　等离子体密度 $n(z)$ 和温度 $KT_e(z)$，其中 z 沿 $\boldsymbol{B}_0$ 的方向。
天线位于图中的两个垂直条带之间

　　第二个问题，也是更重要的问题，HWS 为什么会有比 ICP 还高的电离效率？在约束方面并没有什么差别，因为通常采用的 $50\sim1\,000$ Gs（$5\sim100$ mT）的 $\boldsymbol{B}$ 场并不足以约束离子，在轴向也没有约束电子。因此，差别必然是吸收射频能量的方式不同。在 ICP 情况下，在趋肤层内电子所获得的能量，通过碰撞吸收转换为总体的 KT_e 能量上升，在麦克斯韦分布的尾部发生电离。由于螺旋波沿 $\boldsymbol{B}_0$ 方向传播，当传播速度与 100 eV 能量的电子接近时，难道它们不会俘获电子并通过朗道阻尼（Lamdau damping）原理来加速电子？这种机制是由 Chen 提出的假设[21]，一些研究团队也的确探测到了标志这种过程的高速电子。但是，这些电子的数量太少，并不足以导致电离增强，这种假设后来被反驳了[22]。其时，Shamrai 等[23]提出了一种新的吸收机制，即在边界处的模式转换为 Trivelpiece - Gould（TG）模式。TG 模式需要满足径向边界条件，TG 模式本质上是圆柱体中静电电子回旋波。螺旋波自身是受碰撞的弱阻尼，但是它会将自身的能量传递给 TG 波，当它从边界向内缓慢传播时会迅速衰减。Arnush 的计算[24]已经证实了这种吸收过程所具有的支配地位。然而，TG 模式很难被探测到，原因是它们仅发生在壁面的薄层内。但是，Blackwell 等[25]采用低 $\boldsymbol{B}$ 场使这层加宽并研制一种射频电流探针，证实了这种机制的存在。

　　高效的吸收机制会提高等离子体的阻抗 R_p，因而使大部分射频能量沉积在 R_p 中而不是沉积在匹配电路和连接件的寄生阻抗 R_c 中。如果 $R_p/R_c \gg 1$，则更高的 R_p/R_c 就没有什么优势了。但是，在具有 $n \leqslant 10^{18}$ m^{-3} 的 ICP 中，R_p/R_c 足够小，在螺旋模式下运行导致它的增加，就能够在等离子体中沉积更多的能量。在螺旋的"Big Blue Mode"中，大于等于 10^{19} m^{-3} 的高密度是另外的一个问题。它仅在中间核心区密度高且完全电离，没有观察到边缘处具有 TG 模式的更均匀的沉积。我们认为，在这种情况下，存在电离不稳定问题，在轴线附近中性成分被消耗，使得 T_e 上升，电离率指数增长。

在自由空间，已知哨声波仅在右旋极化时传播，然而，螺旋波是在有界的介质中，容易证明右旋和左旋两种极化都是可能的。出乎意料的是，实际中只有右旋模式被强激发，左旋模式几乎不存在。因此，螺旋波天线具有很强的方向性，仅在它的螺旋方向和 $\boldsymbol{B}_0$ 方向所决定的方向上发射螺旋波。计算证实了这个结果，但物理上解释这个效应并不简单。在边缘处的左旋波幅度略微小于右旋波幅度，这或许就是导致耦合到 TG 模式中较弱的原因。

我们能注意到的最后一个疑问是低场的峰值问题：在 10~100 Gs（1~10 mT）量级的低 $\boldsymbol{B}$ 场下，密度会出现一个小峰值，而它应该是随 $\boldsymbol{B}_0$ 而线性增加的。计算表明[26]，这个峰值是背板反射螺旋波的结构性干涉造成的，仅在采用双向天线的情况下出现。这个效应可以用于低磁场的经济型螺旋反应器设计。这些认识上的进步都是通过简单几何外形和均匀 $\boldsymbol{B}$ 场实现的。如果对图 6-13 所示的这种实际反应器建模，需要进行大规模计算机仿真。已经完成了一些这样的仿真工作，结果表明，即使在复杂几何形体中，诸如下游密度峰值和 TG 模式之类的功能实际上也起作用。

6.4.3　扩展螺旋波等离子体源

与 ICP 情况相同，螺旋波源也可以向大范围扩展。可以采用蛇形天线[27]或多个小管道实现这种扩展。图 6-16 所示的是采用由 6 个管道围绕 1 个管道的一个阵列分布式源[28]。每个管道都非常短，采用简单的 $m=0$ 天线，一个大磁线圈围绕着该阵列。图 6-17 给出了射频功率变化情况下的密度分布。采用 3 kW 总功率，在源的下方 7 cm 位置，接近 10^{18} m^{-3} 密度、具有 ±3% 的均匀度的等离子体区域可以超过 400 mm 直径的基板。

概括来说，等离子体源的研究不仅在半导体芯片生产中起到了重要作用，而且也为科学界提出了一些需要解决的挑战性问题。根据新的应用要求，需要对标准的 CCP 源和 ICP 源进行扩展和改进，新的螺旋波源对于下一代刻蚀和沉积反应器具有重要的应用前景。

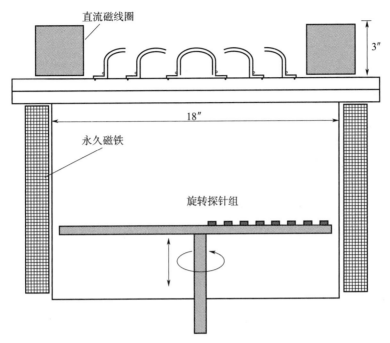

图 6 - 16 七管阵列的大电磁螺旋波等离子体源

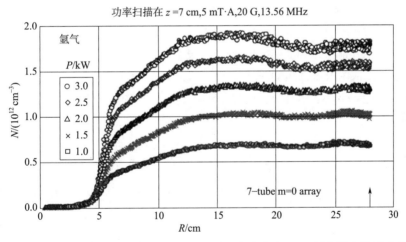

图 6 - 17 在图 6 - 16 所示分布式源的下方 7 cm 处，密度分布 $n(r)$ 随氩放电射频功率的变化

参 考 文 献

[1]   Lieberman, M. A. and Lichtenberg, A. J. (2005) Principles of Plasma Discharges and Materials Processing, 2nd edn , Wiley – Interscience, Hoboken, NJ.

[2]   Chen, F. F. and Chang, J. P. (2003) Principles of Plasma Processing, Kluwer Academic/Plenum Publishers, New York.

[3]   Lee, J.K., Babaeva, N.Yu., Kim, H.C., Manuilenko, O.V. and Shon, J.W.(2004) IEEE Trans. Plasma Sci., 32,47.

[4]   Babaeva, N.Yu., Lee, J.K. and Shon, J.W. (2005) J. Phys. D: Appl. Phys.,38, 287.

[5]   Lee, J.K., Manuilenko, O.V., Babaeva, N.Yu., Kim, H.C. and Shon, J.W.(2005) Plasma Sources Sci. Technol.,14, 89.

[6]   US Patent 4,948,458, Lam Research(1990).

[7]   US Patent 4,948,458, Applied Materials (1993).

[8]   Evans, J.D. and Chen, F.F. (2001)Phys. Rev. Lett., 86, 5502.

[9]   Kolobov, V.I. and Economou, D.J.(1997) Plasma Sources Sci. Technol., 6,R1. For example.

[10]   Meziani, T., Colpo, P. and Rossi, F.(2001) Plasma Sources Sci. Technol.,10, 276.

[11]   Colpo, P., Meziani, T. and Rossi, F.(2005) J. Vac. Sci. Technol. A, 23, 270.

[12]   Lee, Y.J., Han, H.R. and Yeom, G.Y.(2000) Surf. Coat. Technol., 133, 612.

[13]   Lee, Y.J., Kim, K.N., Song, B.K. and Yeom, G.Y. (2002) Mater. Sci. Semicond. Process., 5, 419.

[14]   Lee, Y.J., Kim, K.N., Song, B.K. and Yeom, G.Y. (2003) Thin Solid Films,435, 275.

[15]   Kim, K.N., Lee, Y.J., Kyong, S.J. and Yeom, G.Y. (2004) Surf. Coat.Technol., 177, 752.

[16]   Park, S.E., Cho, B.U., Lee, J.K., Lee, Y.J. and Yeom, G.Y. (2003) IEEE Trans. Plasma Sci., 31, 628.

[17]   Boswell, R.W. (1970) Phys. Lett. A,33, 457.

[18]   Boswell, R.W. (1984) Plasma Phys.Control. Fusion, 26, 1147.

[19]   Tynan, G.R., Bailey, A.D., III, Campbell, G.A., Charatan, R., deChambrierA., Gibson, G., Hemker,D.J., Jones, K., Kuthi, A., Lee, C., Shoji, T. and Wilcoxson, M. (1997) J.Vac. Sci. Technol. A, 15, 2885.

[20]   Miljak, D.G. and Chen, F.F.(1998) Plasma Sources Sci. Technol., 7,61.

[21]   Chen, F.F. (1991) Plasma Phys.Control. Fusion, 33, 339.

[22]   Blackwell, D.D. and Chen, F.F.(2001) Plasma Sources Sci. Technol.,10, 226.

[23]   Shamrai, K.P. and Sharanov, V.B.(1995) Plasma Phys. Control. Fusion,36, 1015. (1996) Plasma

Sources Sci.Technol，5，43.

[24]　Arnush，D. (2000) Phys. Plasmas，7,3042.

[25]　Blackwell，D.D.，Madziwa，T.G.，Arnush，D. and Chen，F.F. (2002)Phys. Rev. Lett.，88，145002.

[26]　Chen，F.F. (2003) Phys. Plasmas，10,2586.

[27]　Jewett，R.F.Jr.，(1995) PhD thesis,University of New Mexico.

[28]　Chen，F.F.，Evans，J.D. and Tynan,G.R. (2001) Plasma Sources Sci.Technol.，10，236.

第7章 用于薄膜沉积的先进等离子体诊断

R. Engeln，M. C. M. van de Sanden，W. M. M. Kessels，
M. Creatore，D. C. Schram

越来越多的诊断技术可用于等离子体研究，可以获得的结果包括原子和分子的密度、离子和电子密度、电子和重粒子的温度以及它们的速度等。对于非激光专家来说，表面诊断也可以用来解释沉积或刻蚀的机理，而且现在也正在引入到等离子体物理研究领域。在本章中，我们将重点介绍已引入到等离子体物理领域的基于激光的诊断。将解释诊断的基本原理并讨论一些成功应用的技术实例。如需要对相应技术进行更深入的理解，读者可参阅教科书。

7.1 引言

等离子体中的高温电子会导致等离子体的化学反应。由于这种高的比反应率（即每个粒子的化学影响），可以采用相对少的粒子实现非常快的化学转换或改性。很多应用都是基于这种高化学反应率的，如等离子体沉积、刻蚀和表面改性等。等离子体可以分离各种分子，因而能够进行材料的合成，这是其他方法所不可能实现的。等离子体的辐射能力已被开发为光源和气体激光。等离子体的电导率已被应用于电源开关，等离子体的高能量密度可用于焊接、切割和材料熔化。

但是，等离子体通常是低密度或中等密度的，因此，单位时间可处理材料的量不是很大。这就使得采用等离子体工艺的成本相对较高。因此，必须充分理解最重要的处理过程，以保证处理成本维持在可接受的范围内。例如，需要知道沉积或刻蚀过程中起主要作用的粒子，以便能够优化这个工艺。为了扩展等离子体技术的可能性，更好地理解粒子的生成机理是必不可少的。

对于等离子体研究人员来说，有很多可用的诊断方法，研究人员需要找到可提供所需信息的正确诊断方法。在本章中，我们将重点选择基于激光的诊断技术，该技术适用于等离子体研究。所描述的技术有些已在等离子体物理中应用了很多年，有些是最近才引入的。尽管主要是气相的诊断技术，但也同时介绍了一些表面的诊断技术。

7.2 （等离子体）物理学家可用的诊断技术

等离子体物理学家可用的气相和表面诊断技术有很多。如朗缪尔探针和质谱仪等非光学技术已经非常成功地应用于等离子体研究[1]中。但是，光学技术也显示出了它们的明显优势。光学技术分为被动和主动光谱技术。Griem 在等离子体光谱学中讨论了几种被动光

学技术的工作原理[2]。Demtröder 讨论了很多基于激光的主动光谱学技术及其应用[3]。大多数基于激光的诊断技术最初都是用于洁净且确定的条件下，如用于测量吸收截面。但是，随着激光被非激光专业人员的广泛使用，这些技术目前也应用于更为严酷的环境，如等离子体与喷焰。

采用主动光谱学气相诊断技术，如光发射、辐射测量学、吸收与散射光谱学等，可以确定原子和分子密度、离子与电子密度、电子与重粒子温度以及它们的速度等参数。表面诊断技术，如（光谱）椭圆偏光法和衰减的全内反射光谱法，能够给出表面粗糙度、增长率、薄膜光学特性等信息。如果用于等离子体的恶劣环境，二次谐波生成（second harmonic generation，SHG）与和频生成（sum-frequency generation，SFG）光谱能够解释导致沉积或刻蚀的机理。

7.3　光学诊断

7.3.1　汤姆孙-瑞利和拉曼散射

在使用等离子体的大多数应用中，其使用背后的动机是激发态生成、发光和分子的离解。所有这些过程都是从电子生成开始，即电离通常伴随有激发和发光。因此，表征等离子体特性的最主要参数是电子密度。等离子体密度确定了等离子体的导电性、激发态和光发射、自由基的生成以及化学反应。另一个重要参数是电子温度。对于多数技术性等离子体，这个温度在 $1\sim4$ eV 量级（1 eV＝11 600 K）。

有多种技术可以用于确定电子密度和温度，如朗缪尔探针（Langmuir probes）、斯塔克展宽（Stark broadening）、干涉法、线谱与连续谱发射等[4]。所有这些技术都有其优点和不足。朗缪尔探针的应用成本较低，但是，由于它的埋入特征，并不是在任何条件下都可用。此外，由于探针测量是通过探针来测量带电物质的扰动，从测量结果中获得精确的电子密度和温度，必须要通过一个数据处理模型。斯塔克展宽、干涉法、线谱与连续谱发射测量是非接触的，但是，它们都是视线（line-of-sight）测量，需要通过阿贝尔（Abel）反演才能获得空间分辨率。汤姆孙散射是一种非接触的光学诊断，采用这种诊断可以很容易地获得空间分辨的电子密度和温度。

汤姆孙散射以自由电子发出的光散射为基础。散射的光子数量与电子密度和激光能量呈线性比例。由于电子是运动的，散射光相对于激发光源是多普勒展宽的。由于电子的速度远高于重粒子速度，自由电子散射的光与重粒子散射的光相比，其散射特征要宽很多，即瑞利散射特征。尽管电子的散射截面要远小于重粒子的散射截面且重粒子的密度通常远高于电子密度，但多普勒展宽之间的较大差别，使得能够从频率空间来区分电子和重粒子的散射信号。通过汤姆孙散射特征在光谱中心部位的插值，能够确定瑞利散射信号。除了汤姆孙散射和瑞利散射分量外，还总会出现第三种分量，即来自窗口和容器表面的漫射光分量，宽度由激光线宽确定。汤姆孙-瑞利散射的基本分量设置如图 7-1（b）所示。

汤姆孙散射的总光强度直接成正比于电子密度。这表明，如果标定了系统的敏感度，则电子密度可以通过汤姆孙光谱下的面积来确定。通过测量等离子体容器中已知量气体的瑞利散射信号，可以很容易实现系统的标定[5]。电子温度可以通过汤姆孙散射光谱的多普勒宽度来确定。该宽度通过散射电子的速率分布函数来确定。需要说明的是，实际测量的速率分布函数是一维速率分布函数，其方向由入射激光和探测轴线的相对方向来确定[5]。

当分布函数为麦克斯韦分布时，$\hat{T}_e$（单位为 eV）由下式确定

$$\hat{T}_e = \left[\frac{\Delta\nu_{Th}}{4\nu_0 \sin\left(\frac{\theta}{2}\right)} \right]^2 \times \frac{m_e c^2}{2e} \tag{7-1}$$

式中，$\Delta\nu_{Th}$ 为汤姆孙散射光谱半高全宽；ν_0 为激光频率；θ 为散射角；m_e、e 和 c 分别为电子的质量、电子电荷和光速。

由于汤姆孙散射信号与激光功率成正比，在试验中通常使用高功率的脉冲激光。脉冲激光的优点是，与测量的散射辐射相比，测量的等离子体发射可以相对低。但是，需要注意不能使用过高的辐射功率，因为这样会导致等离子体中的气体激发和离解，构成对所研究系统的干扰。

瑞利散射信号的强度与等离子体中重粒子的总密度成正比。从散射信号中不能直接得到等离子体中有哪种组分的信息。但是，使用不同组分之间退极化率的差别，在某些情况下可以得到更多关于散射介质中组分的信息。

汤姆孙散射和瑞利散射是弹性散射过程。非弹性散射过程称为拉曼散射。在非弹性散射中，散射过程之后分子处于不同的状态。在散射过程之后，分子处于更高（更低）态，即散射光具有更长（更短）的波长时。则散射被称为（反）斯托克斯拉曼散射［见图 7-1(a)］。这项技术并不常用于等离子体研究中，因为拉曼散射的散射截面小。然而，它的优点是，每个分子都有一个拉曼谱，原则上是可以探测到的。这对于共核的双原子组分来说就很有意义，如 H_2、N_2 和 O_2 等分子，用其他方法很难探测到。在汤姆孙-瑞利散射的情况下，激光是作为一种光源来使用的。当较短波长下拉曼散射截面变得较大时（少云天空出现蓝色的原因），光谱中蓝色部分的光更适合使用。最常应用于这些研究中的激光是氩离子激光，在 488 nm 和 514 nm 波长下有强发射。

以上所讨论的自发散射过程，一个主要的缺点是，散射光是向所有方向发射的，存在强辐射环境下经常很难探测到的问题。有一种所谓相干反斯托克斯拉曼散射（coherent anti-Stokes Raman scattering，CARS）技术，在这种技术中，信号在类似激光的光束中生成。在 CARS 实验期间，将两个频率分别为 ω_1 和 $\omega_2(\omega_1 > \omega_2)$ 的共线的激光束聚焦在样品上。通过非线性偏振的样品合成两个波。当 $\omega_1 - \omega_2$ 等于介质的拉曼激活跃迁频率时，在 $\omega_{as} = 2\omega_1 - \omega_2$ 和 $\omega_s = 2\omega_2 - \omega_1$ 的频率上生成反斯托克斯波和斯托克斯波[6]。通过空间滤波能够很有效地降低背景辐射而没有反斯托克斯拉曼散射信号的损失[6,7]。

7.3.2　激光诱导荧光

为了优化等离子体的工作特性，如沉积、刻蚀或表面改性等，必须要确定最重要的自

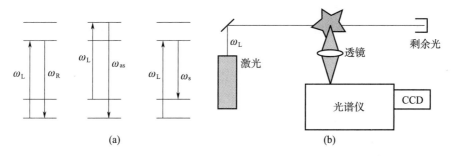

图 7 - 1　（a）能级图，从左到右表示瑞利散射、反斯托克斯散射和斯托克斯拉曼散射；
（b）用于汤姆孙-瑞利或拉曼散射试验的设置示意图

由基密度。已有一些技术成功地应用于测量等离子体中自由基的密度和流量，其中一项试验技术称之为激光诱导荧光（laser - induced fluorescence，LIF）。在 LIF 实验期间，用一束光源将组分激发至激发态，探测由激发态所发射的荧光。最常用的光源是激光。采用强度 I_1 的一束激光，从初始能态 I 到最终能态 f 的原子或分子被激发之后，从体积 V 内发射的波长 λ_{jk} 的光子数 N_{fl} 由下式给出

$$N_{fl}(\lambda_{jk}) = \sigma_{ij} I_1 n_i V \frac{A_{jk}}{A_j + R} \qquad (7-2)$$

式中，$\sigma_{ij} I_1 n_i$ 为单位时间、单位体积吸收的光子数；σ_{ij} 为从 i 能态到 j 能态的吸收截面；A_{jk} 为从 j 能态向 k 能态跃迁的爱因斯坦系数，它对波长 λ_{jk} 的荧光发射起主要作用；A_j 由能态 j 的荧光寿命 τ_j 确定，即 $A_j = 1/\tau_j$；R 是荧光以外其他过程导致的总损失率。在低压下这个损失过程通常可以忽略。

在任意实验中，所发射的荧光中仅有部分可以收集到。因此，测量的 LIF 信号 S_{fl} 为

$$S_{fl} = N_{fl} \frac{\Omega}{4\pi} Q \qquad (7-3)$$

式中，Ω 为荧光测量覆盖的立体角；Q 为成像 LIF 体积和用于测量 LIF 信号探测器之间光学系统以及探测器的量子效率导致的总损失[8]。方程（7 - 2）和方程（7 - 3）表明，LIF 信号与较低能态 i 的原子或分子密度成正比。

这种测量技术的高灵敏度源自这样的事实，当激光与所研究组分的跃迁之间无共振时，记录 LIF 信号的探测器测量不到任何 LIF 信号，这就是所谓 零背景（zero - background）测量。此外，也可采用与激发波长不同的波长进行探测，即 偏离共振 探测。这种方法假设可以通过光学滤波器阻挡光束路径上的光散射。

与汤姆孙-瑞利散射实验相同，可以通过门限检测来减少实验期间的等离子体发射，即探测器仅在组分被光源激发而发射荧光时"凝视"等离子体。获取绝对的密度测量结果，必须要进行标定，以确定 V、Q 和 Ω。

为了能够用激光诱导荧光探测某分子，该分子至少应该处于某种激发态，这种激发态可能是单一光子被诱导的激发态，也可能是对应于某波长能量的激发态，这种波长可借助染色激光器生成。粗略地说，这表明在 800～200 nm 波长范围的 Nd：YAG 泵浦可调染色

激光器容易输送某种波长的光，使用这种波长的光能够确定基态分子自由基的密度。此外，高能态荧光寿命应该不是很长，否则被激发的粒子可能已经离开探测域或通过碰撞退激发。

对于一些原子和小分子的基态探测，首先前提是不满足的。例如，在需要确定原子基态密度情况下，用于激发的波长普遍处于光谱的真空紫外（vacuum ultraviolet，VUV）部分，因此必须采用其他的激发方式。一种已经成功地用于确定氢、氮、氧的基态原子密度的模式是双光子吸收激光诱导荧光（two - photon absorption laser - induced fluorescence，TALIF)[9-14]。通过两个处于紫外的光子实现基态的激发，在红外波段进行荧光探测。与正常的 LIF 探测模式相同，探测到的荧光与基态密度成正比，但是对光强度的依赖性是二次方的。这就使得标定变为一种乏味的事情。

CARS 方法已成功地应用于确定处于电子基态的分子氢的密度[6,7]。然而，在处于高振转能态（$\nu > 3$）的分子数太少而无法采用这种技术探测的情况下，可以采用 LIF 方法，但是需要用 VUV 去激发分子，使之达到第一电子激发态[15,16]。此外，LIF 信号在 VUV 频段发射，必须进行较精确的实验设置。

7.3.3 吸收方法

吸收方法以通过介质后光束强度减弱的测量为基础。光束强度减弱随介质路径长度的变化可写为

$$\frac{I}{I_0} = \exp(-n\sigma l) \qquad (7-4)$$

这就是朗伯-比尔定律（Lambert - Beer law）。I 为通过介质后的强度；I_0 为进入介质之前的强度；n 为吸收组分的密度；σ 为吸收截面；l 为介质吸收的长度。与 LIF 方法相比，其优势显而易见。当吸收介质的截面已知时，密度可以通过 I 和 I_0 的比值直接确定，不需要定标。但是，相对于 LIF，吸收测量不是零背景测量。测量时必须在大信号 I_0 条件下记录微小的变化，即 $\Delta I = I_0 - I$。吸收测量也称为视向测量，这就意味着，这种测量方法不能从一次测量结果中获得空间分辨率。

在文献中有很多不同吸收测量方法的报道，各种方法都有自身的优势和缺点。可以通过（a）使用宽带光源和（b）使用窄带光源来进行粗略的区分。当在吸收实验中使用宽带光源时，可以采用单色仪将光分散后进行分析；也可采用傅里叶变换（FT）光谱仪，对通过迈克耳孙干涉仪的光强度进行测量。当在单色仪后面采用光电倍增管作为探测器时，必须一一记录下每一种波长。但是，目前最常用的是 CCD 相机，它能够同时记录一定的波长范围。在傅里叶变换光谱仪中，一束平行光通过分光器分为两束并送到两个反射镜，反射镜沿原来路径将光束反射到分光器并在那里干涉。如果两束光的光路差为零或为光波长的倍数，则光束将产生相长性干涉，输出的光会明亮；但是，如果光的光学路径是半波长的偶数倍，则光束会发生相消性干涉，输出光是暗的。在一条光路上，光通过一段固定距离传播后反射到分光器，而在另一条光路上，光是从一个镜子反射到分光器，而镜子的位置在实验过程中是变化的。两束光在分光器中干涉后，引导光束通过样品，记录光强度

随移动镜引起光程差的变化关系，即记录所谓的干涉图。通过干涉图的傅里叶变换，可以得到光在不同波长处的强度，如同是单色光的情况。在实验期间，记录两幅干涉图，其中一幅是通过样品，另一幅不通过样品。干涉图傅里叶变换的比为吸收光谱［见方程（7-4）〕。傅里叶变换光谱仪的优点是，实验期间探测器同时测量所有波长，也就是光源的总强度（称为多路的），而单色仪探测器仅测量特定波长的强度。当然，在光谱的红外部分，探测器的敏感度较低，这是一个重要优势。这就是为什么早期的傅里叶光谱仪主要用于记录（远）红外光谱的原因。很明显，采用傅里叶变换光谱仪比采用单色仪更容易记录分辨率 $0.1~\mathrm{cm}^{-1}$ 的光谱，目前傅里叶变换光谱仪也用来记录光谱的可见光部分甚至紫外（UV）部分。

在吸收光谱仪中使用窄带可调节激光器的情况下，激光器本身就起到频率选择元件的作用。通过在吸收特征上调节激光来记录吸收光谱。记录样本前方和背后的光强度，采用方程（7-4）可导出吸收特性。如果已知跃迁截面，可直接确定密度。与前面讨论的 LIF 方法明显不同，LIF 方法总是需要定标的。

连续波激光器和脉冲激光器已经成功地用于吸收光谱仪。已经引入了很多不同的连续波可调激光器技术，所有这些技术都以提高技术灵敏度为目标。人们对灵敏度问题特别关注，因为它非常容易实现。事实上，激光强度是被调制的，也就是说，采用斩波器（chopper）方法，在调制频率上采用锁定放大器来记录信号。在这种方法中，来自样本的任何背景光（未调制的）或调制频率以外的其他频率电信号都是被抑制的，因而使灵敏度提高一个数量级。

在采用脉冲激光器的情况下，已经成功地开发了另外一种实验技术。脉冲激光器存在固有的脉间强度大幅度变化，这就使得探测小的强度变化非常困难。1988 年，O'Keefe 和 Deacon[17] 展示了一种新的直接吸收光谱仪技术，这种技术采用一个脉冲光源来实现，与在用的"传统"脉冲吸收光谱仪相比，具有更高的灵敏度。这种所谓腔衰荡（cavity ring down，CRD）技术基于吸收速率的测量，而不是对高 Q 因子闭合光学腔内的光脉冲吸收幅度测量。相比一般吸收光谱仪测量结果的优点在于：1）CRD 技术对于光源强度波动固有的不敏感；2）有非常长的有效光路长度（几千米），可以在稳定的光学腔中实现。在典型的 CRD 实验中，将一束短的光脉冲耦合到由两个高反射平面凹光镜构成的稳定光学腔。从一侧进入到腔内的部分光在两个镜子间来回振荡很多次。腔内的光强度随时间变化可以通过监控另外一个镜子传输的小部分光获得（见图 7-2）。如果腔内仅有的损失因子为镜子反射率损失，则用衰减因子 τ 来表示腔内指数衰减的光强度，"衰荡时间"为

$$\tau = \frac{d}{c\,|\ln R|} \qquad\qquad (7-5)$$

式中，d 为镜子之间的光路长度；c 为光速；R 为镜子的反射率。如果 R 接近于 1，则近似写为

$$\tau = \frac{d}{c(1-R)} \qquad\qquad (7-6)$$

如果由于吸收和光散射组分存在，腔内有其他损耗，则遵循比尔（Beer）定律的吸收

规律，腔内的光强度仍随时间指数衰减。这种条件下的衰荡时间为

$$\tau(\nu) = \frac{d}{c\left[1 - R + \sum \sigma_i(\nu) \times \int_0^L N_i(x)\mathrm{d}x\right]} \tag{7-7}$$

求和是对全部的光散射和光吸收组分，组分的频率相关散射截面为 $\sigma_i(\nu)$，组分的数密度线积分为 $\int_0^I N_i(x)\mathrm{d}x$。频率相关散射截面和数密度 $N_i(x)$ 的乘积通常用吸收系数 $\kappa_i(\nu, x)$ 来表示。在实验中，记录 $1/[c\tau(\nu)]$ 随频率变化，即记录腔内总损耗随频率变化是最方便的，因为这直接与吸收系数成正比，除了偏移之外，主要由镜子的有限反射系数来决定。

到目前为止，已有一些基于 CRD 原理的吸收探测方法的报告和综述[18-20]。值得关注的是一种称为时间分辨的腔衰荡探测方法（τ-CRDS）[21,22]，这种方法在稳态密度下引入瞬态变化，对粒子的密度演化进行常规 CRD 测量。测量结果能够给出气相动力学信息，以及导致薄膜生长的气体与表面相互作用的信息。

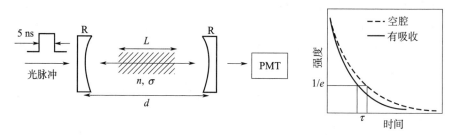

图 7-2　脉冲腔衰荡（cavity ring down）光谱仪的原理

7.3.4　表面诊断

已有一些能够给出表面信息（或工艺信息）的诊断技术，如（光谱）椭圆光度法、衰减全反射（attenuated total reflection，ATR）光谱仪、和频生成（SFG）和二次谐波生成（SHG）等。椭圆光度法和 ATR 已经在沉积和刻蚀等离子体研究中成功地应用了很多年。例如，采用红外吸收光谱仪可探测 Si：H 薄膜中 SiH_x 的含氢振动。最常见的是在红外透明基板上沉积的薄膜上，使用傅里叶变换红外（fourier transform infrared，FTIR）光谱仪进行异位（ex situ）测量。然而，红外光谱仪也应用在薄膜生长期间红外光束从基板反射时的原位（in situ）和实时情况。但是，这种单一的反射通常产生很差的灵敏度，如果测量某一单层上表面组分的吸收，灵敏度必然是不够的。采用内全反射原理，在衰减全反射晶体上可实现灵敏度的提高[23]。在 ATR 晶体中。光在晶体上端表面会产生多次（典型为 20～40 次）内全反射。这就意味着，沉积在 ATR 晶体上的膜可以被损耗波探测很多次。因此，ATR-FTIR 已经用于在批量 a-SiH 薄膜中通过 SiH_x 拉伸模式原位检测氢。全反射可以发生在 ATR-薄膜界面或薄膜-真空界面，取决于 ATR 晶体和薄膜的折射率。

SFG 和 SHG 都是可能用于表面科学领域研究的技术，目前正在引入到等离子体物理

研究领域中。两项技术都是用于研究表面和界面分子的非线性光学技术，是敏感亚单层的技术，具有空间、时间和光谱高分辨率的技术。在 SFG 研究中，一个可调节脉冲红外激光束（ω_1）在界面与一个可见光束（ω_2）混合，生成一个和频信号（Ω），见图 7-3。界面处的分子主动振动模式对 SFG 信号有共振作用，而在 SHG（$\omega_1 = \omega_2$）中，对二次谐波信号起主要作用的是电子态。非线性现象的理论表明，二阶非线性响应 $\ddot{\chi}_s^{(2)}$ 对和频生成和二次谐频生成起主要作用。$\ddot{\chi}_s^{(2)}$ 是一个三阶张量，表征二阶非线性的响应。对称性表述规则表明，在反对称介质中（体各向同性介质）的二阶非线性极化总是等于零的 [$\ddot{\chi}_s^{(2)} = 0$]，因而 SFG（SHG）信号仅可能出现在对称性不成立且 $\ddot{\chi}_s^{(2)} \neq 0$ 的区域。

　　SHG 需要一个单色光束并生成一个双倍频率的信号，而 SFG 光子带走的能量是一个可见光子和一个红外光子的能量之和。这两种技术中，与任何电子态和振动跃迁相关波长的共振，都会增强其效率。SHG 用于研究电子态，而 SFG 也可用于获取位于红外区域的振动跃迁。

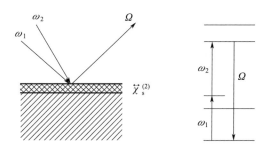

图 7-3　在 SFG 和 SHG（$\omega_1 = \omega_2$）实验中光束的相互作用示意图

7.4　应用

7.4.1　汤姆孙-瑞利散射与拉曼散射

　　来自激光束路径上的窗口和激发体积附近壁面的杂散光等虚假散射，通常决定了汤姆孙散射设置的灵敏度。或者，需要在大气压下测量电子密度时，来自重粒子的瑞利散射信号很强，会淹没汤姆孙散射信号。

　　第一种情况下，例如，在低压氩气等离子体的正柱区内测量电子密度和温度，必须要进行专门的汤姆孙散射实验方案设计。文献 [24] 给出了低压氩-汞放电灯的电子密度和温度测量报告。这种放电灯管直径仅为 26 mm，总压为 5 mbar，其中主要是含少量汞（在 0.14～1.7 Pa 之间）的氩气。在标准汤姆孙散射配置下，由于接近管壁的杂散光强度非常高，汤姆孙散射信号会淹没在杂散光中。Bakker 等使用准分子泵浦可调谐染色激光器，通过专门设计的滤光器，减少了放大的自发发射 [25]。激光被聚焦到放电管中，用两个透镜来检测散射光，这两个透镜将激光焦点成像在配备有增强电荷耦合器件（I-CCD）的光谱仪入口狭缝上。在两个透镜之间放置一个钠蒸汽吸收器件。当激光调到 589 nm 时，纳蒸汽会吸收杂散光和瑞利散射。在汤姆孙散射频谱记录设备中，均不使用 587.8～590.9 nm 波长区域，因为这个波段内的两条钠吸收谱线会使光谱发生畸变。文献［24］给出了电子密度（在 $1.5 \times 10^{18} \sim 1.5 \times 10^{17} \, m^{-3}$ 之间）和电子温度（约 1.2 eV）随 3 种不同放电电流的变化以及从放电管壁至 3 mm 处的径向分布。

De Regt 等[26]给出了大气条件下感应耦合等离子体（ICP）的汤姆孙散射测量结果。等离子体是在一个石英管内的线圈中，通过 100 MHz 高频场产生。管的内径 18 mm，通过炬施加了三个单独控制的氩气流（总流量 21 L/min），输入功率约 1.2 kW。汤姆孙散射实验的设置与 van de Sanden[27]采用的设置类似，后者采用这种设置测量扩散热等离子体的密度和温度。采用光电二极管阵列与全息照相光栅组合的方式检测散射光，获得了光谱的高分辨率。在大气压力下，由于光电二极管在瑞利波长的晕染，光谱的瑞利散射部分不能精准地从汤姆孙散射信号中分辨出来。De Regt 等提出了一种方法，采用来自氮分子的拉曼（Raman）散射来恢复瑞利散射强度。在斯托克斯和反斯托克斯（Stokes and anti-Stokes）大的漂移（与无漂移的瑞利散射和杂散光散射相比）下测量拉曼散射时，杂散光不影响标定。

7.4.2　激光诱导荧光

Luque 等[28]采用 LIF 光谱仪确定了金刚石浸渍在直流等离子体射流中的 CH、C_2 和 C_3 的气相数密度分布。在 425～438 nm 波长范围内，记录了 $C_2(d-a)$、$C_2(A-X)$、$CH(A-X)$ 和 $CH(B-X)$ 波带的跃迁。这个波长范围能够很容易用一种染色来覆盖，即香豆素 120。通过时间分辨的 LIF 测量结果确定碰撞淬灭并通过瑞利测量结果确定 LIF 检测系统的收集效率和波长依赖关系，将 LIF 信号转换为绝对密度。他们给出了在等离子体源出口附近、等离子体羽流中部和基板附近位置的三种组分径向数密度分布。这种分布表现出了明显的结构，即 CH 和 C_2 的浓度在等离子体羽流中心线处最大，而 C_3 是一种环形分布。他们给出的结论是，由于 C_2 和 C_3 在等离子体羽流中浓度低，这些组分不可能在金刚石生长中起重要作用。

氢原子在很多应用中是重要的自由基。例如，非晶硅沉积过程中，在生长期间氢原子在表面与氢气分子的复合。此外，在直流电弧喷焰的气相等离子体化学中，氢自由基也起着重要的作用[28]。双光子吸收激光诱导荧光方法已在 Ar－H_2 热等离子体扩散中[8,13]用于确定基态氢自由基的密度和速度。在同样的等离子体扩散中，也在光谱的紫外区采用 LIF 方法确定了处于电子基态的氢气分子密度[15]。

为了确定施加到生长表面上的自由基通量，可采用多普勒 LIF 光谱仪确定粒子的速度。在这个 LIF 应用中，记录了荧光随原子和分子激发频率的变化。相比于"无运动"粒子，因为吸收粒子的速度导致吸收频率会产生多普勒频移。文献［29］测量了扩散热等离子体中亚稳态 Ar 原子的速度。用于激发亚稳态 Ar 的激光正对着传播的扩散方向，LIF 信号采集在与扩散轴成 90°的方向 ［见图 7-4（a）］。为了提高灵敏度，减少等离子体发射背景的影响，对二极管激光器的连续波光束采用亮度调制，通过锁定放大器记录荧光信号。在激光扫过任何一种 Ar(4s－4p)的跃迁时都能够探测到 LIF 信号。同时，记录在氩灯中的吸收和在法布里-珀罗干涉仪中的传播，分别用于绝对和相对频率定标［见图 7－4（b）］。亚稳态的速度被确定为距等离子体源出口距离的函数。例如，将 C_2H_2 喷射到等离子体扩散流中时，通过与 Ar 离子的相互作用会形成如 C、CH、C_2、C_2H 等这样的自由基[29]。采用多普勒 LIF 方法测量得到速度并假定自由基与亚稳态的速度相同，可以确定撞击到表面的自由基通量。

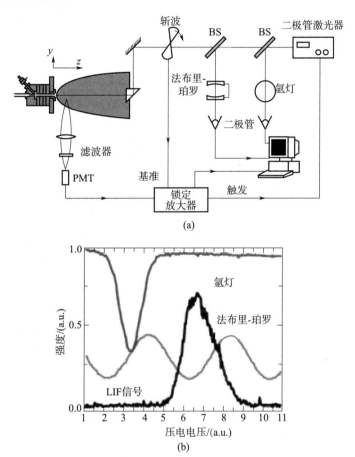

图 7－4　（a）确定在氩的热等离子体扩散中亚稳态 Ar 速度的多普勒 LIF 实验设置（源自文献［29］）；
（b）采用光电倍增管（PMT）测量 LIF 信号的典型测量结果，
在氩灯中的吸收和法布里-珀罗干涉仪中的传播信号

7.4.3　吸收光谱

Bulcourt 等[30] 采用 200～300 nm 的宽带吸收光谱仪记录了等离子体刻蚀反应器中 CH_2 自由基的光谱。他们确定了不同等离子体区域内的自由基的绝对密度，以及转动温度和振动分布。在活动等离子体区（active plasma region）以外，测量到的自由基的密度低于活动等离子体内 10 倍以上。在等离子体的"热"活动部分，振动分布不能满足单一的玻尔兹曼分布。但是，具有 $T_{vib}=300$ K 和 $T_{vib}=1\,000$ K 的两个玻尔兹曼分布之和，能够满足所测量的振动分布。他们认为，这可以解释 CF_2 分子最初是在高振动态下生成的，由于在等离子体中的碰撞，部分变为松弛态。在类似的情况下，也检测到了 CF 自由基[31]。

采用窄带可调节激光技术已经确定了很多原子、分子和自由基的密度。在红外方面，Röpcke 采用可调节二极管激光器频谱仪（tunable diode laser absorption spectroscopy，TDLAS）在几个不同的等离子体中检测了各种组分。应用时间分辨的 TDLAS，采用红外多组分获取系统（infrared multicomponent acquisition system，IRMA），研究了静态放电条件下，甲烷转换为甲基自由基、CH_3 和三种稳定的 C-2 烃随时间的变化[32]。此外，还在 $H_2/Ar/N_2$ 微波等离子体中加入百分之几的甲烷和甲醇，检测到 CH_2、CH_3OH、C_2H_2、C_2H_4、C_2H_6、NH_3、HCN、CH_2O、C_2N_2 等组分[33]。在文献 [34] 中，采用了 16.5 μm 的 TDLAS 和 216 nm 宽带 UV 吸收光谱仪在两种不同微波等离子体中检测了基态甲基自由基的密度。

腔衰荡（CRD）技术目前已广泛用于研究各种等离子体，采用脉冲型 CRD 光谱仪，在热等离子体喷流中测量到了如 C、CH、C_2 和 H 等自由基。在其中一个实验中，通过一个级联电弧产生等离子体，电弧通过喷管与真空容器连接。电弧压力约 500 mbar，而容器压力是典型的 20～200 Pa（0.2～2 mbar）。由于压力差很大，热等离子体以超声速扩散到容器中。在距喷管一定距离处会形成稳态激波。在激波之后，等离子体以亚声速流入背景中。对于无定形碳的沉积，C_2H_2 在激波周围喷射，采用脉冲 CRD 光谱仪确定了在电弧出口不同距离处的自由基密度随等离子体电流等参数的变化并确定了 C_2H_2 的流速[35,36]。这些结果已经应用于描述在 $Ar/H_2/C_2H_2$ 热等离子体喷流和 $Ar/H_2/CH_4$ 等离子体喷流中的等离子体化学建模中[37]。在后面的实验中，CRD 也被用于确定等离子体容器中形成的稳定组分 C_2H_2 的绝对密度[38]。

对于等离子体沉积工艺的基本理解和建模，需要掌握等离子体组分密度和表面化学反应信息。已经间接地[39]或在工艺条件不同于实际等离子体沉积条件下获得了组分的表面反应概率 β，如根据分子束流散射实验结果[40]或等离子体余辉的时间分辨密度测量结果[41,42]。采用 Si、SiH、SiH_2、SiH_3 和 H 的 CRD 测量结果[22,43,44]，表述了用于多晶硅沉积的等离子体喷流化学。在文献 [22] 中，采用时间分辨的腔衰荡光谱仪（τ-CRDS）在等离子体获得沉积过程中的 β，除了连续运行的远区 SiH_4 等离子体外，该方法还用于绘制由于基板的脉冲射频偏压引起的自由基密度增长图。尽管前述的 τ-CRDS 是用于获取气相自由基消耗率[45,46]，但文献 [22] 中，该技术也被扩展到表面自由基消耗率的测量。这就同时生成表面反应率 β 和在特定等离子体条件下自由基密度的信息，特别是用于氢化多晶硅（a-Si：H）高速沉积的情况[47]。采用这种方法得到的结果表明，Si 主要在气相上消耗到 SiH_4，而 SiH_3 仅通过扩散到表面并在表面反应被消耗。此外，Si 和 SiH_3 的 β 值是确定的，β_{SiH_3} 与基板温度无关。

在扩散热等离子体（expanding thermal plasma，ETP）技术中 [见图 7-5 (a)]，产生了一个远区扩散的 $Ar/H_2/CH_4$ 等离子体。为了检测（低密度）如 SiH_3 和 Si 这样的自由基，采用了前述的 CRDS 技术。已经从约 200 nm 到约 260 nm 的 $\tilde{A}^2A_1' \leftarrow \tilde{X}^2A_1$ 宽带跃迁中确定了 SiH_3[44]，在 $4s\,^3P_{0,1,2} \leftarrow 3p^{23}P_{0,1,2}$ 的 251 nm 附近的跃迁中，检测到了 Si 的自由基[48]。在 τ-CRDS 测量中，除了连续运行的 ETD 外，还通过在基板上施加 5 Hz、2.5% 占空比的射频脉冲，形成了自由基密度的微小周期性调制。通过射频脉冲余辉中某点 Δt 的吸收与射频脉冲消失很长时间后某点的吸收之间的差别，得到了由射频脉冲生成的自由基所产生的附加吸收 A_{rf}［见图 7-5（b）］。每个 CRDS 的踪迹都采用最先进的 100 MHz、12 bit 数据获取系统单独处理[49]，得到了平均 A_{rf} 随射频脉冲余辉后时间 Δt 的变化关系。

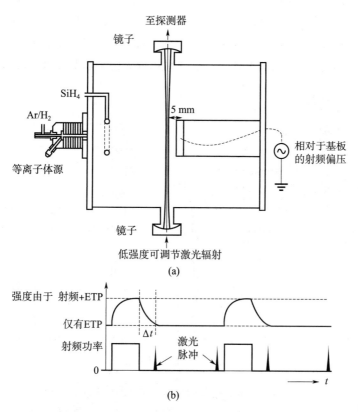

图 7-5　（a）扩散热等离子体（ETP）与配备的 CRD 光谱仪的配置，以及施加到基板上脉冲偏压的射频电源；（b）自由基密度调制与 CRDS 激光脉冲同步的时序示意图

　　Si 和 SiH_3 的典型 τ-CRDS 测量结果如图 7-6 所示。为了在附加的 Si 和 SiH_3 吸收中获得好的信噪比，必须仔细地选择 2.5% 的占空比，而由于"阴离子约束"的射频等离子体鞘层，抑制了粉末的形成。图 7-6 表明，Si 和 SiH_3 信号都以指数衰减，从自由基的质量平衡可以预料到这一点[50]。一方面，对应的消耗率 τ^{-1} 线性依赖于气相损耗；另一方面，消耗也归因于扩散到表面并在表面发生反应[50]

$$\tau^{-1} = k_r n_x + \frac{D}{\Lambda^2} \qquad (7-8)$$

式中，k_r 为具有密度 n_x 的组分 x 的气相反应速率；D 为 $Ar/H_2/CH_4$ 混合气体的组分自由

基扩散系数[51]；Λ 为自由基的有效扩散长度，与扩散的几何特征和自由基的表面反应概率 β 相关[50]。

从方程（7-8）可以看出，在判定自由基损失率之前，首先需要考虑气相损耗过程。对于 ETP 等离子体中的 Si 和 SiH$_3$，气相损耗的唯一候选者是 SiH$_4$[51]。因此，获得了 Si 和 SiH$_3$ 的损耗率随 SiH$_4$ 密度的变化，保持了压力不变，因此，方程（7-8）中的扩散项几乎恒定。采用 $T_{gas}=1\,500\,K$，根据 SiH$_4$ 的分压计算了 SiH$_4$ 密度，考虑了局部 SiH$_4$ 消耗的修正[52]。发现 SiH$_3$ 的消耗率与 SiH$_4$ 密度无关，表明无 SiH$_3$ 的气相损失，而随着 SiH$_4$ 密度的增加，Si 的损耗率线性增加。根据这个线性增加的斜率，可以确定 Si(^{3}P) 与 SiH$_4$ 的反应速率常数为 $k_r=(3.0\pm1.3)\times10^{-16}\,m^3/s$。该值与文献［22，52］的结果很吻合。

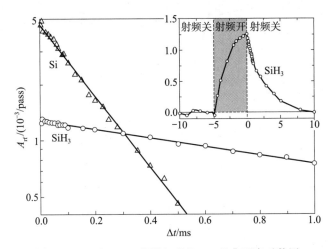

图 7-6　Si 和 SiH$_3$ 的附加吸收 A_{rf} 的典型半对数图

射频余辉期间，对于 Si 和 SiH$_3$ 分别具有（0.226 ± 0.006）ms 和（1.93 ± 0.05）ms 损失时间的指数衰减。各个数据点都是 128 条踪迹的平均。插入的小图表明，对于完整的 5ms 射频脉冲，SiH$_3$ 的 A_{rf} 是线性的

7.4.4　表面诊断

二次谐波生成（SHG）是一种用于探测悬空键的诊断技术。悬空键被认为在表面 a-Si：H 增长机制中起到重要作用。众所周知，在大部分 a-Si：H 中，悬空键即游离硅键，决定了这种材料的电子质量。氢化的非晶硅（a-Si：H）薄膜有重要的工业应用，如平板显示中的薄膜晶体管（thin-film transistors，TFT）。此外，a-Si：H 也是下一代太阳能电池的重要候选者。为了改进 a-Si：H 薄膜的质量，必须提高对增长过程的洞察力。材料是否具有非线性光学特性，因而能够显现出二次谐波生成取决于这种材料结构的对称性。大部分非晶材料的对称性使得不能生成二次谐波，但是，如果破坏了表面的这种对称性，就可能发生二次谐波。因此，SHG 技术是非晶材料表面特有的。

目前已经开发了 SHG 特性对 c-Si 表面科学的研究。对于 Si，可见光和近红外谱段

的共振光学跃迁是由于 Si 材料带隙中存在表面状态引起的。这些状态的起源是 Si 表面的悬空键，而从占据态到非占据态的典型跃迁能量大约为 1.2 eV。当氢原子吸附到 c‐Si 表面时，SHG 信号几乎全部消失，这就证实了这种能量下 SHG 信号的生成主要归因于 c‐Si 表面的悬空键[53]。这就是 Si 表面悬空键的淬灭。文献［53］是采用具有 1.17eV（1 064 nm）光子能量的 Nd：YAG 激光器入射到初始洁净的 Si(111)－(7×7) 表面所完成的 SHG 实验结果。该表面暴露于原子氢，使该表面的氢覆盖率增加。当表面氢覆盖率增加和悬空键覆盖率减少时，在 2.32 eV（532 nm）处检测到的 SHG 信号降低，SHG 信号用表面非线性响应 $\tilde{\chi}_s^{(2)}$ 来表示。结果表明，对于低 H 覆盖，$\tilde{\chi}_s^{(2)}$ 直接正比于表面的 Si 悬空键数量。对于更高的 H 覆盖率，$\tilde{\chi}_s^{(2)}$ 再次增加与存在 $\tilde{\chi}_s^{(2)}$ 非共振贡献有关。由于 SHG 的表面特性，该技术已经扩展应用于 c‐Si 表面分子与原子氢吸附与脱附动力学的本位和实时研究[53,54]以及 c‐Si 氢表面扩散动力学研究[55]。目前，埃因霍芬理工大学（网址 http：//www.phys.tue.nl/pmp）正在研究将 SFG 和 SHG 光谱仪用于本位等离子体工艺研究的可能性。

参 考 文 献

[1] Kessels, W.M.M., Leewis, C.M., van de Sanden, M.C.M. and Schram,D.C. (1999) J. Appl. Phys., 86, 4029.

[2] Griem, H.R. (1964) Plasma Spectroscopy, McGraw - Hill, New York.

[3] Demtröder, W. (1981) in Laser Spectroscopy: Basic Concepts and Instrumentation (ed. F. P. Schäfer),Springer - Verlag, Berlin/Heidelberg/ New York.

[4] Meulenbroeks, R.F.G.,Steenbakkers, M.F.M., Qing, Z., van de Sanden, M.C.M. and Schram,D.C. (1994) Phys. Rev. E, 49, 2272.

[5] Muraoka, K., Uchino, K. and Bowden, M.D. (1998) Plasma Phys.Control. Fusion, 40, 1221.

[6] Taran, J.- P.E. (1990) in CARS Spectroscopy in Applied Laser Spectroscopy (eds W. Demtröder and M. Inguscio), Plenum, New York.

[7] Meulenbroeks, R.F.G., Engeln,R.A.H., van der Mullen, J.A.M. and Schram, D.C. (1996) Phys. Rev. E,53, 5207.

[8] Boogaarts, M.G.H., Mazouffre, S.,Brinkman, G.J., van der Heijden,H.W.P., Vankan, P., van der Mullen,J.A.M., Schram, D.C. and Döbele,H.F. (2002). Rev. Sci. Instrum., 73,73.

[9] Bokor, J., Freeman, R.R., White, J.C.and Storz, R.H. (1981) Phys. Rev. A,24, 612.

[10] Bischel, W.K., Perry, B.E. and Crosley, D.R. (1981) Chem. Phys. Lett., 82, 85.

[11] Alden, M., Edner, H., Grafstrom, P.and Svanberg, S. (1982) Opt. Commun., 42, 244.

[12] Dimauro, L.F., Gottscho, R.A. and Miller, T.A. (1984) J. Appl. Phys., 56,2007.

[13] Mazouffre, S., Boogaarts, M.G.H.,Bakker, I.S.J., Vankan, P., Engeln, R.and Schram, D.C. (2001) Phys. Rev. E, 64, 016411.

[14] Mazouffre, S., Foissac, C., Supiot,P., Vankan, P., Engeln, R., Schram,D.C. and Sadeghi, N. (2001) Plasma Sources Sci. Technol. 10, 168.

[15] Vankan, P., Heil, S.B.S., Mazouffre,S., Engeln, R., Schram, D.C. and Döbele, H.F. (2004) Rev. Sci. Instrum., 75, 996.

[16] Mosbach, T., Katsch, H.- M. and Döbele, H.F. (2000) Phys. Rev. Lett.,85, 3420.

[17] O'Keefe, A. and Deacon, D.A.G.(1988) Rev. Sci. Instrum., 59, 2544.

[18] Berden, G., Peeters, R. and Meijer, G.(2000) Int. Rev. Phys. Chem., 19, 565.

[19] Brown, S.S. (2003) Chem. Rev., 103,5219.

[20] Wheeler, M.D., Newman, S.M., Orr - Ewing, A.J. and Ashfold, M.N.R.(1998) J. Chem. Soc. Faraday Trans.,94, 337.

[21] Atkinson, D.B. and Hudgens, J.W.(1997) J. Phys. Chem. A, 101, 3901.

[22] Hoefnagels, J.P.M., Stevens, A.A.E.,Boogaarts, M.G.H., Kessels, W.M.M.and van de Sanden, M.C.M. (2002)Chem. Phys. Lett., 360, 189.

[23] Chabal, Y.J. (1988) Surf. Sci. Rep., 8,211.

[24] Bakker, L.P. and Kroesen, G.M.W.(2000) J. Appl. Phys., 88, 3899.

[25] Bakker, L.P., Freriks, J.M., de Hoog, F.J. and Kroesen, G.M.W. (2000) Rev. Sci. Instrum., 71, 2007.

[26] de Regt, J.M., Engeln, R.A.H., de Groote, F.P.J., van der Mullen, J.A.M. and Schram, D.C. (1995) Rev. Sci. Instrum., 66, 3228.

[27] van de Sanden, M.C.M., Janssen, G.M., de Regt, J.M., Schram, D.C., van der Mullen, J.A.M. and van der Sijde, B. (1992) Rev. Sci. Instrum, 63, 3369.

[28] Luque, J., Juchmann, W. and Jeffries, J.B. (1997) J. Appl. Phys., 82, 2072.

[29] Engeln, R., Mazouffre, S., Vankan, P., Schram, D.C. and Sadeghi, N.(2001) Plasma Sources Sci. Technol.,10, 595.

[30] Bulcourt, N., Booth, J.-P., Hudson, E.A., Luque, J., Mok, D.K.W., Lee, E.P., Chau, F.-T. and Dyke, J.M.(2003). J. Chem. Phys., 120, 9499.

[31] Luque, J., Hudson, E.A., Booth, J.-P.(2003) J. Chem. Phys., 118, 622.

[32] Röpcke, J., Mechold, L., Duten, X.and Rousseau, A. (2001) J. Phys. D,34, 2336.

[33] Hempel, F., Davies, P.B., Loffhagen, D., Mechold, L. and Röpcke, J.(2003) Plasma Sources Sci. Technol.,12, S98.

[34] McManus, J.B., Nelson, D.,Zahniser, M., Mechold, L., Osiac, M., Röpcke, J. and Rousseau, A. (2003) Rev. Sci. Instrum., 74, 2709.

[35] Benedict, J., Wisse, M., Woen, R.V., Engeln, R. and van de Sanden, M.C.M.(2003) J. Appl. Phys., 94, 6932.

[36] Engeln, R., Letourneur, K.Y.G.,Boogaarts, M.G.H., van de Sanden, M.C.M. and Schram, D.C. (1999)Chem. Phys. Lett., 310, 405.

[37] Mankelevich, Yu.A., Suetin, N.V.,Ashfold, M.N.R., Boxford, W.E., Orr-Ewing, A.J., Smith, J.A. and Wills, J.B. (2003). Diamond Relat. Mater.,12, 383.

[38] Wills, J.B., Ashfold, M.N.R., Orr-Ewing, A.J., Mankelevich, Yu A. and Suetin, N.V. (2003) Diamond Relat.Mater., 12, 1346.

[39] Kessels, W.M.M., van de Sanden, M.C.M., Severens, R.J. and Schram, D.C. (2000) J. Appl. Phys., 87, 3313,and references therein.

[40] McCurdy, P.R., Bogart, K.H.A., Dalleska, N.F. and Fisher, E.R.(1997) Rev. Sci. Instrum., 68, 1684.

[41] Perrin, J., Shiratani, M., Kae-Nune,P., Videlot, H., Jolly, J. and Guillon,J. (1998) J. Vac. Sci. Technol. A, 16,278.

[42] Kae-Nune, P., Perrin, J., Guillon, J.and Jolly, J. (1995) Plasma SourcesSci. Technol., 4, 250.

[43] Kessels, W.M.M., Leroux, A.,Boogaarts, M.G.H., Hoefnagels,J.P.M., van de Sanden, M.C.M. and Schram, D.C. (2001) J. Vac. Sci. Technol. A, 19, 467.

[44] Boogaarts, M.G.H., Böcker, P.J.,Kessels, W.M.M., Schram, D.C. and van de Sanden, M.C.M. (2000)Chem. Phys. Lett., 326, 400.

[45] Atkinson, D.B. and Hudgens, J.W.(1997) J. Phys. Chem. A, 101, 3901.

[46] Yalin, A.P., Zare, R.N., Laux, C.O.and Kruger, C.H. (2002) Appl. Phys.Lett., 81, 1409.

[47] Kessels, W.M.M., Severens, R.J.,Smets, A.H.M., Korevaar, B.A., Adriaenssens, G.J., Schram,

D.C.and van de Sanden, M.C.M. (2001).J. Appl. Phys., 89, 2404.

[48] Kessels, W.M.M., Hoefnagels,J.P.M., Boogaarts, M.G.H., Schram,D.C. and van de Sanden, M.C.M.(2001) J. Appl. Phys., 89, 2065.

[49] Technical Laboratory Automation Group, Eindhoven University of Technology, Den Dolech 2, 5600 MB Eindhoven, The Netherlands.

[50] Chantry, P.J. (1987) J. Appl. Phys.,62, 1141.

[51] Perrin, J., Leroy, O. and Bordage,M.C. (1996) Contrib. Plasma. Phys.,36, 1.

[52] Hoefnagels, J.P.M., Barrell, Y.,Kessels, W.M.M. and van de Sanden, M.C.M. (2004) J. Appl. Phys., 96, 4094.

[53] Höfer, U. (1996) Appl. Phys. A, 63,533.

[54] Drr, M., Hu, Z., Biederman, A.,Höfer, U. and Heinz, T.F. (2002)Phys. Rev. Lett., 88, 46104.

[55] Raschke, M.B. and Höfer, U. (1999)Phys. Rev. B, 59, 2783.

第8章 电极非对称配置低频放电的聚合物材料等离子体处理

F. Arefi‐Khonsari，M. Tatoulian

在本章中，将回顾采用冷等离子体处理聚合物薄膜表面改性的问题。为了阐述这些改性问题，采用具有非对称电极配置的低频低压反应器，给出了等离子体处理聚合物材料的实例。在简要讨论涉及等离子体聚合的主要工艺之后，本章给出了在同样反应器上完成的一些等离子体沉积的实例。

8.1 引言

采用如铬酸盐、高锰酸、强酸或强碱等溶剂与氧化剂的湿化学工艺或对含氟聚合物的钠–液氮刻蚀工艺[1]，从环境和安全方面考虑变得越来越不可接受。此外，湿化学工艺也有不断提高均匀性和可重复性问题的需求。湿化学工艺存在的另一个问题是，化学物质会扩散到表面以下，并引起诸如力学性能这样的整体特性变化。等离子体处理是一种多功能干法工艺，可以定制不同形式的聚合物：网状、纤维、颗粒等，以便改进它们的表面特性而不改变它们内在的整体特性。等离子体处理聚合物的技术应用在汽车工业、微电子、装潢或包装、生物检测设备、生物医学等领域的应用实例有很多[2-8]。

关于聚合物等离子体工艺，可以在文献中查到很宽范围的等离子体设备，既有实验室规模的实验装置，也有用于聚合物表面处理的工业规模的反应器[9-11]。空气中的电晕处理是首次用于聚合物表面处理的放电[12,13]，在近50年来已经应用在各种聚合物薄膜生产和工业零件处理方面。由于在大气压下和空气中工作的优势，目前仍广泛地得到工业应用。实际上，在大多数电晕处理中，传输辊或高压电极上的工件充当介质阻挡放电（dielectric barrier discharge，DBD）的介质阻挡层。为了不仅能处理聚合物箔片或织物，即平面，也能处理三维基板[14]，需要配置不同的电极。在很多应用中，采用几个平行刀刃式集成的电极装置，以1~10 m/s的速度处理宽度达10m的箔片。这就需要1~100 kW的放电功率，工作频率变化范围为10~70 kHz[13]。最近，开发了很多适用于表面改性的脉冲源DBD，从而改善了在表面上微观放电的统计分布，这是一个使表面处理更均匀的先决条件[15,16]。与低压系统相比，这种大气压放电经历较多的表面重组，可能导致处理不均匀，从而导致表面特性的老化。然而，最近一种更宽应用范围的大气压下的放电完成了设计、开发，并成功地完成了在不同领域的应用试验。这些很像低压冷等离子体的放电，不会在周围产生很强的加热，因而非常适用于聚合物表面改性和有机化合物处理[17-21]。

但是，大多数与表面改性反应相关的研究都涉及低压冷等离子体问题，由直流（DC）、射频（RF）或微波（MW）电源启动和维持低压冷等离子体，可以有、也可没有附加电场或磁场，这种低温等离子体以压力范围在 10～1 000 Pa 为特征。商业化的等离子体系统通常工作于低频（40～450 kHz）、射频（13.56 MHz 或 27.12 MHz）或微波（915 MHz 或 2.45 GHz）。

1969 年，Hollahan 和 Stafford 第一次发表了低压下聚合物的功能性研究工作[22]，该研究在感应耦合反应器中使用氨气以及氮气与氢气混合气体等离子体，将肝素与等离子体处理后的聚丙烯（polypropylene，PP）合成。这项研究中使用的处理时间范围为 3～50 h，可能要研究不适合观察表面改性的技术在表面产生的改性。

尽管电子碰撞过程决定了不同等离子体反应器中的化学反应，但即使在相似的电子能量分布环境下，也仍然无法获得最终相同的表面改性结果。必须考虑多个具体的参数，如电极的配置、反应器几何特征、外观特性、电极或基板在反应器中的位置以及特殊的工艺规定等。这就是为什么在有特殊聚合物基板时，为了获得特定应用的成功方法，监控系统中的等离子体参数是特别重要和必需的。也就是说，由于等离子体与基板之间的相互作用完全依赖于基板的化学性质，因此，针对特定的应用，不能将特定的放电推广至不同的基板。

在本章中，首先给出等离子体与聚合物表面的基本相互作用，接下来给出非对称电极配置下低频放电的聚合物等离子体处理的实例。

8.2　聚合物等离子体处理

8.2.1　表面的活化

冷等离子体与聚合物的相互作用涉及气体和表面的反应机理。放电区域内的气相反应会产生原子、分子、自由基、正负离子，不同激发态组分（电子态、振动态和转动态）、电子和光子等组分。根据等离子体生成组分彼此之间、组分与表面之间的能量与化学反应不同，在表面形成复合/沉积过程，或者相反，发生聚合物的刻蚀或消融。为了更清晰地描述这些反应，下面给出聚烯烃官能化（接枝）的不同步骤。

聚合物与等离子体生成组分之间的相互作用会导致聚合物骨架的键断裂，即 C—C 键或 C—H 键的断裂。由于暴露于等离子体的所有表面都为负电位[23,24]，因此，等离子体中的正离子在这个过程中起到关键作用。真空紫外辐射[25]也对自由基生成有贡献。在最简单的聚烯烃即聚乙烯生成烷基的情况下，活化的步骤如下所示：

接下来，这些以短寿命为特征的自由基[26]可以经历下面将讨论的等离子体组分的原位化学反应（接枝或官能化）或导致聚合物层的交联。

8.2.2　官能化（接枝）反应

所形成的碳自由基可以和分子或原子发生化学反应。在有氧等离子体情况下，形成的主要自由基是过氧自由基，它可以与单体分子进一步反应，也可以与凝缩相的化合物，如等离子体消失后的水进一步反应，生成更稳定的官能团，如酮或羧基团。

$$R^\circ \xrightarrow{O_2^*} R-OO \begin{cases} \xrightarrow{R'H} RCOR' \quad ou \quad RCHO \\ \xrightarrow{\text{"}H_2O\text{"}} \underset{R}{\overset{R}{>}}C=O, \quad R-C\overset{O}{\underset{OH}{<}} \quad or \quad R-C\overset{O}{\underset{OR}{<}} \end{cases}$$
$$R^\circ \xrightarrow{\text{"}H_2O\text{"}} R-OH$$

从激发态组分和氧分解后的自由基之间的反应而产生氧的不同部分可以看出，聚合物的等离子体处理并不是一个可选择性的过程。

如果等离子体气体采用氮、氨或氮氧混合气体，氮的合成也是可能的。在这种情况下，自由基与等离子体中产生的反应性原子与分子组分之间会发生反应。

$$R^\circ \xrightarrow{N_2^+, NH_3^*, H^\circ, NH_2^\circ} R-NH_2 \quad 或 \quad R-NH-R'$$

用于聚合物等离子体处理的其他气体有一氧化碳、二氧化氮、氟和水。

8.2.3　交联反应

交联反应主要通过 Ar、He、Ne 等惰性气体等离子体中聚合物链上形成的自由基相互作用产生。下图表示了全同聚丙烯情况下聚合物中的交联形成过程，在这种情况下，由于带有甲基的叔碳，很容易形成自由基。

文献中报导大多数聚合物的交联层厚度通常在 $5 \sim 50$ nm 范围内。但是，对于某些聚合物，如高密度聚乙烯（high - density polyethylene，HDPE），其交联层厚度可增至几毫米。一般情况下，为了获得交联，应在惰性气体中采用低功率等离子体。聚合物等离子体处理也扩展应用于改进聚合物的黏结性。但是，为了获得交界面处的强黏结力，仅有黏合剂与聚合物表面之间紧密接触是不够的。的确，界面处的极性基团存在，提高了黏合剂与聚合物之间黏结的概率，根据黏合剂化学特性，通过氢键或共价键实现黏结。但当且仅当极性基团没有放置在机械强度弱的层上时才是这样。这就是 Schonhorn 和 Hansen[27] 开发 CASING 工艺的原因，为了增强其表面的黏结性能，该工艺包括用惰性气体（Ar、He、H₂）轰击 PE 表面，使其表面交联并机械强化界面。通过等离子体的物理溅射而去除低分子量的片段或通过交联反应将它们变为较高分子量的片段。因此，消除了由低分子量片段构成的弱界面层，在界面形成了更高的黏结力。该工艺开发人员定量测量了 PE 上的交联层厚度，得到了该厚度与测量的 PE/铝黏结力之间的精确相关性。使用的方法是，将氨处理之后的 PE，在溶剂（甲苯）中溶解，分离得到凝胶，凝胶对应不溶解交联相。他们指出，在 He 中处理 5～15 min，产生 50～100 nm 厚的交联层（图 8-1），这对应于测量界面处最大接合强度的范围。此外，在 PE 情况下，约 50～100 nm 厚的交联层整体具有最大黏结力。其他作者也将 PE 界面测量的高黏结力归因于交联层的存在[28]。

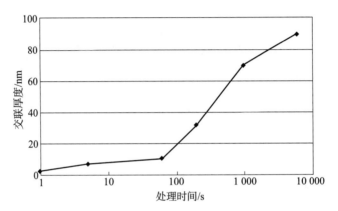

图 8-1　Pe 交联层厚度随在 He 等离子体中处理时间的关系
（射频等离子体：100 W，100 Pa，f = 15 MHz）

在 He 放电中，能对表面交联起作用的活性组分是亚稳态 He、离子[29,30] 或 VUV 辐射[15]。基于建模和试验的详细研究工作表明，在射频放电中，氨离子对于聚合物表面改性起着特别重要的作用[31]。

8.2.4　表面刻蚀（消融）反应

弱边界层的形成有利于表面刻蚀反应。在等离子体处理中，高功率密度、低压、处理时间长等苛刻条件会由于键裂和去碳酸基过程而产生低分子量的片段，这种片段对界面处结合的力学性能有非常重要的影响。

8.2.4.1　去碳酸基

Ränby 等[32] 展示了氧化和脱羧之间的竞争，这是由于表面上的羰基紫外线激发为三重态引起的。—COO 基团的离域电子吸收紫外辐射，用这种方式提升分子的激发能级，造成 R—C 键出现裂痕，因而导致脱羧。如上所述，键的断裂可导致弱界面层的形成。因此，脱羧反应与 8.2.2 节所示的氧化反应发生对抗，反应过程如下：

RCOOH ⟶ R° + CO₂

这个反应比前述的氧化反应（8.2.2 节）要慢，构成了表面氧化反应的速率限制，使得所有等离子体处理趋于平稳。这就解释了实例中 X 射线频谱仪（X - ray photoelectron spectroscopy，XPS）测定的等离子体处理聚合物的氧吸收为什么能达到较高水平的原因。

8.2.4.2　β 分裂

如果自由基被甲基稳定，就可能发生 β 分裂，即位于相对孤立的 β 位置的电子对被分裂。叔碳的自由基产生大量的 β 分裂，导致聚合物骨架中的一些键断裂并形成双键：

可以看出，一方面，交联反应和双键生成是协同性反应；另一方面，形成的乙烯基官能团对氧化非常敏感，根据周围的环境不同，可以形成酮、醛或羧基的官能团。

8.2.4.3　等离子体清洗/刻蚀效应

等离子体的消融效应可以用来消除聚合物表面的污染层。这个层是聚合物处理的助剂和功能性添加剂，如抗静电剂、润滑剂（矿物油、聚烯烃蜡、脂肪酸脂等）、抗氧化剂（酚、胺、硫醇等）和光保护剂等。此外，聚合物链的大分子量多分散性也是一个问题，永远不能排除初始的单体和溶剂残余物的存在。这些成分可存在于 1～10 nm 厚度内，构成一个弱界面层，导致聚合物与其他材料结合时出现大量黏结失效[33]。很多年以前，Schonhorn 等指出，很多用于改进聚合物与金属黏结性能的氧化等离子体，都是通过上述的消融反应来消除这种污染层。从那时起，根据特定的应用，采用不同的等离子体获得了聚合物与不同覆盖层之间的强黏结。

聚合物表面很容易被 O_2、N_2、N_2O、CF_4 及其他低温等离子体所氧化[34]。如果污染层不是很厚，即低于 1 μm（聚合物材料），等离子体清洗是很经济的工艺。如果不是这样（如汽车工业中的金属零件），刻蚀工艺与烃层的交联竞争会导致刻蚀率明显的下降。在这种情况下，如果在等离子体处理之前，采用湿洗过程清除过厚的污染物能够获得较好的结果[34]。Krüger 等[35]采用低压等离子体工艺清理玻璃、金属、碳和聚合物表面的污染物，如空气污染物、指纹、偶联剂、氧化层、滑爽剂、抗光剂、表面添加剂富集等。根据污染物的类型，采用不同的等离子体：如 Ar 这种惰性气体通过溅射移除不同的污染层；氧等离子体氧化有机污染；而氢等离子体用来去除类似氧化物或碳化物这种无机污染物。给出了玻璃或玻璃纤维表面的净化的实例以及对环氧聚合物基质-碳纤维复合材料的光学性质或黏结性的影响[35]。

与清洁剂或水基清洗相比，通常等离子体清洗设备的投资高。但是，额外的投资，如用于安全性和废料处理设备，或化学品和能源（烘干）的运行成本，可大大增加液体浴清洗的费用，使得等离子体清洗成为成本效益方面最好的解决方案。

综上所述，聚合物的等离子体处理能够导致重量减轻，这是在等离子体接枝时试图最小化和在聚合物刻蚀时需要控制的问题[36]。

（1）聚合物化学结构的影响

在采用氧进行不同聚合物等离子体处理的情况下，有研究结果表明，带有芳香环的聚合物抗降解性较好，而含有醚或其他含氧基团的聚合物则更脆弱[37,38]。对于聚烯烃，已经采用质谱仪研究了氧等离子体的聚合物降解效应，以便确定聚合物降解产物，如 CO_2、H_2、CO、H_2O，所研究的聚合物分类如下：PP（聚丙烯）＞HDPE（高密度聚乙烯）＞LDPE（low-density polyethylene，低密度聚乙烯）＞PTFE（polytetra-fluoroethylene，聚四氟乙烯）。

PTFE 是最具惰性的聚合物，已被用作为参照物。如上所述，PP 更容易被降解的原因是它具有带甲基的叔碳和一个分离的氢。后者更有利于自由基的形成，自由基是官能化的前体，在较苛刻的等离子体条件下（低压、高功率、处理时间长）能够产生对聚合物的降解（消融）。

（2）官能化和惰性气体中的刻蚀

在氦气等离子体中进行不同聚合物（甚至包括不含氧的聚合物）的表面处理也会导致质量损失低很多（比同样 15 Pa 压力下的氧等离子体低 20 倍）[39]。这是由于残留空气离解产生的活性组分的物理溅射（与 Ar 等离子体相比，He 的溅射少得多，因为 Ar 的动量高很多）和刻蚀导致的。的确，残留氮和氧即使浓度低于 1%[40]，与亚稳态氦和离子的有效反应都会产生激发态的原子、分子组分和带电组分[27]。例如，在纯氧中，通常发生电子碰撞机制，即从基态直接激发和分子组分离解激发，产生激发态的原子氧（通过发射光谱在 777.4 nm 处观测到）。这两种过程都发生在电子能量高于某一门限值的情况下（从基态直接激发的门限值为 11 eV，分子氧离解激发的门限为 18 eV）。但是，在有氧存在的氦放电中，如同混合气体中的杂质或添加物一样，放电中 He 的出现起到了非常有效的彭宁（Penning）反应作用[29]并快速传递（$\nu \approx 10^{-12}$ s），不需要附加的能量[42]。这些反应如下：

$$He^m + O_2 \longrightarrow He + O_2^*$$
$$He^m + O_2 \longrightarrow He + O_2^+ + e$$
$$He^m + O_2 \longrightarrow He + O^+ + O^* + e$$
$$He^+ + O_2 \longrightarrow He^+ + O + O^*$$
$$He^+ + O_2 \longrightarrow He + O^+ + O^*$$

在氦气放电中，当氧气作为残留气体存在时（质谱仪测定为 0.3%），我们已通过光学发射光谱清晰地辨识出在 777.4 nm 和 844.6 nm 处的 O^* 和在 391.4 nm 处的 N_2^+[41]。

因此，在惰性气体中的等离子体表面处理中，氧的存在可以解释为表面自由基与激发态分子和原子氧组分之间的反应，这些组分是由前述反应产生的，或者由剩余的自由基与扩散的大气氧之间反应引发的后期等离子体氧化反应产生的。

在氮气作为杂质（残留气体）或添加物存在于氦气的混合气体中时，彭宁反应效率非常高，根据下列的反应产生电离或离解，这也解释了在我们的放电中检测到 N_2^+ 激发态组分的原因[43]：

$$He^+ + N_2 \longrightarrow He + N_2^*$$

$$He^m + N_2 \longrightarrow He + N_2^+ + e^-$$

$$N_2 + e^- \longrightarrow + N_2^* + 2e \qquad 门限能量\ 18.6\ eV$$

$$He^m + N_2 \longrightarrow He + 2N$$

图 8-2 所示了聚合物等离子体改性过程的不同步骤，这些步骤在上节中已进行了解释。

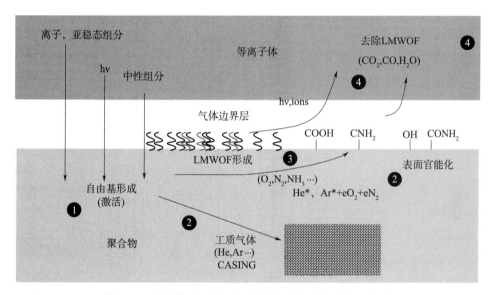

图 8-2　聚合物表面处理中的等离子体-聚合物相互作用

①—活化步骤；②—与惰性气体和官能团之间的反应（根据等离子体气体而定）；
③—LMWFs（低分子量片段）和 LMWOFs（低分子量氧化片段）的形成；④—低分子量氧化片段的消融。

8.3　在低频、低压反应器中采用非对称结构电极（ACE）的聚合物表面处理

在本章中，为了展示前面给出的等离子体-聚合物的各种相互作用，我们重点介绍已经应用的一种类型的放电，即电极非对称配置（asymmetrical configuration of electrodes，ACE）的低压、低频放电。用于聚合物薄膜等离子体处理的反应器详细情况以及实验配置在很多地方都有描述[44]。它主要由一个带有非对称电极的钟罩形玻璃反应器组成。由法国 STT 的工业电源提供的低频功率（70 kHz）容性耦合到中空心叶片型电极上，气体通过该电极引入。聚合物薄膜（22×22 cm²）缠绕在接地的圆柱上，圆柱在高压电极前旋转。电极的非对称结构（电晕型）首次使得能够用于研究在非常短的处理时间内（几毫秒到几秒）将聚合物置于低压等离子体中的聚合物表面的改性[45]。这种反应器的另一个优点是，特殊的电极结构很容易实现生产规模和聚合物流水线处理的升级。其他作者也指

出，由于驻留时间短（$t<1$ s），等离子体表面处理能够效率很高[47]。

这种反应器（图 8-3）已经应用于聚合物表面处理以及通过引入有机前体实现等离子体聚合（见图 8-4）中。处理气体引入到全长度（200 mm）的空心电极中，从电极的间隙中（$d=8\sim10$ mm）扩散出来。圆柱在电极前面旋转，一般情况下，圆柱前的等离子体宽度约 8 mm。旋转速率通常固定在每秒 1 转，每转一圈，在通常条件下聚合物处理23 ms。

对于有机前体的等离子体聚合，尽管放电是持续进行，但基板在电极前转动，因此需要更长的处理时间才能在辊筒上滚动的聚合物表面沉积涂层。通过气体的扩散或辊筒的旋转，使电极内间隙引入的混合气体环绕在辊筒的周围。因此，通常条件下（每秒 1 周），基板处于放电区内 23 ms，其余时间处于后放电状态。

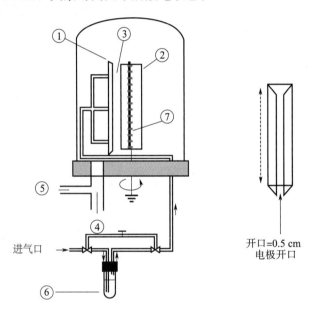

图 8-3　带有非对称电极的低频、低压反应器示意图

①—中空电极；②—接地柱和样品支架（长度 22 cm，直径 7.0 cm）；③—等离子体区；④—涡轮分子泵；
⑤—耐化学品的主泵；⑥—用于表面处理的等离子体气体引入或用于引入有机前体的鼓泡系统；
⑦—柱段的放电宽度（一般条件下 0.5 cm）。

8.3.1　表面官能化

图 8-4 所示的是应用 70 kHz 和 13.56 MHz 两个不同激发频率，在相同 ACE 反应器中采用氨处理聚丙烯薄膜的氮吸收。可以看出，表面的氮吸收过程非常快，在 70 kHz 情况下，在处理时间短到 0.1 s 时，氨等离子体导致的聚丙烯表面氮吸收就达到了平缓状态（N/C＝10%）。的确，低频射频放电很多定性特征如同直流辉光放电。在低频时，离子可以跟随电场，放电变得与直流放电类似。在压力（30~150 Pa）和驱动电压（900~1 000 V）条件下，离子以很高能量接近阴极[48]且它们的能量分布相当宽。这种离子轰击会引起如

一般辉光放电情况下的电极二次电子发射，这被认为是持续放电的主导机制。在离子轰击聚合物包覆电极的情况下，也就是我们讨论的情况，将会导致活性点位的形成，会在很短的处理时间内加速官能化的进程。此外，在低频放电下，在半个周期内阴极位置交替地从一个电极到另一个电极，使得放置聚合物的辊筒电极得到离子轰击。在高频情况下（>500 kHz），离子将不再能够跟随电场，而是响应时间平均场。因此，对于 13.56 MHz 的放电，鞘层内的离子过渡时间比电场振荡时间要长很多，离子的能量分布变窄。

这就解释了氮的结合动力学的差别，低频放电下结合率会高很多（图 8 - 4）。但是，当处理时间超过 1 s 时，N1s/C1s 比率在 13.56 MHz 时比 70 KHz 时要高（13.56 MHz 时约 12%～13%）。Fisher 与他的合作者采用自由基与表面相互作用成像技术（imaging of radicals interacting with surfaces，IRIS），研究了在碳氟化合物[49]、NH₃[49] 或 NH₃/SiH₄[50]等离子体中，不同基板以及聚合物上的 CF_2 和 NH_2 自由基散射。将 IRIS 技术与分子束和激光诱导荧光（laser - induced fluorescence，LIF）简单地进行组合，用以测量等离子体处理过程中，稳态下气相组分的表面反应以及气相组分的密度随等离子体参数的变化关系。在表面反应性测量中，基板直接旋转到分子束的路径中，然后再次收集 LIF 的测量值。表面处于分子束路径之内和分子束路径之外所导致的空间分布差别用于确定自由基-表面的反应性[50]。Fisher 与他的合作者给出的结论是，根据 LIF 在气相态下的测量结果，离子轰击对表面生成 CF_2 和 NH_2 自由基的贡献显著。这就解释了在低频放电情况下，氟或氮的表面吸收快速平稳以及水平较低的原因（图 8 - 4）。

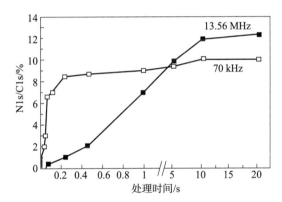

图 8 - 4　由 X 射线频谱仪（XPS）测定的两个不同频率下 N1s/C1s 随在 ACE 反应器中处理时间的变化
（NH₃ 等离子体：$p = 100$ Pa；$Q = 40$ sccm；$P_w = 20$ W）

除了采用氨[51]之外，在这种反应器中还采用氮气等离子体、氦气和氨气混合气体等离子体中[52]完成了聚丙烯表面处理，目的是获得聚丙烯与铝之间的稳定黏结特性[14]。由于我们放电的能量特点，在非常短的处理时间内，层间的黏结强度就接近了最大值[51,53]。其他研究者采用电子回旋共振等离子体或离子束[54]，以提高溅射的和蒸发的铜层与不同聚合物之间的黏结强度，也得到了同样的结果。他们给出的结论是，在极低剂量的预处理下，涂层黏附力可以达到最大值，因此等离子体和离子源的应用，使得能够在每秒几米的卷绕速率下完成处理。

　　综上所述，聚合物的表面处理通常应避免严酷的放电条件。其他研究人员采用完全不同系统开展的工作也得到同样的结论，即应该优化实验条件以避免过度处理。d'Agostino和他的合作者采用氨的调制射频放电，发现在短时间处理情况下，在 N1s 的包膜（NH$_2$/N1s）中对伯胺官能团具有高选择性[55]。Ohl 和他的合作者[56]研究了 13.56 MHz 和 2.45 MHz 连续波和脉冲的氨放电，在短的处理时间内，聚苯乙烯（PS）薄膜表现出很高的氮吸收，当处理时间短到 0.02～0.2 s 时，表现出很高的选择性。

8.3.2　接枝氮基团过程中的氨等离子体消融作用

　　在 8.2.4 节中已经讨论论过，用于聚合物接枝的氧等离子体，也用于刻蚀在微光刻中作为光刻胶的聚合物。然而，刻蚀发生在所有等离子体中，特别是在严酷等离子体环境下（高能密度、低压、处理时间长）。这就是图 8-5 中为什么对 O$_2$ 和 NH$_3$ 等离子体中全同聚丙烯薄膜重量损失进行比较的原因（重量损失通过重量测量获得）。图 8-5 结果表明，在氨等离子体情况下，重量损失随时间的变化几乎是线性的，而在氧等离子体情况下，处理时间 30 s 时，重量损失高达氨的 8 倍。对于 10 s 的处理时间，通过重量测量得到氧等离子体中的 PP 刻蚀为 100 μg/cm［刻蚀率＝10 μg/（cm^2·s）］。在同样反应器中，通过 O$_2$ 和 NH$_3$ 等离子体进行的 PE 膜消融，给出了类似的结果[57]。在这种情况下，处理时间 10 s 时氧等离子体的重量损失（25 μg/cm^2）为氨等离子体的 5 倍。在 8.2.4.3 中已经解释了 PP 比 PE 更易降解的原因（4 倍），其结果与文献［37］一致。

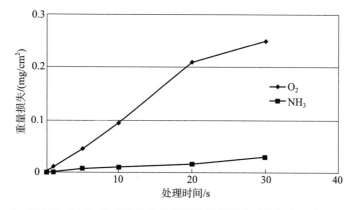

图 8-5　在 NH$_3$ 和 O$_2$ 等离子体中处理聚丙烯薄膜的重量损失随处理时间变化

（氨处理：p=100 Pa，P=5 W，Q=100 sccm；氧处理：p=100 Pa，P=3 W，Q=100 sccm）[5]

　　商业化的、传统的聚烯烃通常存在不确定的表面，这些表面为非结晶态且被迁移到表面的功能性添加剂所污染。这就是深入研究在这种聚合物上不同等离子体的消融效应非常困难的原因。我们在被氧化的硅片上采用正十八烷基自组装单层（OTS SAM）作为聚乙烯的模型，因为它们的烷基链含有独特的亚甲基［图 8-6（b）］。类似地，过去已经采用六十三烷基晶体（C$_{36}$H$_{74}$）研究了氩气与氧气射频等离子体对高密度聚乙烯（HDPE）的影响[58]。

在处理时间短的情况下，氨等离子体的降解效应通常不容易定量。但是，在氨等离子体处理 0.11s 后，椭圆光度法成为测量 OTS SAM 消融的一种方法［图 8-6（a）］。消融过程随时间变化是线性的，从线的斜率可知刻蚀率为 1.7 nm/s，这个结果与同样条件下 PE 膜重量测量得到的刻蚀率相比明显小很多，这个结果也显示在图 8-6 中。这种情况下的典型值为 5 nm/s。因此，这就意味着，如果将 PE 表面清洗干净，对于我们这种实验条件有 1 s 的处理时间就足够了。这种效果是由于 PE（LDPE 是由 BASELL 和 ATOFINA 提供的，按照接收到原样使用）膜的半晶体结构的抗等离子体处理能力要比全晶体结构的 SAM 层小。在入射等离子体粒子能量的轰击时，PE 膜的顶层更容易产生低分子量的片段。

文献［57］指出，通过 NH$_3$ 等离子体能够将含氮基团接枝到 PE 膜上或 OTS SAM 上。但是，尽管这两种情况的氮基团结合动力学近似相同且都在 0.5 s 后出现饱和，但在类似的等离子体处理条件下，PE 膜的氮含量是 SAM 样本的氮含量的 2 倍。例如，在我们的实验条件下处理时间 1 s 时，PE 的 N/C 比为 12%，而 SAMs 仅有 6%。其原因一方面是由于相比于 5 nm 的 XPS 光电子逃逸深度，SAM 的层厚度小；另一方面是由于 SAM 高的结构顺序，具有紧密堆积和取向的烃链［图 8-6（b）］，有利于形成碳-碳的交联；这个过程中所消耗的自由基不能再用于氮的官能化。SAM 的最佳处理时间应该对应于接枝到表面的含氮部分的最大值，且消融效果最小。如果能够接受 10% 的消融厚度，对于 OTS SAM 最优处理时间是 0.11 s，N/C 比率接近于 2.4%。这样的比例对应于每个烷基键的一个官能团，与通过 XPS 在十八烷基胺粉末上（C$_{18}$H$_{36}$NH$_2$）独立测量的一致[57]。

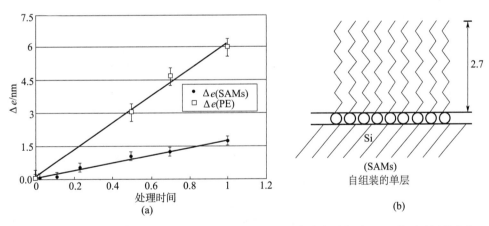

图 8-6　（a）用椭圆光度法测量的 SAM 消融和 PE 膜的高精度平衡随 NH$_3$ 处理时间的变化（p＝100 Pa，P＝5 W，Q＝100 sccm）；（b）硅晶片上 n-外烷基三氯硅烷自组装单层示意图（引自文献［57］）

这些结果表明，在等离子体与聚合物相互作用中，不仅聚合物的化学结构起到重要作用（如 8.2.4.3 所述），聚合物的结晶度也决定着聚合物的消融率。因此，如同图 8-7（a）所示，在典型的半晶质聚合物（可用非晶和结晶区合成的结构来表示）情况下，与结晶区相比，非结晶区将优先吸收。这就导致所处理的聚合物粗糙度增加。这种表面形态变化能够改善机械互锁，并可以增加可用于化学的或分子的相互作用区域。图 8-7（b）中扫描电子显微镜（scanning electron microscopy，SEM）的图像也显示了氨等离子体处理后的半晶质 PTFE 的粗糙度变化。

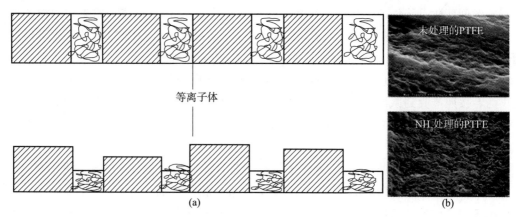

图 8-7　（a）半晶质聚合物优先吸收示意图；（b）扫描电子显微镜观测到的处理前后 PTFE 的微观图像

8.3.3　酸碱性

8.3.3.1　引言

如同 8.2 节所述，聚合物表面处理能够增加表面层的新功能，通过改变化学惰性表面的极性，实现应用范围的拓宽。然而，以改进聚合物与金属或其他有机涂层或生物分子之间黏结力等宏观特性为目标的聚合物等离子体处理，需要对界面现象有深刻的理解。

在 8.3.2 中，我们讨论了采用两种不同气体进行的聚丙烯等离子体处理，即一种为氧化气体，如氧气；另一种为还原气体，如氨气。

很长时间以来，分子之间的相互作用被分为"极性"和"非极性"两类，这种相互作用通常已变为讨论液态或固态下或在液固界面的分子之间的双极-双极相互作用和双极-感应的双极相互作用问题。20 世纪 90 年代初，Fowkes 和 Whiteside 指出了液态和固态中所谓"极性"基团间的酸-碱相互作用的重要性，而且发现这些相互作用与所测量到的偶极矩的"极性"完全无关[59,60]。因此，Fowkes 的结论是，在这种情况下，与酸-碱相互作用和分散力相互作用相比，双极-双极的相互作用小到可以忽略[61]。

然而，为了证实这个概念，必须通过适当的技术和方法来表征这种特性。可用于评估聚合物酸-碱特性的技术包括接触角测量[63,64]、热量测定、反气相色谱法、傅里叶变换红外光谱仪、核磁共振[59,62,65]和衍生辅助 X 射线频谱仪。后者通过监测吸收分子试剂（如三氯甲烷、路易斯酸）所经历的化学位移，已被用于定量评估聚合物（固态下）的酸-碱特性[66]。Whitesides 等[67]采用"接触角滴定"法，研究了在低密度聚乙烯表面采用传统方法接枝酸-碱官能团的细节：研究了接枝基团的电离程度以及水接触角（water contact angle，WCA）值与表面基团密度之间的关系。

应用化学改性触点的扫描力显微镜（scanning force microscopy，SFM）测量也用来确定含有电离官能团的不同等离子体改性聚合物的酸性和碱性。例如，在不同 pH 条件下，测量了氨等离子体处理后的聚丙烯和通过丙烯氨等离子体聚合（见 8.4 节）获得的聚合物在 OH 端触点的拉脱力。得到相应的力滴定曲线，即平均拉力随 pH 的变化[68,69]。在低 pH 情况下，对于等离子体聚合的丙烯氨薄膜和等离子体处理过的聚丙烯样本（都含有碱性氨基），由于这种基团的质子化作用，其拉力几乎可以忽略；而在 pH>5 的情况下，其黏结力就变得非常明显。这项工作表明，等离子体改性聚合物的氨基团反应性强，且能够随 pH 环境改变，出现可逆性的质子化和退质子化变化（$-NH_2 \leftrightarrow NH_3^+$）。这被用作将带负电的 DNA 分子固定在等离子体聚合的丙烯氨表面的基础[70]。此外，pH 依赖性的力滴定测量能够用来绘制分辨率低于 50 nm 的官能团分布图[68,69]。

在上面提及的不同方法中，我们集中讨论简单实用的接触角滴定技术。

8.3.3.2　接触角滴定方法

Hüttinger 等指出，通过测量固体与不同 pH 的水性试剂之间的可逆性黏附功，可以得到接触角曲线。根据这些曲线的形状（图 8-8），通过 Young-Dupre 方程 $[W_{sl} = \gamma_w(1+\cos\Theta)$，其中 $\gamma_w = 72.8$ mJ/m$]$ 获得可逆的固-液黏附功趋势，可以确定表面的中性、酸性、碱性或双性特征。

（1）氨等离子体处理的聚丙烯[71,72]

接触角测量是使用不同 pH 的测试液体在未处理和等离子体处理过的聚丙烯表面完成测量[63,64]。采用 NaOH 或 HCl 作为酸或碱，加两倍的蒸馏水（$\gamma_w = 72.8$ mJ/m^2，$\gamma_w^d = 21.6$ mJ/m^2，$\gamma_w^{ab} = 51.2$ mJ/m^2），预备成具有 pH 为 1～14 范围的酸和碱水溶液。采用 Wilhelmy 方法测量溶液的表面张力。结果表明，水的表面张力与酸和碱溶液的表面张力无差别。在等离子体处理后立即测量表面上水溶液的接触角。

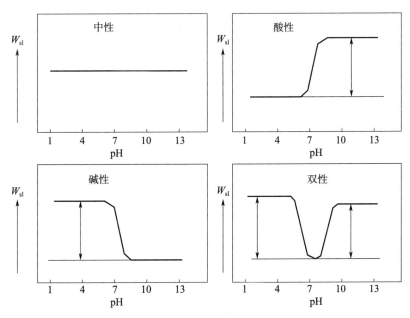

图 8-8　接触角滴定方法[64]

不同处理时间条件下，氨等离子体处理后的聚丙烯的测量结果如图 8-9 所示。可以看出，未处理的聚丙烯特性与测试液体的 pH 无关 [图 8-9 (a)]。在这种情况下，基板是无极性的，由于不存在酸碱相互作用，被 Fowkesy 表示为 $W_{sl}=\gamma_w(1+\cos\Theta)=w_{sl}^d+w_{sl}^{ab}$ 的 W_{sl}（可逆固体-液体黏结总功）应该等于 w_{sl}^{d} [73]。值得注意的是，对于 0.7～1 s 范围的处理时间 [图 8-9 (b)]，表面具有清晰的碱性特征，即总黏结功从酸性 pH 的 129 mJ/m² 降低到碱性 pH 的 120 mJ/m²。通过增加处理时间（$t\geqslant5$ s），可以增加总黏结功。但是，在有些情况下 [如图 8-9 (c) 和 (d)]，表面会出现双性特征，对于强酸性和强碱性水溶液，其总黏结功（$t=30$ s 时 $W_{sl}=145$ mJ/m²）大致相同。

此外，峰值拟合 N1 和 C1 信号表明，表面上的接枝部分主要是胺和酰胺的基团[73]。对于处理时间为 1 s 量级的情况，这些化学官能团使表面以碱性特征为主导。在氨等离子体处理的表面上，也检测到少量的（O/C≤4%）氧官能团[73]。大多数碱性表面都是处理时间少于几秒的表面，这个结果与其他作者得到的结果是一致的，即处理时间短可使 NH₂ 密度提高[55,56]。

除了接触角滴定方法外，衍生辅助 X 射线频谱仪（XPS）通过监测吸收分子试剂（如三氯甲烷、路易斯酸）所经历的化学位移，已经用于定量评估氨等离子体处理的表面碱性特征[71,72]。

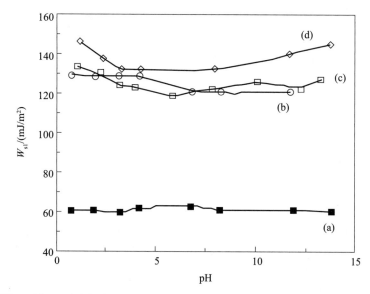

图 8-9　不同处理时间下总黏结功随不同测试液的变化：(a) 未处理的聚丙烯；(b) 0.7 s；(c) 5 s；(d) 30 s。处理条件：空气、NH₃；压力 150～200 Pa；$Q=150$ sccm；功率=7 W；$f=70$ kHz[72]

（2）氧等离子体处理的聚丙烯（PP）

在以前的报告中[73]已经详细的讨论过，在氧气处理的 PP 表面采用水质无缓冲溶液得到的结果，结论是处理过的表面具有酸性特征。根据衍生辅助 X 射线频谱仪（XPS）的评估结果，这种特性随着处理时间延长而增强，其主要原因是表面上接枝的酸性基团增加。

事实上，XPS 结果表明，第一，在氧等离子体处理的聚合物上出现的新官能团是羟基、碳基、酯或羧基的酸性基团[74,75]；第二，随着处理时间的延长，接枝的酸性基团浓度增加。为了定量测量氧等离子体处理的聚丙烯的酸性特征，采用二甲基亚砜（dimethyl sulphoxide，DMSO）作为一种碱性路易斯试剂[74,75]。

这些测量结果清晰地表明，氨等离子体给表面赋予了一种碱性特征，而氧等离子体处理会产生酸性表面。这种原理已经通过水基的酸性或碱性油墨形式用于工业印刷。事实上，已经证明水基酸性油墨表现出很好的修复氨等离子体处理聚合物的能力，反之也如此。最近，Favia 等采用接触角滴定法确定了由 NH_3/O_2 射频等离子体表面处理后含碳物质的酸碱特性，含碳物质采用石墨平板的形式[76]。他们采用这种方法，以一种可预测的方式转换为含碳物质表面酸碱特性随工质组分和功率的变化。这项研究旨在探究炭黑材料颗粒的酸-碱相互作用，炭黑材料颗粒广泛用于很多工业领域，如聚合物材料内的增强填料，很多实际应用中作为气体、蒸汽和液体的吸收剂和过滤剂应用。

8.3.4　等离子体处理表面的老化

如果等离子体处理聚合物的样本没有贮存在可控的环境中或对于特定应用处理完后没有立即覆盖，则处理后的聚合物的长期稳定性就成为关键。很多研究人员发现，改性后的聚合物表面暴露于空气这样的非极性介质中时，很容易发生老化效应[77-79]。等离子体处理后表面呈现出的可湿性常常随着时间推移变成难湿润态。这种所谓老化的过程源自两种效应的共同作用：1) 由热力学驱动的极性部分从表面向亚表面的重定向；2) 表面与大气组分的化学反应，如与氧、水蒸气和二氧化碳的化学反应。

表面的重定向或重构是对等离子体聚合物与环境之间的界面能量差异所表现出的响应。这种响应通常导致表面官能团密度持续降低[79]。Greisser 等通过区分表面上的基团是极性可变还是极性不可变的方法，给出了表面重构的定量分析[80]。然而，在非极性聚合物内部的可变极性基团内部化，不是热力学上可取的过程，该研究人员认为，这些极性基团是自稳定的，通过在亚表面区域形成氢键二聚物或微小团簇而实现[78]。

业已观察到，与等离子体聚合物相比，等离子体改性后的表面呈现出非常明显的表面重构[79]。事实上，具有高交联密度的等离子体聚合涂层能够限制表面重组，即交联极性基团附近的界面力不具备足够对应变响应的可移动性[78]。因此，如果能够成功地通过等离子体官能化交联表面且在最外表面接枝极性官能团，则可以在聚合物和覆盖层之间建立一个稳定的"界面"，覆盖层可以是金属、氧化物、聚合物涂层或有机分子。

"界面"定义为两个固相交界的区域，该区域的结构和特性不同于两个接触相的任何一种。这种交联的界面会限制极性官能团的移动，也在一定程度上限制了聚合物添加剂向表面的迁移[81]。

众所周知，等离子体处理的表面与大气组分之间的反应，会导致所预期的功能损失或表面的重组。Gerenser[82] 给出了等离子体处理的表面与大气组分相互作用的例子，结果表明，将氮气等离子体处理的聚苯乙烯（PS）暴露于空气中，氮总量的 4%~5% 将会损失掉。暴露于空气后，由衍生辅助 X 射线频谱仪（XPS）检测到的亚胺组分（在氮等离子体处理的聚合物上能够清晰地观察到）引起的峰值下积分面积减少了 60%。这些结果与通过以下反应将亚胺水解为羰基官能团的结果是一致的[81]：

第一个反应可解释氮损失，而如果 R′ 是低分子量片段，可以在 XPS 频谱仪的真空中或暴露于空气中时挥发，则第二个反应也具有同样的效应；如果不是这种情况，第二个反应变成无氮损失的重组反应。

图 8-10 为等离子体处理的聚合物贮存在空气中的老化所涉及的最重要的现象。

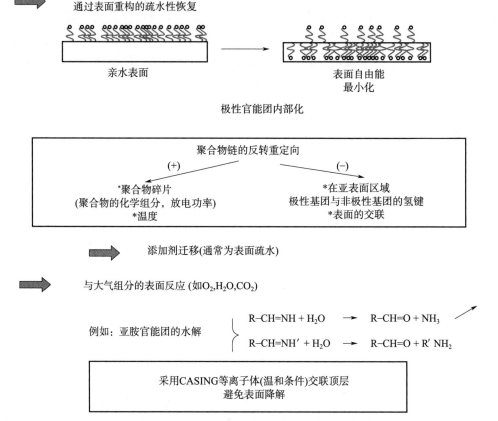

图 8-10　在空气中贮存的等离子体处理聚合物老化所表现的不同现象和限制表面老化的建议

8.3.4.1　氨等离子体处理的聚丙烯的老化

在氨等离子体处理的聚丙烯情况下，我们的确看到了接触角随时间增加急剧下降，即表面随时间增加而老化[80,81]。因此，尽管众所周知，随着时间的增加，在后氧化的作用下，胺官能团会氧化为酰胺官能团[79]，它看上去与胺官能化的表面相似，而实际上表面重取向的过程比后氧化过程效率更高。这就是为了避免这种过程，我们首先尝试了以下两个步骤的原因：用氨进行预处理，以便表面交联，并获得 8.2.3 节中解释的 CASING 工艺（惰性气体中活性组分的交联）的致密表层，然后用氨等离子体[84]将增强层官能化。采用惰性气体氦气而不是采用更经济且更普遍应用的氩气，是为了限制聚合物的溅蚀。事实上，如同在 8.2.4.3 节中所解释的，氩离子比氨离子大很多，具有更大的动量，会通过轰击产生对表面的物理溅射，因而容易形成弱边界层。

上述这种交联的界面也会限制低分子量聚合物向表面的迁移，以这种方式限制老化现象。因此，我们使用氨与氦混合气体等离子体同时完成了聚丙烯的交联和官能化[52,83]。

8.3.4.2 在 He+NH₃ 混合等离子体中处理聚丙烯的稳定性提高了对铝的附着力

X 射线频谱仪（XPS）测量结果表明，在富含氦气的混合气体（约 2% 的氨）中处理聚丙烯膜时，获得了 N/C 比率与纯氨气相当的结果[51,83]。接触角测量结果证实，在氦气放电中掺入少量氨后的掺氮效率，与在纯氨中获得的效率相当[83,85,86]。表面老化的研究从水接触角（WCA）的变化开始。在处理后的 70 天完成测量，用 XPS 结果进行修正，即比率 $(O+N)/C$[83,86]。在含有 5% 氨混合气体的放电中处理的样品，得到了稳定的可湿性。因此，我们能够估算 1% 氨的混合气体中水接触角 Θ_{water}（由 $\{[(\Theta_t - \Theta_0)/\Theta_0]Q_0\}$ 确定，式中，Q_0 为 0 时刻的接触角）的变化约为 22%，纯氨放电约为 45%。因为实际上 $(O+N)/C$ 比率在整个混合气体的组成上是恒定的（约 20%），对于不同 He+NH₃ 的混合，表面的重组与接枝到聚丙烯上的极性基团数量无关。因此，在上述等离子体中仅含百分之几氨气的情况下（<5%），所得到的稳定性结果，可以用表面极性基团的低迁移性来解释，因为我们增加了 He+NH₃ 等离子体处理的聚丙烯最顶层的交联密度。这个交联层也能够限制附着在表面的低分子量聚合物的扩散进程，以这种方式限制了表面疏水性的恢复[90]。

然而，这项研究工作的预期应用是改进聚丙烯与铝的黏结性，可湿性是唯一的黏结理论，即热力学理论[91]。

在低频低压反应器中的等离子体处理之后，我们在 10^{-3} Pa 背景压力下，通过热蒸发方式原位沉积一个薄的铝层（20~50 nm）。为了研究金属化等离子体处理的聚丙烯薄膜表面的老化效应，在原位或在同一容器中老化的样品上进行了预处理聚丙烯薄膜的镀层[51,87,88]。为了评估黏结性的改进效果，采用适用于柔性基板的特殊 U 形剥落试验[87,88]。剥落试验后，金属剥落的百分比通过剥落薄膜的成像处理系统确定[87]。

图 8-11 给出了脱落试验获得的铝与等离子体处理聚丙烯之间黏结特性的稳定性和脱落试验的金属脱落百分比测量结果。对于在氨等离子体中的两种处理时间，从原位快速处理的金属化聚丙烯到金属化老化样本，表明铝的脱落随老化时间的变化是增加的。此外，还可以看出，处理时间越长，金属脱落的百分比就越明显（从 NH₃ 处理 1 s 时间的 26% 变为 NH₃ 处理 5 s 时间的 70%）[51,83,88]。这种情况可以用过度处理后的聚丙烯表面会形成弱边界层来解释。在 He+2%NH₃ 混合气体等离子体中完成的处理，显示了与老化时间和过度处理相关的黏结稳定性。这些结果与应力-应变测量结果一致性很好，应力-应变测量结果表明，与纯氨处理的聚丙烯表面相比，He+2% NH₃ 混合等离子体处理的表面黏结力增强[83,86,90]。

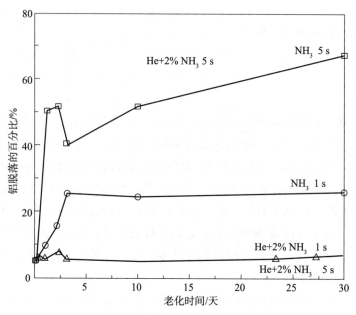

图 8-11　在两种不同处理时间下，铝-聚丙烯之间黏结特性老化随时间的变化
（$P=100$ Pa，$Q=100$ sccm，$P_w=6.5$ W）（引自文献 [52]）

8.4　等离子体聚合

　　改变包括聚合物在内的不同表面特性的第二种方法是表面聚合。在聚合物表面处理时，通常采用简单的单原子或双原子分子且没有沉积，而在等离子体聚合情况下，可以聚合任何种类的有机分子，甚至包括不含任何类型官能团的甲烷。通过沉积具有不同官能团的纳米尺度聚合物，使在不同基板上的等离子体聚合提供了从根本上改进表面特性的优势。通过等离子体聚合沉积的薄膜无孔洞，无传统聚合工艺中使用的引发剂和溶剂的残留物。关于等离子体反应器中发生的复杂的基本机制，有很多优秀的论文[2]进行了阐述或综述。虽然常规等离子体聚合物的结构取决于前体并具有良好的疏离结构，但是通过简单改变反应器的工作条件，可以从相同的有机前体中获得具有不同结构的多种聚合物。因此，如果将苯乙烯引入到等离子体反应器中，并不能获得常规聚乙烯（PE）那样的聚合物，而是可以获得多种类型的聚合物，其范围从类似碳的金刚石到不饱和聚合物粉末。

　　我们在本章的第一部分已经说明，聚合物等离子体处理紧密依赖于它的化学结构。在等离子体聚合情况下，通常直接假定等离子体聚合物可以直接沉积在任何基板上。然而，沉积过程是一个气相组分与基板材料外表面相互作用的过程，这种相互作用的性质和程度是等离子体聚合的非常重要因素。这就是构成等离子体沉积聚合物边界层的成分不仅包括前体离解产生的自由基，还包括等离子体与表面相互作用产生的气相组分。事实上，如果相互作用没有达到一定程度，就不能得到可接受的等离子体聚合物黏结性。这种相互作用出现在过程的初始段，即去除基板防护并在聚合物生长期间持续沉积等离子体聚合物层，导致键断裂，即在沉积的同时实现聚合物的消融。Yasuda 定义了这种机制为 CAP（competition between ablation and polymerization，消融与聚合竞争）[2]。

在等离子体中，存在着大量启动前体的碎片，且有多种官能团结合到沉积物中。Yasuda 和他的合作者指出，聚合物的沉积速率依赖于运行状态参数 W/FM（W 为放电功率，F 为单体流速，M 为单体分子量），单位为 J/kg，即单位单体质量所释放的能量。

为了减少前体碎片，应该避免高能量，应该工作在低 W/FM 状态下，即能量不充分区，在这个区域内，单体足以消耗能量。在这个区域内，沉积速率随参数 W/FM 线性增加。在对应于高 W/FM 的单体不充分区，施加的能量足以破碎单体，进一步增加能量也不会增加沉积速率。在这个区域内，沉积速率接近于平稳，而更高的 W/FM 值将会降低沉积速率[2,92]。因此，在单体充分的区域，聚合物破碎的可能性更高，且沉积的薄膜具有较高的功能保持能力[93]。脉冲等离子体沉积工艺提供了这样处理表面的可能性，既能够敏感到离子轰击、紫外辐射和温度，也能很大程度限制前体破碎，以便能够高度保持预期的功能[94,95]。

在 13.56 MHz 射频放电条件下，已完成了很多低压等离子体聚合研究。报导低频激发源（千赫兹范围）下有机物前体等离子体聚合方面的论文不是很多[96]。

在下面两节中，将给出在我们的低频 ACE 反应器上完成的等离子体聚合的实例，前面提到的离子轰击在实例中起到了主要作用。

8.4.1　CF$_4$＋H$_2$ 混合体等离子体聚合的基板化学组分影响

从 20 世纪 70 年代起，碳氟化合物等离子体已经广泛用于微电子工业中硅和二氧化硅薄膜的刻蚀。由于碳氟复合化的低介电常数、高热稳定性以及高耐化学性，从 20 世纪 80 年代初期开始，开展了大规模的等离子体碳氟化合物聚合研究[97]。因为 F 原子和 CF$_x$ 自由基已经分别被证明是刻蚀和沉积的前体组分，已经证明，等离子体中氟与自由基的密度比 F/CF$_x$ 是它们刻蚀能力或产生聚合的特征量[98,99]。Kay 和 Dilks[99]、Yasuda 等[100]指出，在诸如 CF$_4$ 和 C$_2$F$_6$ 的全氟化碳的放电中，其主导过程是刻蚀而不是聚合，但当放电中存在还原剂（如 H$_2$、CF$_4$）时，则聚合占主导。

d'Agostino 和他的合作者采用光学发射光谱研究了添加氢（一种氟原子清除剂）对 C$_n$F$_{(2n+2)}$ 放电的影响[101,102]。在氢的含量从 10% 至 18% 的变化中，在所有情况下，氟原子浓度都降到最小值，而 CF 和 CF$_2$ 自由基浓度随着氢百分比的增加而增加。

为了说明等离子体与表面相互作用在等离子体聚合过程中起着重要的作用，我们在同样的 ACE 反应器中（8.3.1 节）研究了 CF$_4$＋H$_2$ 混合体在两种不同基板上的聚合：聚乙烯（PE）和聚二氟乙烯（PVDF）（含氟聚合物）[44,103]。如同 8.3 节所述，可以在这种高压叶片反应器中引入聚合前体，聚合物基板（PE 或 PVDF）置于接地的辊筒上。如同 8.3 节所述，聚合物在电极前每转（1 s）的处理时间为 23 ms，其他时间内处于放电后状态。在本节中，处理时间可以考虑为聚合物通过放电区域的总时间。

采用光学发射光谱仪观测了放电中的激发态组分，获得的 CF$_4$＋H$_2$ 混合体的频谱具有如下特征：中心近似处于 300 nm 和 580 nm 的两种不同连续谱，这是 CF_2 和 CF_3 自由基的贡献[104]；685.6 nm、703.7 nm 和 739.8 nm 的线谱，这与原子氟的谱线相对应。此外，也分别检测到了 656.2 nm 和 486 nm 的 Hα 和 Hβ 谱线。由于我们放电的能量特征原因，没有检测到 CF_2 自由基；CF_2 自由基是碳氟化合物射频辉光放电中出现的最主要组分[104]。这个结果与这样的事实是一致的，即在低频下，离子会随电场流动，放电将具有类似于直流放电的特征。因此，放电中的平均电子温度很可能会高于 CF_2 自由基的激发门限[104]。采用 Ar 光化学测量，我们可以在向 CF_4 中添加氢的同时监测氟原子浓度的变化，混合气体中氢的含量最低为 2%。这种趋势的原因在其他地方已经进行了详细的解释[104]。简而言之，所观测到的最小值是由于氟被氢清洗而产生气相 HF，它不是刻蚀剂并且被排出[44,103,104]。CF_4 中引入 2% 以上氢气引起的氟原子浓度进一步增加，是由于放电的能量特征改变引起的，因为原子和分子氢的振动激发更有利于放电，氢是在 HF 离解为 F 过程中产生的[104]。

采用重力测量法［单位为 μg/（cm^2·min）］记录的聚乙烯的聚合速率如图 8-12 所示，在 CF_4 放电中引入 2% 的氢时，聚合速率达到最大值。

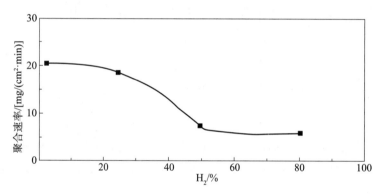

图 8-12　CF_4+H_2+2%Ar 混合气体的聚合速率随馈入 PE 基板 H_2 百分比的变化
（p=150 Pa，Q=200 cm^3/min，p=170 W，t=2.7 min），引自文献［103］

在碳氟化合物沉积薄膜上进行的 X 射线频谱仪（XPS）实验证实了发射光谱结果，即 2% 的氢注入时，氟的含量（F/C 比）最大，这与激发态氟原子（公认为一种刻蚀剂）相对浓度经历最小值的位置相对应。这个结果与其他论文的结果[105]一致，即对于低 H_2 添加量，会沉积具有高 F/C 比和低交联度的碳氟化合物（与 CF、CF_2 和 CF_3 基团相比，C1s 峰的 C—CF 分量较小）；而在富含氢气混合情况下，聚合物强交联（C—CF 峰增大，而其他基团降低）且以低氟含量为特征（见图 8-13）[103]。

上述结果表明，薄膜的结构依赖于工质气体中的氢浓度。因此，可以根据所用的 CF_4+H_2 混合气体，在很宽范围内调节沉积碳氟化合物的 PE 膜的湿润性[103]。

采用 CF_4+2%H_2 混合气体，我们已经研究了在 PE 上沉积碳氟化合物膜的聚合速率随时间的变化，见图 8-14。结果表明，只要放电点火完成，在 PE 基板上就形成了碳氟聚合物，而随着处理时间加长，当沉积的聚合物中氟含量增加时（F:C=1:1），聚合速

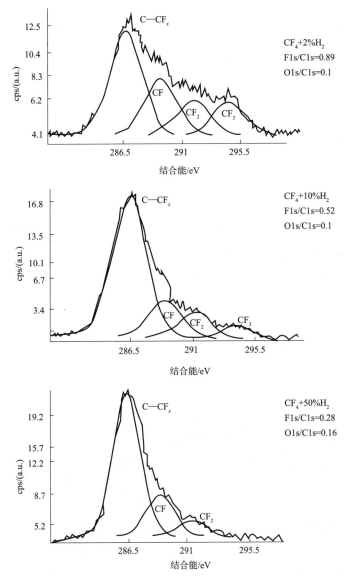

图 8-13　在 CF$_4$+H$_2$ 放电中采用不同百分比 H$_2$ 处理的 PE 膜 C1s 光峰变化

（p=150 Pa，Q=200 cm^3/min，p=17 W，t=2.7 min），引自文献 [103]

率降低；也就是说，刻蚀（物理的和化学的）与聚合物沉积相比变得具有竞争力。图 8-14 示出了聚合速率变得平缓（1.5 min 后），这是由于聚合与刻蚀过程之间达到了平衡所导致的。

　　这些样品的 X 射线频谱仪（XPS）实验结果表明，当由 C—CF$_x$ 基团引起的 286.6 eV 处的峰值区域随时间增加时，沉积的比率 F∶C 几乎维持为常数（图 8-15），这表明由于离子的轰击导致交联结构随时间的增强。我们也能够注意到，对于处理时间为 0.23 min（在这个时间内聚合物实际处于放电中）情况，XPS 分析的聚合物厚度小于 5 nm，这就是为什么能够检测到 285 eV 组分的原因，而这种组分随时间逐渐消失。

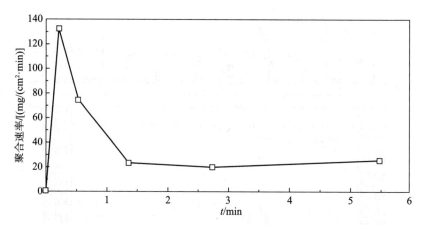

图 8-14　在 $CF_4 + 2\%H_2 + 2\%Ar$ 混合体的聚合速率随对 PE 基板处理时间的变化

（$p = 150$ Pa，$Q = 200$ cm³/min，$p = 17$ W），引自文献 [103]

聚二氟乙烯（PVDF）基板材料自身一开始就是氢氟化的，比率 F∶C 等于 1，随着（$CF_4 + 2\%H_2$）的组分添加，当处理时间较短时（少于 75 s），没有聚合物沉积而仅有基板的刻蚀（图 8-15）。这与 PE 基板较长处理时间（大于 30 s）所检测的结果是一致的（图 8-14）。一旦所沉积聚合物的氟含量减少，则聚合物就开始在 PVDF 表面上堆积。由于氟原子替换了氢原子，基板的重量也会稍有增加，即为氟化而非聚合。

因此，我们已经指出，因为基板中的氟含量对生长机制具有明显的贡献，所以对于 PVDF 基板和对于 PE 基板，优化的氢添加量的百分比（与最大的聚合物增长率相对应）会不同。由于氢的比例等于 2% 时，PE 的聚合速率最大（图 8-13），因此，对于含氟基板 PVDF，则要求更高的氢气含量。对于 PVDF，最优氢气比例约为 4%（图 8-16）。

8.4.2　丙烯酸的等离子体聚合

丙烯酸、乙酸、丙酸的等离子体聚合已经成为一个活跃的研究领域，主要针对"生物"应用需求产生高密度酸基团的表面[106-110]。富含酸的表面具有易吸收大气水分且非常容易溶于水的特性。因此，对于这种应用，强烈需要获得等离子体聚合的稳定丙烯酸涂层且该涂层能够耐水洗。过去已经有了一些等离子体聚合的丙烯酸（PPAA）洗涤稳定性的论文[113-114]。已经有一些稳定这种聚合物的不同方法的报导，如丙烯酸与 1，7-辛二烯等烃类的共聚[109,111]。已经获得了一些涂层稳定性方面的改进。Alexander 和 Duc[111] 在较高功率下获得了表面的 COOH 基团含量，通过 X 射线频谱仪测量从水中上升后沉积在铝基板上的 TFE（trifluoroethanol，三氟乙醇）等离子体聚合丙烯酸（plasma-polymerized acrylic acid，PPAAA）涂层的表面 COOH 含量小于 6%（相对应总 C1s 峰）。Detomaso 等研究了调制等离子体中功率和占空比增加用于 PET 和 PS（聚苯乙烯）表面上沉积丙烯酸，获得了清洗后 COOH 基团含量 3%～4% 的表面[112]。Sciarratta 等研究了在连续的和脉冲的 13.56 MHz 放电中的 PPAA 稳定性。他们发现，水洗之后最大的 COOH 存留量约 5%[113]。所有这些研究都是在 13.56 MHz 下完成的。

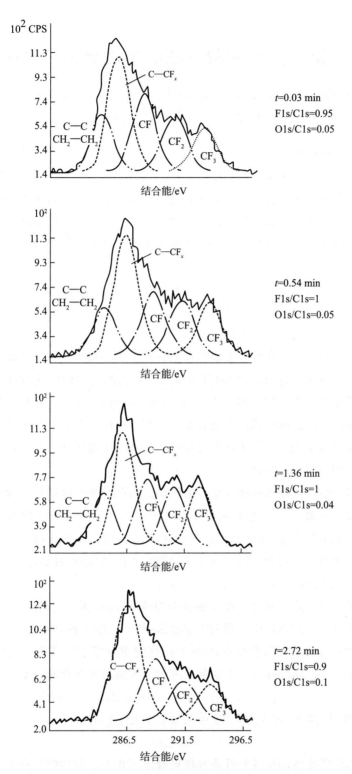

图 8 - 15　在 $CF_4+2\%H_2$ 放电中，不同处理时间所处理的 PE 膜 C1s 光峰变化

（$p=150$ Pa，$Q=200$ cm³/min，$p=17$ W），引自文献 [103]

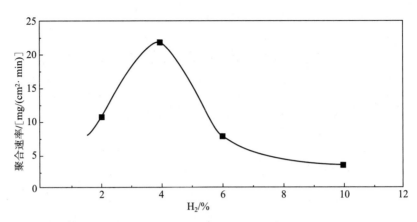

图 8-16　在 $CF_4 + 2\% H_2 + 2\% Ar$ 混合体的聚合速率随馈入 PVDF 基板 H_2 百分比的变化
($p = 150$ Pa，$Q = 200$ cm³/min，$p = 17$ W，$t = 2.7$ min)，引自文献 [103]

我们采用非对称电极（ACE）反应器也研究了丙烯酸等离子体聚合，如同在 8.3.1 中所解释的，在这种反应器中，由于较低的激发频率（70 kHz），离子轰击在表面化学中起到重要的作用。此外，如同 8.3.1 所解释的，由于每 1 s 周期的旋转中，聚合物处于放电中的时间很短（23 ms），剩余时间都是处于后放电期，当聚合物不处于放电区中时出现的后接枝聚合有助于沉积。这些工作的目标是产生一个富含高密度 COOH 功能的表面。用于将生物分子共价地固定于聚乙烯（PE）表面上。应该注意到，如果与脉冲系统进行比较，在提及处理时间时，在数值上应该对应于 t_{on}。

在一个 10 mL 圆底烧瓶中，装有加热到 45 ℃ 的丙烯酸单体（Sigma-Aldrich 公司，纯度 99%），采用鼓泡氩气以 10 cm³/min 的流速通过空心电极将丙烯酸前体引入。在这种条件下，丙烯酸的流速约 6 cm³/min。主容器通过一个 TPH170（Balzers 公司）涡轮分子泵系统抽真空，获得 10^{-3} Pa 的本底压力。

通过一个耐化学腐蚀的 2012 AC 主泵将工作压力维持在 0.3～0.4 mbar（1 mbar = 10^2 Pa）。通过一个光纤（直径 200 μm，入射角 47°）来监控等离子体发射。采用一台 SpectraPro-500i 分光光谱仪（Acton Reasearch 公司）并配备一个用于 300～800 nm 频域分析的 3 600 槽/mm 和 1 200 槽/mm 的全息照相栅完成辐射传输分析。通过水接触角（WCA）、X 射线频谱仪（XPS）和传输模式的傅里叶变换红外（FTIR）分析 PPAA 涂层的物理化学特性。所采用的技术在前面很多地方已经有过介绍[115]。

测量了沉积在 PE 膜上的等离子体聚合丙烯酸的前向水接触角（WCA）。测量值范围从未处理 PE 膜的 90° 到不同实验条件下 PPAA 涂层的沉积的平均值小于 10°。采用水清洗之后，由于接触角接近到 50°～60°，涂层明显地失去了它的部分亲水性[115]。

采用 X 射线频谱仪（XPS）对 PPAA 涂层进行了分析。与很多文献报道的工作一样，C1s 中心的水平可以通过合并四个明显的峰来拟合：对应 C—C 和部分 C—H 的 285 eV 处的峰；在 286.4 eV 的峰为 C—OH 和 C—O—C 的官能团；在 287.8 eV 处的峰对应于 C=O 和 O—C—O 基团，289.2 eV 的分量是 COOH 和/或 COOR 基团的贡献[115]。一些作者还通过三氟乙醇进行衍生化实验来区分这种贡献是以酸的形式还是以酯的形式实现的[116,117]。他们的研究结果表明，羧酸官能团的贡献对应 90％ 以上的 289.2 eV 的组分[116]。我们的三氟乙醇衍生化实验证实，289.2 eV 处峰值的 95％ 以上对应于酸性基团[119]。因此，我们认为，这个 C1s 峰的组分主要对应于羧酸基团。很多丙烯酸沉积涂层的作者都研究了功率对涂层稳定性的作用[111,112,116,118]。图 8-17 给出了通过 XPS 获得的不同等离子体功率下沉积的等离子体聚合丙烯酸涂层在清洗前后的 COOH 留存的变化。可以看出，沉积后（未洗涤）薄膜的 COOH 含量随功率的增加而减少。但相反，对于洗涤过的表面，高功率下 COOH 的留存会增加，采用水洗后会更稳定。

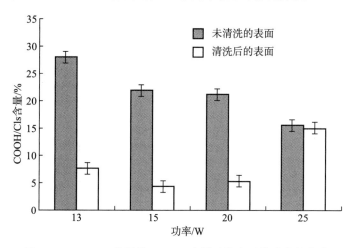

图 8-17　PPAA 涂层的 COOH 含量随等离子体功率的变化

(f=70 kHz, Q_{argon} = 10 sccm, $Q_{acrylicacid}$ = 6 sccm , p=0.4 mbar, t=10 s) 引自文献 [115]

通过傅里叶变换红外（FTIR）光谱仪对涂层的分析（图 8-18），使得人们能够描述沉积的 PPAA 涂层完整的厚度特征。从 PE 膜上沉积的 PPAA 涂层的 FTIR 光谱中的可见透射带可以判读出：C—H 在 1 450 cm^{-1} 处的伸缩振动峰；OH 在 2 900～3 300 cm^{-1} 的宽频带伸缩；C=O 在 1 706 cm^{-1} 处的伸缩振动峰。在功率增加情况下，PPAA 涂层在 1 706 cm^{-1} 处的峰值强度降低，这反映了沉积 PPAA 涂层中的羧基团含量减少。这个结果与 XPS 分析结果一致性很好。

最后，为了获得在低频 ACE 反应器中沉积工艺方面更多信息，采用光学发射光谱研究了在等离子体中丙烯酸的碎裂与等离子体功率的关系。跟踪了 OH（在 306.6nm 的 $A^2\sum^+ - X^2\prod$）、CO_2（在 434.4 nm 处的 $^1B_2 - X^1\Sigma^+$）和 CO（在 519.8nm 处的 $B^1\sum - A^1\prod$）谱线，以便建立这些结果与单体功能性之间的联系。这些谱线的强度随着等离子体功率增加而增强[115-119]，这与丙烯酸的更高水平的碎裂一致。Palumbo 等[116]指出，在 13.56 MHz 放电中，比率 ICO/IAr 能够作为监控薄膜中羧基团存留性方面很好的工艺控制参数。我们在低频 ACE 反应器上也发现，能够代表基态下 CO 组分密度的比率 ICO/IAr 与通过 XPS 测量（图 8-19）的 PPAA 涂层中的羧基团含量之间存在很好的对应关

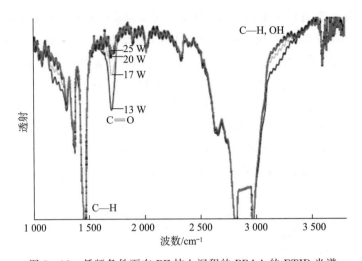

图 8-18　低频条件下在 PE 抹上沉积的 PPAA 的 FTIR 光谱

（$f = 70$ kHz，$Q_{argon} = 10$ sccm，$Q_{acrylicacid} = 6$ sccm，$p = 0.4$ mbar，$t = 10$ s）引自文献［115］

系。等离子体中测量的 CO 密度与 PPAA 涂层中羧基酸含量之间存在一种转换关系。功率增加导致比率 ICO/IAr 的增加（图 8-19），表明存在有更多破碎的气相丙烯酸单体，因此，在 PPAA 涂层中羧基团的含量降低。此外，在更高功率下，由于丙烯酸单体在放电中破碎较多，未被掺入到薄膜中的羧基团会以 CO 组分的形式分解，然后被泵排出反应器。

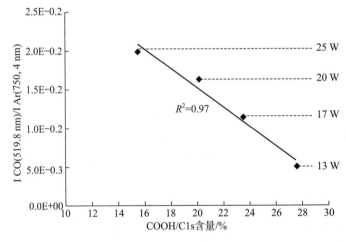

图 8-19　比率 ICO/IAr（OES 测量结果）与 XPS 测量的 PPAA 涂层羟基含量之间的对应关系

（$f = 70$ kHz，$Q_{argon} = 10$ sccm，$Q_{acrylicacid} = 6$ sccm，$p = 0.4$ mbar）引自文献［115］

　　上述结果表明，在低频 ACE 反应器中以较高功率在 PE 膜上沉积的 PPAA 涂层在漂洗下非常稳定。即使一些涂层和作为羧基的功能被冲洗后，羟基团的存留也高于文献所报导的结果。如同上面和 8.3.1 节所述的，尽管是连续波放电，由于辊筒在高压电极前旋转，放电仍然与占空比为 23％ 的脉冲直流放电相类似。但是，因为聚合物旋转进出放电区，这种放电不是一般的脉冲系统放电。当聚合物处于放电区时，发生等离子体聚合，缠绕聚合物的辊筒电极被高能离子轰击，使得在初始的基板和生长膜上大范围生成晶核位点，因而提高沉积速率。当聚合物薄膜移出放电区时，主要是在表面活化的聚合物上发生枝接聚合反应。

8.5　结　论

在本章中，回顾了等离子体中聚合物表面处理的基本反应。主要表面反应包括在复杂协同下发生的官能化、交联、刻蚀/消融等，这种协同不仅依赖于所使用等离子体系统的很多参数（功率密度、电极配置、激发频率、反应器几何特征等），也依赖于聚合物参数（化学组分、结晶度等）。这就是为什么对于特定的应用，为了获得成功的方法，在特定的聚合物基板出现时，需要监控每个系统的等离子体参数是特别重要和必需的。

目前，不同几何特征的（网状、纤维、粉末、复杂形状）聚合物的等离子体表面官能化已经广泛应用于工业领域，特别是不同涂层的黏结特性有改进需求的领域。与官能化相比，等离子体聚合提供了增加等离子体工艺选择性的可能性，以便获得表面上特殊的功能。具有决定性的附加值使人们能够得到量身定制的产品，其价值将远远高于原始材料，且/或这种产品无法采用其他工艺得到，使得低压等离子体聚合变为一种对于大规模工业生产非常有发展前景的技术。由于环境和安全因素，传统的湿法工艺越来越变得不可接受。聚合物等离子体处理的环境友好和能够生产出高性能材料的优势，能够很容易使初始的设备投资得到补偿。有文献 [120] 对传统工艺和等离子体工艺的总费用进行了比较。对于传统工艺，通常应附加安全和废料处理设备安装投资，运行期间的化学与能源（烘干）费用也会增加很多开支。

在本章中，我们以电极非对称配置（ACE）低频放电的冷等离子体应用为重点，通过实例阐述了由等离子体处理和等离子体聚合构成的聚合物表面工艺所发生的主要表面反应。我们已经指出，在这种放电中，离子轰击在等离子体表面相互作用中起着重要的作用。这在接枝过程中能够产生更高的官能度，插入动力学或在等离子体沉积过程中导致更多交联聚合物的沉积。

致　谢

我们的等离子体研究得到了 Ministère de la Recherche et de l'Enseignement Supérieur 和欧洲基金（IFCA 项目 GSRD - CT - 2002 - 00723 和 ACTECO - EC 项目 515859 - 2）的博士生奖学金的支持。

参 考 文 献

[1] Siperko, L.M. and Thomas, R.R.(1989) J. Adhesion Sci. Technol., 3,157.

[2] (a) Yasuda, H. (2003) Nucl. Instrum.Methods Phys. Res., Sect. A, 515, 15; (b) Yasuda, H. and Yasuda, T. (2000)J. Polym. Sci. A: Polym. Chem., 38,943.

[3] Haïdopoulos, M., Turgeon, S.,Laroche, G. and Mantovani, D.(2005)Plasma Process. Polym., 2 (5),424 – 440.

[4] Denes, F.S. and Manolache, S.(2004) Prog. Polym. Sci., 29, 815 – 885.

[5] Arefi – Khonsari, F., Tatoulian, M.,Bretagnol, F., Bouloussa, O. and Rondelez, F. (2005) Surf. Coat.Technol., 200, 14 – 20.

[6] Morstein, M., Karches, M., Bayer,C., Casanova, D. and Rudolf von Rohr, P. (2000) Chem. Vapor Depos.,6, 16 – 20.

[7] Benrejeb, S., Tatoulian, M., Arefi – Khonsari, F., Fischer – Durand, N.,Martel, A., Lawrence, J. F.,Amouroux, J., LeGoffic, F. (1998)Anal. Chim. Acta., 376, 133 – 138.

[8] Hiratsuka, A. and Karube, I. (2000)Electoanalysis, 9, 12.

[9] Grunwald, H., Henrich, J.,Krempel – Hesse, J., Dicken, W.,Kunkel, S. and Ickes, G. (1997)40th Annual Technical Conference Proceedings.

[10] Grünwald, H., Adam, R., Bartella,J., Jung, M., Dicken, W., Kunkel, S., Nauenburg, N., Gebele, T., Mitzlaff, S., Ickes, G., Patz, U. and Synder, J. (1999) Surf. Coat. Technol., 111, 287 – 296.

[11] Boutroy, N. (2006) Industrial workshop, Tenth International Conference on Plasma Surface Engineering, PSE 2006, Abstracts,90.

[12] Goldman, M., Goldman, A. and Sigmond, R.S. (1985) Pure Appl.Chem., 57, 1353.

[13] Uehara, T. (1999) Adhesion Promotion Techniques Technological Applications (eds K.L. Mittal and A.Pizzi), Marcel Dekker, New York.191 – 204.

[14] Arefi – Khonsari, F., Tatoulian, M.,Kurdi, J. and Amouroux, J. (2001) Progress in Plasma Processing of Materials (ed. P. Fauchais), Begall House, New York/Wallingford.457 – 471.

[15] Linsley Hood, H. L. (1980)Proceedings of Gaz Discharges and Their Applications (GD 80), Edinburgh, 8 – 11 September 1980,86 – 90.

[16] (a) Eliasson, B., Egli, W. and Kogelschatz, U. (1996) Pure Appl.Phys., 79 (8), 3877 – 3885; (b) Kogelschatz, U. (2002) IEEE Trans. Plasma Sci., 30, 1400.

[17] Borcia, G., Anderson, C.A. and Brown, N.M.D. (2004) Appl. Surf.Sci., 225 (1 – 4), 186 – 197.

[18] Borcia, G., Anderson, C. A. and Brown, N. M. D. (2003) Plasma Sources Sci. Technol., 12, 335 – 344.

[19] Zhu, X.D., Arefi – Khonsari, F., Petit – Etienne, C. and Tatoulian, M.(2005) Plasma Process. Polym.,2,407 – 413.

[20] Starostine, S., Aldea, E., deVries, H., Creatore, M. and van deSanden, M. C. (2007) Plasma Process. Polym., S1, S440 – S444.

[21] Akdoğan, E., Çökeliler, D., Marcinauskas, L., Valatkevicius, P., Valincius, V. and Mutlu, M. (2006) Surf. Coat. Technol., 201, 2540 – 2546.

[22] Hollahan, J.R. and Stafford, B.B. (1969) J. Appl. Polym. Sci., 13, 807 – 816.

[23] Lichtenberg, M. A. and Lieberman, A. J. (1994) Principles of Plasma Physics and Materials Processing, Wiley, New York.

[24] Grill, A. (1993) Cold Plasma in Materials Fabrication, IEEE Press, New York.

[25] Holländer, A., Wilken, R. and Behnisch, J. (1999) Surf. Coat.Technol., 788, 116 – 119.

[26] Kuzuya, M., Kondo, S.I., Sugito, M.and Yamashiro, T. (1998) Macromolecules, 31, 3230.

[27] Schonhorn, H. and Hansen, R.H. (1967) J. Appl. Polym. Sci., 11, 1461 – 1474.

[28] Loh, In – Houng, Cohen, E. and Baddour, R.F. (1986) J. Appl. Polym.Sci., 31, 901.

[29] Placinta, G., Arefi, F., Geoghiu, M., Amouroux, J. and Pop, G. (1997) J. Appl. Polym. Sci., 66, 1367 – 1375.

[30] Arefi – Khonsari, F., Placinta, G., Amouroux, J. and Popa, G. (1998) Eur. Phys. J. Appl. Phys., 4, 193.

[31] Amatanides, E. and Mataras, D., Chapter 4, Advanced Plasma Technology Book, Wiley 2007.

[32] Ranby, B. and Rabek, J.F. (1976) Singlet Oxygen Reactions with Synthetic polymers, Stockholm Symposium, 2 – 4 September.

[33] (a) Bikerman, J.J. (1968) The Science of Adhesive Joints, 2nd edn, Academic Press, New York, (b) Bikerman, J. (1961) J. Appl. Chem., 11, 81.

[34] Grünwald, H. (1999) 14th international Symposium on Plasma Chemistry, Prague, Czech Republic, 2 – 6 August 1999, Symposium Proceedings, 2749 – 2751.

[35] Krüger, P., Knes, R. and Fredrich, J. (1999) Surf. Coat. Technol., 112, 220 – 240.

[36] Egitto, F. and Matienzo, L.J. (1996) Metallized Plastics: Fundamental and Applied Aspects V, 189th Meeting of the Electrochemical Society, Los Angeles, CA, 5 – 10 May, 283 – 301.

[37] Hansen, R.H., Pascale, J.V., DeBenedictis, T. and Rentzepis, P.M. (1965) J. Polym. Sci., (Part A3), 2205.

[38] Moss, S.J., Jolly, A.M. and Tighe, B.J. (1986) Plasma Chem. Plasma Process, 6 (4), 401.

[39] Yasuda, H. et al. (1973) J. Appl.Polym. Sci., 17, 137.

[40] Ricard, A. (1990) in Plasma – Surface Interactions and Processing of Materials (ed. O. Auciello), Kluwer Academic, Dordrecht.

[41] Borcia, G., Arefi – Khonsari, F., Amouroux, J. and Popa, G. (1999) Proceedings of the ISPC 14, 2 – 6 August, Prague, Czech Republic, Vol. IV, 1815 – 1820.

[42] Gordiets, B. and Ricard, A. (1993) Plasma Sources Sci. Technol., 2, 158 – 163.

[43] Lindinger, W., Schemeltekopf, A.L.and Fehsenfeld, F.C. (1974) J.Chem. Phys., 61, 2690.

[44] Arefi, F., Andre, V., Montazer – Rahmati, P. and Amouroux, J. (1992) Pure Appl. Chem., 64, 715 – 772.

[45] Arefi, F., Tatoulian, M., André, V., Amouroux, J. and Lorang, G. (1992) Metallized Plastics 3: Fundamental and Applied Aspects (ed. K.L. Mittal), Plenum Press, New York. 243 – 256.

[46] Arefi, F., Tchoubineh, F., Andre, V., Montazer, P., Amouroux, J. and Goldman, M. (1988) Plasma Surf.Eng., 2, 679 – 686.

[47] Foerch, R., McIntyre, N.S. and Hunter, D.H. (1991) Kunststoffe, 81,260.

[48] Conti, S., Fridman, A., Grace, J.M.et al. (2001) Exp. Thermal Fluid Sci.,24, 79 – 91.

[49] McCurdy, P.R., Butoi, C.I., Williams, K.L. and Fisher, E.R. (1999) J. Phys.Chem. B, 103, 6919 – 6929.

[50] Fisher, E.R. (2004) Plasma Process.Polym., 1, 13 – 27.

[51] Arefi – Khonsari, F., Tatoulian, M., Kurdi, J., Ben Rejeb, S. and Amouroux, J. (1998) J. Photopolym.Scie. Technol., 11, 277 – 292.

[52] Arefi – Khonsari, F., Kurdi, J.,Tatoulian, M. and Amouroux, J.(2001) Surf. Coat. Technol., 142 – 444,437 – 448.

[53] Khairallah, Y., Arefi, F., Amouroux, J., Leonard, D. and Bertrand, P.(1994) J. Adhesion Sci. Technol., 8,363 – 381.

[54] Milde, F., Goedicke, K. and Fahland, M., (1996) Thin Solid Films, 279, 169 – 173.

[55] Favia, P., Stendardo, V. and d'Agostino, R. (1996) Plasmas Polym., 1, 91.

[56] Meyer – Plath, A., Schröder, K.,Finke, B. and Ohl, A. (2003)Vacuum, 71, 391 – 406.

[57] Tatoulian, M., Moriere, F.,Bouloussa, O., Arefi – Khonsari, F.,Amouroux, J. and Rondelez, F. (2004) Langmuir, 20, 10481 – 10489.

[58] Clouet, F., Shi, M.K., Prat, R., Holl,Y., Marie, P., Leonard, D., DePuydt,Y., Bertrand, P., Dewez, J.L. and Doren, A. (1994) Plasma Surface Modification of Polymers (eds M.Strobel, M. Lyons and C.K.L.Mittal), VSP, Utrecht. 65 – 97.

[59] Fowkes, F.M. (1991) Acid – Base Interactions, Relevance to Adhesion Science and Technology (eds K.L.Mittal and H.R. Jr Anderson), VSP,Utrecht.

[60] Whiteside, G.M., Biebuyck, H.A.,Folker, J.P. and Prime, K.L. (1991) Acid – Base Interactions, Relevance to Adhesion Science and Technology (eds K.L. Mittal and H.R. Jr Anderson), VSP, Utrecht. 229 – 241.

[61] Fowkes, F.M., Riddle, F.L., Pastore,W.E. and Weber, A.A. (1990)Colloids Surf. 43, 367 – 387.

[62] (a) Fowkes, F.M. (1987) J. Adhesion Sci. Technol, 1, 17 – 27; (b) Fowkes,F.M. (1983) in Adhesion and Adsorption of Polymers vol. 2 (ed. Lieng – Huang Lee), Plenum Press, New York, 583.

[63] Whitesides, G.M. and Laibinis, P.E.(1987) Langmuir, 3, 62 – 76.

[64] Hüttinger, K.J., Hôhmann – Wein, S.and Krekel, G. (1992) J. Adhesion Sci. Technol., 6, 317.

[65] Fowkes, F.M., Kacsinski, M.B. and Dwight, D.W. (1991) Langmuir, 7,2464.

[66] Chehimi, M.M. (1991) J. Mater. Sci.Lett., 10, 908.

[67] Kaczinski, M.B. and Dwight, D.W.(1993) J. Adhes. Sci. Technol., 7, 165.

[68] Schönherr, H., vanOs, M.T.,Hruska, Z., Kurdi, J., Förch, R.,Arefi – Khonsari, F., Knoll, W. and Vancso, G.J. (2000) Chem.Commun., 1303 – 1304.

[69] Vancso, G.J., Schonherr, H., vanOs,M.T., Zdenek, H., Kurdi, J., Forch,R., Arefi – Khonsari, F. and Knoll, W.(2000) Polym. Prepr. (Am. Chem.Soc. Div. Polym. Chem.), 41 (2),1416 – 1417.

[70] Fôrch, R., Zhang, Z. and Knoll, W.(2005) Plasma Process. Polym, 2,351 – 372.

[71] Shahidzadeh – Ahmadi, N., Chehimi, M.M., Arefi – Khonsari, F., Amouroux, J. and Delamar, M. (1996) Plasmas Polym., 1, 27 – 45.

[72] Arefi – Khonsari, F., Tatoulian, M., Shahidzadeh, N. and Amouroux, J.(1997) Plasma Processing of Polymers (ed R. d'Agostino et al.), Kluwer Academic, Dordrecht., 165 – 207.

[73] Shahidzadeh – Ahmadi, N., Arefi – Khonsari, F. and Amouroux, J.(1995) J. Mater. Chem., 5 (2), 229 – 236.

[74] Shahidzadeh – Ahamadi, N., Chehimi, M. M., Arefi – Khonsari, F., Foulon – Belkacemi, N., Amouroux, J. and Delamar, M. (1995) Colloids Surf. A: Physicochem. Eng. Aspects, 105, 277 – 289.

[75] Shahidzadeh – Ahamadi, N., Arefi – Khonsari, F., Chehimi, M.M. and Amouroux, J. (1996) Surf. Sci., 352 – 354, 888 – 892.

[76] Favia, P., DeVietro, N., DiMundo, R., Fracassi, F. and d'Agostino, R.(2006) Plasma Process. Polym., 3, 66 – 74.

[77] Morra, M., Occhiello, E. and Garbassi, F. (1991) Polymer – Solid Interfaces (eds J.J. Pireaux, P., Bertrand and J.L. Brédas), Galliard Ltd, Great Yarmouth, Norfolk, Great Britain, 407 – 428.

[78] Griesser, H.J., Da, Y., Hughes, A.E., Gengenbach, T.R. and Mau, A.W.H.(1991) Langmuir, 7, 2484 – 2491.

[79] Siow, K.S., Britcher, L., Kumar, S. and Griesser, H.J. (2006) Plasma Process. Polym., 3, 392 – 418.

[80] Chatelier, R.C., Xie, X., Gengenbach, T.R. and Greisser, H.J. (1995) Langmuir, 11, 2576.

[81] Wertheimer, M. R., Martinu, L. and Klember – Sapieha, J. E. (1999) Adhesion Promotion, Techniques (eds K.L. Mittal and A. Pizzi), Marcel Dekker, New York, 139.

[82] Gerenser, L.J. (1994) Plasma Surface Modification of Polymers(eds M. Strobel, C. Lyons and K.L. Mittal), VSP, Utrecht, 43 – 64.

[83] Kurdi, J., Arefi – Khonsari, F., Tatoulian, M. and Amouroux, J.(1998) Metallized Plastics 5 & 6, Fundamental and Applied Aspects(ed. K.L. Mittal), VSP, Utrecht.295 – 319.

[84] Tatoulian, M., Arefi – Khonsari, F., Mabille – Rouger, I., Amouroux, J., Gheorgiu, M. and Bouchier, D.(1995) J. Adhesion Sci. Technol., 9, 923 – 934.

[85] Kurdi, J., Ardelean, H., Marcus, P., Jonnard, P. and Arefi – Khonsari, F.(2002) Appl. Surf. Sci., 189, 119 – 128.

[86] Kurdi, J., Tatoulian, M., Amouroux, J. and Arefi – Khonsari, F. (1999) Proceedings of ISPC 14, Prague, Czech Republic, 2 – 6 August 1999, IV, 1773 – 1778.

[87] Arefi, F., Tatoulian, M., André, V., Amouroux, J. and Lorang, G.(1992) Metallized Plastics 3: Fundamental and Applied Aspects(ed. K.L. Mittal), Plenum Press, New York, 243 – 256.

[88] Tatoulian, M., Arefi – Khonsari, F., Shahidzadeh – Ahmadi, N. and Amouroux, J. (1995) Int. J. Adhesion Adhesives, 15, 177 – 184.

[89] Klemberg – Sapieha, J.E., Martinu, L., Kûttel, O.M. and Wertheimer, M.R.(1991) Metallized Plastics 2: Fundamental and Applied Aspects(ed. K.L. Mittal), Plenum Press, New York, 315 – 329.

[90] Kurdi, J. (2000) Ph.D. thesis, Pierre Marie Curie University.

[91] Schulz, J. and Nardin, M. (1999) Adhesion Promotion, Techniques(eds K.L. Mittal and A. Pizzi),

Marcel Dekker, New York, 1.

[92] Yeh, Y.S., Shu, I.N. and Yasuda, H.(1987) J. Appl. Polym. Sci. Appl.Polym. Symp., 42, 1 – 26.

[93] O'Toole, L., Beck, A.J. and Short,R.D. (1996) Macromolecles, 29, 5172.

[94] Savage, C.R. and Timmons, R.B.(1991) Abstr. Pap. Am. Chem. Soc.,201, 53.

[95] Hynes, A.M., Shenton, M. and Badyal, J.P.S. (1996)Macromolecules, 29, 4220 – 4225.

[96] Yasuda, H.K. (2005) Plasma Process.Polym., 2, 293 – 304.

[97] Takahashi, K., Mitamua, T., Ono,K., Setsuhara, Y., Itoh, A. and Tachibana, K. (2003) Appl. Phys.Lett., 82, 2476.

[98] d'Agostino, R., deBenedictis, D. and Cramarossa, F. (1984) Plasma Chem. Plasma Process, 4 (1), 1.

[99] Kay, E. and Dilks, A. (1981) Thin Solid Films, 78, 309.

[100] Yasuda, H. (1978) Thin Film Process (eds J.L. Vessen and W.Kern), Academic Press, New York,361.

[101] d'Agostino, R., Cramarossa, F.,Colaprico, V. and d'Ettole, R. (1983)J. Appl. Phys., 54 (3), 1284.

[102] d'Agostino, R. (1997) Plasma Processing of Polymers (eds R. d'Agostino, P. Favia and F. Fracassi), NATO ASI Series E:346,Kluwer Academic.

[103] Montazer Rahmati, P., Arefi, F. and Amouroux, J. (1991) Surf. Coat.Technol., 45, 369 – 378.

[104] Montazer Rahmati, P., Arefi, F.,Amouroux, J. and Ricard, A. (1989)Proc. 9th ISPC (IUPAC), Pugnochiuso, Italy, 1195.

[105] Lamendola, R., Favia, P. and d'Agostino, R. (1992) Plasma Sources Sci. Technol., 1, 256.

[106] Gupta, B., Plummer, C., Bisson, I.,Fery, P. and Hilborn, J. (2002)Biomaterials, 23 (3), 863 – 871.

[107] Whittle, J.D., Bullett, N.A., Short,R.D., Ian Douglas, C.W., Hollander,A.P. and Davies, J. (2002) J. Mater.,12, 2726 – 2732.

[108] De bartolo, L., Morelli, S., Lopez,L.C., Giorno, L., Campana, C.,Salerno, S., Rende, M., Favia, P.,Detomaso, L., Gristina, R., d'Agostino, R. and Drioli, E.(2005) Biomaterials, 26, 4432 – 4441.

[109] Daw, R., Candan, S., Beck, A.J.,Devlin, A.J., Brook, I.M., MacNeil,S., Dawson, R.A. and Short, R.D.(1998) Biomaterials, 19, 1717 – 1725.

[110] Muguruma, H. and Karube, I.(1999) Trends Anal. Chem., 18 (1),62 – 68.

[111] Alexander, M.R. and Duc, T.M.(1999) Polymer, 40, 5479 – 5488.

[112] Detomaso, L., Gristina, R., Senesi, G.S., d'Agostini, R. and Favia, P. (2005) Biomaterials, 26, 3831.

[113] Sciarratta, V., Vohrer, U.,Hegemann, D., Muller, M. and Oehr, C. (2003) Surf. Coat. Technol., 174 – 175, 805 – 810.

[114] Betz, N., Begue, J., Goncalves, M.,Gionnet, K., Déléris, G. and LeMoël, A. (2003) Nucl. Instrum.Meth. Phys. Res. B, 208,434 – 441.

[115] Jafari, R., Tatoulian, M.,Morscheidt, W. and Arefi – Khonsari, F. (2006) React. Funct. Polym., 66,1757 – 1765.

[116] Palumbo, F., Favia, P., Rinaldi, A., Vulpoi, M. and d'Agostino, R.(1999) Plasmas Polym., 4, 133 – 145.

[117] Alexander, M.R. and Duc, T.M.(1998) J. Mater. Chem., 8 (4), 937 – 943.

[118] Candan, S., Beck, A.J., O'Toole, L.and Short, R.D. (1998) J. Vac. Sci.Technol., A16, 1702.

[119] European project report n°29, IFCA(Immunoprobes for Food Contamination Analysis) (2005).

[120] Yasuda, H. and Matsuzawa, Y.(2005) Plasma Process. Polym., 2,507 – 512.

第9章 碳氟化合物薄膜等离子体沉积的基础

A. Milella，F. Palumbo，R. d'Agostino

碳氟聚合物等离子体研究开始于 20 世纪 70 年代，当时 CF_4 和其他工质刚开始应用于微电子技术中的硅、SiO_2 和其他材料的干法刻蚀工艺。从那时起，等离子体及其表面诊断、沉积动力学、碳氟聚合物涂层应用等相关方面都开展了很多研究工作[1-6]。

单体的选择对工艺的实现起到至关重要的作用，因为它是等离子体中反应性碎片和薄膜前体的源。挥发性氟代烷烃（C_nF_{2n+2}）、氟代烯烃、氟代炔烃、环状和芳香族碳氟化合物等组分都可以用作等离子体沉积碳氟化合物涂层的单体。这些组分能够产生高密度的自由基而不是原子，这将有利于等离子体增强化学蒸汽沉积（PE-CVD），因为已经证明 F 原子和 CF_x 自由基分别是刻蚀和沉积的主要前体组分。图 9-1 列出了来自文献的一些最有用的单体。

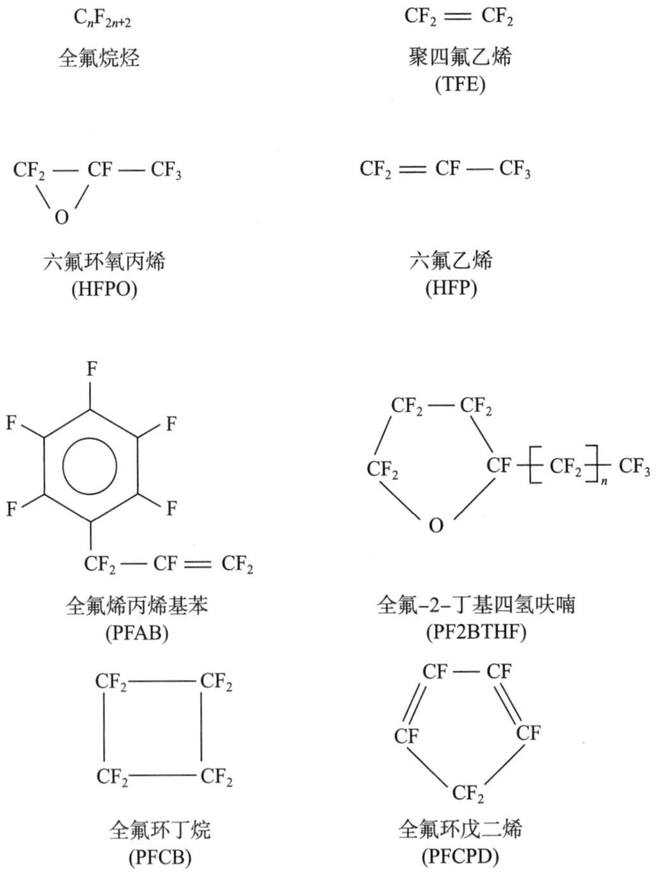

图 9-1 文献中研究的单体列表

　　等离子体处理技术中的工作气体选择也需要考虑环境影响问题。事实上，由于单体能够减少废气中温室气体的排放，近年来在微电子工业领域中的大量研究工作也是努力发展新型有效的刻蚀与 PE－CVD 工艺[7-9]。这是由于有证据表明，很多碳氟化合物具有类似或高于 CO_2 的全球变暖的潜在危害。

9.1　连续放电的碳氟薄膜沉积

　　强调这一点很重要，即这里讨论的许多概念具有普遍的有效性，它们的实用性可以部分地或全部地推广到下游和调制的等离子体沉积材料中。

　　在连续放电（continuous discharge，CD）过程中，放电不间断地处于开的状态，基板直接暴露于辉光中。因此，基板与等离子体中产生的以及发射辐射产生的中性组分（化学反应）和离子（正离子轰击）发生直接的相互作用。化学反应和离子轰击两者在连续放电沉积动力学中都起到重要作用，导致不同组分和交联的涂层生成，使其初始单体的组分和结构几乎完全消失，通过 CD PE－CVD 沉积的含氟聚合物的 X 射线光谱仪（XPS）的典型光谱以及它的化学结构如图 9-2 所示。

　　通常，以连续放电模式在薄膜上沉积，其 F/C 比值的最大值为 1.6，尽管 d'Agostino 等通过 $C_2F_6－H_2$（50/50）的放电获得了一个 F/C 比值为 2 的很薄的薄膜[1,10]。

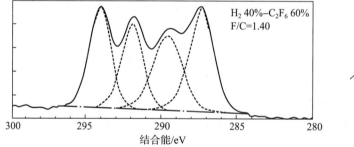
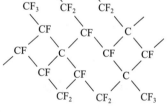

图 9-2　在 CD 条件下等离子体沉积的碳氟涂层的化学结构与 XPS C1s 光谱[25]

9.1.1　碳氟等离子体中的活性组分

　　等离子体诊断结果表明[1,2,11-20]，碳氟等离子体的组成包括 CF_x（$1 \leqslant x \leqslant 3$）自由基、F 和 C 原子、单体碎片产生的离子以及不同碎片与单体分子之间复合反应产生的重组分。

　　所有活性组分都处于不同的激发态，其分布强烈依赖于放电的实验参数。等离子体及其附近的组分分布以及基板的性质、温度、离子轰击和在反应器中的位置，决定了等离子体与基板之间的相互作用，控制着涂层或刻蚀/氟化层的结构和组成。

　　因为 F 原子和 CF_x 自由基已经被证明是连续放电中的碳氟等离子体溅射与沉积的主要前体组分，等离子体中的氟与自由基的密度比 F/CF_x，对于描述氟聚合物沉积起到关键作用[1,6,11]。

等离子体中的发射辐射组分可以通过光学发射光谱仪这种非扰动测量方式探测到。此外，利用辐射测量学的光发射频谱[1,6,14-16,21]可以推断发射组分的半定量密度趋势随实验变量的变化关系。

d'Agostino 等研究了射频放电中 C_2F_4 及其他卤烃的裂解[18]。图 9-3 所示的简化示意图反映了 C_2F_4 的高聚合性质，通过工质分析发现，与其他碳氟化合物工质的等离子体相比，C_2F_4 等离子体的比率 F/CF_x 值最低。

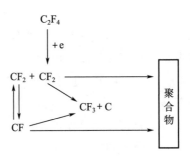

图 9-3　C_2F_4 的裂解示意图[18]

相对高能级的 CF_3 出现，可以认为是通过下面两个复合过程产生的：$CF_2 + CF \longrightarrow CF_3 + C$ 和/或 $CF_2 + CF_2 \longrightarrow CF_3 + CF$。前一个反应是通过 84 kJ/mol 的吸热反应，且有可能在放电中出现的各种能量交换过程中被激活；而后一个反应需要 167 kJ/mol 的能量，很可能对 CF_3 的形成没有贡献。发射辐射分析也识别出它们是中心在 290 nm 的连续谱，该连续谱已被认定为 CF_2^+。

在气体工质中加入氧气或氢气这种反应性添加剂，或在某些反应性材料存在时进行放电，可以改变相对于 F 原子的 CF_x 自由基相对密度。由于 CF_x 自由基与氧原子和激发态氧分子之间的反应，在碳氟等离子体中添加 O_2 或氧化剂分子时，能够增加 F 原子的密度。反应关系式（9-1）的结果和自由基-原子复合速率降低的结果导致气体中 F/CF_x 的增加[1,2,6,11-13,17]。

$$CF_x + O(O_2) \longrightarrow CO(CO_2) + xF \qquad (9-1)$$

相反，如果在等离子体中添加 H_2，就能够降低 F/CF_x 值，由于改变了交联度和化学组分，有利于涂层沉积[1,2,6,11,17,19,22-24]。事实上，正如同在 C_2F_6/H_2 连续放电中所出现的，氢原子会清除等离子体中的 F 原子［反应式（9-2）］，将它们从自由基中移除［反应式（9-3）］，导致 F 原子和较低氟化度的自由基减少。在干燥条件下形成的 HF 对表面反应无贡献。当反应器中存在硅、聚合物或某些特定的金属时，由于刻蚀反应（反应式（9-4）或类似反应］，也会清除 F 原子。

$$H(H_2) + F \longrightarrow HF + H \qquad (9-2)$$

$$H(H_2) + CF_x \longrightarrow CF_{x-1} + HF + (H) \qquad (9-3)$$

$$Si + xF_x \longrightarrow SiF_x \uparrow \qquad (9-4)$$

通过变化其比率，可以将 C_2F_6/H_2 混合气体用于控制不同状态的连续放电，从刻蚀状态的放电（80% $\leqslant C_2F_6 \leqslant$ 100%）[17]通过含氟聚合物沉积态（20% $\leqslant C_2F_6 \leqslant$

80％)[17,19,22,25]变化到氟化碳薄膜的沉积态（0≤C_2F_6≤20％)[23,24]。

当高度氟化的 CF_x 自由基在活性组分分布中占主导作用（低 H_2 的工质含量）时，沉积的是具有高 F/C 比率和低交联度的含氟聚合物；而低氟化自由基分布（高 H_2 的工质含量）生成具有较低 F/C 比率和较高交联度的涂层。因此，通过调节等离子体中的自由基分布，可以获得具有预定 F/C 比率和表面特性的涂层。

9.1.2　离子轰击效应

尽管低压等离子体的电离度（离子/中性组分）几乎不会超过10^{-5}，但在等离子体沉积/刻蚀机制中，必须始终考虑正离子的贡献。由于在等离子体边缘，暴露的表面和等离子体自身之间产生负的自偏压电位，使暴露于低压等离子体的任何表面都会引发正离子的轰击，其强度和能量取决于反应器的几何形状和实验参数。特别是在电容耦合的平行板射频反应器中，根据 Koenig 和 Maisel 提出的基本定律[26,27]，最强的轰击出现在最小的电极表面处。采用第三个电极作为样品的支架，能够通过简单地调节输送到第三电极上的能量，也就是改变出现在该处的偏压，就可以独立地控制离子轰击。

在这样配置下的 PE‐CVD 实验证实了等离子体中的活性组分（即比值 F/CF_x）分布维持恒定情况下，离子轰击对沉积/刻蚀速率的影响[6,28,29]。通常，当比值 F/CF_x 低时（如工质为 C_2F_4），低功率（偏压）下增加正离子轰击会导致沉积速率增加；比值 F/CF_x 高时（如工质为 CF_4/O_2），则增加正离子轰击导致高的刻蚀速率。

在给定 F/CF_x 的情况下，通过增加偏压能够实现从沉积到刻蚀的转换（见图 9‐4)：离子轰击增加首先激活表面进行沉积，然后进一步增加偏压会降低氟聚合物的沉积速率，这是由于离子激活刻蚀与溅射过程的竞争导致。超过一定的偏压门限，就会出现等离子体沉积层的刻蚀。

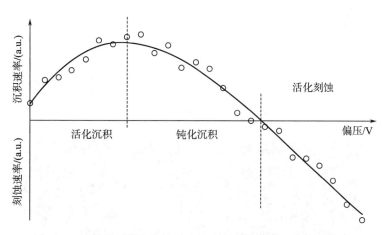

图 9‐4　在连续波射频辉光放电的含氟聚合物等离子体沉积中，
偏压正离子轰击对沉积/刻蚀速率影响的实例[29]

9.1.3　激活的增长模型

d'Agostino 合理解释了特氟龙（Teflon）类涂层在连续放电 PE‑CVD 处理中的同相与异相反应[1,6,17,19]，提出了沉积的离子活性增长模型（activated growth model，AGM）。AGM 组合了低能离子轰击用于活化基板表面的作用和辉光放电中形成的 CF_x 自由基作为涂层构建模块的作用。AGM 已经用于合理化其他 PE‑CVD 工艺，如来自有机硅单体的工艺。AGM 的示意图如图 9‑5。

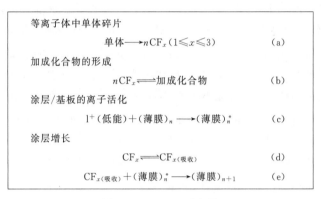

图 9‑5　AGM 示意图

反应（a）描述了从单体生成 CF_x 前体的反应。如果在这一步产生了很多 F 原子，则也可建立一种能够与沉积竞争的刻蚀工序。换句话说，在高功率和/或高压下，通过增加自由基的生成并降低它们向基板的扩散，可以使反应（b）中较重的加成化合物的形成增强。在这种情况下，可以在等离子体相下通过形成聚合物核来生成聚合物。当这些聚合物的核变为微米尺度时则被称为粉末。图 9‑6 给出了粉末形成过程中不同阶段的原理示意图。

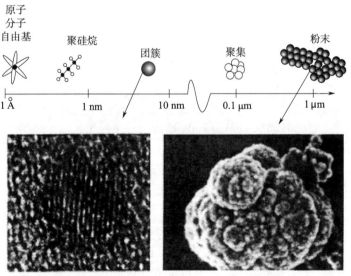

图 9‑6　硅烷等离子体中粉末形成的原理示意图，
纳米晶硅颗粒的大颗粒扫描电子显微照片和高分辨率电子透射的电子显微照片

粉末聚集之后，被充负电并漂浮在等离子体的边缘，这就是它们对沉积无贡献的原因。但是，当放电关闭时，如果没有设置其他条件，它们就会落向基板[30]。

离子活化步骤（c）取决于离子轰击增长膜（在沉积的早期阶段为基板）的能量，因此取决于相关的外部参数（压力、功率、偏压、几何特征）。在低能条件下，离子会在表面建立缺陷点（即悬空键），作为对来自等离子体的 CF_x 自由基前体的优先化学吸附点。然而，如果离子的能量超过一定的门限，将产生前体的退吸附效应。如果离子能量变得非常高，也可能会激活涂层的溅射。因此，步骤（c）很大程度影响涂层的沉积速率、组成和交联。

步骤（d）和（e）分别描述了基板（涂层）上 CF_x 自由基的吸附与退吸附的平衡，以及与离子轰击表面产生的活性点之间的聚合反应。温度对这两个反应影响很大，但影响的方式不同。含氟聚合物的 PE-CVD 通常采用室温下保存的基板来完成；由于它的 $\Delta H < 0$，随着温度增加，平衡（d）移向退吸附一侧，这时对聚合动力学（e）是有利的。作为在 $25 \sim 100$ ℃范围内增加基板温度的总体效果，通常会记录到沉积速率的降低[17,25]和沉积涂层中 F/C 比率的降低。

9.2 碳氟膜的余辉沉积

在 PE-CVD 的余辉（AG）中，基板在工质流动方向上距离辉光几厘米的下游进行沉积，该处没有电子，离子密度也非常低，基板的离子轰击可以忽略。在这种条件下，单体分子以及等离子体生成的非稳定组分（CF_x 及其他自由基、原子）与基板之间相互作用，依赖于压力、组分的寿命，也依赖于基板在等离子体反应器中的存留时间。长寿命组分与基板相互作用并最终沉积到涂层的概率最高。为了在可接受的沉积速率下，沉积出所要求的组分、交联及单体结构附着度的涂层，必须寻求等离子体与基板之间的最佳距离。离辉光距离较近会导致涂层非常类似于在辉光中沉积或在基板上刻蚀，取决于反应器中特殊位置的组分密度。由于离子激活步骤的缺失和前体沉积的减少，在余辉 PE-CVD 中的沉积速率比在连续的和调制的 PE-CVD 中的沉积速率低 $1 \sim 3$ 个数量级，且由于沉积机制很可能与常规聚合有许多共同之处，涂层中单体结构附着度可以非常高。在一定条件下（组分在反应器内存留时间长），涂层的沉积也可出现在辉光的上游，即所谓前辉光（pre-glow）的位置[1]。

在这些工艺中，由于反应器的流体动力学起到主要作用，因此，很多辉光 PE-CVD 工艺在具有多种不同等离子体源的管状反应器中进行研究。

采用 C_2F_4[31-34]、C_2F_6[25,34]、C_2F_6/H_2（80/20）[25,34]和 C_3F_6O[35]为工质，完成了具有高附着性单体结构、F/C 比例非常接近于 2 的非常薄的 AG 特氟龙涂层沉积。在每种条件下，与辉光的距离是关键参数，这决定了获得的是类似连续模型的交联薄膜还是余辉特氟龙涂层。通过 X 射线光谱仪（XPS）、基态二次离子质谱仪（secondary ion mass spectrometry，SIMS）和近边缘 X 射线吸收精细结构光谱学，已获得了 AG 涂层的结构特征，发现 AG 涂层通过高度定向的链—CF_2—$(CF_2)_n$—CF_3 接枝到基板（硅、聚合物）表面上，如图 9-7 所示。

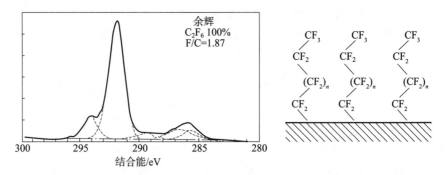

图 9-7　在 AG 条件下等离子体沉积的碳氟涂层的化学结构和 XPS C1s 光谱[25]

　　根据沉积条件，可以改变链的取向和交联点位（很少）的密度。沉积速率非常低，是每分钟几埃的量级，这就能够导致涂层部分地覆盖基板。此外，可能与最终—CF_3 基团链相关的低表面能量特性有关，已经发现这种 AG 沉积过程是自限的：事实上，经过一定的沉积时间后，尽管放电还在继续，涂层却不再有任何增长。

　　余辉特氟龙涂层的链取向具有非常接近于聚四氟乙烯（PTFE，水接触角，WCA～115°）的疏水性，由于其独特的结构，它们表现出令人感兴趣的蛋白质吸收-存留特性，这种特性刺激了生物材料领域的某种兴趣。

　　在 C_2F_6 射频辉光放电生成的余辉涂层情况下，值得注意的是，这种放电在辉光区域内产生高密度的 F 原子[25]，这将导致任何硅或聚合物基板的刻蚀而不是涂层的沉积。因此，可以认为，由于组分的寿命不同或由于与反应器壁面的消耗率不同，在余辉位置处的活性组分密度分布与在辉光中完全不同，因而产生非常薄、高氟化链取向涂层的沉积。

9.3　采用调制辉光放电的碳氟膜沉积

　　在调制的辉光放电中，输入的功率以微秒至毫秒为周期（t_{on}）传递到等离子体中，而在关闭状态下（t_{off}），输送的功率被关闭或降低到一定比例以下[26-41]。基板在有辉光的区域中沉积，因此，在 t_{on} 期间，会经历离子轰击并与来自等离子体的非稳态组分相互作用，而在 t_{off} 期间，会与长寿命自由基/原子相互作用，有时还会与未反应的单体分子相互作用，因为离子和电子寿命较短而消失（见图 9-8）。

　　可以通过放电随周期（$t_{on}+t_{off}$）的变化和放电随占空比（$DC\% = 100 \times \frac{t_{off}}{t_{on}} + t_{on} + t_{off}$）的变化来研究调制的 PE-CVD 工艺。在 t_{off} 期间，大多数研究实验都保持在功率为零状态。

　　尽管从 20 世纪 70 年代就开始了调制的等离子体研究[42,43]，但很多这方面的论文都是近年来发表的[8,20,34,36-65]，多数论文都是有关不饱和或环状单体的含氟聚合物等离子体沉

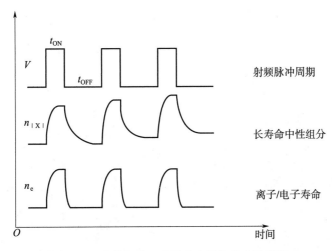

图 9 - 8　中性组分、离子和电子的寿命示意图

积方面的。

由于其他所有参数不变，对放电施加的功率和占空比决定了气相下单体破碎的程度，也因此决定了涂层中单体结构的存留程度。

施加到调制放电（MD）中的"有效"或"平均"功率可通过下式计算

$$W_{eff} = W \times DC \tag{9-5}$$

式中，W 为电源输送的峰值功率[62,63]。

在本章中，常常是根据每"单位输入能量"或每个脉冲下的涂层厚度来描述沉积速率。不同作者在恒定的 t_{on} 下和 t_{off} 值增加下进行的很多实验表明，在 t_{off} 期间涂层也能够增长。这是由于在 t_{on} 期间形成的自由基与基板之间的多样化反应，以及最终单体分子与活化基板之间的反应，这取决于单体的反应性。

不同的研究者[8,20,34,36-64]发现，降低占空比会产生具有较高 F/C 比的逐渐减少的支化聚合物膜结构，与聚四氟乙烯（PTFE）更相似。这可以解释为，在供电期间，气相单体碎片含量减少和较低能量的离子轰击薄膜表面。事实上，离子轰击可能会导致薄膜的结构重排、交联、刻蚀和脱氟，形成一种更易损的聚合物表面。很多研究者采用六氟环氧丙烷（HFPO、C_3F_6O）调制的辉光放电，沉积了 F/C 比高达 1.8～1.9 的类聚四氟乙烯薄膜。但是，Fisher 与他的合作者证明了，在低占空比（如 5%）、HFPO 工质下的调制放电中，所沉积的膜包含有垂直于基板表面的链[64]。

Limb 等采用 HFPO 作为调制放电的工质气体，完成了膜的组分随某些放电参数变化的系统性研究。这里简要介绍些主要结果。在 t_{on} 恒定条件下增加 t_{off}，导致沉积薄膜中 CF_2 基团的相对丰度和 F/C 比增加。在较低占空比下，如同样品承受了直流的平均功率，离子轰击效应减少。另外，发现了薄膜中 CF_2 的百分比随着压力降低而下降。这表明，在低压下会出现大量气相碎片与表面相互作用的脱氟化。在最低流率下，薄膜增长率减少且 CF_2 含量骤减。这是由于在前一个脉冲产生的反应前体与碎片排出反应器之前，当后续的激发周期出现时，即存留时间大于周期的情况下，不希望的碎裂反应发生的程度更大。降低电极间的距离也能导致薄膜中 CF_2 百分比降低以及每个周期内沉积速率降低。通过 HFPO、1，1，2，2 -四氟乙烷（$C_2H_2F_4$）和二氟甲烷（CH_2F_2）脉冲等离子体沉积的薄膜表面形态图显示了结节的增长（像花椰菜的外形），结节的尺度和分布取决于前体、暴露的增长膜表面改性程度和基板表面温度（见图 9 - 9）。

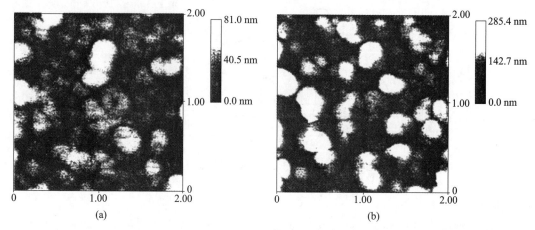

图 9 - 9　不同条件下 HFPO 脉冲等离子体膜沉积的原子力显微镜表面图像：

(a) 10/100；(b) 10/400[54]

生长的表面将要进行表面改性的程度取决于 t_{on} 和膜的增长速率。因此，Gleason 和他的合作者在固定 t_{on} 条件下，通过定义入射功率/单位脉冲周期（J cycle/nm）的沉积速率随 t_{on} 的变化，量化了表面改性的程度。在短 t_{off} 情况下，增长的表面经受最高层次的改性，产生较光滑的表面。而增加 t_{off}，表面改性就减少，形成较粗糙的表面。此外，沉积期间在较高温度下加热基板，会导致增长膜的改性增加，使其变得更粗糙。将基板从裸露的硅改为镀铝硅，导致表面的粗糙度和结节的尺度增加。这个结果只能归因于镀铝硅基板形成的指形结构约 7.48 nm 表面粗糙度，相比之下，裸露硅基板的粗糙度仅有 0.53 nm。最后需要说明，粗糙的表面与光滑表面相比，具有更高的前向接触角[54]。

9.4　四氟乙烯辉光放电的纳米薄膜沉积

文献［66］给出了采用原子力显微镜（atomic force microscopy，AFM）获得的四氟乙烯（TFE）工质连续放电和调制放电下沉积的碳氟薄膜形貌的系统研究结果。图 9 - 10 示出了抛光的硅基板和在连续等离子体放电中沉积膜的二维表面形貌，等离子体的输入功率分别为 5 W、100 W、150 W，压力 200 mtorr。

结果表明，在所有条件下薄膜的表面都是光滑的，无法区分形貌特征。表面的粗糙度范围从裸露硅的 0.54 nm 到 150 W 下薄膜沉积的 1.19 nm。

图 9 - 11 给出了压力从 100 到 150 mtorr 变化、在 100 W 连续放电条件下沉积的薄膜 AFM 图像。

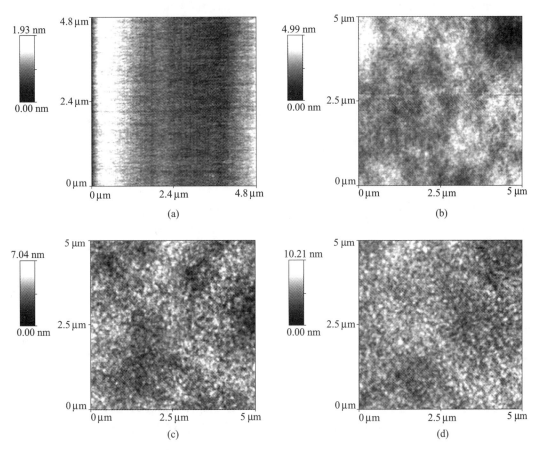

图 9-10　（a）抛光硅表面二维 AFM 形貌图；（b）输入功率 5 W、（c）输入功率 100 W 和（d）输入功率 150 W 连续的 TFE 等离子体条件下沉积膜的二维 AFM 形貌图；沉积时间 15 min，源自文献［66］

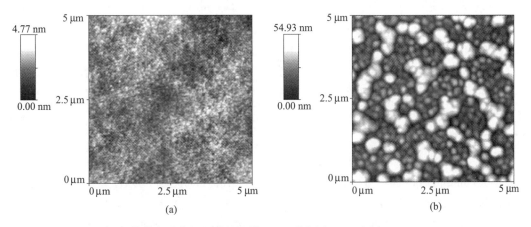

图 9-11　通过 TFE 连续等离子体沉积膜的二维 AFM 形态图：（a）压力 100 mtorr；（b）500 mtorr 沉积时间 15 min，输入功率 100 W，气流速率 6 sccm，源自文献［66］

在较低压力下表面较光滑，具有非常低的粗糙度值 0.87 nm。但是，在压力 500 mtorr 情况下，形貌具有明显的隆起特征，有些是大团突起。对应的粗糙度增高到 10.94 nm。

图 9-12 所示的是在固定的 320 ms 调制周期和 90 min 沉积时间下占空比对薄膜形貌的影响。在占空比 5％下沉积的样品显示出一种带状结构的复杂形貌特征，典型的条带有几毫米长、几百纳米宽。这种条带在整个表面为随机分布并以复杂的方式扭曲。更高倍放大的图像显示，在这些结构的区域内分布着纳米尺度的岛屿，也是随机分布的。从更高放大倍数的图像能够看出，这种核的直径范围为 80~500 nm，高度 10~200 nm。在 10％占空比下沉积膜的图像 [图 9-12（b）] 就出现了巨大的变化，不再有条带出现而是一些不规则形状的颗粒，长度最高 2μm，最大高度约 400 nm。核仍然存在，但是高度分布较低，约 2~30 nm。占空比 20％条件下沉积的膜 [图 9-12（c）] 表现出了另外一种形貌：开始形成一些大的凸起，对齐与合并。在直径分布上表现得更规则，大约 400~600 nm，高度范围 70~90 nm。在这些大凸起之外的表面其余部分，均匀地分散着大量直径相近的凸起，直径约 200 nm，最大高度 20 nm。进一步增加占空比到 50％ [图 9-12（d）]，与 20％占空比下的形貌相比，形貌改变不大。但是，在这种情况下，表面凸起非常多，宽度 200 nm，高度接近 10 nm。

此外，从图中可以观测到数量较少的大聚合体，直径 400 nm 左右，最大高度 30 nm。因此，随着占空比增加，高度分布变得更均匀。在占空比 70％情况下 [图 9-12（e）]，凸起紧密地聚集在样本表面，凸起被挤压而失去自身的形状，使得表面变得更均匀。在连续放电模式的沉积下 [100％DC，图 9-12（f）] 会形成一种没有凸起的平坦表面。

调制周期对沉积膜形貌的影响如图 9-13 所示。尽管选择占空比为 5％，对于 40 ms 调制周期 [图 9-13（a）] 的工艺仍然获得了具有非常低粗糙度（2.6 nm）的常规薄膜。当周期增加到 80 ms [图 9-13（b）] 时表面几乎看不到聚集，表面粗糙度变为 3.2 nm。在周期为 200 ms 时 [图 9-13（c）]，样品表面出现几乎类似于条带的聚集，但比 320 ms 周期 [图 9-13（d）] 时的条带要短；而且，相对于后者，凸起的数量要少。短条带导致粗糙度增加到 43.9 nm。

理解条带形成的另一个关键参数是沉积时间。在前面已经全面研究了这个效应[67]，在这些研究工作中已经指出，条带的形成涉及几个步骤，即在增长的第一阶段形成核的中心，对齐并随后连接为更多的核以形成和发展为条带。一旦条带在数量和尺度得到足够的增长，在条带表面就会形成进一步的核中心。扫描电子显微镜分析已证实了（无报告）形貌特征的形状与尺寸。

ToF/SIMS 分析证实了条带形样品具有较高的结构存留性，它的碎片形状（无展示）类似于大块的聚四氟乙烯。这与我们前面论文[68,69]报告的 XPS、XRD 和 FTIR 分析是一致的，条带形样品表现为一种更有序、部分结晶和富含氟的涂层。

根据等离子体相的组成演化结果和沉积涂层的结构与形貌结果，提出了连续和调制两种方式[66]下的沉积机制，如图 9-14 所示。

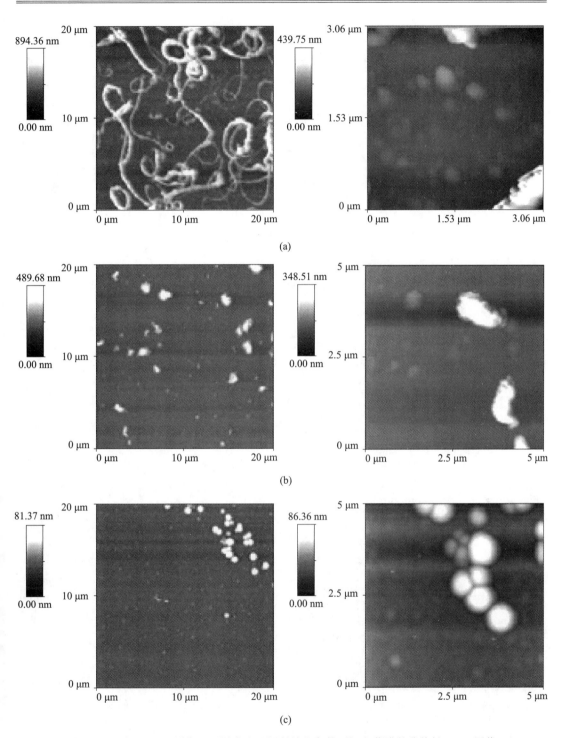

图 9-12　在 320 ms 周期、不同占空比调制放电条件下沉积薄膜的非接触 AFM 图像
（20×20 μm² 和 5×5 μm²）：（a）占空比 5%；（b）占空比 10%；（c）占空比 20%；（d）占空比 50%；
（e）占空比 70%；（f）占空比 100%；沉积时间 90 min，输入功率 100 W，压力 200 mtorr[66]

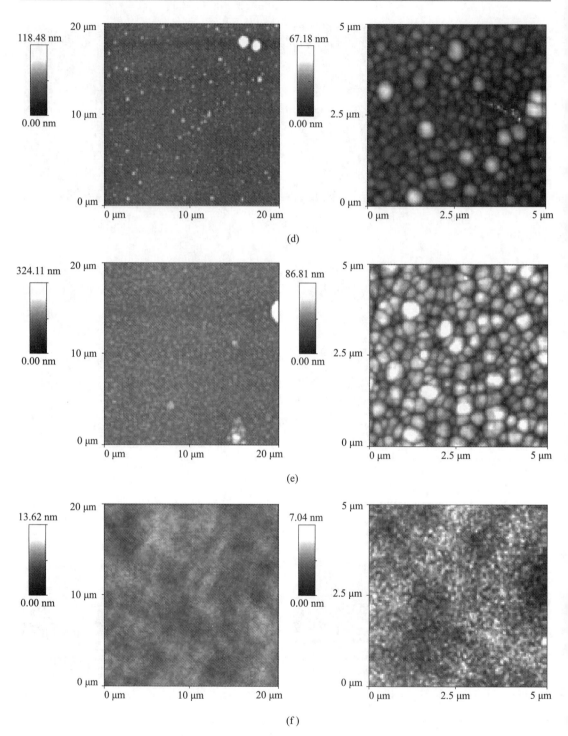

图 9-12 在 320 ms 周期、不同占空比调制放电条件下沉积薄膜的非接触 AFM 图像
($20 \times 20 \ \mu m^2$ 和 $5 \times 5 \ \mu m^2$)：（a）占空比 5%；（b）占空比 10%；（c）占空比 20%；（d）占空比 50%；
（e）占空比 70%；（f）占空比 100%；沉积时间 90 min，输入功率 100 W，压力 200 mtorr[66]（续）

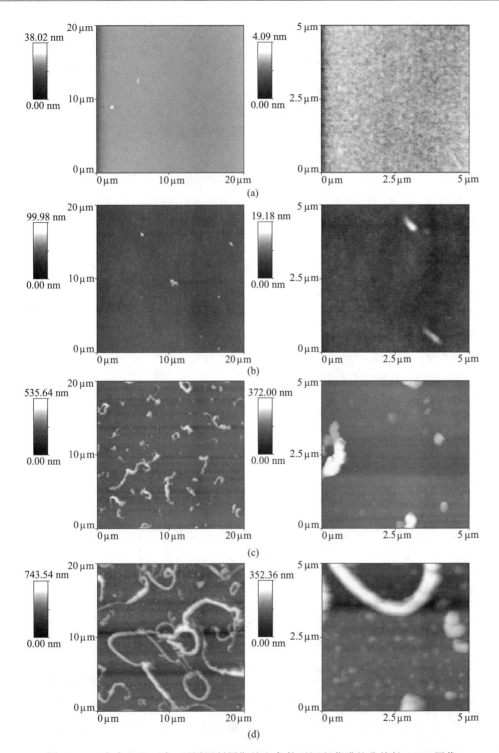

图 9 - 13　在占空比 5％、不同调制周期放电条件下沉积薄膜的非接触 AFM 图像

（20×20 μm² 和 5×5 μm²）（a）调制周期 40 ms；（b）调制周期 80 ms；（c）调制周期 200 ms；

（d）调制周期 320 ms；沉积时间 90 min，输入功率 100 W，压力 200 mtorr[66]

如图 9-14 所示的过程[68]，在 DC≥10％下，消耗单体［反应（a）］产生大量的 CF_2 自由基，且对于调制等离子体与连续等离子体，这种情况无差别。当气相下的自由基密度变得较高时（高功率、直流、高压力），复合反应变得非常明显，因而形成较重碎片 C_yF_z，类似于用 FT-IRAS 可分辨的饱和与非饱和分子［步骤（d）］。这个反应路径也可以超前，主要是在高压力下，形成微粒［步骤（e）］；但是，这可以排除在导致条带状结构机制以外，因为 FT-IRAS 吸收分析没有显现任何微粒的信息。需要注意的是，除了 CF_2 外，也可产生其他小的自由基、CF_3、CF 及 F 原子［步骤（b）］。但是，在低占空比和低输入功率下，形成后面这些组分和 C_yF_z 自由基的可能性很小，因此，CF_2 仍然是主要的薄膜前体。反应（g）和（h）表示两种不同的薄膜沉积路径。特别是，根据沉积的离子活性增长模型（AGM），（g）是指在高占空比和连续放电下，高速率形成非晶、平坦和交联的薄膜 $a\text{-}(CF_x)_n$[1]。

在低 CF_2 自由基含量［步骤（h）］下，即占空比低于 10％时，沉积速率和正离子轰击明显降低，很少被吸收的 CF_2 自由基有足够的时间迁移到表面上的低能位点，该处成为纳米结构 PTFE 状的条带的成核中心，即 $nc\text{-}(CF_2)_n$。

根据所描述的机制，表面形貌的改变主要与下列因素相关：

• 调制本身，它提供了 off 时间；

• 在 off 期间，被吸收自由基的迁移。

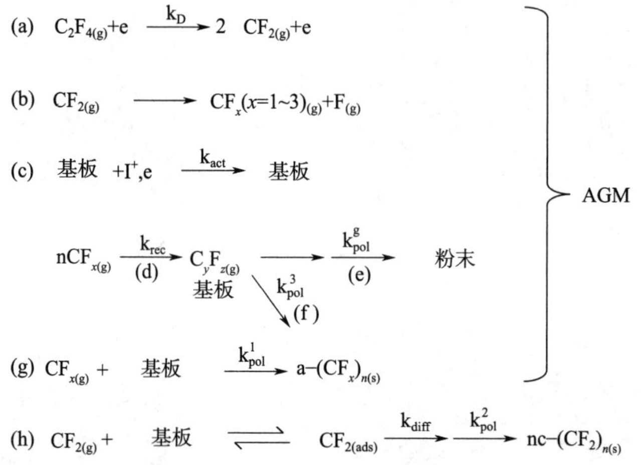

$$(a) \quad C_2F_{4(g)}+e \xrightarrow{k_D} 2\ CF_{2(g)}+e$$

$$(b) \quad CF_{2(g)} \longrightarrow CF_x(x=1\sim3)_{(g)}+F_{(g)}$$

$$(c) \quad 基板 +I^+,e \xrightarrow{k_{act}} 基板$$

$$nCF_{x(g)} \xrightarrow[(d)]{k_{rec}} \underset{基板}{C_yF_{z(g)}} \xrightarrow[(e)]{k_{pol}^g} 粉末$$

$$k_{pol}^3 (f)$$

$$(g) \quad CF_{x(g)} +\ 基板 \xrightarrow{k_{pol}^1} a\text{-}(CF_x)_{n(s)}$$

$$(h) \quad CF_{2(g)} +\ 基板 \rightleftharpoons CF_{2(ads)} \xrightarrow{k_{diff}} \xrightarrow{k_{pol}^2} nc\text{-}(CF_2)_{n(s)}$$

} AGM

图 9-14 连续与调制 TFE 等离子体的沉积机制示意图[66]

图 9-15 的示意图是对表面形貌随着占空比变化的解释。在连续沉积模式下，自由基和离子源通量高且连续，确保了 AGM 的活性位点足够多，很多自由基很容易贴附到这些位点上。不会出现表面的迁移，只可能生成平坦的涂层。在高压下，如同辐射测量光发射频谱仪研究结果[70]，CF_2 和其他小的自由基密度降低，很大规模地产生较重的碎片（甚至是颗粒）。由于离子轰击减少，表面活性点位数量也减少，因此，自由基具有足够的时间通过表面向有利的点位扩散，在那里聚集而形成粗糙表面。但是，在这种模式下还应该考虑到，在气相下通过较轻组分相关反应产生的重组分甚至粉末颗粒，都对薄膜沉积有贡献

［步骤（f）］，参与形成薄膜表面的聚集。

Silverstein 和他的合作者描述了高压下（750～1 500 mtorr）在连续的六氟丙烯（C₃F₆）等离子体中，碳氟薄膜等离子体沉积类似颗粒和粗糙的形貌。在这个气相驱动的等离子体聚合中，通过均匀成核的亚微米颗粒沉积在表面上，在那里它们进一步聚合并加入涂层结构中[71,72]。

在 5% 占空比和长周期下，表面的活性点位数量少，就像在等离子体相下的自由基浓度。因此，吸收的自由基有更多的时间（长 off 时间）在表面迁移，并在其他自由基到来之前到达活性点位（准时开始）。核的中心形成后会缓慢增长，以便优先吸附其他少量接近的自由基，很可能是 CF₂。这就导致类 PTFE 条带的形成，它的传播方向主要取决于形成更大核浓度的方向。当条带开始形成时，它们的增长可以通过对沿表面扩散的自由基进行核聚集和直接吸附两种方式来实现。

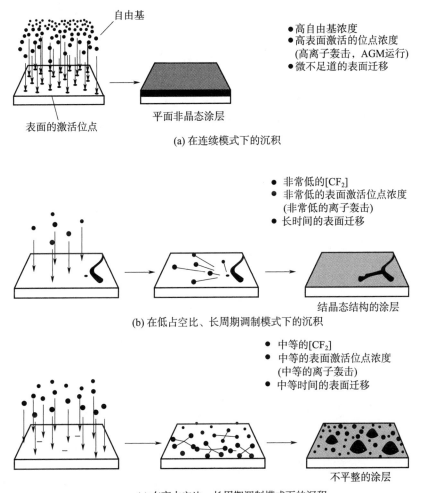

图 9-15　不同模式下沉积机制示意图

从常规的 PTFE[73] 和 PTFE 分散体[74] 获得的薄膜中,观测到了由延伸链组成的线性棒状聚集体,延伸链的轴线平行于棒的轴线。也有报告称,在低聚合速率下。大部分 PTFE 聚合成螺旋形的链[75]。因此,在低占空比和长周期下,沉积速率足够的低,使得自由基在条带中能够重新排列,这似乎形成热力学上更稳定的形式。但是,当占空比增加时,进程变为受动力学驱动,各向异性逐渐消失。在样品表面的活性点位数目增加,自由基浓度也一起增加。因此,来自所有可能方向的自由基到达每个活性位点的概率也增加,这就导致整个表面凸起的形成,特别是占空比高于 20% 的情况。此外,由于自由基迁移的时间减少(较短的 off 时间)和离子轰击增加,核的平均高度以及它们的高度差异会降低。

Labelle 和 Gleason 也观测了在六氟环氧丙烷、1,1,2,2-四氟乙烯和二氟甲烷工质的调制等离子体中进行碳氟膜沉积期间,在高占空比下获得的类似表面形貌[54]。Lau 等在六氟环氧丙烷的热丝化学气相沉积(hot filament chemical vapor deposition,HFCVD)过程中,观察到除了球形颗粒外还有棒状结构。他们推测,由于气相成核,球形颗粒出现在高沉积速率下,而棒状排列在缓慢沉积状态下占优势,此时链的增长优于气相成核[57]。其他作者也报导了采用全氟烃类单体工质,通过调制放电沉积的棒状结构涂层[76]。类似地,条带也在有限的占空比和输入功率条件下发展;此外,可以在其中发现自由基表面迁移对这种独特形貌起主要作用的证据。

在 5% 占空比和低周期下,CF_2 浓度增高,离子轰击逐渐起作用,自由基扩散的时间减少,这就降低了核的形成与增长。继续降低周期(40ms 和 80ms),在平滑增长的薄膜上的凸起就很少(或完全没有)。

参 考 文 献

[1] d'Agostino, R., Cramarossa, F., Fracassi, F. and Illuzzi, F. (1990) in Plasma Deposition, Treatment and Etching of Polymers (ed R.d'Agostino), Academic Press.

[2] Kay, E., Coburn, J.W. and Dilks, A.(1980) Topics in Current Chemistry 94(eds S. Veprek and M. Venugopalan), Springer, Verlag.

[3] Yasuda, H. (1985) Plasma Polymerization, Academic Press.

[4] Inagaki, N. (1996) Plasma Surface Modification and Plasma Polymerization, Technomic.

[5] Biedermann, H. and Osada, Y.(1992) Plasma Polymerization Processes, Elsevier.

[6] d'Agostino, R. (1997) Plasma Processing of Polymers (eds R. d'Agostino, P. Favia and F. Fracassi),NATO ASI Series, E: Appl. Sci, 346,Kluwer Academic.

[7] Fracassi, F. and d'Agostino, R.(1999) Plasmas Polym., 4, 147.

[8] Labelle, C.B., Karecki, S.M., Reif, R.and Gleason, K.K. (1999) J. Vac. Sci.Technol. A, 17, 3419.

[9] Shirafuji, T., Kamisawa, A., Shimasaki, T., Hayashi, Y. and Nishino, S. (2000) Thin Solid Films,374, 256.

[10] d'Agostino, R., Cramarossa, F.,Fracassi, F., De Simoni, E.,Sabbatini, L., Zambonin, P.G. and Capriccio, G. (1986) Thin Solid Films, 143, 163.

[11] Coburn, J.W. and Winters, H.F.(1979) J. Vac. Sci. Technol., 16, 391.

[12] Flamm, D.L. and Donnelly, V.M.(1981) Plasma Chem. Plasma Process., 1, 317.

[13] ManosD.M. and FlammD.L. (eds)(1989) Plasma Etching: An Introduction, Plasma - Materials Interaction Series, Academic Press.

[14] Favia, P. (1997) Plasma Processing of Polymers (eds R. d'Agostino,P.Favia and F. Fracassi), NATO ASI Series, E: Appl. Sci, 346, 487,Kluwer Academic.

[15] Coburn, J.W. and Chen, M. (1980)J. Appl. Phys., 51, 3134.

[16] d'Agostino, R., Cramarossa, F., De Benedictis, S. and Ferraro, G. (1981) J. Appl. Phys., 52, 1259.

[17] d'Agostino, R., Cramarossa, F. and Illuzzi, F. (1987) J. Appl. Phys., 61,2754.

[18] d'Agostino, R., Cramarossa, F. and De Benedictis, S. (1982) Plasma Chem. Plasma Process, 2, 213.

[19] d'Agostino, R., Favia, P. and Fracassi, F. (1990) J. Polym. Sci. A:Polym. Chem., 28, 3387.

[20] Cruden, B.A., Gleason, K.K. and Sawin, H.H. (2001) J. Appl. Phys.,89, 915.

[21] Favia, P., Creatore, M., Palumbo, F.,Colaprico, V. and d'Agostino, R. (2001) Surf. Coat. Technol.,142 - 144, 1.

[22] Truesdale, E.A. and Smolinsky, G.(1979) J. Appl. Phys., 50, 6594.

[23] Lamendola, R., Favia, P. and d'Agostino, R. (1992) Plasma Sour.Sci. Technol., 1, 256.

[24] d'Agostino, R., Lamendola, R., Favia,P. and Gicquel, A. (1994) J. Vac. Sci.Technol. A, 12, 308.

[25] Favia, P., Perez - Luna, V. H., Boland, T., Castner, D. G. and Ratner, B. D. (1996) Plasmas Polym., 1, 299.

[26] Fracassi, F. (1997) Plasma Processing of Polymers (eds R.d'Agostino, P. Favia and F. Fracassi), NATO ASI Series, E: Appl. Sci, 346, 47, Kluwer Academic.

[27] Koenig, H.R. and Maisel, L.I. (1970) IBM J. Res. Dev., 14, 168.

[28] Fracassi, F. and Coburn, J.W. (1988) J. Appl. Phys., 63, 1758.

[29] Fracassi, F., Occhiello, E. and Coburn, J.W. (1988) J. Appl. Phys., 62, 3980.

[30] Cabarrocas, P.R., Morral, A.F., Lebib, S. and Poissant, Y. (2002) Pure Appl. Chem., 74, 359.

[31] Kiaei, D., Hoffman, A.S., Ratner, B.D. and Horbett, T.A. (1988) J. Appl. Polym. Sci.: Polym. Symp., 42, 269.

[32] Castner, D.G., Lewis, K.B., Fischer, D.A., Ratner, B.D. and Gland, J.L. (1993) Langmuir, 9, 537.

[33] Kiaei, D., Hoffman, A.S. and Horbett, T.A. (1992) J. Biomater. Sci. Polym. Ed., 4, 35.

[34] Castner, D.G., Favia, P. and Ratner, B.D. (1996) Surface Modifications of Polymeric Biomaterials (eds B.D. Ratner and D.G. Castner), Plenum Press, p. 45.

[35] Butoi, C.I., Mackie, N.M., Gamble, L.J. and Castner, D.G. (1999) Chem. Mater., 11, 862.

[36] Cicala, G., Losurdo, M., Capezzuto, P. and Bruno, G. (1992) Plasma Sources Sci. Technol., 1, 156.

[37] Panchalingam, V., Poon, B., Huo, H.H., Savage, C.R., Timmons, R.B. and Eberhart, R.C. (1993) J. Biomater. Sci. Polym. Ed., 5, 131.

[38] Limb, S.J., Lau, K.K.S., Edell, D.J., Gleason, E.F. and Gleason, K.K. (1999) Plasmas Polym., 4, 21.

[39] Panchalingam, V., Chen, X., Savage, C.R., Timmons, R.B. and Eberhart, R.C. (1994) J. Appl. Polym. Sci.: Appl. Polym. Symp., 54, 123.

[40] Coulson, S.R., Woodward, I.S., Badyal, J.P.S., Brewer, S.A. and Willis, C. (2000) Langmuir, 16, 6287.

[41] Favia, P., Cicala, G., Milella, A., Palumbo, F., Rossini, P. and d'Agostino, R. (July 2001) Proc. 15th Int. Symp. on Plasma Chemistry, ISPC - 15. Orleans, France, Vol, II, 587.

[42] Yasuda, H. and Hsu, T. (1977) J. Polym. Sci., Polym. Chem. Ed., 15, 81.

[43] Vinzant, J.M., Shen, M. and Bell, A.T. (1979) ACS Symp. Ser., 108, 79.

[44] Lau, K.K.S. and Gleason, K.K. (1999) Mater. Res. Soc. Symp. Proc., 544, 209.

[45] Cruden, B., Chu, K., Gleason, K.K. and Sawin, H. (1999) J. Electrochem. Soc., 146, 4590.

[46] Cruden, B., Chu, K., Gleason, K.K. and Sawin, H. (1999) J. Electrochem. Soc., 146, 4597.

[47] Zabeida, O., Klemberg - Sapieha, J.E., Martinu, L. and Morton, D. (1999) Mater. Res. Soc. Symp. Proc., 544, 233.

[48] Limb, S.J., Edell, D.J., Gleason, E.F. and Gleason, K.K. (1998) J. Appl. Polym. Sci., 67, 1489.

[49] Labelle, B.C., Limb, S.J. and Gleason, K.K. (1997) J. Appl. Phys., 82, 1784.

[50] Han, L.M., Timmons, R.B. and Lee, W.W. (2000) J. Vac. Sci. Technol. B, 18, 799.

[51] Mackie, N.M., Castner, D.G. and Fisher, E.R. (1998) Langmuir, 14, 1227.

[52] Coulson, S.R., Woodward, I., Badyal, J.P.S., Brewer, S.A. and Willis, C. (2000) J. Phys. Chem.

B，104，8836.

[53]　Labelle，C.B. and Gleason，K.K.(1999) J. Vac. Sci. Technol. A，17,445.

[54]　Labelle，C.B. and Gleason，K.K.(1999) J. Appl. Polym. Sci.，74，2439.

[55]　Panchalingam，V.，Chen，X.，Huo，H. H.，Savage，C. R.，Timmons，R. B. and Eberhart，R. C. (1993) ASAIO J.，39，M305.

[56]　Lau，K.K.S. (2000) Ph.D. thesis，Massachusetts Institute of Technology.

[57]　Lau，K.K.S.，Caulfield，J.A. and Gleason，K.K. (2000) Chem. Mater.，12，3032.

[58]　Lau，K.K.S. and Gleason，K.K. (2001)J. Phys. Chem. B，105，2303.

[59]　Lau，K.K.S.，Caulfield，J.A. and Gleason，K.K. (2000) J. Vac. Sci.Technol. A，18，2404.

[60]　Savage，C.R.，Timmons，R.B. and Lin，J.W. (1991) Chem. Mater.，3,575.

[61]　Wang，J.- H.，Chen，J.- J. and Timmons，R.B. (1996) Chem. Mater.，8，2212.

[62]　Hynes，A.M.，Shenton，M.J. and Badyal，J.P.S. (1996) Macromolecules，29，18.

[63]　Hynes，A.M.，Shenton，M.J. and Badyal，J.P.S. (1996) Macromolecules，29，4220.

[64]　Butoi，C.I.，Mackie，N.M.，Gamble，L.J.，Castner，D.G.，Barnd，J.，Miller，A.M. and Fisher，E.R. (2000) Chem.Mater.，12，2014.

[65]　Hynes，A. and Badyal，J.P.S. (1998)Chem. Mater.，10，2177.

[66]　Milella，A.，Palumbo，F.，Favia，P.，Cicala，G. and d'Agostino，R. (2005)Pure Appl. Chem.，77，399.

[67]　Cicala，G.，Milella，A.，Palumbo，F.，Favia，P. and d'Agostino，R. (2003)Diamond Relat. Mater.，12，2020.

[68]　Cicala，G.，Milella，A.，Palumbo，F.，Rossini，P.，Favia，P. and d'Agostino，R. (2002) Macromolecules，35，8920.

[69]　Favia，P.，Cicala，G.，Milella，A.，Palumbo，F.，Rossigni，P. and d'Agostino，R. (2003) Surf. Coat.Technol.，169-170，609.

[70]　Milella，A. (2002) Ph.D. thesis，University of Bari.

[71]　Chen，R. and Silverstein，M.S.(1996) J. Polym. Sci. A：Polym.Chem.，34，207.

[72]　Chen，R.，Gorelik，V. and Silverstein，M.S. (1995) J. Appl.Polym. Sci.，56，615.

[73]　Hashimoto，T.，Murakami，Y. and Kawai，H. (1975) J. Polym. Sci.,Polym. Phys. Ed.，13，1613.

[74]　Chanzy，H.D.，Smith，P. and Revol,J.F. (1986) J. Polym. Sci.，Polym. Lett.Ed.，24，557.

[75]　Bunn，C.W. and Howells，E.R.(1954) Nature，174，549.

[76]　Qui，H. (2001) Ph.D. thesis，University of Texas at Arlington.

第10章 硅薄膜太阳能电池的等离子体化学气相沉积（CVD）工艺

A. Matsuda

本章回顾了 SiH_4 和 H_2/SiH_4 辉光放电等离子体的氢化非晶硅（a-Si：H）和微晶硅（μc-Si：H）生长工艺。讨论了在等离子体中和在薄膜增长表面上的氢化非晶硅（a-Si：H）和微晶硅（μc-Si：H）增长反应差异性与类似点，随后的外延晶体增长过程被认为是独特的 μc-Si：H 核形成过程。强调了生成（a-Si：H）和（μc-Si：H）薄膜的悬空键缺陷密度的确定反应，以便获得改善器件应用材料光电特性，特别是硅基太阳能电池薄膜材料光电特性的线索。描述了实现低价、高效太阳能电池的材料并介绍了这些材料的最新进展。

10.1 引言

氢化非晶硅（a-Si：H）和微晶硅（μc-Si：H），通常称为薄膜硅，预计将成为光电器件应用最有前途的材料，如太阳能电池、彩色传感器、薄膜晶体管等[1]。在各种各样 a-Si：H 和 μc-Si：H 增长方法中，等离子体增强化学气相沉积得到普遍的应用，这是由于该方法具有在大面积基板上均匀地制备高质量薄膜硅的潜力。

在本文中，为了获得控制器件材料特别是太阳能电池材料的光电特性线索，详细地解释了在反应等离子体中 a-Si：H 和 μc-Si：H 的增长过程，讨论了合成薄膜中的悬空键缺陷密度的确定反应，这是决定器件结构性能的最主要特性之一。最后，介绍了实现低价高效薄膜太阳能电池材料的最新进展。

10.2 在 SiH_4 和 H_2/SiH_4 等离子体中的离解反应过程

在 a-Si：H 和 μc-Si：H 增长过程中，最初事件是在甲硅烷（SiH_4）和甲硅烷/氢气（SiH_4/H_2）辉光放电等离子体中，源气体材料的电子冲击离解。图 10-1 示出了 SiH_4 和 H_2 分子与等离子体中高能电子弹性碰撞后，通过这些分子的电子激发态离解为各种活性组分的离解路径。因为等离子体中的电子能量通常服从麦克斯韦分布，电子能量范围从零到几十电子伏特（eV），在等离子体中，源气体分子的基态电子几乎同时被激发到它们的电子激发态。类似 SiH_4 这种所谓复杂分子的电子激发态通常就是裂解态，如图 10-1 所示，根据每种电子激发态的立体化学结构，这类分子会自发地从裂解态离解为 SiH_3、SiH_2、SiH、Si、H_2 及 H。氢分子也被离解为原子氢。基态电子激发到真空态会产生电离事件，生成新的电子和离子来维持等离子体。

在等离子体中产生的反应中性组分和离子组分，大多都经历与母体 SiH_4 和 H_2 的二次反应形成稳定结构。文献［2］中列出了各种反应的反应速率常数。反应组分稳态密度通过它们的生成率与湮灭率的平衡来确定。因此，在稳态等离子体中，像 SiH_2、SiH 和 Si（短寿命组分）这样的高反应性组分的稳态密度要远小于 SiH_3，这表明与 SiH_4 和 H_2（长寿命组分）的反应性较低，尽管短寿命组分的生成率与 SiH_3 的生成率差别并不大。

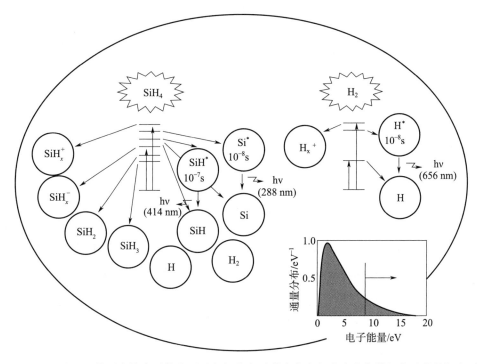

图 10-1　SiH_4 和 H_2 分子在等离子体中通过它们的电子激发态离解为多种化学组分过程的概念示意图

采用不同气相诊断技术测量了反应组分的稳态密度，包括光学发射光谱仪、激光诱导荧光、红外激光吸收光谱仪和紫外光吸收光谱仪。图 10-2 示出了中性化学组分稳态的数密度，包括用于制备器件级 a-Si：H 和 μc-Si：H 的 SiH_4 和 SiH_4/H_2 真实等离子体中的发射组分。从上述结果中可以得出结论，即对于 a-Si：H 和 μc-Si：H 的增长，SiH_3 自由基是起主导作用的组分，尽管改变等离子体生成环境时，短寿命组分与 Si_4H_9 至 SiH_3 这样的高硅烷相关组分（higher silane-related species，HSRS）密度比会发生变化，但获得膜的光电特性很大程度上受这些短寿命组分和 HSRS 对薄膜增长贡献的影响。

在图 10-2 中也可看到，等离子体中稳态原子氢密度的变化范围很宽。这主要由于在初始气源材料中的氢稀释率 R（H_2/SiH_4）的变化，即原子氢的密度随 R 的增加而增加。考虑到在等离子体中恒定电子密度和恒定基板（薄膜生长表面）温度条件下，μc-Si：H 随 R 的增加而形成这个事实，可以断定，对 μc-Si：H 的生长，原子氢起到了重要的作用。

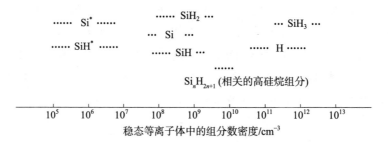

图 10-2 采用不同诊断技术测量或预测真实稳态等离子体中的化学组分数密度

10.3 表面上的薄膜生长过程

10.3.1 a‑Si：H 的生长

到达薄膜生长表面的 SiH_3 自由基开始在表面扩散。在表面扩散期间，SiH_3 吸收了表面覆盖的键合氢（Si—H），形成 SiH_4 并将 Si 悬空键（Si—）留在表面（形成生长位点）。朝向表面悬空键位点扩散的另外一个 SiH_3 发现了这个悬空键位点，然后与之形成 Si—Si 键（薄膜生长）。这个薄膜生长的表面反应模式基于两个实验结果，即用逐步覆盖法观测的自由基 SiH_3 反射概率与基板温度的关系和通过表面生长速率估算的自由基撞击概率[4]。与基板温度无关的反射概率表明，几乎所有表面的位点都被键合氢覆盖，而 350℃ 以上温度相关的撞击概率表明，自由基扩散到了薄膜生长表面，移动的 SiH_3 能够找到一些在 350℃ 以上较高温下出现的悬空键位点。

10.3.2 μc‑Si：H 的生长

如前所述，对于 μc‑Si：H 的生长，接近生长薄膜表面的原子氢起到重要作用[5]。这已在 μc‑Si：H 形成图中得到证实（图 10-3），该图描绘了在薄膜生长期间，在恒定基板温度下，施加到等离子体的射频（RF）功率密度与气源材料中的氢稀释比 R 之间的关系。从图 10-3 中可以看到，在较高氢稀释比、较低 RF 功率密度条件下，制备了具有大晶粒尺寸的 μc‑Si：H，表明对于 μc‑Si：H 中的晶体生长来说，原子氢的重要性和离子组分的负面效应，因为随着射频功率密度增加，尽管沉积速率趋向于饱和，在薄膜生长表面的离子组分通量密度是线性增加的。图 10-4 示出了薄膜生长期间，三种不同氢稀释率下，形成的 μc‑Si：H 中结晶的体积分数随基板温度的变化。结晶体积分数随基板温度增加而增加，在 350 ℃ 附近达到最大值，在接近 500 ℃ 时急剧趋向于零，表明了提高 SiH_3 表面扩散的重要性和表面氢覆盖的重要性。来自等离子体的大通量原子氢，实现了全表面的键合氢覆盖，同时通过膜生长表面的氢交换反应产生局部加热。这两个作用增强了薄膜前体 SiH_3 在表面的扩散。最近，已经有采用原位（in situ）诊断技术进行更微观观测方面的报告，提出了 μc‑Si：H 形成过程的详细机制。

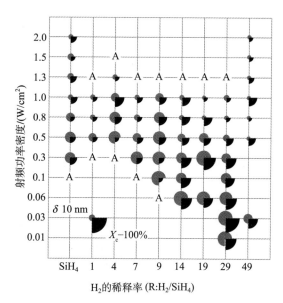

图 10 - 3　在射频功率密度/氢稀释比平面上绘制的形成薄膜的微晶尺寸
（圆的四分之三：δ）和体积百分比（圆的四分之一：X_c）

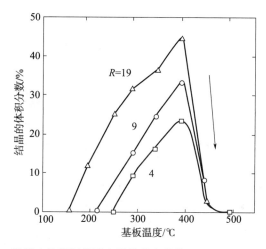

图 10 - 4　薄膜生长期间薄膜中微晶体积分数（X_c）随基板温度变化

10.3.2.1　核形成过程

图 10 - 5 示出了在氢稀释比 R 为 0、10 和 20 条件下，通过椭圆偏光光谱仪（SE）获得的薄膜生长期间表面粗糙度的演化图[6]。可以看出，在岛状物形成之后，会发生强制的岛状物合并，在 μc - Si：H 生长条件下（$R = 20$）出现光滑（平坦）表面。在出现光滑表面之后（证明此时已形成了核），由于取向相关的晶体生长速率的不同，表面粗糙度增加。在光滑表面出现时刻，采用原位衰减全反射技术，观测到了在表面生长期间红外光吸收光谱中有一个特殊的表面吸收带[7]。图 10 - 6 表明，其表面红外吸收光谱与通常的 Si - H$_x$ 表面和体吸收带（在 2 000～2 150 cm^{-1} 之间）一起，出现在 1 897 cm^{-1} 和 1 937 cm^{-1} 特定

的频带上。这个新的吸收带被认为是 SiH_2（Sid）复合体（complex）并标注在图 10 - 6 中。需要注意的是，SiH_2（Sid）复合体的数密度（吸收强度）与这些复合体出现之前嵌入膜中的内应力大小成正比。

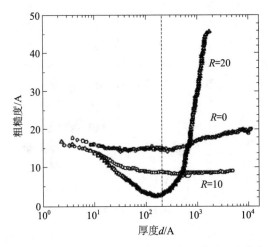

图 10 - 5　不同氢稀释比条件下，椭圆偏光光谱仪获得的薄膜生长期间表面粗糙度的演化

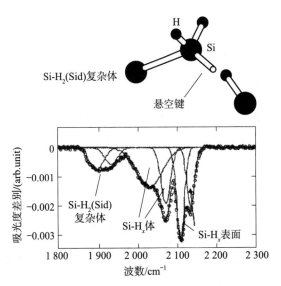

图 10 - 6　在核形成之前，薄膜的表面红外吸收光谱，同时给出了 SiH_2（Sid）复合体及它们的结构

　　根据上述的实验事实提出了一个核的模型。由于 SiH_3 的表面扩散增强而导致的强制岛状物聚集会引起内部应力，该应力涉及岛状物聚集区内许多应变的 Si—Si 键。在薄膜生长表面（或基板），原子氢撞击应变的 Si—Si 键会形成特殊的 SiH_2（Sid）复合体。这些复合体导致结构的柔韧性，通过在这些位点上连续形成 Si—SiH_3 键，能够使结构有序化，即在薄膜生长表面上，SiH_2（Sid）复合体起到预置核的位点作用。

10.3.2.2　外延晶体生长

图 10 - 7 为沉积在玻璃基板上 μc - Si：H 薄膜的典型剖面透射电镜（transmission electron microscopy，TEM）成像图[8]。可以清楚地看到（由箭头指示），从核中观察到外延晶体的生长。众所周知，仅在膜前体沿表面扩散的长度足够长时，才会出现外延晶体的生长。

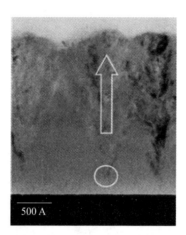

图 10 - 7　在玻璃基板上沉积典型 μc - Si：H 薄膜的剖面透射电镜成像图

对于核形成和外延晶体生长这两个阶段，增强 SiH_3 在表面上的扩散是关键因素。表面上 SiH_3 扩散的增强是通过全覆盖表面反应点位的原子氢通量和氢原子交换反应的局部加热来实现的（表面覆盖的氢与原子氢之间的抽取反应，接下来是抽取位点与另一个原子氢之间的饱和反应，通过这两个放热反应发热）。这被认为是原子氢在 μc - Si：H 生长源中起到的关键作用之一。

10.4　确定 a - Si：H 和 μc - Si：H 中的缺陷密度

对于器件应用，特别是太阳能电池的应用，a - Si：H 和 μc - Si：H 中的最重要的结构特性之一是这些材料中的悬空键缺陷密度，因为悬空键在它们的键断处形成深度局部电子态，起到光致激发电子与空穴的复合中心作用。

10.4.1　采用 SiH_3 自由基生长的 a - Si：H 和 μc - Si：H

图 10 - 8 示出了精心选择 SiH_3（H）作为薄膜前体条件下，a - Si：H 和 μc - Si：H 生成过程中悬空键缺陷密度随基板温度的变化。这个悬空键密度与基板温度之间关系（U 形曲线）已通过薄膜生长表面的稳态悬空键密度得到解释[10,11]。对于 a - Si：H 和 μc - Si：H 两种薄膜，薄膜生长表面的稳态悬空键密度由表面上温度无关的悬空键生成速率和温度相关的悬空键湮灭速率两者的平衡来确定，前者由表面上的 H 与 SiH_3 抽取反应导致，后者由表面上的 SiH_3 扩散导致。这里需要注意的是，在基板温度低于 250 ℃ 条件下，μc - Si：H

悬空键密度相比 a‑Si：H 悬空键密度明显的低，这是由于 μc‑Si：H 生长情况下，表面 SiH$_3$ 扩散增强导致的（表面上悬空键的湮灭速率提高）。

在了解薄膜生长期间缺陷密度确定反应的基础上，已经完成了一些控制 a‑Si：H 和 μc‑Si：H 缺陷密度方面的试验。例如，在 350℃ 以上基板温度下，表面悬空键生成速率由热脱氢过程决定，当薄膜生长速率远高于热脱氢速率时，薄膜生长表面的稳态缺陷密度会降低。已经证明，在 400 ℃ 下的 a‑Si：H 生长情况下，当生长速率增加到 1 nm/s 时，实际缺陷密度为 10^{14} cm^{-3}[12]。

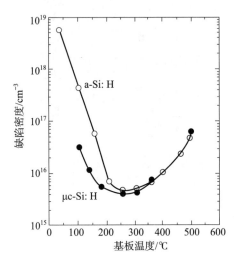

图 10‑8　薄膜生长期间，a‑Si：H 和 μc‑Si：H 薄膜中悬空键缺陷密度随基板温度的变化

10.4.2　短寿命组分的分布

如上所述，当 SiH$_3$（H）自由基用于膜生长时，基本能确定所得薄膜中薄膜生长表面的悬空键缺陷密度。但是，短寿命反应组分如 SiH$_3$、SiH 和 Si 有助于薄膜的生长，这是由于施加于等离子体的高功率密度，通过分子耗尽（产生高电子密度 N_e）试图获得 a‑Si：H 和 μc‑Si：H 的高生长速率以用于器件的大规模生产，此时这些短寿命组分与等离子体中的母体分子（SiH$_4$ 和 H$_2$）之间发生的二次反应是不充分的。在这种情况下，因为悬空键是通过薄膜生长中短寿命组分建立的，这些短寿命组分的强反应特性使得它们进入到表面上的 Si—H 键中（SiH 和 Si 通过内插入反应进入到 Si—H 键中，在它们的反应位点上形成新的悬空键），且由于它们在表面上没有扩散而对悬空键湮灭无贡献，所以，在薄膜生长表面的稳态悬空键密度是增加的，导致生成薄膜上悬空键密度的增加。这会在生成的 a‑Si：H 和 μc‑Si：H 中产生光电特性退化，甚至在基板温度保持不变情况下也是如此。

当采用传统的二极管类（电容耦合）等离子体反应器时，短寿命组分对于 a‑Si：H 和 μc‑Si：H 生长的贡献率，用稳态短寿命组分 [SiH$_x$] 密度与等离子体中薄膜前体 [SiH$_3$] 密度之比来表示。[SiH$_x$] 由下列速率方程确定

$$\frac{d[SiH_x]}{dt} = N_{e2}\sigma_2\nu_e[SiH_4] - k_2[SiH_x][SiH_4] - k_1[SiH_x][H_2] = 0 \quad (10-1)$$

式中，N_{e2}、σ_2、k_2、k_1 分别为电子密度、SiH_4 分解为 SiH_x 的反应截面、电子的热运动速率、SiH_x 与 SiH_4 之间的反应速率常数、SiH_x 与 H_2 之间的反应速率常数。由于 k_2 远大于 k_1[2]，$[SiH_x]$ 由下式表示

$$[SiH_x] = \frac{N_{e2}\sigma_2\nu_e[SiH_4]}{k_2[SiH_4]} = \frac{N_{e2}\sigma_2\nu_e}{k_2} \quad (10-2)$$

$[SiH_3]$ 由下面的速率方程表示

$$\frac{d[SiH_3]}{dt} = N_{e3}\sigma_3\nu_e[SiH_4] - \frac{[SiH_3]}{\tau_3} = 0 \quad (10-3)$$

因此有

$$[SiH_3] = N_{e3}\sigma_3\nu_e\tau_3[SiH_4] \quad (10-4)$$

式中，参数 N_{e3}、σ_3、τ_3 分别为电子密度、SiH_4 分解为 SiH_3 的反应截面、SiH_3 的特征寿命。

　　因此，短寿命组分对于膜生长的贡献率可用方程（10-2）与方程（10-4）之比来描述

$$\frac{[SiH_x]}{[SiH_3]} = \frac{N_{e2}\sigma_2\nu_e}{k_2N_{e3}\sigma_3\nu_e\tau_3[SiH_4]} \propto \frac{N_{e2}}{N_{e3}\tau_3[SiH_4]} \quad (10-5)$$

SiH_4 的稳态密度也可表达为

$$\frac{d[SiH_4]}{dt} = FR - N_{et}\sigma_t\nu_e[SiH_4] - \frac{[SiH_4]}{\tau_4} = 0 \quad (10-6)$$

因此

$$[SiH_4] = \frac{FR}{N_{et}\sigma_t\nu_e + \left(\dfrac{1}{\tau_4}\right)} \quad (10-7)$$

　　等离子体条件对 $[SiH_4]$ 有非常大的影响。当反应器空间中注入足够量的 $[SiH_4]$ 时，$[SiH_4]$ 相当稳定，如方程（10-8）所示；而在 SiH_4 的供量一定情况下（发生 SiH_4 消耗），对等离子体施加高功率时（总电子密度 N_{et} 高），$[SiH_4]$ 依赖于流速（FR），如同方程（10-9）所示。

$$[SiH_4] = \frac{FR}{\dfrac{1}{\tau_4}} = const \quad （有限的\ N_e） \quad (10-8)$$

$$[SiH_4] = \frac{FR}{N_{et}\sigma_t\nu_e}（有限的\ FR） \quad (10-9)$$

因此，母体分子 SiH_4 的供应量和等离子体条件对短寿命组分贡献率有显著的影响，即

$$\frac{[SiH_x]}{[SiH_3]} \propto \frac{N_{e2}}{N_{e3}\tau_3} \propto f(T_e) \quad （有限的\ Ne） \quad (10-10)$$

$$\frac{[SiH_x]}{[SiH_3]} \propto \frac{N_{e2}\ N_{et}}{N_{e3}\tau_3 FR} \propto N_{et}f(T_e) \quad （有限的\ FR） \quad (10-11)$$

亦即，作为常基板温度下的一个重要的缺陷密度确定因子，短寿命组分对薄膜生长的贡献率，在高流速、低功率密度工况下（高质量 a-Si：H 薄膜生长条件），它由电子密度比来确定（N_{e2} 比 N_{e3}，对应于等离子体的电子温度），如方程（10-10）；而在 μc-Si：H 高生长速率应用的有限流速 FR 和高功率密度（高 N_{et}）工况下，它与总电子密度 N_{et}、电子温度和 FR 相关。

10.5　太阳能电池应用

硅基薄膜太阳能电池一直被期待成为一种低成本的光电系统。实际上，消费者使用的 a-Si：H 基的太阳能电池已经广泛地应用于便携式计算机中，目前正在研发用于太阳能收集的大规模太阳能电池。与单晶硅和多晶硅所表现出的间接光学传输特性相比，用于太阳能电池的 a-Si：H 的主要优点是在可见光波段内的高吸收系数，因此，用于太阳能电池时，厚度 1 μm 以下对于吸收太阳光就足够了。采用 PECVD 低温工艺对于减少 a-Si：H 基太阳能电池成本也是有利的。

但是，a-Si：H 也存在一个众所周知的现象，即光感度退化现象。初始为 10% 转换效率的 a-Si：H 基太阳能电池，在长期光渗入后会退化到 7%。一种串联堆栈结构的太阳能电池被认为是克服光感度退化，实现 a-Si：H 基太阳能电池的高转换效率，这种电池由一个带有薄 a-Si：H 层的顶部单元和一个采用如 a-SiGe：H 和 μc-Si：H 这种窄间隙材料的底部单元组成。最初，底部单元材料采用的是 a-SiGe：H，但是，这种材料也出现严重的光感度退化。最近，μc-Si：H 材料被推荐为底部单元有前途的替代材料，因为这种材料没有出现任何的光感度退化。在这项建议中，这种材料的高生长速率是低成本制造堆栈型太阳能电池的关键，因为 μc-Si：H 具有间接光学转换性质的属性。

因此，实现低成本、高效率的硅基薄膜太阳能电池迫切需要解决的材料问题是，改进高质量（低缺陷密度）a-Si：H 的光感度稳定性，实现高质量（低缺陷密度）μc-Si：H 的高生长速率。

10.6　薄膜硅太阳能电池材料方面的最新进展

10.6.1　控制 a-Si：H 材料的光感度

在不同沉积条件下制备 a-Si：H 材料的报告中给出了光感度退化和二氢键合（Si-H$_2$）密度之间的关系[13]。图 10-9 示出了采用红外吸收光谱仪测量的 a-Si：H 薄膜中 Si-H$_2$ 密度相对于 Ni-a-Si：H 肖特基二极管的光伏安特性曲线的光感退化度，光感退化度定义为光渗入前后的填充因子之差。此外，如同在 10.4 节中所述的，来自薄膜生长期间的质谱仪测量结果表明，即使在短寿命组分贡献率低的基板温度下制备高质量（低缺陷密度）a-Si：H，当保持基板温度不变时，Si$_4$H$_9$ 这样的高硅烷相关组分（HSRS）贡献也会大大增加 a-Si：H 中的 Si-H$_2$ 密度。在理解 a-Si：H 薄膜中光感度退化起主要作用的网络结构（Si - H₂ 键特征）和薄膜生长期间起主要作用的相关化学组分（HSRS）的基础上，提出了获得高稳定度 a - Si：H 的指导原则[14]。

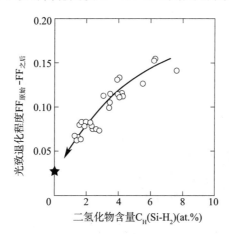

图 10 - 9 不同沉积条件下制备的 a - Si：H 中光感退化度与二氢键合（Si - H₂）密度之间的关系。
星形符号表示在 250 ℃ 基板温度情况下，通过减少 SiH₃ 和 HSRS 贡献率制备的 a - Si：H

遵循这个指导原则，在 SiH₃ 和 HSRS 从等离子体向位于阳极的基板扩散期间，充分利用 SiH₃（轻）与 HSRS（重）气相扩散系数的差别以及 HSRS 与母体分子 SiH₄ 之间的化学反应，在 250℃ 这种低基板温度下，采用一个三极反应器（在阳极和阴极之间插入一个负偏压网状电极）成功地制备了 Si - H₂ 密度几乎 0% 的 a - Si：H。与图 10 - 9 中用五星符号表示的光渗入相比，表明几乎 0%Si - H₂ 密度的薄膜具有更稳定的特性。将这种三极管方法用于实际的 p - i - n 型 a - Si：H 太阳能电池，已经证明具有 9.4% 的稳定转换系数（光渗入后）[15]。

10. 6. 2 器件级 μc - Si：H 的高速率生长

在几十到几百毫托范围的相对低工作压力下，高氢稀释方法已经方便地用于获得器件级的 μc - Si：H。最近，已提出了在高生长速率下制备器件级 μc - Si：H 的简单概念，即窄间隙/高压力（NG/HP）方法。通过等离子体中 SiH₃ 的生成速率和 SiH₃ 生成区域（等离子体）到薄膜生长表面（基板）的距离两方面来确定 SiH₃ 的通量密度。为了增加等离子体中 SiH₃ 的生成速率，通常在消耗 SiH₄ 的条件下，采用高功率密度（等离子体中具有高电子密度 N_{et}），在 μc - Si：H 生长期间，避免原子 H 与 SiH₄ 分子之间的清洗反应很重要。然而，如同方程（10 - 11）所预示的，在高电子密度条件下，通过增加短寿命组分对薄膜生长的贡献率，能够增加最终 μc - Si：H 中的缺陷密度。因此，为了实现 SiH₃ 对薄膜生长表面的高通量密度，窄的电极间隙对于高质量（低缺陷密度）μc - Si：H 的高生长速率是更有效的，因为随着自由基生成空间（等离子体）与薄膜生成表面之间距离的增加，薄膜前体 SiH₃ 的通量密度是超线性增加的。为了在窄间隙区域中生成稳定的等离子体，必须采用高总压以满足 Paschen 定律。高总压条件也有利于降低薄膜生长期间等离子体中的电子温度，这也是方程（10 - 11）所期望的。最近，NG/HP 方法被用于器件级

μc - Si：H 的高速率生长[16]。NG/HP 方法有效性已经在 μc - Si：H 基太阳能电池制造工艺中得到证实，在 2.3 nm/s 的生长速率下具有 9.1% 的高转换效率[17]。

但是，NG/HP 条件需要降低电极间的距离（总压 10 torr 情况下需要几毫米），这种方法应用到大面积（如 1 m²）太阳能电池制造时，由于生成的等离子体非均匀而导致膜生长的非均匀。为了解决这个问题，提出一种新的内连接多孔电极（图 10 - 10），由于其相当独立的 Paschen 定律放电能力，即使在大面积平行板电极配置情况下，也能够实现均匀等离子体的生成。将这种新电极用于缺陷密度低到 10^{15} cm^{-3} 的高质量 μc - Si：H 的生成，获得了大于 8 nm/s 的非常高的生长率[181]。

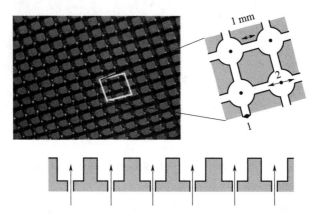

图 10 - 10　用于大面积/高速率薄膜生长的高密度均匀等离子体生成所采用的多孔内连接电极表面图

10.7　总　结

本章介绍了 SiH₄ 和 SiH₄/H₂ 等离子体中的 a - Si：H 和 μc - Si：H 生长过程。为了获得改进这些材料光电特性的线索，解释了在薄膜生长表面上与温度相关的缺陷密度确定反应，也采用了短寿命组分对薄膜生长贡献率的概念，说明了与等离子体条件相关的缺陷密度确定反应。最后，介绍了在太阳能电池应用中的材料最新进展。

参 考 文 献

[1] Spear，W.E. and LeComber，P.G.(1975) Solid State Commun.，17,1193.

[2] Perrin，J.，Leroy，O. and Bordage,M.C. (1996) Contrib. Plasma Phys.,36，3.

[3] Matsuda，A. and Goto，T. (1990)Mater. Res. Soc. Proc.，164，3.

[4] Matsuda，A.，Nomoto，K.，Takeuchi,Y.，Suzuki，A.，Yuuki，A. and Perrin,J. (1990) Surf. Sci.，227，50.

[5] Matsuda，A. (1983) J. Non－Cryst.Solids，59/60，767.

[6] Koh，J.，Lee，Y.，Fujiwara，H.，Wronski，C.R. and Collins，R.W.(1998) Appl. Phys. Lett.，73，1526.

[7] Fujiwara，H.，Kondo，M. and Matsuda，A. (2002) Surf. Sci.，497,333.

[8] Fujiwara，H.，Kondo，M. and Matsuda，A. (2001) Phys. Rev.，B，63,115306.

[9] Suzuki，S.，Kondo，M. and Matsuda,A. (2002) J. Non－Cryst. Solids,299－302，93.

[10] Ganguly，G. and Matsuda，A. (1993)Phys. Rev.，B，47，3361.

[11] Nasuno，Y.，Kondo，M. and Matsuda,A. (2001) Tech. Digest of PVSEC－12，Jeju，Korea,791.

[12] Ganguly，G. and Matsuda，A.(1992) Jpn. J. Appl. Phys.，31,L1269.

[13] Nishimoto，T.，Takai，M.，Miyahara，H.，Kondo，M. and Matsuda，A.(2002) J. Non－Cryst. Solids，299－302,1116.

[14] Takai，M.，Nishimoto，T.，Takagi，T.,Kondo，M. and Matsuda，A. (2000) J.Non－Cryst. Solids，266－269，90.

[15] Shimizu，S.，Kondo，M. and Matsuda，A. (2004) Tech. Digest of PVSEC－14，Bangkok，Thailand,22.

[16] Guo，L.，Kondo，M.，Fukawa，M.,Saito，K. and Matsuda，A. (1998) Jpn. J. Appl. Phys.，37，L1116.

[17] Matsui，T.，Kondo，M. and Matsuda，A. (2004) Tech. Digest of PVSEC－14，Bangkok，Thailand，33.

[18] Niikura，C.，Kondo，M. and Matsuda,A. (2003) Proc. WCPEC－3，Osaka,Japan，p. 5p－D4－03.

第11章　用于太阳能电池的甚高频（VHF）等离子体生成

Y. Kawai，Y. Takeuchi，H. Mashima，Y. Yamauchi，H. Takatsuka

11.1　引言

为降低非晶硅太阳能电池的成本，具有高沉积速率的大面积非晶硅薄膜的制造引起了人们极大的兴趣。氢化非晶硅 a‑Si：H 通常采用射频（RF）放电的等离子体化学气相沉积（chemical vapor deposition，CVD），一般采用 13.56 MHz 频率的平行板电极。在这种情况下，通过提高射频源的功率实现沉积速率的增加，沉积速率在 0.2~0.3 nm/s 左右。将甚高频（very high frequency，VHF）用于等离子体 CVD 中以提高沉积速率的方法引起了人们的极大关注，因为这种方法可以高速生产相对高质量的薄膜[1-5]。事实上，Curtins 等在 70 MHz 条件下实现了 2 nm/s 沉积速率。其他研究者也证实可以达到这样的结果[4,5]。

最近，工业界进一步提出了超大面积（>1 m²）更快更均匀沉积的改进需求。但是，采用常规的平行板反应器难以获得超大面积（>1 m²）的均匀膜，因为非均匀的射频等离子体电位会导致非均匀的能量分布，其结果就是非均匀的沉积[6-8]。这种非均匀沉积，源自驻波效应引起的电压分布。为了改进常规平行板反应器，已经开展了一些包括仿真在内的研究工作[9,10]。Sansonnens 等[7]用数字的方式指出，在平行板电极情况下，VHF 等离子体的均匀性取决于如何馈入 VHF 功率。另外，Schmidt 等[10]采用一个透镜状圆形电极完成了实验，在大范围 VHF 等离子体反应器中，测量了驻波效应引起的等离子体非均匀性校正。这项工作是对 Sansonnens 和 Schmitt[11]最近提出的圆柱几何形状反应器理论设计的实验验证。它们发现，透镜形电极能够通过在等离子体中建立均匀的射频垂直电场而有效地补偿驻波效应。我们已经开始采用 1 200 mm×141 mm 的梯形电极进行大范围 VHF 等离子体生成的实验[12,13]。

微晶硅（μc‑Si：H）是一种对薄膜太阳能电池集成具有吸引力的低频带隙吸收体材料，且已进行了广泛的研究[14-16]。众所周知，为了降低太阳能电池的生产成本，必须实现 μc‑Si：H 的高沉积速率。目前，为了降低微晶硅太阳能电池的制造成本，微晶硅的高沉积速率工艺的发展也是必不可少的。通常采用 VHF 等离子体制备 μc‑Si：H 以获得高沉积速率。最近发现[14-16]，在高压下通过窄间隙放电可获得较高的 μc‑Si：H 沉积速率，且能够维持高的质量。Paschen 定律认为，压力越高，放电电极之间的距离就应该越短。其结果是，因为电极的等离子体损失较大，所以放电电压将更大。此外，由于在高压下能够获得高质量的 μc‑Si：H，壁面电位必然非常低。对于高压下的高沉积速率机理，还没有得到完全的理解，尽管从气体流动和硅烷浓度的观点进行了讨论。因此，高压下的高沉积速率机理是微晶硅太阳能电池生产的最重要的研究课题之一。

11.2　VHF 的 H$_2$ 等离子体特性

我们提出了采用梯形电极的 VHF 等离子体反应器，在 500 mm×400 mm 尺寸矩形基板上成功地制备了高速率、高质量的 a-Si：H 薄膜。图 11-1 为实验机构的原理图。系统由 1 个真空容器、1 个梯形电板和 1 个射频源组成。宽 600 mm、高 600 mm 和深 400 mm的真空容器是接地的。如同图 11-2 所示，由长 422 mm 和宽 422 mm（6 mm 直径 17 根，间隔 20 mm）的不锈钢梯形天线组成的梯形电极置于真空容器中。梯形天线与基板之间距离为 40 mm。所用的射频电源由振荡器和功率放大器组成。射频功率通过匹配盒馈入梯形天线上的四个负载点，功率在 30～150 W 之间变化，频率范围 13.56～200 MHz。采用的气体为压力 20～300 mtorr、流速 50～200 sccm 的纯氢气（H$_2$）。通过基板前方一个插入式的可移动朗缪尔（Langmuir）探针来测量（Korning 7059 玻璃）等离子体参数。

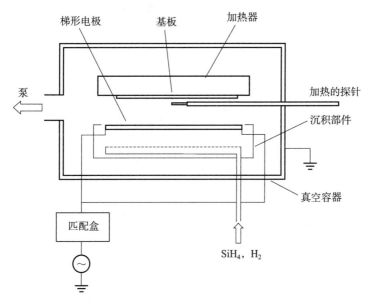

图 11-1　实验机构示意图

为了验证梯形天线是否可用于 VHF 等离子体生成，采用可移动朗缪尔探针，在一定驱动频率下，测量了等离子体参数随着压力的变化。众所周知，在有射频场的条件下，朗缪尔探针的 V-I 曲线是畸变的，无法提供正确的等离子体参数。这里采用一个滤波器来获得一条修正的 V-I 曲线。此外，根据饱和离子流测量结果计算得到电子密度 n_e，因为这样能减少射频场对 V-I 曲线的影响。气体流速为 50 sccm 条件下的实验结果如图 11-3所示。图 11-3 结果表明，射频驱动频率增加时，n_e 增加，在频率 120 MHz 时的量值为 $n_e = 8 \times 10^{10}$ cm^{-3}，是 13.56 MHz 频率下的 4 倍。因此，期望采用梯形电极 VHF 生成的等离子体，能够实现非晶硅薄膜的高速沉积。此外，增加射频驱动频率，能够使电子温度

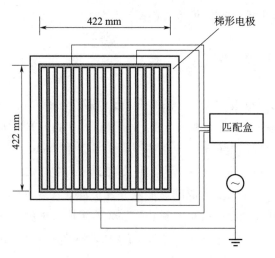

图 11-2　422 mm×422 mm 梯形电极示意图

T_e 降低。电子温度降低意味着离子轰击减少，因而导致在基板上沉积高质量的膜，也就是说，VHF 等离子体适用于高质量非晶硅膜的高速沉积。当射频功率增加时，n_e 增加而电子温度保持不变。因此，可以得到这样的结论，梯形电极适用于生成具有高电子密度的 VHF 等离子体。

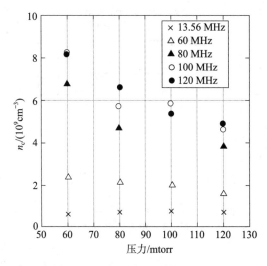

图 11-3　不同 VHF 功率下等离子体密度 n_e 随压力的变化

11.3　VHF 的 SiH_4 等离子体特性

采用梯形电极在高达 100 MHz 频率下生成了 VHF 激发的 SiH_4 等离子体。在梯形电极上的 4 个馈入点，通过一个阻抗匹配转换器，将频率范围从 13.56～100 MHz 的放电能量馈入系统中，在梯形电极和加热器（接地电位）之间生成等离子体，加热器用于固定和加热基板。采用的气体是流速 50 sccm 的 SiH_4，实验在 24～40 mtorr 相对低的压力下完成，以避免气相形式的粉末出现对等离子体条件产生干扰。在 SiH₄ 等离子体参数测量期间，采用加热的朗缪尔探针解决测量期间 Si 膜沉积到探针尖点影响测量的问题。加热的探针由一根直径 0.2 mm 的钨丝连接到加热电路中，通过电流流过并加热探针尖点而避免薄膜沉积。在测量 SiH₄ 等离子体参数之前，确认加热对等离子体生成不产生干扰的电流范围，然后采用常规朗缪尔探针测量氩、氢等离子体，完成对加热探针表面积的标定。此外，电子密度是通过饱和离子流来计算的，这表明射频场对 I - V 曲线的影响较小。探针的测量点位于 422 mm × 422 mm 梯形电极的中心，距离玻璃基板（Corning7059，300 mm×300 mm×1.1 mm）的基板表面 1 cm 距离的位置，基板置于加热器之上，以模拟相同的薄膜沉积条件。首次测量了等离子体特性随馈入梯形电极中 VHF 电源频率的变化，证实了梯形电极适用于 VHF 激发 SiH₄ 等离子体。图 11 - 4 为实验结果，压力和馈入功率分别为 24 mtorr 和 150 W。从图 11 - 4（a）可以看出，随着馈入电源频率的增加，电子密度增加，在 100 MHz 条件下，电子密度接近 $1.7×10^{10}$ cm^{-3}，是 13.56 MHz 频率下的电子密度的 7 倍。如前所述，因为测量点接近于基板表面，所以认为梯形电极 VHF 激发的 SiH₄ 等离子体对 a - Si：H 薄膜沉积速率更快的原因是，具有比常规 13.56 MHz 频率下更高的电子密度，因而具有更高的气体分解效率。在 100 MHz 条件下的 SiH₄ 等离子体电子密度高于在 11.2 节中描述的 H₂ 等离子体电子密度，是由于 SiH₄ 等离子体中的离子，如 SiH^+、Si^+H_2、SiH_3^+ 等，其质量大于 H₂ 等离子体的离子质量。图 11 - 4（b）清晰地表明，13.56 MHz 时电子温度为 2.7 eV，而在 100 MHz 时为 1.6 eV，也就是说，电子温度随放电频率增加而降低。应该注意到，电子温度远低于 H₂ 等离子体的电子温度，正如电离电位的差异所预期的那样。电子温度的下降标志着等离子体电位的下降，其结果是，增加的频率减少了沉积过程中离子对薄膜表面的轰击。因此，图 11 - 4 的结果表明，采用 VHF 激发的 SiH₄ 等离子体高速沉积了沉积过程中表面损伤小的高质量 a - Si：H 薄膜。这些结果与我们前面描述的薄膜沉积实验结果具有很好的一致性[20]。

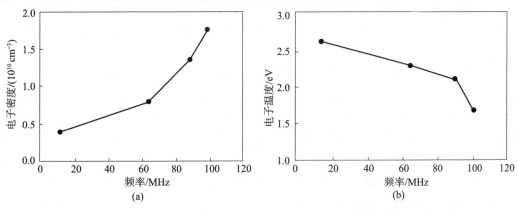

图 11 - 4　VHF 功率 150 W 与压力 24mtorr 条件下，
（a）电子密度和（b）电子温度随 VHF 频率的变化

图 11 - 5 所示的是施加功率 150 W 条件下，在频率 100 MHz 时 VHF SiH₄ 等离子体

的电子密度与电子温度随压力的变化。随着压力的增加，电子密度单调降低，从 25 mtorr 时的 1.7×10^{10} cm^{-3} 到 40 mtorr 时的 0.8×10^{10} cm^{-3}，电子密度降低了差不多一半。相反，如图 11-5（b）所示，电子温度随着压力增加而增加，从 24 mtorr 的 1.6 eV 增加到 40 mtorr 的 2.2 eV，上升了 1.3 倍左右。基于采用氢气等离子体和其他气体等离子体的加热探针对测量值的标定实验，估计这个实验的电子温度测量精度低于 ± 0.1 eV。可以认为上述的电子温度随着压力增加而增加是一种显著的变化。这与通常采用 13.56 MHz 频率的射频辉光放电中弱电离等离子体随着压力的变化不同[17]，即由于电子与原子或电子与分子之间碰撞，那样的条件下会出现电子温度随着压力增加而降低的现象。

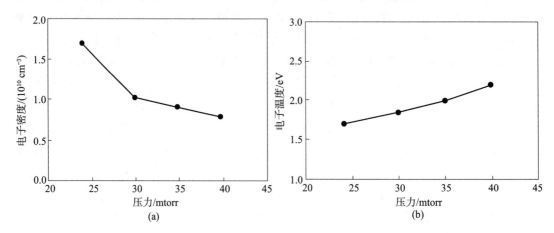

图 11-5　在 VHF 频率 100 MHz 功率 150 W 条件下，（a）电子密度和（b）电子温度随压力变化

观测到的电子温度随着压力变化，可能是 VHF 等离子体中电子俘获对等离子体约束产生重要贡献的原因[21]。也就是说，当两电极之间电子的群运动振荡变化时间大于内部 VHF 电场的振荡周期时，电子就可能被约束在两个电极之间。其结果是，消除了电极表面上的电子损失，电子密度增加。但是，随着压力增加，存在更多电子与中性粒子之间的碰撞，致使俘获的电子数降低，导致更高的电子温度以弥补电子密度的降低并维持放电状态。

图 11-6 示出了 30 mtorr 压力、100 MHz 频率条件下，电子温度随 VHF 功率的变化。如同图 11-6 中所示，尽管电子温度随着 VHF 功率的增加而降低，电子密度确实随 VHF 功率的增加而增加。这种现象也与 13.56 MHz 下常规射频辉光放电时的电子温度随馈入功率的变化关系不同，如同图 11-5 中所指出的，这种现象也被认为与 VHF 等离子体中形成的电子俘获效应有关。因此，尽管随着馈入功率的增加，电子温度没有实质性的增加，而电子密度却是增加的。鉴于等离子体电位维持在一个低的水平上，如果 VHF 等离子体应用于薄膜形成，期待沉积期间到达薄膜表面的离子能量通量降低是合理的。与 13.56 MHz 频率下常规等离子体有所不同，这被认为是采用 VHF 激发的等离子体同时实现高速和高质量沉积的一个因素。

为了研究 H$_2$ 对 SiH$_4$/H$_2$ VHF 等离子体特性的稀释效应，我们在 80 MHz 频率放电条件下测量了梯形电极生成的 SiH$_4$/H$_2$ VHF 等离子体参数。在不同 H$_2$ 稀释率下，电子

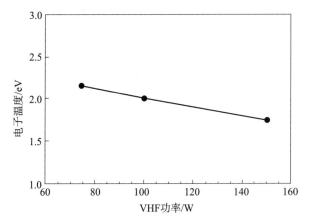

图 11-6　在 VHF 频率 100 MHz 压力 30 mtorr 条件下，电子温度随 VHF 功率的变化

温度随射频功率的变化关系如图 11-7，结果表明，高 H_2 稀释率下，电子温度趋向于降低。这里，H_2 的稀释率 D 定义为

$$D = H_2\ 流速 / (SiH_4\ 流速 + H_2\ 流速)$$

由于以下原因，这种趋势对于等离子体化学气相沉积（CVD）是理想的，即电子温度的降低意味着壁面电位（等离子体电位）的降低，导致离子轰击减弱，结果是在表面沉积高质量的薄膜。图 11-7 也给出了在不同 H_2 的稀释率下，电子温度随射频功率的变化。对于 H_2 等离子体，电子温度随射频功率增加而提高，而对于 SiH_4/H_2 等离子体，电子温度随射频功率增加而降低。可以认为，对于 H_2 等离子体，功率的耗散主要用于生成等离子体而不是加热电子。而对于 SiH_4/H_2 等离子体，可以理解为，增加射频功率时，等离子体中的 SiH_4 气体量变得足够低并且出现粒子（Si_nH_m）。这些粒子导致电子温度增高。

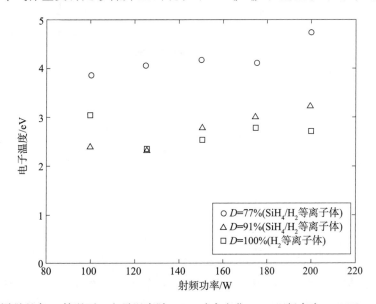

图 11-7　不同稀释率 D 情况下，电子温度随 VHF 功率变化，VHF 频率为 80 MHz，压力 70 mtorr

因此，尽管当 $D=91\%$ 时，100 W 功率下的电子温度最低，而在 $D=100\%$ 时却是 200 W 功率下的电子温度最低。在 SiH_4 气体量足够的条件下，H_2 稀释率在 $D=91\%$ 左右被认为是实现电子温度低的优化值。这个结果假定，如果需要电子温度变低，存在着一个 H_2 稀释率的优化值。稀释率 $D=91\%$ 接近于氢化微晶硅薄膜的沉积条件。氢化微晶硅薄膜的沉积条件与低的电子温度相关。要进行更全面的解释，必须进行更详细的实验测量。图 11 - 7 也表明，与其他稀释率相比，在 $D=77\%$ 时电子温度高达 1.5 eV，认为 SiH_4/H_2 等离子体中存在有负离子。

11.4　大范围 VHFH$_2$ 的等离子体特性

最近，我们已经采用 1 200 mm×141 mm 梯形电极开展了大范围 VHF 等离子体生成实验。图 11 - 8 为实验设备的示意图。系统由不锈钢真空容器、1 200 mm×141 mm 梯形电极、VHF（RF）电源组成。放电频率达 100 MHz 的 VHF 电源通过图 11 - 9 所示的梯形电极馈入点为系统供电。采用的气体为 H_2，在压力范围 30～200 mtorr 下，维持 100 sccm 气体流速条件下完成实验。采用可移动朗缪尔探针进行了等离子体参数和饱和离子流的测量。

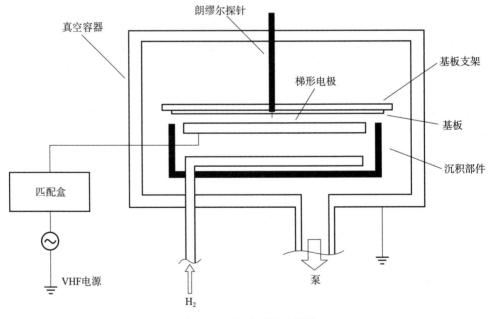

图 11 - 8　实验系统示意图

我们首先测试了沿梯形方向（ z 轴）的空间分布。图 11 - 10 所示的是不同 VHF 功率下饱和离子流 I_{is} 的空间分布，实验的功率为 150 W，压力为 30 mtorr。当 VHF 电源频率增加时，等离子体密度增加，而饱和离子流空间分布的均匀性变差。这里应关注 60 MHz 频率下 VHF 放电，因为 60 MHz 下饱和离子流的空间分布是相对均匀的。

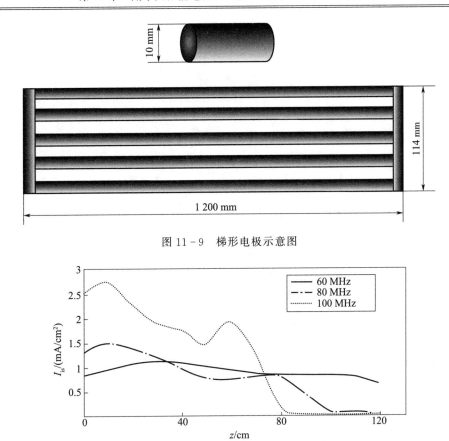

图 11 - 9　梯形电极示意图

图 11 - 10　不同 VHF 功率下饱和离子流 I_{is} 的轴向（z轴）的空间分布，实验的功率 150 W，压力 30 mtorr

如同上节所描述的，VHF 等离子体具有低压下等离子体密度变高的优点，这是由于电子被 VHF 电场俘获，改善了粒子的约束性，亦即等离子体损失降低。图 11 - 11 表明，压力越低，饱和离子流变得越高。如图 11 - 11 所示，在 60 MHz 频率和 30 mtorr 压力下，饱和离子流相对均匀。当 VHF 功率增加时，饱和离子流增加。我们也测量了同样条件下

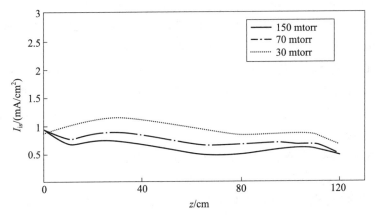

图 11 - 11　不同压力下饱和离子流 I_{is} 的轴向（z 轴）空间分布，实验的 VHF 频率为 60 MHz，功率 150 W

不同轴向位置的电子温度 T_e。图 11 - 12 的结果表明，电子温度在 2.5 eV 左右，而且是均匀的。因此，根据这些结果可以认为，采用梯形电极生成的 VHF 等离子体可用于大面积非晶硅薄膜的生产。

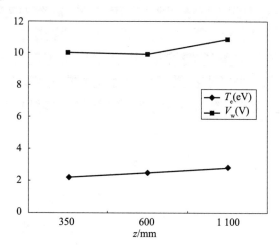

图 11 - 12　电子温度 T_e 和壁面电位 V_w 的轴向（z 轴）分布，实验的 VHF 频率为 60 MHz，
功率 150 W，压力 30 mtorr

11.5　窄间隙 VHF 放电的 H_2 等离子体

由于微晶硅是通过少量硅烷气体（$SiH_4/H_2 < 10\%$）引入到具有大流速氢气的氢气等离子体中制备的，SiH_4/H_2 混合气体的等离子体参数与氢气等离子体的参数差别并不大。事实上，我们已经观测到了这样的 VHF 等离子体趋势，尽管是在更低压力下测量到的[17-19]。因此，为了掌握在高压下的更高沉积速率机制，我们采用朗缪尔探针研究了 VHF 氢等离子体的特性[18]。采用置于矩形不锈钢容器中的 1 200 mm×141 mm 尺寸的梯形电极生成 VHF 等离子体。如图 11 - 9 所示，梯形电极由 5 根不锈钢细杆组成。频率 60 MHz、功率高达 450 W 的 VHF 功率馈入梯形电极中。梯形电极与基板之间的距离为 5 mm。采用功率计测量前向的和反射的射频功率。氢气流速为 50 sccm，压力范围 30 mtorr~4 torr。采用非常小的柱形朗缪尔探针（直径 0.2 mm，长度 1.2 mm）测量等离子体参数，在距离梯形电极 3 mm 的位置上，通过探针插入到等离子体中的方式完成测量。由朗缪尔探针特性估算的等离子体参数含有一定的误差，这些误差主要是由等离子体鞘层的估计引起的。尽管这里存在相同的误差，但假设这些误差具有相同的量级，则可以获得等离子体参数。

在不同 VHF 功率下，测试了等离子体参数随压力的变化。图 11 - 13 表明，压力增加时，等离子体密度降低，而在高压下，电子温度 T_e 大约 10 eV。在这个实验中，等离子体密度是通过朗缪尔探针 V-I 曲线的饱和离子流估算的。如同图 11 - 13（a）所示，等离子体密度在 10^9 cm^{-3} 以下，这是由于放电电极之间窄间隙导致的。当间隙为 34 mm 时，在 30 mtorr 氢气压力、150 W 的 VHF 功率条件下，等离子体密度约 1.5×10^9 cm^{-3}。此外，在更高压力下，等离子体密度变得更低，这可以通过窄间隙电极来改进。图 11 - 13（a）也表明，当 VHF 功率增加时，等离子体密度增加。为了进一步提高 μc - Si：H 的沉积速率，必须通过提高 VHF 功率实现高压条件下等离子体密度的提高。

在这个实验中，电子温度高达 10 eV 并不奇怪，因为 VHF 放电的电极之间距离非常小。通常，电子温度与放电电极之间的电场成正比。当间隙为 34 mm 时，在 30 mtorr 压力下，电子温度降到 3 eV，这个结果没有在图 11 - 13 中示出。

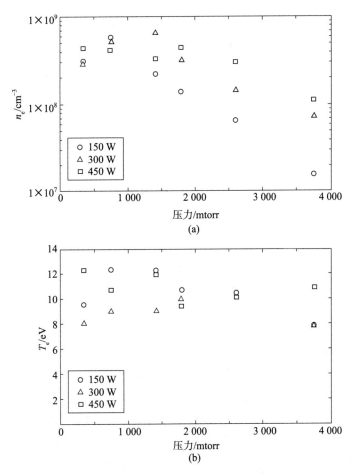

图 11 - 13　不同 VHF 功率下，等离子体参数随压力的变化：（a）等离子体密度；（b）等离子体温度

电子温度越高，氢等离子体中的电子附着概率就越高，也就是说，在氢等离子体中会产生负离子[22]。根据负离子生成的总截面[22,23]，在 10 eV 和 4 eV 电子能量附近会出现一个负离子生成的峰值。众所周知[24,25]，当等离子体中存在负离子时，朗缪尔探针的 V - I 的饱和电子电流异常地降低。压力 2 000 mtorr、VHF 功率 300 W 条件下的典型 V - I 曲线如图 11 - 14 所示。图 11 - 14 表明，与饱和离子流 I_{is} 相比，高压下的饱和电子电流 I_{es} 异常的低，根据探针理论，H_2 等离子体的两者之比应为 $I_{es}/I_{is} \sim 28$。也就是说，在高压区，与沉积速率成正比的电子密度并不随着 VHF 功率的提高而增加，VHF 功率被用于负离子的生成。根据上述结果可以理解为，高压区会发生沉积速率的饱和状态[16]。

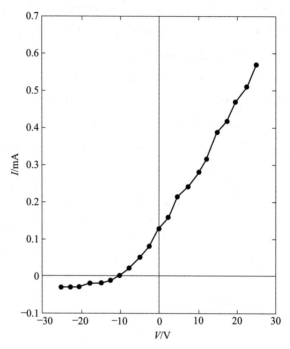

图 11 - 14　在 2 torr 压力下的典型朗缪尔探针曲线，VHF 功率 300 W

　　壁面电位（定义为等离子体电位与浮动电位之差）是等离子体气相化学沉积的一个关键参数，因为表面电位高时，离子轰击增强，导致薄膜质量变差。根据探针理论，壁面电位 V_w 由下式给出[24,26]

$$V_w = \frac{\kappa T_e}{q} \ln\left[\frac{4}{\sqrt{e}}\left(\frac{\pi m_e}{8 m_i}\right)^{1/2}\right] \tag{11-1}$$

式中，κ 和 q 分别为玻尔兹曼常数和电荷电量；m_e 和 m_i 分别为电子和离子的质量；T_e 为电子温度；e 为电子电量。从方程（11 - 1）可以看出，在这个实验中，由于高压下的电子温度几乎为常数，因而在高压下壁面电位也应该恒定。测量的壁面电位随压力的变化关系表明，在 2 torr 压力条件下，观测的壁面电位比理论值低很多，这是由于负离子存在导致的。尽管在高压下氢等离子体中的电子温度高，但由于负离子的生成，壁面电位却非常的低。因此，在高压下 VHF 等离子体提供了高质量的薄膜。但是，如同前面已经提到的，为了获得 μc - Si：H 薄膜的高沉积速率，这种情况下的电子密度是不够的。此外，也做了添加少量的 SiH_4 气体，采用加热的朗缪尔探针进行等离子体参数的测量的尝试。结果表明，与氢气等离子体具有几乎相同的趋势。如同图 11 - 14 和图 11 - 15 所看到的，在窄间隙 VHF 放电产生的氢等离子体中发现有负离子存在。为了理解这类等离子体，负离子的识别是必要的，这是未来需要进一步开展的工作。

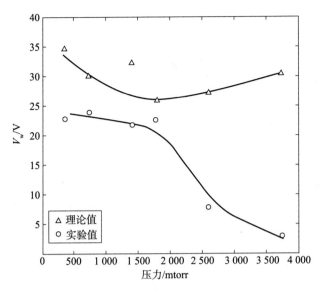

图 11 - 15　壁面电位随压力的变化，VHF 功率 450 W

参 考 文 献

［ 1 ］ Curtins, H., Wyrsch, N., Favre, M.and Shah, A.V. (1987) Plasma Chem.Plasma Process, 7, 267.

［ 2 ］ Oda, S., Noda, J. and Matsumura,M. (1990) Jpn. J. Appl. Phys., 29,1889.

［ 3 ］ Howling, A.A., Dorier, J.-L., Hollenstein, Ch., Kroll, U. and Finger, F. (1992) J. Vac. Sci. Technol.,A 10, 1080.

［ 4 ］ Heintze, M., Zedlitz, R. and Bauer,G.H. (1993) J. Phys. D: Appl. Phys.,26, 1781.

［ 5 ］ Heintze, M. and Zedlitz, R. (1996) J.Non-Cryst. Solids, 198-200, 1038.

［ 6 ］ Schwarzenbach, W., Howling, A.A.,Fivaz, M., Brunner, S. and Hollenstein, Ch. (1996) J. Vac. Sci.Technol., A 14, 132.

［ 7 ］ Sansonnens, L., Pletzer, A., Magni,D., Howling, A.A., Hollenstein, Ch.and Schmitt, J.P.M. (1997) Plasma Sources Sci. Technol., 6, 170.

［ 8 ］ Kuske, J., Stephan, U., Steinke, O.and Rohlecke, S. (1995) Mater. Res.Soc. Symp. Proc., 27, 377.

［ 9 ］ Lieberman, M.A., Booth, J.P.,Chabert, P., Rax, J.M. and Turner,M.M. (2002) Plasma Sources Technol.,11, 283.

［10］ Schmidt, H., Sansonnens, L.,Howling, A.A., Hollenstein, Ch.,Elyaakoubi, M. and Schmitt, J.P.M.(2004) J. Appl. Phys., 95, 4559.

［11］ Sansonnens, L. and Schmitt, J.(2003) App. Phys. Lett.,82, 182.

［12］ Takatsuka, H., Yamauchi, Y.,Takeuchi, Y., Urabe, S. and Kawai,Y. (2004) Proc. XV Int. Conf. on Gas Discharges and Their Application,Toulouse, Sept., Vol. 2, 645.

［13］ Takatsuka, H., Yamauchi, Y.,Takeuchi, Y., Mashima, H.,Yamashita, H. and Kawai, Y. (2005) Jpn. J. Appl. Phys., 44, L38.

［14］ Kondo, M., Fukawa, M., Guo, L. and Matsuda, A. (2000) J. Non-Cryst.Solids, 266-269, 84.

［15］ Isomura, M., Kondo, M. and Matsuda, A. (2002) Jpn. J. Appl.Phys., 41, 1947.

［16］ Graf,U.,Meier, J., Kroll, U., Bailat, J.,Droz, C., Vallat-Sauvain, E. and Shah,A. (2003) Thin Solid Films, 427, 37.

［17］ Murata, M., Mashima, H., Yoshioka,M., Nishida, S., Morita, S. and Kawai, Y. (1997) Jpn. J. Appl. Phys.,36, 4563.

［18］ Takeuchi, Y., Murata, M., Uchino, S.and Kawai, Y. (2001) Jpn. J. Appl.Phys., 40, 3405.

［19］ Mashima, H., Takeuchi, Y., Noda,N., Murata, M., Naitou, H.,Kawasakio, I. and Kawai, Y. (2003)Surf. Coat. Technol., 171, 167.

［20］ Takeuchi, Y., Nawata, Y., Ogawa, K.,Serizawa, A., Yamauchi, Y. and Murata, M. (2001) Thin Solid Films,386, 133.

［21］ Makabe, T. (1998) 45th Spring Meeting, Japan Society of Applied Physics and Related Societies, Ext.Abstr., 29p-ZR-4 (in Japanese).

[22]　Schulz，G.J.（1959）Phys. Rev.，113,816.

[23]　Rapp，D.，Sharp，T.E. and Griglia,D.D.（1965）Phys. Rev. Lett.，14，533.

[24]　Amemiya，H.（1990）J. Phys.，D 23,999.

[25]　Bacal，M.（2000）Rev. Sci. Instrum.,71，3981.

[26]　St. Brithwaite，N. and Allen，J.E.（1988）J. Phys.，D 21，1733.

第 12 章 在反应等离子体中的团簇生长控制及其 在高稳定性 a－Si：H 薄膜沉积中的应用

Y. Watanabe，M. Shiratani，K. Koga

12.1 引言

众所周知，微粒是由于反应等离子体中的均匀过程或非均匀过程产生的。对于均匀过程，微粒的成核与后续的颗粒生长是由于等离子体中的气相反应导致，它们通常倾向于一种类似于蓝莓的结构[1]；对于非均匀过程，微粒源自分子或类似团簇的组分，是由于反应器中的电极溅射或沉积壁面上（主要是电极）的薄膜脱落而产生的，它们通常倾向于一种类似于花椰菜形的结构[2]。

到目前为止，等离子体中的微粒生长的研究主要是采用硅烷（SiH_4）高频电容耦合放电等离子体（high－frequency capacitively coupled plasmas，HFCCP）完成的，因为这种等离子体对于制备如太阳能电池和薄膜晶体管这类电子器件是必不可少的。1985 年 Roth 等首先发表了关于 SiH_4 HFCCP 中微粒存在性的报告[3]。他们采用激光散射的方法发现，主要在等离子体/鞘层（P/S）边界层周围可观测到微粒。

Watanabe 等[4,5]给出了微粒生长过程及控制它们在 SiH_4 HFCCP 中生长的探索研究。他们发现，通过周期性地调制放电电压的幅度，能够抑制微粒在 SiH_4 HFCCP 中的生长。这种放电的调制不仅提供了抑制微粒生长的方法，还高精度地再现了放电后的复杂微粒生长过程。这项工作之后，通过发展多种微粒生长的观测方法，他们继续研究了几十微米以下的微粒生长动力学问题[6-10]。

法国奥尔良大学的 Bouchoule 研究小组和瑞士洛桑高等理工学院的 Hollenstein 等也在微粒生长动力学和控制微粒在 SiH_4 HFCCP 中生长研究方面开展了大量工作。Bouchoule 的团队研制了一台用于研究微粒在 SiH_4 HFCCP 中生长的反应器，完成了关于气体温度和流动对微粒生长影响的研究[11-13]。Hollenstein 的团队采用质谱仪观测了带负电组分的生长，所使用的质谱仪能够探测质量范围 1～500 amu（或某些情况下 1～1 300 amu 左右）的微粒。他们的研究结果奠定了一种微粒生长模式的基础，该模式是通过一系列以 SiH_3^- 开始的负离子反应微粒生长模式[14-18]。

这些研究人员观测的微粒在 SiH_4 HFCCP 中的生长过程可分为两个阶段：最初生长阶段，这个阶段的尺度约 10 nm 以下 [以下将这种小微粒称为"团簇（clusters）"]，后续生长阶段，这个阶段的尺度在 10 nm 以上。团簇的最初生长阶段又进一步分为两个阶段：成核之前阶段，这个阶段团簇的尺度约 0.5 nm 以下，几乎对应于 Si_nH_x（$n＝4$）[以下将

这类小的团簇 Si_nH_x $(n＝2，3，4)$ 称为高阶硅烷（HOSs）]；成核之后的阶段，这个阶段团簇持续生长，出现 SiH_x $(x＝2，3)$ 和 HOS（有时也称这种成核的团簇为大团簇）。

在本章的 12.2 节中，简单回顾了到目前为止的团簇生长研究进展，在 12.3 节中，采用团簇生成与输运损失过程的简单模型，解释了这些结果。在 12.4 节中，我们以 12.2 节和 12.3 节中所描述的生长动力学知识为基础，说明了如何控制团簇的生长过程，然后描述了 a‑Si 团簇的数量与 a‑Si：H 薄膜质量之间的关系。在 12.5 节中，给出了通过抑制团簇的生长，实现用于太阳能电池的高质量薄膜的生成。

12.2　在 SiH_4 HFCCP 中团簇生长的综述

到目前为止，我们通过发展多种原位观测团簇尺度和密度随时间演化过程的新方法，已经研究了下面将要描述的团簇生长过程。

12.2.1　团簇生长开始的前体

为了识别对团簇形成有贡献的前体粒子组分，完成了两类实验：1）对供电电极（HF）和接地电极之间团簇开始生长区域的观测；2）团簇总量以及供电电极与接地电极之间短寿命硅烷自由基密度、生成速率的空间分布观测。

关于 1），在放电开始后的 $T_{on}＝5$ ms、10 ms、20 ms、30 ms 时刻，采用分光法观测了 Si_nH_x $(n＜10)$ 和 Si_nH_x $(n＜200)$ 的空间分布，分光法应用了团簇的电子亲和力随它们尺度变化的关系并采用 YAG 激光（波长 532 nm 和 355 nm）的二次、三次谐波作为光源。图 12‑1 的结果表明，在 HF 电极附近围绕 P/S 边界的自由基生成区域内，团簇开始生成[19]。

关于 2），采用可见激光和紫外光（前者用于团簇量和 SiH_2 密度，后者用于 Si 的密度）的吸收光谱学、SiH 和 Si 的发射光谱学（自由基生成速率）和朗缪尔探针方法（正、负离子密度）测量了相关参数的空间分布。图 12‑2 给出了放电开始后的 0.25 s、0.5 s、0.75 s 和 1.0 s 时刻，在供电电极与接地电极之间的团簇量、SiH 和 Si 发射强度、SiH_2 和 Si 的密度的空间分布[20]。团簇倾向于在供电电极附近 P/S 边界周围的位置生长，它们的空间分布类似于短寿命自由基（SiH_2 和 Si）密度分布，也类似于图 12‑1 中 Si_nH_x $(n＜10)$ 和 Si_nH_x $(n＜200)$ 的密度分布。SiH_2 的密度为 10^9 cm^{-3} 量级，与 SiH_3 的 $\sim 10^{11}$ cm^{-3} 密度相比低很多。这是因为尽管 SiH_4 的裂解使这两种组分以几乎相同的速率生成，但前者的短寿命自由基会迅速地与母体分子发生反应。此外，根据我们的实验结果（在此没有示出），团簇数量的空间分布与负离子、正离子及 SiH_3 的密度空间分布不同，它们在电极之间分布非常平坦[20-22]。

通过一系列实验结果，我们得到的结论是，在我们的实验条件下，对团簇初期生长起主要贡献的自由基组分是 SiH_2，与其他短寿命自由基相比，它的生成速率非常高。

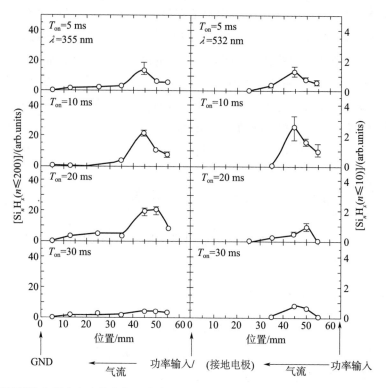

图 12-1　应用团簇的电子亲和力随它们尺度变化的关系和 YAG 激光器的分光方法，在供电电极和接地
电极之间和团簇生长 Si_nH_x（$n<10$）和 Si_nH_x（$n<200$）的空间分布。实验条件 3%
SiH_4+He, 80 Pa, 10 sccm, 6.5 MHz, 60 W

12.2.2　团簇成核阶段

　　我们在以前完成的实验中发现，放电开始后 1 s 前存在有尺度 10 nm、密度 10^{10} cm^{-3} 左右的微粒，接下来，这些微粒被凝固而生长成大的微粒[23,7]。为了掌握这种 10 nm 微粒的生成过程，我们提出了一种用于 SiH_4 HFCCP 放电的双脉冲放电方法[10]。这种方法采用两个脉冲放电：在主放电期间 T_{on}，生长感兴趣的团簇，在主放电之后的 t_{off} 期间，产生一个非常短周期 t_{on} 的补充放电，这个放电不会产生不必要的团簇。团簇尺寸与密度的时间演化过程作为 T_{on} 的函数，是通过观测补充脉冲放电产生的电子衰变而导出的，这是由于电子作为 t_{off} 的参数附着在团簇上。图 12-3 表明，团簇在约 0.5 nm 尺寸时成核，这个尺寸几乎对应于 Si_nH_x（$n=4$），高阶硅烷（HOS）的密度约 $3×10^{10}$ cm^{-3}。也就是说，成核之后 HOS 的密度接近 10^{10} cm^{-3}，与 10^9 cm^{-3} 的正离子密度相比，这个密度是很高的[10]。图 12-3 也表明，成核之后，有核的团簇尺度持续生长，在有 HOS 和自由基 SiH_x（$x=0\sim3$）存在时其密度降低。通过这些结果及图 12-2 的结果，可以得到主要结论，即在我们这种实验条件下，SiH_2 插入反应最有希望产生 HOS。此外，我们的实验也表明，成核后的团簇可继续向生长 10 nm 尺寸微粒趋势发展。

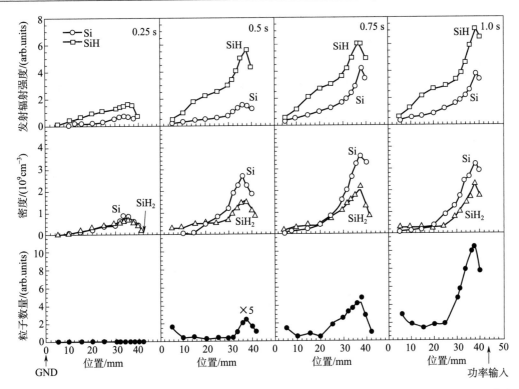

图 12-2　放电开始后的 0.25 s、0.5 s 和 0.75 s 时刻，自由基生成速率（SiH 和 Si 发射强度）、自由基密度（SiH$_2$ 和 Si）和团簇量的空间分布。实验条件 10%SiH$_4$＋Ar，13 Pa，20 sccm，6.5 MHz，80 W

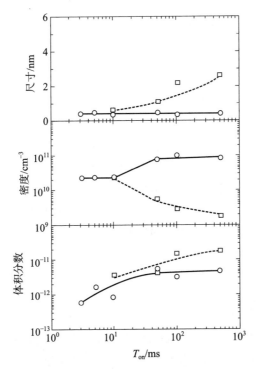

图 12-3　团簇的尺寸、密度和体积随放电周期 T_{on} 的变化，

实验条件 100%的 SiH$_4$，5 sccm，13.3 Pa，13.56 MHz，10 W，T_g＝RT

000

12.2.3　气体流动对团簇生长的影响

为了研究气流对团簇生长的影响，我们研制了一个玻璃管反应器，反应器采用不锈钢网制成的供电电极和接地电极。气体通过供电电极流到接地电极，采用激光散射（laser light scattering，LLS）方法，在两电极之间流速最高的 P/S 边界附近测量了微粒生长速率随气流速度的变化，结果如图 12-4 所示[24]。在气流速度 $V_g = 3$ cm/s 时生长速率达到最大值的结果，可以用供电电极附近的自由基生成（radical generation，RG）区内团簇的生成与输运损失来解释。

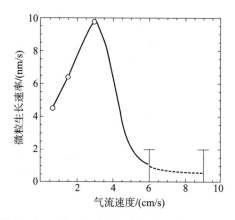

图 12-4　在供电电极附近 P/S 边界周围微粒生长速率随气流速度的变化
实验条件 5%SiH₄+He, 5 sccm, 2～30 sccm, 80 Pa, 6.5 MHz, 80 W

12.2.4　气体温度梯度对团簇生长的影响

在沉积 a-Si：H 时，为了获得高质量的薄膜，通常要将基板解热到 250 ℃左右。加热通常会在供电电极到装有基板的接地电极方向上产生气体温度梯度，在逆梯度方向上产生一种能驱动部分团簇的力（热光力）。图 12-5 为供电电极温度 T_H＝室温（room temperature，RT）情况下，不同接地电极温度 T_g 条件时，微粒数量的空间分布[25]。由于 T_g＝RT，随着 T_g 的增加，位于供电电极附近 P/S 边界周围的微粒被驱动朝向供电电极。当 T_g＝300 ℃，中性微粒被驱动到放电区域之外，在供电电极附近 P/S 边界周围仅存在有带负电的微粒。基于图 12-5 的结果，通过考虑能够抵抗热光力作用的扩散力，我们能够估算出一个微粒的尺度，该尺度以上的微粒被驱动朝向供电电极。如同图 12-5 所示，在我们这种实验条件下，微粒密度梯度具有约 1 cm 的特征长度，这些微粒导致朝向接地电极方向的扩散力。在电极之间温度梯度 50 K/cm 情况下，微粒尺度估计在 2 nm 左右[25]，这个温度梯度值被认为是沉积器件级质量的 a-Si：H 薄膜的理想温度梯度，

12.2.5　H₂ 稀释对团簇生长的影响

采用 H₂ 对 SiH₄ 稀释，常常用于制备高质量 a-Si：H 薄膜。我们研究了 H₂ 分压对团簇生长的影响。图 12-6 示出了 100%SiH₄ 和 20%SiH₄+H₂ 情况下，放电开始后的 0.2 s、0.4 s 和 0.8 s 时刻，团簇量（LLS 强度）与氢、硅烷自由基生成速率在供电电极

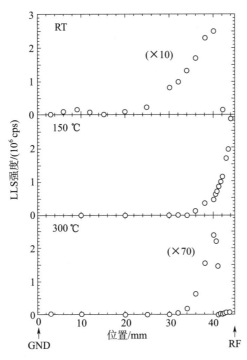

图 12‑5 在接地电极温度 T_g＝RT、150 ℃、300 ℃情况下，微粒量（LLS 强度）的空间分布

实验条件：供电电极温度＝RT，100%SiH₄，5 sccm，13 Pa，8 W（0.1 W/ cm²），$T_{on} = 0.8$ s

和接地电极之间的空间分布[25]。在 100%SiH₄ 情况下，在接近供电电极的 P/S 边界周围，各个量的空间分布达到最大值。此外，对于 20%SiH₄＋H₂ 情况，观察到团簇生长速率最大值在接近接地电极的 P/S 边界周围，而氢原子与硅烷自由基生成速率的最大值出现在供电电极的 P/S 边界周围。此外。从我们的实验结果（本文未显示）发现，团簇尺度生长速率随着 SiH₄ 与 H₂ 的浓度比降低而降低，而团簇的密度几乎与浓度比降低无关[26]。根据这些结果可以认为，氢组分对于抑制团簇尺度生长是有效的，这种氢组分也可能是氢原子。

12.2.6 放电调制对团簇生长的影响

我们发现，周期性地开关放电（调制放电）对于抑制微粒生长是非常有效的[4]。为了搞清这种机制，我们发展了一种团簇尺度与密度时间演化的观测方法，这种方法应用了它们的扩散对其尺度的依赖性和它们吸附电子能力对其密度的依赖性。图 12‑7 示出了一个调制周期内团簇密度随供电关闭时间 t_{off} 的变化和一个调制周期内团簇密度随供电开启时间 t_{on} 的变化，后者与 t_{on} 期间的 Si$_n$H$_x$ 团簇生长尺度（Si 原子数目 n）有关[9]。在数值上，在较短的 t_{off} 时，较小的团簇（对应较短的 t_{on}）由于扩散较快而很快就减少。我们从这个结果发现了这样的事实，即在特定的 t_{on}（如 t_{on}＝1 ms）下，随着 t_{off} 的增加，团簇密度开始降低的 t_{off} 值与团簇扩散出供电电极附近自由基生成（RG）区的时间几乎是相等的。因此，我们得出结论，通过调制来抑制团簇的生长，是由于 t_{on} 期间 RG 区内生长的团簇，在 t_{off} 期间扩散出了该区域导致的。

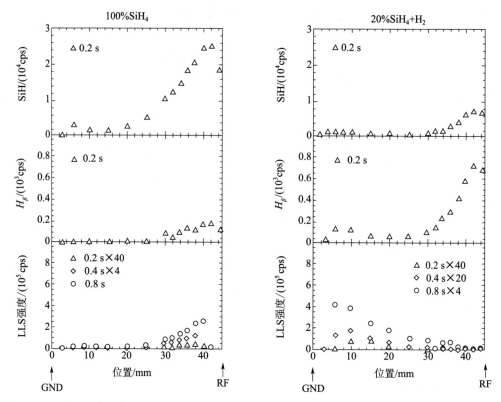

图 12-6　在 100％SiH₄ 和 20％SiH₄＋80％H₂ 情况下，放电开始后的 0.2 s、0.4 s 和 0.8 s 时刻，团簇量（LLS 强度）、硅烷自由基与氢生成速率（SiH 与 H 的发射辐射强度）在供电电极和接地电极之间的空间分布。实验条件：100％SiH₄ 实验时，流速 5 sccm，压力 13 Pa，两电极温度 RT；20％SiH₄ 实验时，流速 25 sccm，总压力 65 Pa，两电极温度 RT

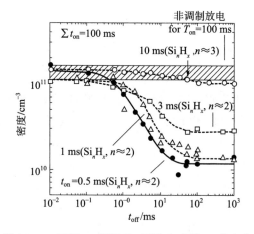

图 12-7　不同 t_{on} 情况下，团簇密度随 t_{off} 的变化

实验条件：100％SiH₄，5 sccm，13 Pa，14 MHz，40 W，总放电时间 t_{on}（t_{on} 值之和）＝100 ms

12.3　团簇在 SiH₄ HFCCP 中的生长动力学

到目前为止，我们已经提到了两个关于团簇生长的反应，一个是中性组分 SiH_2 插入反应，另一个是由 SiH_3^- 引起的负离子反应。如同在 12.2 节所描述的，到目前为止，我们实验条件下获得的结果都支撑 SiH_2 插入反应参与了团簇形成的推测。此外，我们已经获得了这样的实验结果，即当激发频率从 RF 增加到 VHF 时，团簇与正离子 Ni 的密度比明显降低。由于激发频率引起的电子温度 T_e 降低会导致电子对硅烷自由基的附着率增加，从而导致 SiH_3^- 密度增加。如果 SiH_3^- 是团簇的前体，则团簇与 Ni 的密度比应随着激发频率增加而增加[27,28]。

已经指出，当 SiH_2 与 SiH_4 快速反应时，在我们实验的这种低压条件下，后续的 SiH_2 与 SiH_6 反应（被认为是三体碰撞诱导的）应该不是很快。但是，Nomura 等在微波谐振腔中采用 SiH_4 HFCCP 完成的实验中，在压力低于 0.1 torr 条件下，观测到了许多密度大于 10^{11} cm⁻³ 的 $Si_n H_x$ （$n>2$）团簇[29]。这个结果意味着，即使在我们的实验情况下，团簇也可能通过插入反应而生成，而它们的生长也受扩散与气体流动引起输运损失的影响。根据图 12 - 3 所示的结果，对于导致成核的高阶硅烷（HOSs）生成，这种插入反应是必须的。

Perrin 和 Hollenstein 考虑了电子附着截面、电子亲和力及团簇电离电位随它们尺寸与 T_e 的变化关系，计算了硅团簇上的有效电子附着率[30]。如同文献 ［30］ 中图 2 - 16 所示，对于典型 SiH_4 HFCCP，在 $T_e = 2.5$ eV 时，$Si_n H_x$ （$n=4$）周围的有效附着率随团簇的生长急剧增加。这种团簇的尺寸几乎与图 12 - 3 中所示的成核尺寸相吻合，这表明，由于这种电子附着增强引起 $Si_n H_x$ （$n=4$）的俘获，导致 $Si_n H_x$ （$n=4$）密度快速增高而触发团簇的成核。

为了研究团簇输运损失对它们生长的影响，我们来考虑与薄膜沉积相关的 SiH_3 速率方程和气流从供电电极网状电极流向接地网状电极时 ［如图 12 - 8 （a）］，等离子体中 $Si_n H_x$ （$n<20$）团簇的速率方程，其中 $n=20$ 的团簇尺寸对应于 0.7 nm。如上所述，在 $n>4$ 尺度范围内，除了 SiH_2 插入反应以外，还应该考虑充电反应与其他生长反应的影响，但为了简化，我们这里忽略了这些影响。在这个简化模型中，SiH_3 和 $Si_n H_x$ （$n=2$, 4, 20）的稳态速率方程如下

$$k_d n_e [SiH_4] - k_r [SiH_3]^2 - (D_1 / L^2) [SiH_3] - [SiH_3] / T_{res} = 0 \quad 对于 SiH_3$$

$$k_{n1} [SiH_2] [Si_{n-1} H_{x-2}] - (D_n / L^2) [Si_n H_x] - [Si_n H_x] / T_{res} = 0 \quad 对于 Si_n H_x (n=2,4,20)$$

式中，[ ] 表示为括号中组分的密度；k_d 为电子碰撞导致气体离解的 SiH_3 生成速率；k_r 为 SiH_3 的复合速率；k_{n1} 为 $Si_n H_x$ 与 SiH_2（SiH_2 插入反应）的反应速率；D_1 和 D_n 分别为 SiH_3 和 $Si_n H_x$ （$n=2$, 4, 20）的扩散系数；L 为特征扩散长度；T_{res} 为气体存留时间。计算采用的参数为 100% SiH_4，压力 13.3 Pa，气体温度 150 ℃，电极间距 3 cm，电极直径 10 cm。在计算中，给出了在 $V_g = 3$ cm/s 条件下的 SiH_3、$Si_2 H_6$、$Si_4 H_{10}$ 和 $Si_{20} H_x$ 的值，

在实验中采用四级质谱仪和 DPD 方法对其进行了测量。图 12 - 8（b）示出了 SiH_4、SiH_3、Si_2H_6、Si_4H_{10} 和 $Si_{20}H_x$ 密度随气流速度 V_g 的变化。当 V_g 在几厘米每秒以下范围时，即 T_{res} 大于 1 s 左右时，团簇的损失由扩散来决定，随着 V_g 增加，$Si_{20}H_x$ 密度增加。这个增加是由于供给等离子体的气体量增加所导致。此外，当 V_g 大于几厘米每秒时，即 T_{res} 小于 1 s 左右时，团簇的损失受到气体速度的影响，随着速度 V_g 增加，它们的密度降低。因为我们的实验都是在 V_g 几厘米每秒以下完成的，扩散导致了团簇的损失。此外，我们从图 12 - 3 中可以看出，团簇生长到 $Si_{20}H_x$ 尺寸为 0.7 nm 左右的时间约 20 ms。也就是说，在这种低 V_g 情况下，与 T_{res} 相比，特征团簇生长时间 T_c 非常短。我们也发现，在这种条件下生长的团簇是一种非晶结构。

对于 Orleans 课题组完成的实验研究，从他们的报告中可知实验状态参数为：间隙 3.3 cm，电极直径 13 cm，3%SiH_4＋Ar，0.117 torr[11]。在这种情况下，V_g 估计为 30 cm/s（T_{res}～0.1 s），可以认为 SiH_4 气体是强离解的。在这种条件下，气体流动决定了团簇的输运损失，可以认为通过插入反应而生长的团簇密度太低，无法导致它们的成核。因此，团簇的充电对于它们的生长变得重要，而 SiH_3^- 和 SiH_2 中哪个是它们的前体目前还不是很清楚。他们的报告中指出，团簇生长到 1 nm 的时间是 0.1 s 量级，接近于 T_{res}[31]，且尺寸在几纳米的团簇具有晶体结构。由 Lausanne 课题组完成的实验，V_g 估计为 100 cm/s 以上。因此，在他们的情况下，当使用 100%SiH_4 时，结果与 Orleans 情况类似，且负离子反应对于团簇的生长是不可避免的[16,32]。

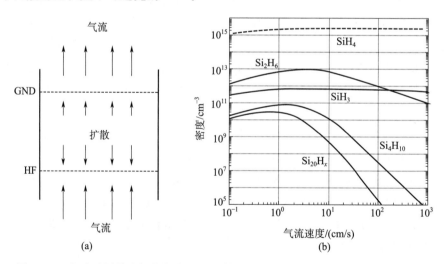

图 12 - 8　气流对团簇生长的影响：（a）简化模型中有气流的 SiH_4 HFCCP 反应器（b）SiH_4、SiH_3、Si_2H_6、Si_4H_{10} 和 $Si_{20}H_x$ 密度随气流速度 V_g 的变化

12.4　团簇生长的控制

如前所述，团簇的生长可以通过改变相关参数来控制，这些参数包括施加到供电电极放电的功率、气体存留时间、气体温度、材料气体与稀释气体之间的浓度比、材料气体的

离解度等。随着 SiH_4 与 Ar 和 H_2 这类稀释气体之间的浓度比率变化，团簇的结构会发生变化。当这种浓度比率不是很小时，团簇倾向于一种非晶结构，而当浓度比率非常小时，团簇倾向于晶体结构。这种结构上的差别可能是由于两种情况下团簇温度值不同导致的。

在本节中，我们重点讨论 $T_c < T_{res}$ 情况下，在 SiH_4 HFCCP 中抑制 a - Si 团簇的生长问题，因为工业领域中 a - Si：H 薄膜沉积所用的反应器通常都较大，这种条件通常很容易满足。

12.4.1　前体自由基生成速率的控制

通过降低电子温度 T_e 而降低前体自由基 SiH_2 的生成速率是抑制 a - Si 团簇生长的最理想途径。T_e 降低导致 SiH_2 与 SiH_3 的密度比降低，有助于生成高阶硅烷（HOS），有利于高质量 a - Si：H 薄膜的沉积。众所周知，激发频率从 RF 提高到 VHF，不仅能够降低 T_e，也能够提高电子密度。因此，对于高沉积速率下制备高质量 a - Si：H 薄膜工艺，与 RF 放电相比，近年来更倾向于采用 VHF 放电。

12.4.2　团簇生长反应与输运损失的控制

气体流动与气体温度也是控制团簇生长的重要参数，这些参数与生长反应速率和团簇输运损失的控制相关。如前所述，通过改变 T_{res} 和 T_c 之间的关系，可以控制团簇的尺度甚至结构。已经指出，气体的加热影响团簇生长的反应速率[11,31]，在放电空间中诱导的气体温度梯度引起的热光力，对于限制团簇的上部尺寸是有用的[24]。

周期放电调制影响作为团簇前体的自由基组分的生成，扩散或气体流动会引起它们的损失，导致了团簇生长的控制。放电调制和气体温度梯度相结合，对于团簇生长的抑制非常有用[24,32]。采用 H_2 稀释 SiH_4，对于抑制团簇尺寸生长也是有效的，尽管其机制目前还不是很清楚。

12.5　团簇生长控制在高稳定性 a - Si：H 薄膜沉积中的应用

如上所述，团簇的结构取决于 SiH_4 与 H_2、Ar 等稀释气体之间的浓度比，也依赖于气体在反应器中的驻留时间。Roca 等已经在生成晶体结构的条件下制备了 a - Si：H 太阳能电池，发现这些电池没有这类太阳能电池特有的光诱导退化问题[35]。

根据 Matsuda 和他的合作者最近报导，在 a - Si 团簇生长的实验条件下，在 a - Si：H 薄膜中，降低与 Si—H_2 键结合的氢含量 $C_{H(SiH_2)}$ 能够降低光诱导退化程度，$C_{H(SiH_2)}$ 与高阶硅烷 Si_nH_x（$n = 2$，3，4）的量紧密相关[36,37]。如同图 12 - 3 所示的，尺度约 0.5 nm 的 a - Si 大团簇与高阶硅烷（HOSs）是共存的。这就表明，这种大的团簇与 $C_{H(SiH_2)}$ 密切相关。因此，我们研究了团簇量与沉积的 a - Si：H 薄膜质量之间的关系，通过抑制 a - Si：H 薄膜团簇的生长，试图制备用于太阳能电池的高稳定性的 a - Si：H 薄膜。

为了这个目的，我们研制了如图 12 - 9 的反应器，在该反应器中，通过以下方法抑制

a-Si 团簇的量：(a) 应用了供电电极附近自由基生成（RG）区的气流，(b) 诱导从接地电极到供电电极的热光力，(c) 消除反应器中的气流停滞区，(d) 采用 VHF 放电（60 MHz）[38]。通过自由基生成区的材料气体，经过不锈钢网制成的供电电极排出。通过位于反应器壁面的 4 个附加抽气口的排气移除气体滞留区。在一些实验中，采用不锈钢网制作的接地电极并将基板置于等离子体的另一端方式，将这种二极管型反应器以三极管的方式运行，采用我们开发的下游团簇收集（downstream cluster collection，DCC）和光子计数的激光散射方法来观测团簇量。尤其前一种方法具有很高的敏感度，能够探测到尺度 1 nm 以下的团簇。采用傅里叶变换红外（FTIR）光谱仪获得了中心处于波数 2 090 cm^{-1} 和 2 000 cm^{-1} 的 Si—H$_2$ 和 Si—H 吸收带谱图，从该谱图推导得到 $C_{H(SiH_2)}$，结果如图 12-10 所示。可以看出，随着加入膜中团簇的体积分数增加，$C_{H(SiH_2)}$ 几乎线性地增加，其值从一般太阳能电池所用的器件级薄膜的 1% 左右降低到 0.05% 左右[39]。此外，我们还采用反应器沉积的 a-Si：H 薄膜，制造了肖特基电池，以便评估浸之光之前和浸光 7.5 h 之后的填充因子（分别为 FF$_{in}$ 和 FF$_{st}$）。表 12-1 为采用团簇抑制的二极管型和三极管型反应器以及常规二极管型等离子体化学蒸汽沉积方法获得的 FF$_{in}$、FF$_{st}$ 和退化率 (FF$_{in}$ — FF$_{st}$) /FF$_{in}$ 结果。可以看出，三极管类型得到的大团簇数量要比二极管类型得到的大团簇数量少很多。通过降低大团簇的量，FF$_{in}$ 从常规二极管型的 0.53 变为三极管型的 0.60。前者的 FF$_{in}$=0.53 对应 12% 的 PIN 单电池效率。随着团簇量的减少，退化率也得到改进。对于三极管型反应器，其退化率为 6.7%，而对于传统二极管型反应器，其退化率为 17.0%[40]。

然而，有必要进一步研究哪种大团簇和高阶硅烷自由基是 Si—H$_2$ 键的主要来源，因为随着大团簇的减少，Si—H$_2$ 键可能会减少。

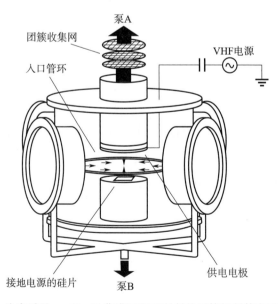

图 12-9　为高质量 a-Si：H 薄膜沉积而研制的团簇抑制等离子体反应器

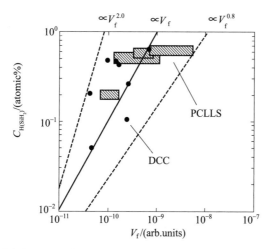

图 12‑10　在 a‑Si：H 薄膜中与 Si—H$_2$ 键相关的氢含量 $C_{H(SiH_2)}$ 随进入到薄膜中团簇的体积分数 V_f 的变化。

实圆圈和长方形分别为 DDC 和 PCLLS（光计量 LLS）方法获得的结果。实验条件：

100％SiH$_4$，30 sccm，9.3 Pa，$T_g = 250$ ℃，60 MHz，3.5～10 W

表 12‑1　采用团簇抑制的二极管型和三极管型反应器以及常规二极管型等离子体 CVD 方法
获得的 FF$_{in}$、FF$_{st}$ 和退化率（FF$_{in}$ − FF$_{st}$）/FF$_{in}$

沉积的方法	原始的 FF	稳定的 FF	退化率/％
团簇抑制三极管等离子体 CVD	0.60	0.56	6.7
团簇抑制二极管等离子体 CVD	0.56	0.49	12.5
常规二极管等离子体 CVD	0.53	0.44	17.0

12.6　总结

团簇（尺度范围约 10 nm 以下的微粒）在 SiH$_4$ HFCCP 中的生长过程，已通过考虑它们的生长和输运损失过程而得到了很好的理解。基于这些认识，讨论了从尺寸、密度和结构上控制团簇生长的可能性。

通过应用气体阻力和热光力并移除气流阻滞区来抑制 a‑Si 团簇的生长。抑制生长对于改进用于太阳能电池的 a‑Si：H 薄膜质量是十分有效的。采用新开发的二极管、三极管放电的团簇抑制反应器，使沉积的 a‑Si：H 薄膜中与 Si—H$_2$ 相结合的 $C_{H(SiH_2)}$ 和使用这种薄膜制造的肖特基电池的原始填充因子 FF$_{in}$ 和稳定填充因子 FF$_{st}$ 都得到了很大的改进。$C_{H(SiH_2)}$ 含量降低到了 0.05％，而制备器件级 a‑Si：H 薄膜通常采用的二极管型反应器为 1％。关于填充因子，FF$_{in}$ 从常规二极管型反应器的最高值 0.53 增加到三极管型反应器的 0.60，退化率从常规反应器最高值 17％ 降到三极管型反应器的 6.7％。

这些结果表明，用于太阳能电池的 a‑Si：H 薄膜稳定性可以通过降低团簇量进一步得到改进。

参 考 文 献

[1]   Shiratani, M., Kawasaki, H., Fukuzawa, T., Tsuruoka, H., Yoshioka, T. and Watanabe, Y. (1994)Appl. Phys. Lett., 65, 1900.

[2]   Garscadden, A., Ganguly, B. N., Haaland, P. D. and Williams, J. (1994) Plasma Sources Sci. Technol.,3, 239.

[3]   Roth, R.M., Spears, K.G., Stein,G.D. and Wong, G. (1985) Appl.Phys. Lett., 46, 253.

[4]   Watanabe, Y., Shiratani, M.,Kubo, K., Ogawa, I. and Ogi,S. (1988) Appl. Phys. Lett., 53,1263.

[5]   Watanabe, Y., Shiratani, M. and Makino, S. (1989) Proc. 9th Int.Symp. on Plasma Chemistry, Pugnochiuso, Italy, 2, 1329.

[6]   Watanabe, Y., Shiratani, M. and Yamashita, M. (1992) Appl. Phys.Lett., 61, 1510.

[7]   Shiratani, M., Kawasaki, H.,Fukuzawa, T., Yoshioka, T., Ueda, Y.,Singh, S. and Watanabe, Y. (1996) J.Appl. Phys., 79, 104.

[8]   Shiratani, M. and Watanabe, Y.(1998) Rev. Laser Eng., 26, 449.

[9]   Fukuzawa, T., Kushima, S.,Matsuoka, Y., Shiratani, M. and Watanabe, Y. (1999) J. Appl. Phys.,86, 3543.

[10]   Koga, K., Matsuoka, Y., Tanaka, K.,Shiratani, M. and Watanabe, Y.(2000) Appl. Phys. Lett., 77, 196.

[11]   Bouchoule, A., Plain, A., Boufendi,L., Blondeau, J.Ph. and Laure, C.(1991) J. Appl. Phys., 70, 1991.

[12]   Fridman, A.A., Boufendi, L., Hbid,T., Potapkin, B.V. and Bouchoule, A.(1996) J. Appl. Phys., 79, 1303.

[13]   Boufendi, L. and Bouchoule, A.(1996) J. Vac. Sci. Technol., A14, 572.

[14]   Howling, A.A., Dorier, J.- L. and Hollenstein, Ch. (1993) Appl. Phys.Lett., 62, 1341.

[15]   Howling, A.A., Sansonnens, L.,Dorier, J.- L. and Hollenstein, Ch.(1993) J. Phys. D: Appl. Phys., 26,1003.

[16]   Howling, A. A., Sansonnens, L.,Dorier, J.- L. and Hollenstein, Ch.(1994) J. Appl. Phys., 75, 1340.

[17]   Courteille, C., Dorier, J.-L.,Hollenstein, Ch., Sansonnens, L.and Howling, A.A. (1996) Plasma Sources Sci. Technol., 5, 210.

[18]   Hollenstein, Ch., Scwarzenbach, W., Howling, A. A., Courteille, C., Dorier, J. - L. and Sansonnens, L.(1996) J. Vac. Sci. Technol., A14, 535.

[19]   Fukuzawa, T., Obata, K., Kawasaki,H., Shiratani, M. and Watanabe, Y.(1996) J. Appl. Phys., 80, 3202.

[20]   Watanabe, Y., Shiratani, M.,Fukuzawa, T., Kawasaki, H., Ueda,Y., Singh, S. and Ohkura, H. (1996)J. Vac. Sci. Technol., A14, 995.

[21]　Fukuzawa，T.，Shiratani，M. and Watanabe，Y. (1994) Appl. Phys. Lett.，64，3098.

[22]　Kawasaki，H.，Ohkura，H.，Fukuawa，T.，Shiratani，M.，Watanabe，Y.，Yamamoto，Y.，Suganuma，S.，Hori，M. and Goto，T. (1997) Jpn. J. Appl.Phys.，36，4985.

[23]　Shiratani，M.，Kawasaki，H.，Fukuzawa，T.，Tsuruoka，H.，Yoshioka，T. and Watanabe，Y. (1994)Appl. Phys. Lett.，65，1900.

[24]　Matsuoka，Y.，Shiratani，M.，Fukuzawa，T.，Watanabe，Y. and Kim，K. (1999) Jpn. J. Appl. Phys.，38，4556.

[25]　Shiratani，M.，Sakamoto，K.，Maeda，S.，Koga，K. and Watanabe，Y. (2000)Jpn. J. Appl. Phys.，39，287.

[26]　Watanabe，Y.，Shiratani，M. and Koga，K. (2001) Phys. Scr.，T89，29.

[27]　Watanabe，Y.，Harikai，A.，Koga，K.and Shiratani，M. (2002) Proc. 5th Int. Conf. on Reactive Plasmas/16th European Conf. on Atomic and Molecular Physics of Ionized Gases，2，329.

[28]　Shiratani，M.，Koga，K.，Harikai，A.，Ogata，T. and Watanabe，Y. (2003)Matr. Res. Soc. Symp. Proc.，762，A9.5.1.

[29]　Nomura，H.，Kono，A. and Goto，T.(1996) Jpn. J. Appl. Phys.，35，3603.

[30]　Perrin，J. and Hollenstein，Ch.(1999) Dusty Plasmas (ed. A.Bouchoule)，Wiley，Chichester，77.

[31]　Fridman，A.A.，Boufendi，L.，Hbid，T.，Potapkin，B.V. and Bouchoul，A. (1996) J. Appl. Phys.，79，1303.

[32]　Bhandarkar，U.V.，Swihart，M.T.，Girshick，S.L. and Kortshagen，U.R.(2000) J. Phys. D：Appl. Phys.，33，2731.

[33]　Bhandarkar，U.，Kortshagen，U. and Girshick，S.L. (2003) J. Phys. D：Appl. Phys.，36，1399.

[34]　Watanabe，Y.，Shiratani，M.，Fukuzawa，T. and Koga，K. (2000) J.Tech. Phys.，41，505.

[35]　Roca，P.，Cabarrocas，I.，Hamma，S.，Sharma，S.，Viera，G.，Bertran，E.and Costa，J. (1998) J. Non - Cryst.Solids，227 - 230，871.

[36]　Nishimoto，N.，Takai，M.，Miyahara，H.，Kondo，M. and Matsuda，a.(2002) J. Non - Cryst. Solids，299，1116.

[37]　Shimizu，S.，Miyahara，H.，Shimosawa，M.，Kondo，M. and Matsuda，A. (2003) Proc. 3rd World Conf. on Photovoltanic Energy Conversion，5P - A9 - 03.

[38]　Koga，K.，Kai，M.，Shiratani，M.，Watanabe，Y. and Shikatani，N.(2002) Jpn. J. Appl. Phys.，41，L168.

[39]　Koga，K.，Kaguchi，N.，Shiratani，M.and Watanabe，Y. (2004) J. Vac. Sci.Technol.，A22，1536.

[40]　Shiratani，M.，Koga，K.，Kaguchi，N.，Bando，K. and Watanabe，Y. (2004)Proc. 7th Asian Pacific Conf. on Plasma Science and 17th Symp. on Plasma Science for Materials，I - A10.

第 13 章　生物材料等离子体工艺中的微纳米结构：微纳米功能是解决选择性生物反应的有效工具

E. Sardella, R. Gristina, R. d'Agostino, P. Favia

关于生物材料在体外（in vitro）和体内（in vivo）的生物学反应方面的深入研究结果表明，材料特性如表面电荷、表面能量、材料刚度和多孔性等能够调节不同的生物行为，调节范围从细胞增生、迁移、分化到蛋白质吸附精确控制等环节。将这些因素集成到细胞/蛋白质图案化基板设计中，能构建出一些生物医学领域有潜在应用的微米纳米环境。等离子体处理可以认为是材料表面结构处理最成功的方法之一。当激活复杂的反应机制时。可以一次生成复杂的图案或可以成为更为复杂构图工序的一部分。等离子体处理在这个领域中的主要优势是，具有独立途径改变化学或形貌特征的可能性，以便从化学上研究形貌对细胞吸附和蛋白质吸收的影响。采用这种途径，通过识别有利于保留所需蛋白质吸附和细胞行为的形貌/化学类型，可以制造用于关键生物医学领域的功能性形貌。

13.1　引言：微米与纳米，生物医学的一个美好前景

基于细胞的人工器官、细胞生物传感器、"智能"生物材料和生物组织工程是当今许多学科积极探索的领域，目的是改进人类的生活品质。材料科学与生物学的紧密合作产生了有趣的新见解表明，通过精细控制材料表面化学性质和材料表面微米纳米形貌，可以设计出这样的器件，即在器件的指定区域内，能够增强所选择的细胞种群生长（或吸附特定的生物分子）[1,2]。在过去的二十多年，这些结果引起了政府、私有企业和科研工作者极大的兴趣。细胞和生物分子卓越的识别能力，导致了新型组织替代物、生物电子设备（如生物传感器）、诊断系统和药物输送系统。尽管微米纳米生物技术是新的概念，但该领域得益于过去半个世纪微处理器生产中半导体工业的进步，且主要应归功于等离子体工艺。

在描述构图技术及其在生物医学领域的应用之前，介绍一些非规则表面的定义是非常有意义的。Jansen 和 von Recum[9]定义的表面非规则性，为与几何上理想（平坦）表面之间的偏差。这个定义在显微镜水平上可以将所有材料表面都视为不规则的。除了平坦度、起伏度和圆弧度之外，还有一个描述表面不规则性的定义是 粗糙度，即两个坑洼之间的距离是深度的 5~100 倍的表面形貌[1]。粗糙度可以是周期性的或随机性的。当表面粗糙度是周期的时候，定义为表面构造（surface texture），用空间上的微纳米特征排列来表达。表面构造常常用表面图案（surface pattern）来作为同义词，也包括化学上表征为不同域的表面，这些表面规则地分布在基板上而不改变表面的形貌。另一个表面非规则性是多孔性（porosity）。当孔隙穿过基板的大部分时，多孔性可以是面特性也可以认为是体特

性，如隔膜或用于细胞接种的三维（3D）支架。除了体多孔性外，体非规则的另一个例子是一种材料在另一种化学上不同的材料中的分散（复合材料）。这种分散通常以纳米特征的形式嵌入到基板中，它们可以在与水接触时被释放[3]，也可以增加材料的硬度[4-8]。粗糙、多孔以及图案材料已广泛地应用于生物工程中。

由于微纳米图案材料应用范围很广，且可采用很多技术获得微纳米特征，根据最终应用方式，作者提议将图案表面分为以下三种类型。

（1）用于细胞接种支撑

这方面的主要应用归于组织工程学。一般来说，当表面与生理流体（如细胞培育基、血液）接触时，蛋白质层被吸收，其化学组成与构象状态取决于最初的表面性质。当细胞与表面接触时，它们通过细胞隔膜（即隔膜受体）吸收蛋白质方式相互作用[9,10]。表面的微纳米形貌影响蛋白质-表面和细胞-表面的相互作用。已经设计出了很多表面，用于显示微纳米特征的存在，且能够控制细胞的生长和附着以及沿预定方向迁移[11]，用于研究在特定的组织中正常细胞结构的组织形式。通过控制细胞的大小和空间分布，将细胞定位于基板上的能力，推动了细胞研究方面的基础研究。微形貌细胞培养是解决诸如细胞-细胞相互作用、细胞-基板相互作用等基本问题的理想选择。

尽管复杂器官的再生还远未实现，但2D和3D形貌材料已用于生产医用的组织，如皮肤[12]和软骨结构[13]，或作为多功能工具体外研究细胞-材料之间的相互作用现象。

除组织再生外，活细胞排列有望成为药物的研发平台。在这些设备中，细胞是通过生物物理"手柄"来操纵的，这种手柄分为被动的和主动的两类[14]。被动的手柄包括化学的和地形学的，而主动的手柄包括能将细胞作为物质对象去移动的某些形式的能量，如使光偏振或弯曲[15]。被动和主动手柄相结合可以用于制造，例如，作为药物研发和功能性染色体中操纵细胞的平台。

（2）诊断设备

如含有微米级和纳米级化学与物理线索的表面诊断。用于酶、抗体、核酸、受体等生物分子的分子生物传感器。生物传感器的基本特征是将生物分子固定在导体或半导体支架上，实现与生物母体相关生物功能的电转导。与微形貌集成后，能够通过一次实验从微量样品中同时测定多种参数。这种方法有利于低费效比的疾病筛查，有效地监控患者的治疗效果或对表征特定生理活动的生物分子进行实时重组[16]。

例如，基于细胞的生物传感器代表了一种可能实现在2D纹理材料上进行细胞构图的设备[17]。它们将细胞作为敏感元件，将环境刺激转换为有利于处理的信号。细胞代表了一系列潜在的分子传感器（如受体、通道、酶），这些传感器遵循天然细胞机制以生理相关的方式得以维持。这些设备的强大作用归因于高灵敏度和细胞对特定刺激的特定响应（如嗅觉神经元对特定的气味分子有响应，视网膜神经元被特定的光子触发）。基于细胞的生物传感器明显优于分子传感器，基于细胞的生物传感器的敏感元维持在一种自然状态，而分子传感器总是存在蛋白质降解问题，这会影响传感器的亲和力和准确性[18]。

（3）药物输送系统

药物输送系统能够通过纳米结构材料和纳米复合材料的应用控制药物在人体中的释放量。纳米复合材料的特征在于，以纳米或微米组织的生物分子或无机化合物随机分布在有机/无机母体内。可以通过三种不同的时间相关机制在生理环境下释放这种化合物：扩散、降解和膨胀后扩散[19,20]。在扩散机制下，通过孔洞或聚合物链驱动药物的释放，这是控制释放速率的过程。含有银团簇的有机涂层/材料能够成功地应用于抗菌系统中[21]。银离子对多种微生物均具有抗菌活性。因此，银已应用在很多商业化的医疗产品中，如用于伤口治疗的含银敷料。

由于具有非常经济的表面改性能力，等离子体工艺目前是材料纹理化最成功的技术之一。Ratner 在一个评述中指出[22]："微纳米技术并不是很多人想象的那样新颖，因为等离子体科学家甚至在朗缪尔（Langmuir）创造 等离子体 一词之前就一直在研究这种'小东西'的变化 ……"。

为生产集成电路，从 20 世纪 70 年代起，已采用等离子体工艺在微电子领域中实现了微构图工序。在接下来的几年里，等离子体工艺已被转化并被用于以医疗为目的的材料处理中。在文献中有很多实例证明，等离子体工艺在多步纹理化过程中的一个或多个步骤中[4]被成功地应用。

本综述给出了微纳米构图工序在生物医学中的一些应用实例，其中涉及不同等离子体工艺，也讨论了这种表面的生物响应。

13.2　微纳米特征调节体内与体外的生物相互作用

在微纳米构图材料应用技术的讨论之前，有必要首先将我们的注意力集中在生命组织中各个复杂层面的要素上。生物分子和细胞处于更复杂组织的最基层。生物分子最大尺度为 20 nm，而细胞的最大宽度为 100 μm。在显微镜分析技术方面的最新进展，使研究人员能够观测到组织良好的 3D 结构，在该结构上通过微组装细胞而形成体内组织。基膜是天然 3D 构架的一个实例[23]；它由细胞外基质（extracellular matrix，ECM）组分构成，它的刚度和化学成分对细胞的行为有着强烈的影响。基膜的形貌是多种多样的：孔洞状、纤维状、山脊状和凸起状，其尺度在 2～200 nm 范围[24]。最近，Nelson 等[25]解决了组织的形式是否可以反馈以调节增殖模式的问题。该研究小组采用不同几何形状微加工的 ECM 蛋白质岛来控制牛内皮细胞的组织，证实了细胞岛形状对增殖过程模式有着显著的影响。密集生长的区域与细胞片内产生高牵引应力的部位相对应。他们的结果证明，机械力模式（源于细胞收缩）来自多细胞组织并导致生长模式。

体外研究表明，尽管形貌提示的重要性对于不同类型的细胞可能会有所不同，但其相关性却是毫无疑问的[26]。但是，考虑到体内细胞和蛋白质会与纳米功能相互作用，为控制生物响应，必须在亚微米尺度下研究细胞-蛋白质基质的相互作用。微纳米功能可能会引起细胞黏连或向有利的方向迁移，包括在细胞结构下修正细胞组织，最终形成具有特定功能的组织。支撑细胞黏连的表面形貌不规则性反映了细胞的骨架和 ECM 的生成量，也反映了如血管再生术这样的更复杂的多细胞行为[27]。体外和发育生物学的研究强烈表明，特定的细胞形貌是紧密联系的，可能需要激活细胞增殖或分化。

Dalby 等已经证明[28]，hTERT - Bj1 成纤维细胞重组了它们的细胞骨架，黏附取决于与纳米凹凸面之间最初的相互作用；丝状伪足的形貌依赖于细胞与纳米岛之间的距离，这会影响蛋白质的表现。Lee 等[29]研究了排列的聚氨酯纳米纤维上的人类韧带成纤维细胞，观测到与随机分布纤维上培养的相同细胞相比，沿着排列纤维上生长的细胞会产生更多的胶原蛋白。在随机分布纤维上培养细胞的情况下，材料被认为具有用于韧带工程的前景。细胞确实能够响应体外的纳米提示[30]；已有的很多研究表明，当成纤维细胞植入在纳米组织材料上时，它们会通过丝状伪足对基板表面周围进行探测。当丝状伪足探测到纳米组织，通常这个纳米组织就被认为是适合黏接的点位，并刺激细胞的细胞骨架发生变化[31]。除了影响细胞外基质组织外，表面特征的尺度和形状也会在细胞上引起一些机械应力，这些应力影响长期的细胞分化。在这个领域中，最新的焦点是以细菌在表面上固定化与图案化为基础，这似乎为利用细胞来感知和检测生物分子，为研究细胞-细胞相互作用以及细胞与周围物质相互作用提供了新的机会[32]。

尽管有关形貌对细胞行为影响方面有大量的文献可参考，但关于纳米结构基板上蛋白质构造和功能方面的研究很少。这可能由于制作与蛋白质尺度类似的纳米结构非常困难，也由于研究附着于这种基板上的蛋白质构造和功能所涉及问题的复杂性[33]。

最近的研究将注意力集中在生物大分子网络方面，如 ECM，以促进特定细胞的反应。除了化学和构造外，似乎生物大分子网络的力学约束也能够影响细胞反应。作为一个例子，我们可以考虑 I 型胶原的超分子组织在肌肉动脉中的作用，I 型胶原是大多数哺乳动物组织中的一种主要细胞外基质（ECM）蛋白质。这种蛋白质复合物是由细胞人工合成的羟基化的亚基，形成宽 2nm、长 300 nm 的三重螺旋结构[34]。一旦输运到细胞外面，这种多肽复合体就组装成大的超分子原纤维，当血管发生损伤时，结构网络也将专门用于刺激成人肌肉动脉内平滑肌细胞（smooth muscle cells，SMC）的生理反应。降解的 ECM 蛋白酶对 I 型胶原蛋白的构造进行了修改（改性），在这种情况下，改性的胶原蛋白 I 能够促进 SMC 的增殖以利于伤口愈合[35]。在健康的组织中，I 型胶原不改变 SMC 的增殖，SCM 处于非增殖态。尽管细胞上的胶原纤维引起的力学应力似乎是 SMC 进一步增殖的关键参数，但胶原蛋白 I 的机械约束如何影响形貌和增殖还不是很清楚。为深入理解这种现象，科学家试图人工合成一种参考材料，通过调节材料表面特征，能够控制这种材料表面形貌和 ECM 化学性质。Elliott 等[36]表明，通过合成 ECM 模拟物，可以将胶原蛋白薄膜以不同的构型吸收到单层烷硫醇表面上，能够验证在很小纤维的胶原蛋白薄膜上生长的细胞，与大纤维和体外天然的胶原蛋白薄膜上生长的细胞完全不同。假如说形貌上不同的胶原蛋白具有相同的化学成分，则细胞行为上的不同一定与其他特性相联系，如机械力。事实上，这些因素在细胞分化、增殖[37]、活动性[38]、细胞贴附和形态[39]方面起到关键作用。

Denis 和他的合作者[40]指出，通过调节吸附了生物分子的材料表面的形貌，可以吸附形态不同的胶原蛋白。他们研究胶原蛋白是在光滑的表面和带有 $15\pm5nm$ 高、$60\pm15nm$ 宽的点状纳米构型表面上完成的。他们发现，尽管两种表面所吸附胶原蛋白的量是相似的，但在光滑基板上会形成细长的聚集体，而在粗糙基板上没有。这种结果归因于基板上蛋白质迁移性的差别，因为在光滑表面胶原蛋白分子可以相对自由地运动，而在粗糙基板上的纳米柱限制了胶原蛋白的活动性。

这些研究结果认为，非常复杂的级联反应通常始于简单的基板特征，细胞直接生长在基板上或通过吸附生物分子生长在基板上。此外，我们可以得到这样的结论，由于蛋白质的尺度在纳米范围，影响其构造的蛋白质能够感知到那些接近或小于蛋白质尺度的纳米形貌表面，而形貌特征大于蛋白质尺度的基板，对于蛋白质来说似乎是光滑的，Han 等[41]用纳米孔洞表面证实，这种特征对蛋白质吸附动力学和吸附量影响很小。为了避免不期望的生物相互作用，材料表面的关键作用是保留蛋白质功能而不改变其正确的构象。

上面讨论的结果强调，为了驱动材料表面上的不同生物相互作用，例如，植入有生命的有机体后，需要设计具有受控的形貌和化学变化的模型基板。此外，通常严格要求保留材料的整体性能以实现它的功能。大量文献表明，通过在材料表面或构型表面上生成化学性质空间排列不同的区域，不改变材料的表面组分，实现空间上控制生物相互作用是可能的。采用基于湿化学工序的构形技术，很难以独立的方式修改表面化学性质和形貌。由于在独立调节基板化学和形貌特征方面等离子体所具备的多样性，人们对等离子体工艺越来越感兴趣。因此，我们相信，通过这些研究可以得到有价值的见解。

13.3 微米纳米制备技术

材料构形可以采用不同的技术。为了使实验观测与材料特性之间具有更好的相关性，希望能够控制微米纳米特征的尺度和空间分布。为此开发了非常复杂的工序。在很多这方面相关的综述中有详尽的描述[42,43]。表 13-1 中列出了材料表面构形最常用的一些方法。以下几小节简要介绍最常用的几种构图方法。

表 13-1 微米纳米表面构形技术

技术名称	缩写	物理工具	特征尺度	优点	缺点	参考文献
光刻	—	紫外辐射	>100 nm(宽) >70 nm(高)	统一的背景，快速复制	昂贵，衍射问题	[54,110]
超紫外光刻	EUVL	超紫外辐射 ($\lambda=0.2\sim100$ nm)	~10 nm	低衍射	昂贵	[111,112]
X 射线光刻	XRL	X 射线($\lambda=0.2\sim40$ nm)	—	高分辨率	掩模损坏	—

续表

技术名称	缩写	物理工具	特征尺度	优点	缺点	参考文献
粒子光刻	FIBL（fast ion beam lithography，快速离子束光刻） EBL（electron beam lithography，电子束光刻）	离子、电子、中性粒子；亚稳态组分	0.1～50 nm	最低衍射（$\lambda_B < 0.1$ nm）高分辨率	昂贵，低复制率	[113]
扫描探针光刻	SPL	探针	原子分辨率	高分辨率，实现不同几何构形的能力，构造非平面能力	昂贵，低复制率	[114]
软光刻	REM（replica molding，复制成型） μCP（microcontact printing，微接触打印） SAMIM（solvent-assisted micromolding，溶剂辅助微成型） NFPSP（near-field phase shifting photolithography，近场相位漂移光刻） MIMIC（micromolding in capillary，毛细管下微成型） μTM（microtransfer molding 微转换成型）	用作面板的磨具	10～100 nm	成本低，高复制能力，无衍射现象	尺度特征控制困难，图案缺陷	[114-120]
简化构形工序	CL（colloidal lithography，胶质光刻） MPSBC（microphase separation of block copolymers，块状共聚物微相分离）	胶质分离聚合化	>10 nm	成本低	图案尺度难控制，低复制	[121,122]

13.3.1　光刻：光刻掩模的作用

光刻[44,45]是最成熟的构形方法，采用这种方法在美国每秒生产三千个晶体管。这种广泛用于在硅片上生产集成电路的技术，已经精细到实现小于 100 nm 的结构，目前也广泛应用于其他领域。如图 13-1 所示，光刻过程可以分为两个主要步骤：1）制作掩模；2）通过掩模复制图形，其中第一步较慢且比第二步成本高得多。

在第一步中，基板（通常采用硅）表面覆盖很薄一层光感聚合物——光刻胶。带有图形的金属膜组成的光刻掩模，通常带有铬的不透明部分，用透明材料（如石英）进行支撑，光刻掩模只将指定的光刻胶区暴露于紫外线。暴露于光照的光刻胶区域会发生光感反应，导致两种可能的改性（投影印刷）：（a）被照射区的光刻胶被降解，与其他区域相比，这些区域在显影液中更容易被溶解（正光刻胶）或（b）被照射区的光刻胶被交联，在显影液中形成不溶解区（负光刻胶）。通过显影液中漂洗基板，可以将正/负掩模图案转印到曝光的光刻胶层上。产生的图案可以通过以下步骤成为剥离掩模：

- 将光刻的图形转换到底层基板上（如硅基板）；
- 在基板上对另一种聚合物薄膜或生物分子薄层构型。

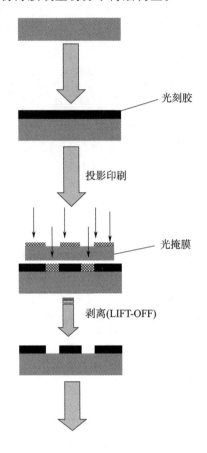

光刻胶

投影印刷

光掩膜

剥离(LIFT-OFF)

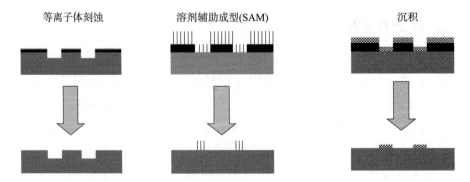

等离子体刻蚀　　　溶剂辅助成型(SAM)　　　沉积

图 13 - 1　光刻：掩模剥离之后可以采用不同的方法在表面构形；等离子体刻蚀。
通过等离子体中生成易挥发组分的化学消融；在金基板上进行溶剂
（如链烷硫醇）辅助成型（SAM）；采用等离子体方法实现薄层的沉积

13.3.1.1　等离子体工艺在光刻中的作用

等离子体工艺可以成功地参与到一个或多个光刻工序中，由于它们的多功能性，使得这种工艺相比湿化学工艺更具有吸引力。在集成电路工业化制造中，通常采用干法刻蚀未涂敷光刻胶模板掩模的基板（注意不要将模板掩模与光刻中的"光掩模"相混淆），在基板上生成形貌特征。之后，采用进一步的剥离工序以去除光刻胶。采用前面描述的光刻构形工序，能够获得生物医学应用的构形表面。对于制造基于细胞的传感器、DNA 芯片、用于细胞接种的支架以及生物医学应用中其他感兴趣的表面，需要生成具有特定生物活性的、化学性质不同的区域。在光刻剥离之后，采用沉积工艺可将这些区域空间排布在基板的表面上。沉积可以采用等离子体工艺来实现，如沉积类似聚环氧乙烷（polyethylene oxide，PEO）涂层的细胞排斥层（蛋白质排斥性）[46]。在这种情况下，细胞排斥性（蛋白质排斥性）区域可以与细胞黏附性（未涂敷的基板）区域交替，例如，旨在控制细胞黏附和沿预定方向移动，或促进蛋白质仅在基板的一定区域之内吸收。类 PEO 区域的作用在于控制在图案确定区域之外不希望的非特异性蛋白质吸附。

除了细胞限制之外，类 PEO 的微构形表面也用于引导特定蛋白质沿预定的方向的迁移。细胞将储存在 ATP 中的化学能转换为沿着蛋白质丝（如微管）移动的运动蛋白质（如驱动蛋白）的机械功，从而调节细胞内物质的主动输运。此类运动蛋白质可在合成材料的移动和组装中用作动力，在制备混合纳米器件中用于合成分子马达[47]。通常情况下，输运系统的空间与时间控制要求运动仅限于沿轨道运动。Clemmens 等[48]发表了关于用作输运单元的微管研究，这些微管沿着被 PEO 涂层包围的驱动蛋白的微径上引导。图 13-2 给出了描述运动蛋白质在驱动蛋白路径上移动的示意图，用于研究蛋白质在轨迹边界上的引导。通过在玻璃上进行光刻的方法获得基板，在投影印刷和光刻胶显影之后，立刻沉积了类 PEO 涂层（厚度 20 nm），如图 13-1 所示。在未覆盖的玻璃轨道中，驱动蛋白进一步选择性吸附。为了研究从化学上解开的形貌对微管引导的影响，比较了不同的构形表面，最后，作者推导了物理模型以预测运动蛋白输运的有效引导。运动蛋白微管系统与一些严重疾病有关，这就是为什么医疗工作者对理解运动蛋白与微管相互作用细节非常感兴趣的原因。

除了在未覆盖轨道上的生物分子物理吸附外，光感反应也可以将生物分子共价键合到材料上[49-52]。在这个过程中，像透明质酸（Hyal）和它的硫酸化衍生物（HyalS）这样的生物分子已预先与光反应性单元相结合（4 叠氮基苯胺盐酸盐）。然后将光反应性多糖溶液（HyalN$_3$ 或 HyalSN$_3$）分散在表面具有 NH$_2$ 功能（如氨基硅烷化的玻璃）的基板上，并在室温下干燥。这一步可以采用旋转涂胶机加速的方法来完成。之后，采用与包覆材料紧密接触的光掩模，完成传统的照相平版印刷工序。仅在暴露于紫外源的域上，照射诱导 HyalN$_3$（HyalSN$_3$）与 NH$_2$ 基团共价键合。经过掩模剥离过程后，采用蒸馏水，可获得与光掩模孔相对应的 Hyal（或 HyalS）域的图案。等离子体工艺也可以将光固化的可能性扩展到那些表面不具有 NH$_2$ 功能性（如对苯二甲酸二环氧丙酯，聚苯乙烯）的材料上。作为一个实例，在 NH$_3$ 等离子体处理的对苯二甲酸二环氧丙酯

（NH$_2$-PET）上，成功地实现了 HyalN$_3$ 的固化[53]。在含有 25 μm 和 5 μm 宽 Hyal 条纹（～35 nm 厚）的微构形表面完成的细胞培养实验表明，促进了细胞沿 NH$_2$-PET 轨道方向的黏附和排列。此外，发现表面特征的外观对细胞的增殖和软骨细胞代谢活性有严重的影响，发现构形表面对于维持原始软骨细胞表形起到关键的作用，成为对软骨组织再生的重要要求。

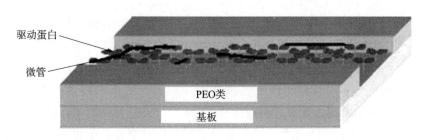

图 13-2　微管沿着标记为驱动蛋白的化学轨迹移动，该化学轨迹被类 PEO 涂层包覆的无驱动蛋白域包围。无驱动蛋白域不希望被驱动蛋白和微观所吸附。在分子马达在轨道边界引导研究方面，这种方法代表了一种很好的策略，通过测量接触角和碰撞关键参数结果，分析微管与边界的碰撞，确定在轨道中运行总距离

13.3.1.2　光刻的局限性

采用光刻生成最小特征的横向尺度是 100 nm，这个局限性来自投影印刷步骤的光学衍射[54]。光刻的有趣改进是使用紫外、X 射线、离子束、电子束替代了紫外辐射，以实现减小最小特征尺度的目标。尽管后面提到的这些方法能够生成非常小的特征尺度（＜10 nm 宽），但这些方法通常是很昂贵的，在经济上科学实验室很难承受。由于经济性的原因，开发了一些新技术，这些技术在下面几节中给予描述。

光刻技术的另一个缺点在于剥离过程：一般通过在丙酮中对材料进行声处理来剥离光刻胶，这对大多数聚合物来说是很苛刻的过程。在这方面的最新进展是水溶解光刻胶，这种光刻胶用水来替代丙酮[55]。

13.3.2　软光刻

13.3.2.1　技术描述

光刻的改进在于将湿法或干法刻蚀形成图案的硅基底作为模制弹性体的母模，弹性体通常为聚二甲基硅氧烷（polydimethylsiloxane，PDMS）、聚甲基丙烯酸甲酯（poly methyl methacrylate，PMMA）聚氨酯（polyurethanes，PUs）。Whitesides 首先提出了这些"软光刻"技术，提供了用于材料变形的简单且高效费比的方法[56,57]。采用"软光刻"术语描述了一组不同的工艺（如复制成型 REM、微接触印刷 μCP、毛细管下微成型 MIMIC、溶剂辅助微成型 SAMIM）。由于弹性体能够在光滑表面上起到可逆印章的作用，这些技术对于聚合物上高精准地生成亚微米特征是非常有效的[58]。

13.3.2.2　等离子体工艺在软光刻中的作用

在软光刻中，等离子体工艺涉及复制品改性或待图案化基板的改性。能够开发软光刻的一种可能的工艺称为微接触印刷（μCP）[59]，其中模具用作在材料表面上转移图案的压模。在一种"油墨"（如链烷硫醇[24]和烷基硅氧烷[60]、催化前体[61]、脂质[62]、蛋白质[63]等）溶解剂中冲洗模具。因此，压模与将要构图的材料之间紧密接触。用这种方法，压模的凸起部分将空间上微排列、自聚集的油墨单层转移到基板上[56]。已有几个微接触印刷应用等离子体工艺的实例，这些实例成功地涉及了随后将要图案化的基板修饰，通过沉积具有蛋白质排斥作用的 PEO 类涂层来实现图案化[64]。在这种情况下，利用了 PEO 类涂层在图案转移期间干燥条件下吸附蛋白质的能力。Tanaka 等[65]证明，采用微接触印刷方法，层黏连蛋白的微尺度吸附轨迹能够成功的转移到 PEO 层覆盖的基板上。已经制造出了与细胞接种支撑类似构形的基板。如图 13-3 所示，在实验室采用类似技术获得的基板上，完成的细胞培养实验表明，沿着 15 μm 宽的纤连蛋白条带诱导 3T3 成纤维细胞的排列是可能的，从而完全避免了细胞黏附在周围等离子体沉积的类 PEO 结构域中。

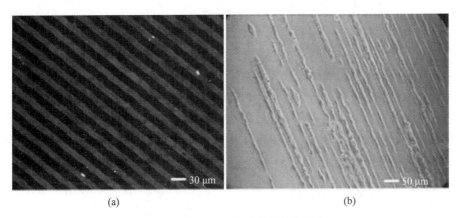

(a)　　　　　　　　　　　　　　　　(b)

图 13-3　采用 μCP 方法获得的构形表面

在以获得压模为目标的光刻工序完成后（见图 13-1），用 PDMS 预聚物溶液来冲洗压模以便复制（模具或母模）。将涂有适当蛋白质溶液的复制品与类 PEO 涂层基板接触，将蛋白质图案转换到基板上。
（a）与荧光抗体反应之后，能看到图案的纤维连接蛋白条带；（b）3T3 人类纤维连接蛋白沿用纤连蛋白轨迹标注的预定方向排列

13.3.2.3　软光刻的局限性

由于具有简易、方便及向弯曲表面转换图案的能力，软光刻常常被认为是平板照相光刻的替代方案。此外，PDMS 的弹性体特征是该技术的一个明显的局限性：由于它的柔韧性以及由此引起的可变形性，使得压模会在机械的和物理的压力下产生塌陷[65]。当要求必须实现复杂图形的时候，这就成为特别突出的技术问题。通过使用新材料和新构形方法，应该能够得到解决微接触印刷的这个最普遍问题[66]。

13.3.3　等离子体辅助微构形：物理掩模的作用

到目前为止，所描述大部分方法的成本都比较高，而且有增加污染风险的工序，例如使用溶剂的工序。这种效果通常会影响在生物医学领域中的应用。这些局限性促进了很多完全替代的构形方法的发展，这些替代方法以不同的途径生成图案。

采用物理掩模的等离子体辅助微构形技术是一种有效的替代方案，因为它利用了等离子体的很多优点：费效比[67]、清洁高效的干燥过程、共形、无菌无毒涂层、不同化学性质、污染降低、快速、一步完成的工艺[68]。物理掩模（不要与光刻中的"掩模"混淆）的特点是微米纳米孔洞。它通常以"蜡纸"的方式将图形转换到底层。

13.3.3.1　微构形

典型的物理掩模是采用激光切割、湿法或干法刻蚀工艺刺穿的聚合物或金属片，就如同广泛用于透射电子显微镜的铜栅。将刺穿的金属片放置在基板上之后，可通过在刺穿的金属片中填充另一种金属薄膜或刻蚀基板未被覆盖的地方来完成纹理化过程。采用物理掩模的光刻技术，能够完成不同图案的构形，目的是：

- 仅改变基板的形貌，保持表面的化学性质不变
- 改变基板的表面化学性质，不改变其表面形貌
- 同时改变基板的化学性质和表面形貌

很多研究工作者指出，采用等离子体辅助物理掩模表面功能化工艺，可以在改性的表面上诱导细胞微排列[69]。对于这种情况，对细胞的附着，仅给予化学限制，而没有形貌限制，如同微接触印刷工艺（见 13.2 节）。由两步等离子体处理工序组成，第一步采用氨气作为工作气体的等离子体处理（2.45 GHz 放电），第二步通过物理掩模采用注入 H_2 的等离子体处理。在 H_2 处理工序中，将前一工序中所接枝的功能，从掩模未覆盖的区域内选择性地去除。这个工序能够获得对应 N 个功能化轨道的细胞黏附轨迹，促进沿预定方向的细胞排列，与对应于 H_2 处理区的细胞排斥域之间相互交替。

Wu 等[70]提出了一种微波等离子体增强 CVD 与真空紫外（VUV）光辐射相结合的方法，用于生成具有超疏水性和超亲水性的纳米结构材料。在三甲基甲氢基硅烷超疏水性涂层的微波等离子体增强化学蒸汽沉积[71]之后，采用紫外光辐射或激光（157 nm）的物理掩膜改性，得到具有不同化学/物理特性的规则排列微区域。经过光辐射之后，样品暴露的区域就变为超亲水性的（WCA<10°）。基板的扫描电子显微镜特征表明，图案的超疏水性和超亲水性区域具有类似的粗糙形态（$R_{rms}=34\pm6$ nm），而开尔文力显微镜（Kelvin force microscopy，KFM）在攻丝模式下的结果表明，超亲水性区域的表面势能高于超疏水性区域。表面化学特征证明，超亲水性区的氧含量也高于超疏水性区。在这种材料上的细胞培养结果表明，在真空紫外辐照的表面出现 COOH 和 OH 基团，可能是导致细胞偏爱超亲水区的原因。

采用微光刻技术可以获得图案，在该图案中，化学的与图形的提示同时存在，对细胞黏附性会产生不同影响。等离子体沉积工艺的组合可以认为是一种产生细胞黏附轨道的有

效方法，该黏附轨道周围是细胞排斥区，由于细胞黏附的化学性质和轨道壁面的存在，导致细胞在轨道中排列。在我们的实验室中，经过等离子体沉积丙烯酸涂层（plasma - deposited acrylic acid coating，pdAA）之后，在聚苯乙烯（PS）基板上，通过具有不同图案的 TEM 铜栅，完成了类 PEO 涂层的等离子体沉积[72]。在这种带有图案基板上植种的人类成纤维细胞（human fibroblastsz，hTERT）会沿着 pdAA 轨道排列（细胞黏合体）[73,74]。根据黏结到不同尺度 pdAA 域的细胞，清晰地观察到了形貌对细胞形态的影响：它们随机分布在宽阔的 pdAA 域上，同时沿边界边缘（紧靠 PEO 台阶）和轨道内部保持对齐。细胞沿着 PEO 台阶黏结的表面出现如图 13 - 4 所示的皱褶。此外，细胞沿 pdAA 轨道迁移，作为细胞生存能力重要迹象，是组织工程和细胞分选潜在应用的基础。

在参考文献［73］中，描述了如何利用图案中使用的等离子体沉积膜化学组分中的光变化来调节细胞的黏附：例如，通过改变工艺参数获得不同 PEO 涂层的等离子体沉积的组合，可以获得图案；这会在表面产生不同程度的细胞黏附特性。在通过物理掩膜以低碎片机制（即低功率，高保留单体结构）生成"非结垢"的 PEO 涂层沉积之前，已经进行了高交联 PEO 涂层的等离子体沉积（即在高输入功率下沉积）。这种情况下，在同一形貌的图案中，化学上不同的 PEO 域（排斥/黏附）之间是相互交替的，因此，能够研究不同域化学成分对细胞行为的影响，沿高交联 PEO 轨道的细胞排列完全避免了宽的 PEO 污垢域。

等离子体沉积可以获得具有多种功能的表面化学。这些化学方法可以针对特定分子的点位束缚来定制表面功能，这是其他方法难以完成的[75]。这些等离子体工艺所独有的特征可以用于形成生物分子的微图案。Slocik 等[76]通过 TEM 铜栅，在由（3 - 巯丙基）三甲氧基硅烷 SAM（SH - SAM）涂敷的基板上沉积了等离子体聚合的丙烯酸（ppAAm）。已经在 SH - SAM 域上固定了用半胱氨酸轭合物功能化的量子点，而通过羧基与 ppAAm 的微域相连接，固定了绿色荧光蛋白。这种基板对于生物传感器、微反应器和微射流控制设备等极具吸引力，因为出色的空间分辨率能够固化不同种类的生物分子。

等离子体辅助物理掩膜图案化还可用于对有 pH 敏感表面区域的材料纹理化[77]。当置于不同 pH 溶解液中时，用等离子体沉积的聚烯丙胺和等离子体沉积的丙烯酸交替涂敷的空间分辨的微区域会表现出不同的特性。这种基板对目标分子的生物探测器设计非常有吸引力，这种目标分子能以可逆方式选择性吸收/吸附在基板的特定区域上。

最近的研究结果表明，在构形过程中使用大气压下等离子体替代低压等离子体[78]也是可能的。Wertheimer 和他的合作者[77]证明，通过 Kapton 掩膜，采用大气压下介质阻挡放电（DBD）产生了被细胞排斥阵列围绕的一组细胞黏附岛屿是可能的[79]。采用等离子体沉积的富含氮聚合的聚乙烯（乙烯/N_2 放电）生成了细胞黏附岛屿（直径 $30~\mu m$），而细胞排斥部分为未处理材料（双轴取向聚丙烯）。

上面描述的所有工艺都要求实施期间物理掩膜与基板之间紧密接触，以避免等离子体相的活动组分进入物理掩膜底部，以不期望的方式改变遮盖域的化学性质。这种不良现象极大地影响了所描述构形过程的应用范围，因此，在低于 $5\sim10~\mu m$ 分辨率条件下转换图

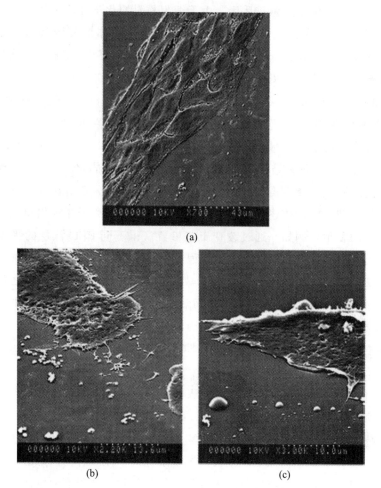

图 13 - 4　被类 PEO 域环绕的 40 μm 宽 pdAA 轨道上空间为排列的 hTERT Bj1 成纤维细胞的扫描电子
显微镜图像。(a) 在融合层内细胞紧密与 pdAA 轨道接触；(b) 通过伪足沿着轨道方向连续探测的
底层环境；(c) 当与类 PEO 台阶接触时它们的隔膜出现皱褶

案是不可能的。采用这种技术可能获得的特征具有与细胞尺寸相当的横向宽度。尽管可以
使用的材料和图案种类繁多，但仍在探索新兴的策略，以改进转移特征（如超薄氧化铝掩
膜图案[80]，胶体平版印刷[81]）的空间分辨率，研究纳米特征对蛋白质吸附和细胞黏附的
影响。

13.3.3.2　纳米构形

　　胶质光刻（见表 13 - 1）是一个自下而上（bottom - up）纹理化策略的实例[82-84]。在
这个工艺中，物理掩膜是金属单层或聚合物微球、纳米球的单层，装配成紧密堆积的胶状
晶格。胶状晶格可通过对流自装配或简单的滴涂来实现。在第一种情况下，将基板垂直放
置在球形胶体悬浮液中，直至液体完全蒸发[85]。紧密堆积的球体层沉积过程可能需要几
天时间。在另一种情况下，将胶体悬浮液滴涂在基板上并快速干燥（旋涂），以产生具有
局部排序的胶体晶体[86]。如图 13 - 5 所示，等离子体工艺可用于构形过程的一步或多步，

以实现大范围的化学特性与纹理特性相结合。

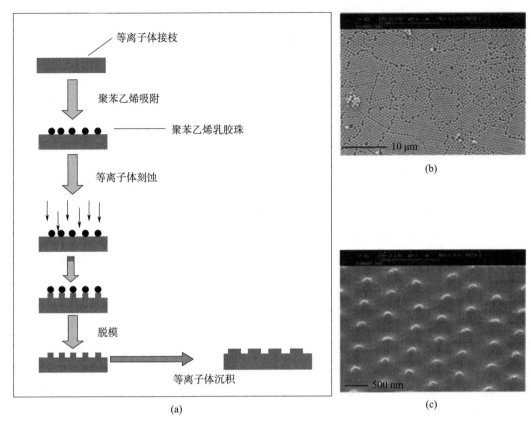

(a)

(b)

(c)

图 13-5　（a）胶质光刻示意图。通常采用官能化的聚苯乙烯（PS）乳胶珠实现该目的。通过基板上的纳米颗粒自组装使得胶质结晶；为了促进它们在纳米层中的组织，基板必须是可湿性的；等离子体处理可以改进基板的湿润性。（b）采用旋转涂敷工艺可以完成球形微粒的阵列镶嵌。六边形阵列可以作为等离子体刻蚀/沉积工艺的物理掩模将图形转换到基板上。（c）剥离之后，可以得到纳米点蚀的基板。等离子体工艺最终可以在纳米构形过程的最后使用，使之与基板的化学性质相符

　　与其他技术相比，胶质光刻的主要优点是空间分辨率高和物理掩膜（胶质颗粒层）与基板之间紧密接触。构形的关键节点是纳米球体的自装配步骤。当它们被极性基团官能化时，基板的湿润性是十分必要的。通过调整基板的表面化学特性以解决珠粒的正确自组装问题，等离子体工艺能够成功地扩展胶质光刻的应用范围[3]。

　　通过比较相同化学特征而形貌不同的基板，有可能将形貌对细胞黏附和蛋白质吸附的影响与化学的作用区分开。有结果表明，在平面上和纳米级凸起的基板上沉积 pdAA 涂层，可以看到，与平 pdAA 表面相比，纳米特征对于促进细胞黏附和扩散是有效的（作者实验室未发表的结果）。

　　采用胶质光刻生成基板的最新研究结果表明[87]，纳米图案的规则性和对称性对细胞响应的影响起到关键作用，因为从观测结果可以看出，黏附行为对于有序点位（柱形）和随机点位是不同的。

　　为了获得具有化学性质不同和与蛋白质相互作用性质不同的纳米域，在胶质光刻过程中可使用 pdAA 和 PEO 涂层等离子体沉积的组合。Valsesia 等[88,89]提出了一种多步法纳米胶质构形的建议：pdAA（蛋白质黏附）涂层的等离子体沉积；采用胶质纳米颗粒掩盖表面；氧等离子体刻蚀；等离子体聚合类 PEO（蛋白质排斥）涂层；超声波去除颗粒残留物。作者证明，被 PEO 防污涂层包围的 pdAA 纳米域（约 100 nm 宽）通过 N 羟磺胺吡啶（NHS）和（3-乙基氨基丙）碳二亚胺（EDC）连接过程，能够使牛血清蛋白选择性地结合。生物探测技术领域对这种基板非常感兴趣。

　　除了胶质光刻外，等离子体工艺也可参与生产用于蛋白质识别的模板印迹纳米结构表面[90]。具有选择性识别蛋白质能力的人工合成材料，可通过多步工序生成[94]：蛋白质吸附到云母表面；二糖层吸附到生物分子上以保护其免受干燥导致的变性，并构成蛋白质的识别腔；沉积一种含氟聚合物以覆盖所有物体，并依次正确地安装在固体支撑物上以利于云母的分离。蛋白质脱模后，产生一个含二糖腔的能够识别蛋白质的负图案，其效率已得到证实。这种表面在蛋白质分离系统、生物探测技术和新生物医学材料领域具有潜在的应用前景。

13.3.4　等离子体构形过程的新方法

　　等离子体工艺的最新进展已经表现为迄今为止所描述构形方法的强大替代方案，其中等离子体起着主导作用。在本节中，我们将介绍最近取得的进展，特别着重介绍无需使用物理掩膜即可应用的两种可能的等离子体图形根：等离子体沉积的热响应薄膜和等离子体沉积的纳米结构特氟龙类涂层。

13.3.4.1　等离子体聚合与"智能"材料的图案化

　　在当前材料工程领域中，致力于设计出能够敏感温度、酸碱度、光和电场等外部激励的材料成为主要努力方向之一。这种激励通常在材料中生成特有的响应，包括形状、表面特征、溶解度的变化以及溶胶-凝胶的转变。这类材料定义为"智能"材料，因为它们在适当的激励下能够与周围环境进行沟通。最近 20 年中的很多论文和专利证明，智能材料广泛用于治疗药物输送、组织工程、生物分离与传感器方面。其中 poly（N-异丙基丙烯酰胺）（PNIPAAm）代表了在几个领域中应用最广泛的一种，包括生物医学领域。这是一种热响应聚合物，在 32 ℃以下（下临界溶解温度，lower critical solution temperature，LCST）是可溶的；在水中 32 ℃以上凝结[91]。低于 LCST 时，有利于聚合物的酰胺基团与水之间的氢键形成，从而导致聚合物在水性介质中的溶解；相反，当高于 32 ℃时，氢键断裂，水分子被聚合物排斥出并导致沉淀。扫描探针显微镜研究显示出了聚合物链从螺旋状向球状的变化[93]。通过控制聚合物的成分和布局，可以从动力学和热力学上控制螺旋状向球状的转换[94]。例如，NIPPAm 与疏水部分的共聚会导致 LCST 降低，而与亲水共聚单体的共聚会导致 LCST 增加。热响应 NIPAAm 也广泛用于细胞操纵。例如，在 LCST 以上降低几度的温度，接种有真核细胞的 NIPAAM 的基板无需酶处理就可促进一片活细胞的分离[94]。这种现象是由于温度降至 32 ℃以下时，聚合物会从疏水性转变为亲水性。Cheng 等[95]发表了他们研究结果，该项工作中，在与电阻丝加热系统对接的玻璃基板上，沉积了等离子体聚合的 NIPAM[96]。这种方法特别适用于微机电系统（microelec-tromechanical systems，MEMS）的制造。当设备暴露于蛋白质中时，仅在加热的图案区吸附蛋白质，该处的（pp）NIPAM 处于 LCST 以上且具有亲水性。这种材料也可用于在指定的基板区域上改进其细胞黏附性，或在基板冷的时候在基板上冷的地方用于细胞的分离。在这种情况下，可采用可编程的表面化学方法促进细胞的封闭。

13.3.4.2　微纳米结构涂层的沉积

采用碳氟化合物为气源的调制射频（13.56 MHz）辉光放电，能够获得特氟龙类（teflon-like）的涂层，这种涂层具有气体工质化学结构的高保留性、卓越的表面粗糙度和非常低的表面张力[97-99]。在连续波下沉积碳氟薄膜，具有可变氟化程度与交联特性、可调节实验条件和低粗糙度的特点。在可调制的连续波条件下（在预定的时间间隔下，开/关脉冲放电）沉积时[100,101]，特别是在非常低占空比下（开状态的时间短于关状态的时间），会产生高度氟化的涂层，这种涂层的特征是随机分布在无定形碳氟化合物背景上的结晶聚四氟乙烯纳米结构。其粗糙度源于遍及表面的纳米结构。为了区分化学作用与形态作用，在形态上不同的特氟龙类涂层上，通过连续波等离子体沉积了保形的特氟龙类薄膜。因此，有可能比较形貌上不同而化学性质类似的涂层对细胞黏附与生长的影响[102-104]。业已证明，与具有相同表面化学性质的平板样本相比，纳米结构特征的出现改进了细胞的生长。Rosso 等发现[105]，特氟龙类结构的涂层刺激细胞骨架组织，因此，考虑细胞的形状及其黏附接触的大小，决定着细胞在增殖与死亡之间的平衡，他们认为这种涂层能够成功地用作细胞播种的支撑。

采用热丝等离子体增强化学蒸汽沉积（HF-PECVD）方法获得的多壁碳纳米管薄膜网络[106]，可以成功地用于细胞播种的 3D 支撑。Correa-Duarte 等[107]通过在基板上排列的纳米管上施加化学诱导的毛细管力，生成了相互连接的纳米管网络：从垂直排列结构到互连纳米管的互锁电阻网络的转换，产生了 3D 腔体结构。对于分离的大型拉伸小鼠L-929 成纤维细胞，发现具有附着在腔壁上的细长细胞质突起物，证明了对于刺激健壮组织的形成具有良好基础。

等离子体沉积具有不同柔软度的双层膜可用于生产规定形貌与可湿性的功能薄膜[108]。在黏结到基板的软膜之上沉积一层硬膜层，由于压缩力作用会产生所谓的"弯曲现象（bucking phenomenon）"：硬质上层膜弯曲所需的能量与软性底层基板变形能量之间的平衡，会产生波长在 100～10 000 nm 范围的波浪结构。Wang 和 Grundmeier[109]采用软层七氟-1-癸烯（HDFD）和硬层六甲基二硅氧烷（HMDS）的等离子体沉积方法合成了带有图案的表面，获得了令人感兴趣的波浪结构，讨论了表面构形与等离子体沉积实验参数之间的对应关系。

13.4　结　论

精心设计的表面工程材料可以显著影响与表面接触的活细胞的生物学反应，这对生物医学应用而言是有用的发现。基板的化学性质或形貌特征会对表面的蛋白质和细胞产生影响，在这方面已经开展了较深入的研究，以探索是否能够采用"启动（switch on）"的方式获得所希望的细胞行为。这些现象的研究包括具有明确的化学性质或形貌的人工表面生成，其中等离子体处理、沉积和刻蚀工艺起着关键的作用。近年来已发现了很多等离子体工艺是有效的，现在的与传统的表面改性技术竞争，改善了细胞-表面的相互作用。在医疗诊断设备制造中或药物输送系统中，等离子体辅助的微纳米构形技术已纳入实验组织和细胞工程协议中。

　　本章中描述的等离子体辅助工序是一些在生物医药领域的等离子体工艺重要进展的实例。应用等离子体生成的微纳米构形表面以及不同化学性质和/或形貌特征的合理排列，通过调节细胞附着之前吸附在表面上的细胞外基质化学组分或构象，能够根据黏附性、分散性及死亡概率，控制真核细胞与原核细胞的状态。

参 考 文 献

[1]　Sniadecki, N.J., Desai, R.A., Ruiz,S.A. and Chen, C. (2006) Ann.Biomed. Eng., 34, 59.

[2]　Liu, H. and Webster, T.J. (2007)Biomaterials, 28, 354.

[3]　Sardella, E., Favia, P., Gristina, R., Nardulli, M. and d'Agostino, R.(2006) Plasma Process. Polym.,3, 456.

[4]　Biederman, H. and Osada, Y. (1992)in Plasma Polymerization Processes(eds H. Biederman and Y. Osada),Elsevier, Dordrecht, p. 5.

[5]　Biederman, H. and Martinu, L.(1990) Plasma Deposition,Treatments and Etching of Polymers, Plasma - Materials Interactions Series(ed R. d'Agostino), Academic Press,New York.

[6]　d'Agostino, R., Martinu, L. and Pische, V. (1991) Plasma Chem.Plasma Proc., 11, 1.

[7]　d'Agostino, R., Fracassi, F.,Lamendola, R. and Palumbo, F.(1993) High Temp. Chem. Proc., 2,287.

[8]　Hauert, R., Gampp, R., Muller, U., Schroeder, A., Blum, J., Mayer, J., Birchler, F. and Wintermantel, E.(1997) Polym. Prepr. (Am. Chem. Soc.Div. Polym. Chem.), 38, 994.

[9]　Jansen, J.A. and von Recum, A.F.(2004) Textured and porous materials, in Biomaterials Science, An Introduction to Materials in Medicine,Vol. 2, (eds B.D. Ratner,A.S.Hoffmann,F.J. Schoen,J.E. Lemons),Elsevier Academic Press, UK, p. 218.

[10]　Nimeri, G., Fredriksson, C., Elwing,H., Liu, L., Rodahl, M. and Kasemo,B. (1998) Colloids Surf. B:Biointerfaces, 11, 255.

[11]　Folch, A. and Toner, M. (2000) Annu.Rev. Biomed. Eng., 2, 227.

[12]　Morgan, J.R., Sheridan, R.L.,Tompkins, R.G., Yarmush, M.L. and Burke, J.F. (2004) Burn Dressing and Skin substitutes, Biomaterials Science, An Introduction to Materials in Medicine, Vol. 7 (eds B. D. Ratner, A. S. Hoffmann, F. J.Schoen, J. E. Lemons), Elsevier Academic Press, UK, p. 602.

[13]　Cancedda, R., Dozin, B., Giannoni,P. and Quarto, R. (2003) Matrix. Biol., 22, 81.

[14]　Ozkan, M., Pisanic, T., Scheel, J.,Barlow, C., Esener, S. and Bhatia,S. N. (2003) Langmuir, 19, 1532.

[15]　Fuhr, G., Glasser, H., Mueller, T. and Schnelle, T. (1994) Biochim. Biophys.Acta, 1201, 353.

[16]　Willner, I. and Katz, E. (2000) Angew.Chem. Int. Ed., 39, 1180.

[17]　Park, T.H. and Shuler, M.L. (2003)Biotechnol. Prog., 19, 243.

[18]　Pancrazio, J.J., Whelan, J.P.,Borkholder, D.A., Ma, W. and Stenger, D.A. (1999) Ann. Biomed. Eng., 27, 697.

[19]　Heller, J. and Hoffman, A. S. (2004)in Drug Delivery Systems, Biomaterials Sscience: An Introduction to Materials in Medicine, 2nd edn (eds B.D.Ratner,A.S. Hoffman,F.J. Schoen and J.E. Lemons), Elsevier Academic Press, San Francisco,CA, p. 628.

[20]　Robinson, J. R., and Lee V. H. L. (eds) (1987) Controlled Drug Delivery: Fundamentals and Applications, 2nd edn , Marcel Dekker, New York.

[21]　Furno, F., Morley, K. S., Wong, B., Sharp, B. L., Arnold, P. L., Howdle, S. M., Bayston, R., Brown, P. D., Winship, P. D. and Reid, H. J. (2004) J. Antimicrobial Chemother., 54, 1019.

[22]　Ratner, B.D. (2001) Plasmas Polym., 6, 189.

[23]　Flemming, R. G., Murphy, C. J., Abrams, G. A., Goodman, S. L. and Nealey, P. F. (1999) Biomaterials, 20, 573.

[24]　Abrams, G., Goodman, S.L., Nealey, P.F., Franco, M. and Murphy, C.J. (1997) Proc. Am. Coll. Vet. Ophthalmol., 28, 50.

[25]　Nelson, C.M., Jean, R.P., Tan, J.L., Liu, W.F., Sniadecki, N.J., Spector, A.A. and Chen, C.S. (2005) Proc. Natl Acad. Sci. USA, 102, 11594.

[26]　Britland, S., Clark, P., Connolly, P. and Moores, G. (1992) Exp. Cell. Res., 198, 124.

[27]　Yim, E.K.F. and Leong, K.W. (2005) Nanomed. Nanotechnol. Biol. Med., 1, 10.

[28]　Dalby, M.J., Giannaras, D., Riehle, M.O., Gadegaard, N., Affrossman, S. and Curtis, A.S.G. (2004) Biomaterials, 25, 77.

[29]　Lee, C.H., Shin, H.J., Cho, I.H., Kang, Y.-M., Kim, I.A., Park, K.-D. and Shin, J.-W. (2005) Biomaterials, 26, 1261.

[30]　Curtis, A.S.G. and Wilkinson, C.D.W. (2001) Trends Biotechnol., 19, 97 and references therein.

[31]　O'Connor, T.P., Duerr, J.S. and Bentley, D. (1990) J. Neurosci., 10, 3935.

[32]　Weibel, D.B., DiLuzio, W.R. and Whitesides, G.M. (2007) Nature, 5, 209.

[33]　Yap, F.L. and Zhang, Y. (2007) Biosens. Bioelectron., 22, 775.

[34]　Kadler, K.E., Holmes, D.F., Trotter, J.A. and Chapman, J.A. (1996) J. Biochem., 316, 1.

[35]　Jones, P.L., Jones, F.S., Zhou, B. and Rabinovitch, M.J. (1999) J. Cell Sci., 112, 435.

[36]　Elliott, J.T., Tona, A., Woodward, J.T., Jones, P.L. and Plant, A.L. (2003) Langmuir, 19, 1506.

[37]　Ingber, D.E. and Folkman, J. (1989) J. Cell Biol., 109, 317.

[38]　Verkhovsky, A.B., Svitkina, T.M. and Borisy, G.G. (1999) Curr. Biol., 9, 11.

[39]　Lo, C.M., Wang, H.B., Dembo, M. and Wang, Y.L. (2000) Biophys. J., 79, 144.

[40]　Denis, F.A., Hanarp, P., Sutherland, D.S., Gold, J., Mustin, C., Rouxhet, P.G. and Dufrene, Y. F. (2002) Langmuir, 18, 819.

[41]　Han, M., Sethuraman, A., Kane, R.S. and Belfort, G. (2003) Langmuir, 19, 9868.

[42]　Xia, Y., Rogers, J.A., Paul, K.E. and Whitesides, G.M. (1999) Chem. Rev., 99, 1823.

[43]　Xia Y. (ed.) (2004) Adv. Mater., 16, (special issue dedicated to George Whitesides).

[44]　Moreau, W.M. (1988) Semiconductor Lythography: Principles and Materials, Plenum, New York.

[45]　Brambley, D., Martin, B. and Prewett, P.D. (1994) Adv. Mater. Opt. Electron., 4, 55.

[46]　Pan, Y.V., Hanein, Y., Leach-Scampavia, D., Bohringer, K.F., Ratner, B.D. and Denton, D.D. (2001) 14th IEEE International Conference on MEMS; 435.

[47]　Clemmens, J., Hess, H., Howard, J. and Vogel, V. (2003) Langmuir, 19, 1738.

[48]　Clemmens, J., Hess, H., Lipscomb, R., Hanein, Y., Böringer, K.F., Matzke, C.M., Bachand, G. D., Bunker, B.C. and Vogel, V. (2003) Langmuir, 19, 10967.

[49]　Blawas, A.S. and Reichert, W.M. (1998) Biomaterials, 19, 595.

[50] Barbucci, R., Lamponi, S., Magnani, A. and Pasqui, D. (2002) Biomol.Eng., 19, 161.

[51] Magnani, A., Priamo, A., Pasqui, D.and Barbucci, R. (2003) Mater. Sci.Eng. C, 23, 315.

[52] Dorman, G. and Prestwich, G.D.(2000) TIBTECH, 18, 64.

[53] Barbucci, R., Torricelli, P., Fini, M., Pasqui, D., Favia, P., Sardella, E., d'Agostino, R. and Giardino, R.(2005) Biomaterials, 26, 7596.

[54] Okazaki, S. (1991) J. Vac. Sci. Technol. B, 9, 2829.

[55] Li, N., Tourovskaia, A. and Folch, A.(2003) Crit. Rev. Biomed. Eng., 31, 423.

[56] Xia, Y. and Whitesides, G. (1998)Angew. Chem. Int. Ed., 37, 550.

[57] Kane, R.S., Takayama, S., Ostuni, E.,Ingber, D.E. and Whitesides, G.M.(1999) Biomaterials, 20, 2363.

[58] Geissler, M. and Xia, Y. (2004) Adv.Mater., 16, 1249, and references therein.

[59] Aizenberg, J., Black, A.J. and Whitesides, G.M. (1999) Nature, 398,495.

[60] Ha, K., Lee, Y.-J., Jung, D.-Y., Lee,J.H. and Yoon, K.B. (2000) Adv. Mater., 16, 6968.

[61] Kind, H., Geissler, M., Shmid, H.,Michel, B., Kern, K. and Delamarche, E. (2000) Langmuir, 16,6367.

[62] Hovis, J.S. and Boxer, S.G. (2001)Langmuir, 17, 3400.

[63] Tan, L., Tien, J. and Chen, C.S.(2002) Langmuir, 18, 519.

[64] Vickie Pan, Y., McDevitt, T.C., Kim,T.K., Leach-Scampavia, D., Stayton,P.S., Denton, D.D. and Ratner, B.D.,(2002) Plasmas Polym., 7, 171.

[65] Tanaka, T., Morigami, M. and Atoda,N. (1993) Jpn. J. Appl. Phys., 32,6059.

[66] Rogers, J.A., Paul, K. and Whitesides, G.M. (1998) J. Vac. Sci.Technol. B, 16, 88.

[67] Yasuda, H. and Matsuzawa, Y. (2005)Plasma Process. Polym., 2, 507.

[68] Favia, P., Sardella, E., Gristina, R. and d'Agostino, R. (2003) Surf. Coat. Technol., 169-170, 707.

[69] Schröder, K., Meyer-Plath, A., Keller,D. and Ohl, A. (2002) Plasmas Polym., 7, 103.

[70] Wu, Y., Kouno, M., Saito, N., Nae, F.A., Inoue, Y. and Takai, O. (2007) Thin Solid Films, 515, 4203.

[71] Wu, Y., Sugimura, H., Inoue, Y. and Takai, O. (2002) Chem. Vap. Depos.,8, 47.

[72] Sardella, E., Gristina, R., Senesi,G.S., d'Agostino, R. and Favia, P.(2004) Plasma Process. Polym., 1, 63.

[73] Detomaso, L., Gristina, R., Senesi,G.S., d'Agostino, R. and Favia, P.(2005) Biomaterials, 26, 3831.

[74] France, R.M., Short, R.D., Duval, E.,Jones, F.R., Dawson, R.A. and McNeil, S. (1998) Chem. Mater., 20,1176.

[75] Siow, K.S., Britcher, L., Kumar, S.and Griesser, H.J. (2006) Plasma Process. Polym., 3, 392.

[76] Slocik, J.M., Beckel, E.R., Jiang, H.,Enlow, J.O., Zabinski, J.S., Jr.,Bunning, T.J. and Naik, R.R. (2006)Adv. Mater., 18, 2095.

[77] Valsesia, A., Silvan, M.M., Ceccone,G., Gilliland, D., Colpo, P. and Rossi, F. (2005) Plasma Process.Polym., 2, 334.

[78] Girard-Lauriault, P.-L., Mwale, F.,Iordanova, M., Demers, C.,Desjardins, P. and Wertheimer,

M.R.(2005) Plasma Process. Polym.,2, 263.

[79]　Kogelschatz, U. (2003) Plasma Chem.Plasma Process, 23, 1.

[80]　Lei, Y., Cai, W. and Wilde, G. (2007)Prog. Mater. Sci., 52, 465.

[81]　Krozer, A., Nordin, S.- A. and Kasemo, B. (1995) J. Colloid Interf. Sci., 176, 479.

[82]　Hanarp, P., Sutherland, D.S., Gold,J. and Kasemo, B. (2003) Colloid Surf. A: Physicochem. Eng.
　　　Aspects,214, 23.

[83]　Whitesides, G.M. and Grzybowski,B.A. (2002) Science, 295, 2418.

[84]　Bretagnol, F., Valsesia, A., Ceccone,G., Colpo, P., Gilliland, D., Cerotti,L., Hasiwa, M. and
　　　Rossi, F. (2006)Plasma Process. Polym., 3, 443.

[85]　Jang, P., Bertone, J.F., Hwang, K.S.and Colvin, V.L. (1999) Chem. Mater.,11, 2132.

[86]　Tien, J., Terfort, A. and Whitesides,G.M. (1997) Langmuir, 13, 5349.

[87]　Curtis, A.S.G., Casey, B., Gallagher,J.G., Pasqui, D.,Wood, M.A. and Wilkinson, C.D.W.(2001)
　　　Biophys. Chem., 94, 275.

[88]　Valsesia, A., Colpo, P., Manso, M.,Meziani, T., Ceccone, G. and Rossi,F. (2004) Nanoletters,
　　　4, 1047.

[89]　Valsesia, A., Colpo, P., Meziani, T.,Bretagnol, F., Lejeune, M., Rossi, F.,Bouma, A. and
　　　Garcia - Parajo, M.(2006) Adv. Func. Mater., 16,1242.

[90]　Shi, H., Tsai, W.- B., Garrison, M.D.,Ferrari, S. and Ratner, B. (1999)Nature, 398, 593.

[91]　Schild, H.G. (1992) Prog. Polym. Sci.,17, 163.

[92]　Zareie, H.M., Bulmus, E.V.,Gunning, A.P., Hoffman, A.S.,Piskin, E. and Morris, V.J. (2000)
　　　Polymer, 41, 6723.

[93]　Kujawa, P. and Winnik, F.M. (2001)Macromolecules, 43, 4130.

[94]　Shimizu, T., Yamato, M., Kikuchi, A.and Okano, T. (2001) Tissue Eng., 7,141.

[95]　Cheng, X., Wang, Y., Hanein, Y.,Bohringer, K.F. and Ratner, B.D.(2004) J. Biomed. Mater.
　　　Res. A, 70,159.

[96]　Pan, Y. V., Wesley, R. A., Uginbuhl, R. L., Denton, D. D. and Ratner, B. D. (2001)
　　　Biomacromolecules, 2, 32.

[97]　Favia, P., Cicala, G., Milella, A.,Palumbo, F., Rossini, P. and d'Agostino, R. (2003) Surf. Coat.
　　　Technol., 169 - 170, 609.

[98]　Milella, A., Palumbo, F., Favia, P.and d'Agostino, R. (2005) Pure Appl.Chem., 77, 399.

[99]　Kay, E., Coburn, J.W. and Dilks, A.(1980) Topics Curr. Chem., 94.

[100]　Han, L.C.M., Timmons, R.B. and Lee, W.W. (2000) J. Vac. Sci. Technol.B, 18, 799.

[101]　Limb, S.J., Lau, K.K., Edell, D.J.,Gleason, E.F. and Gleason, K.K.(1999) Plasma Polym., 4, 21.

[102]　Gristina, R., D'Aloia, E., Senesi, G.S.,Sardella, E., d'Agostino, R. and Favia,P. (2004) Eur.
　　　Cells Mater., 7, 8.

[103]　D'Aloia, E., Senesi, G.S., Gristina, R.,d'Agostino, R. and Favia, P. (2005)Proceedings of 17th
　　　International Symposium on Plasma Chemistry (ISPC - 17), Toronto, Canada, 7 - 12,August.

[104]　Senesi, G.S., D'Aloia, E., Gristina, R.,Favia, P. and d'Agostino, R. (2007)Surf. Sci., 601, 1019.

[105]　Rosso, F., Marino, G., Muscariello,L., Cafiero, G., Favia, P., D'Aloia, E.,d'Agostino, R. and
　　　Barbarisi, A.(2006) J. Cell Physiol., 207, 636.

[106] Li, W.Z., Wen, J.G., Tu, Y. and Ren,Z.F. (2001) Appl. Phys. A, 73, 259.

[107] Correa – Duarte, M.A., Wagner, N.,Rojas – Chapana, J., Morsczeck, C.,Thie, M. and Giersig, M. (2004)Nano – letters, 4, 2233.

[108] Bowden, N., Brittain, S., Evans, A.G.,Hutchinson, J.W. and Whitesides,G.M. (1998) Nature, 393, 146.

[109] Wang, X. and Grundmeier, G. (2006)Plasma Process. Polym., 3, 39.

[110] Jeong, H.J., Markle, D.A., Owen, G.,Pease, F., Grenville, A., von, R. and Nau, B. (1994) Solid State Technol.,37, 39.

[111] White, D.L., Bjorkholm, J.E., Bokor,J., Eichner, L., Freeman, R.R., Jewell,T.E., Mansfield, W.M., MacDowell,A.A., Szeto, L.H., Taylor, D.W.,Tennant, D.M., Waskiewicz, W.K.,Windt, D.L. and Wood, O.R. (1991)Solid State Technol., 37.

[112] Dunn, P.N. (1994) Solid State Technol., 49.

[113] Jones, R.G. and Tate, P.C.M. (1994)Adv. Mater. Opt. Electron., 4, 139.

[114] Minne, S.C., Manalis, S.R., Atalar, A.and Quate, C.F. (1996) Appl. Phys. Lett., 68, 1427.

[115] Xia, Y., Kim, E., Zhao, X.-M., Rogers,J.A., Prentiss, M. and Whitesides,G.M. (1996) Science, 273, 347.

[116] Kumar, A. and Whitesides,G.M. (1993) Appl. Phys. Lett.,63, 2002.

[117] Kim, E., Xia, Y., Zhao, X.-M. and Whitesides, G.M. (1997) Adv. Mater.,9, 651.

[118] Xia, Y. and Whitesides, G.M. (1998)Angew. Chem., Int. Ed. Engl.,37, 550.

[119] Kim, E., Xia, Y. and Whitesides,G.M. (1995) Nature, 376, 581.

[120] Xia, Y. and Whitesides, G.M. (1998)Annu. Rev. Mater. Sci., 28, 153.

[121] Allard, M., Sargent, E.H., Lewis, P.C.and Kumacheva, E. (2004) Adv.Mater., 16, 1360.

[122] Jenekhe, S.A. and Chen, X.L. (1999)Science, 283, 372.

第14章 在生物医学应用的等离子体改性基板上化学固化生物分子

L. C. Lopez, R. Gristina, Riccardo d'Agostino, Pietro Favia

新型人工合成生物材料的研究是一个当前很活跃的研究领域，该研究领域综合了医学、生物学、化学、物理学和工程学等多个学科。这个多学科方法的目标是实现能与生物系统相互作用的材料合成，以便施行、增强或取代生命体的自然功能。掌握如何将材料表面化学性质用于控制与该表面相互作用细胞的生物活性，是对生物材料科学领域的巨大挑战。对材料的生物响应与材料表面直接相关的证据，强调了表面改性技术对于实现"生理学"的生物响应的重要作用。为了实现这个目标，广泛采用等离子体改性工艺作为工具，生产表面功能化的生物材料。

在等离子体改性材料上对生物活性分子固化，是在生物材料上细胞-表面相互作用的控制方面迈出的第一步，以便给细胞识别与生长提供指定的目标。不同等离子体工艺（如沉积和接枝）已经用于生成以官能团为特征的表面，这种官能团能够通过化学吸附（共价键连接、离子化或亲水化相互作用）或物理诱捕的方式固化生物分子。采用特定生物分子官能化的表面，可以用于触发特定的生物学反应，因而驱动细胞-蛋白质与表面的相互作用。

本章重点讨论的是聚合材料不同等离子体改性工艺在肽类、糖类、酶类和其他生物分子固化中的作用。描述了对这些改性材料特定生物学反应进行验证的生物相容性测试。

14.1 引言

生物材料是人工合成的、天然的或两种材料的组合，用于医疗设备中，以治疗或替换与生物环境相互作用的身体组织、器官或功能[1]。能够同时替代缺失的生物学功能并控制宿主反应的新生物材料和改进的生物材料研究，因为具有每年拯救百万人生命和改进生活质量的可能性而正在引起越来越多科学工作者的兴趣。心脏瓣膜、牙齿种植、眼科透镜、透析膜、骨科器械、支架和脉管移植仅仅是众所周知的少数医疗器械的实例，这些器械也被新型生物材料应用所改进。

生物材料可以用陶瓷、金属、复合材料等常规材料的组合来制造，更重要的是，由于其优异的性能和广泛的适用性，上述这些材料可以与聚合物材料一起使用。聚合物具有确切的稳定性、良好的机械性和轻的质量特性，因而广泛应用于医疗器械的制造，仅举几个例子，如假肢、导尿管、眼底透镜。尽管具有优异的"主体（bulk）"材料特性，但聚合物仍需对表面进行适当的改性以便适应生物技术领域的应用，因为它们没有显现出适应于与生物学环境相互作用"引人注目（attractive）"的表面。在生物材料科学行业术语中，就意味着聚合物表面不满足生物适应性要求，即"在特定应用中，材料表现出适当的宿主响应能力"[2]。生物材料的主要要求在于避免慢性炎症反应，抵抗细菌定植以及促进在周围组织中正常分化的能力。此外，生物适应性定义很清楚，生物材料的特殊要求很大程度上取决于应用和植入的特定点位。例如，为了稳定的组织整合，特别需要进行促进特定细胞黏附的表面改性；相反，对于接触流体的应用，就可能需要避免黏结性的基板。因此，控制细胞在材料上黏附和增生（即促进新器官的重构）以及避免蛋白质和血小板吸附在不需要细胞黏附部位的可能性，成为对生物材料科学的主要挑战。为了接近这个目标，这个领域最新进展旨在深刻理解在材料上如何应用表面化学性质去控制那些与表面相互作用的细胞生物活动，进而精确控制它的生物学反应[3,4]。

在引导体内和体外的细胞物质相互作用的尝试中，生物学事件受细胞膜上特定分子（如整联蛋白）的强烈影响，这些分子与体内的、其他细胞上的或细胞外基质上的分子或与体外合成材料上吸附的生物分子发生特异性相互作用。这种类型的相互作用必须严格指定，以便驱动细胞的黏附和行为。为了获得对生物材料的特定细胞响应，在用适当的信号分子修改表面方面已进行了很多尝试，例如，固定那些能够被细胞明确识别的生物分子。不同类型的生物分子被固定到不同天然的或合成的基板上，以驱动特定的细胞-表面相互作用：全蛋白（玻基状、纤维连接蛋白）以及短肽、酶、DNA 片段。表 14-1 中列出了固定于不同基板上的生物材料。

表 14-1　固定于生物材料表面的生物活性分子

蛋白质（胶原蛋白、玻基状、层黏连蛋白、纤维连接蛋白等）
酶类
抗体
短肽（RGD、YIGSR 等）
碳水化合物
多糖
寡糖
脂类
抗生素
抗血栓分子
DNA

通过生物分子的固定，可以获得生物分子与材料暂时的或永久的结合。例如，在药物输送系统中，固定的药物在进入到器官之后，必须在预定的时间内释放；而对于生物材料上特定组织的生长，分子必须永久地与生物材料结合。

有多种固定方法已经获得应用，这些方法可以分为两类：通过共价键的化学吸引方法和通过捕获与吸附的物理方法[5]。物理的吸附方法主要由范德瓦耳斯（Van der Waals）和静电力使非特定的分子吸附到基板上。反之，共价固定要求表面有"锚"的功能；尽管一些合成材料和天然材料已经拥有侧链锚基，但大多数其他材料还是需要进行改性，以为化学固定提供适当的表面锚功能。因此，为了实现化学固定，需要一个初步表面官能化步骤，可以通过湿化学方法或物理方法完成。特别是，可采用以下方法改进材料表面：

- 化学方法（湿氧化、酸处理等）；
- 物理方法［吸附、朗缪尔-布洛杰特镀膜（Langmuir - Blodgett films）等］；
- 物理化学方法（激光处理，等离子体处理等）。

在各种各样的技术中，湿化学方法经常使用于苛刻的条件和溶剂，这些溶剂可能残留在大部分材料中，从而可能损害与之接触的生物系统。相比之下，物理化学方法，如等离子体处理，代表了一种作为生物材料应用的聚合物第一步官能化的有效、多功能、非破坏性、易行的途径。因为等离子体能够实现材料表面最外层的化学与物理改性，同时保持材料主要部分的机械、物理和化学特性不变，所以等离子体是一种非常合适的工艺[6,7]。此外，等离子体可以方便地处理不同形状的各种材料，实现均匀的表面改性甚至与基板的形貌完全一致。与化学方法相比，等离子体表面改性可以认为是无损伤的，稳定的等离子体改性不会出现化学浸出。此外，材料表面（甚至热不稳定的基板）官能化的可能性，使得等离子体技术真正吸引了其他表面改性方法。等离子体改性工艺已经广泛用于生物医学方面的材料改性[8,9]，因为这种工艺能够获得具有密度可调的官能团表面。在"接枝"工艺（NH_3、O_2、H_2O 等）情况下改变工作气体，或通过不可聚合有机化合物进行等离子体沉积，能够获得富含各种官能团的表面，包括胺、羧基、羟基、亚胺、环氧、异氰酸酯等。通过等离子体获得的官能团可能自身（per se）赋予黏合或排斥"生物学特性"到材料上，或可作为生物分子固定的锚基团，提供更具体的生物响应。

有据可查，含氧[10]和含氮的基团会促进细胞的黏合和生长[11]。例如，用丙烯酸（AA）蒸汽为工作气体的辉光放电沉积的功能化有机薄膜，以—COOH 和其他的含 O 基团为特征，已经扩展地用于细胞黏附表面[12]。等离子体沉积的聚环氧乙烷类 PEO 涂层，在不同生物学应用中已扩展用作不结垢表面[13]。

图 14 - 1（a）～（c）示出了不同等离子体改性工艺如何生成具有固定功能的表面：等离子体处理（接枝 grafting）；采用等离子体增强化学蒸汽沉积（PE - CVD）方法的等离子体沉积；等离子体诱导的接枝聚合。采用非聚合气体（H_2、O_2、NH_3 等）等离子体工艺能够导致富含 N 和 O 官能团的表面合成；采用 PE - CVD 的单体（丙烯胺、丙烯醛、丙烯酸等）等离子体沉积也导致如氨基、羧基和醛等富含 N 和 O 官能团的等离子体沉积层。采用等离子体诱导有机单体的接枝聚合，也能够获得具有表面化学功能的表面[9b]，这是激活表面必须的等离子体处理过程，然后使处理过的表面与有机单体化学相互作用。

在官能化步骤之后，改性的表面可以采用湿化学反应实现各种生物分子（酶、肽、碳水化合物等）的固定，甚至通过"系绳"分子以正确的活性构象将它们绑在表面上，以便维持它们的生物活性不变[14]。为了避免使用溶剂和严酷条件，固定步骤是在水基媒质中，采用温和的耦合方法实现的。

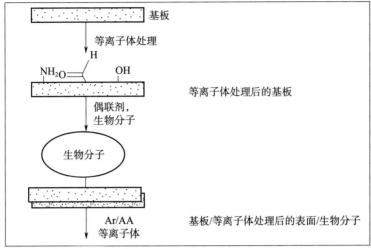

(a)

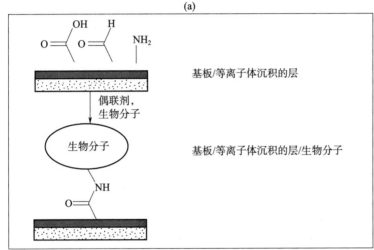

(b)

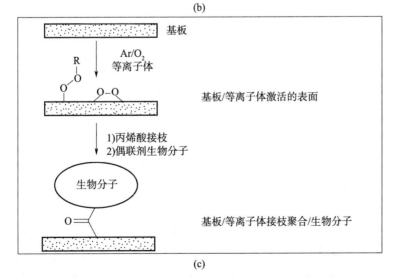

(c)

图 14-1　表面改性过程：（a）等离子体处理；（b）薄涂层的等离子体沉积；（c）等离子体诱导的接枝聚合。所生成的表面都是富含化学锚定基团的（—COOH，—NH₂，—OH 等），可用于生物分子固定的主锚

　　接下来，本章将介绍最近二十年如何采用等离子体工艺生成适用于固定各种生物分子的功能性表面。研究了采用不同等离子体工艺和不同生物分子（如 PEO 链、多糖、蛋白质、短肽、碳水化合物、酶类）获得的结果。将特别关注应用的各种化学偶联过程和提供的生成表面生物相容性的生物学测试。

14.2　生物分子的固定

14.2.1　PEO 链固定（不结垢的表面）

　　用于生物环境的材料设计主要挑战之一是能够生成抵抗未指定蛋白质吸收的表面。事实上，当生物材料在体内植入时，几分钟之后就会形成一层未指定吸收的蛋白质。随后，将会发生很多称为"异物反应"的事件，如细胞因子产生或巨噬细胞攻击，以便促成胶原囊的形成，将植入物隔离到体外[15]。因此，吸附蛋白质层对于细胞与生物材料表面之间的调节起着关键的作用。理解这种机理，对于能够正确驱动预期用途生物响应的工程材料至关重要。为了驱动特定细胞的响应，在生物材料表面随机吸附的蛋白质，不会与细胞隔膜上的受体、蛋白质或糖蛋白发生特异性相互作用。因此，驱动特定的细胞-表面相互作用（如规定的功能）唯一的可能性是避免植入后马上出现的非指定蛋白质的吸附。

　　为了防止蛋白质吸附聚乙二醇（PEG），也称为聚环氧乙烷（PEO），已在化学、生物医学和化妆品等很多实际应用中使用了合成的水溶性聚合物[16]。PEO 涂层在这些领域中引起极大兴趣，主要是因为它对蛋白质吸附程度低[17]，同时具有较低的细胞和细菌黏附性[18]。这些主要的特征使得 PEO 表面对于开发植入物与生物探测器以及构建诊断分析具有巨大的吸引力。

　　为了将 PEO 链嫁接到各种人工生成的表面，已经实现了所有物理吸附[19]、接枝聚合[20]、等离子体聚合[21]、共价吸附[22]和直接 PEO 分子吸附[23]。然而，毫无疑问的是，PEO 涂层对非指定蛋白质吸附的阻止能力，可能并不取决于固定方法，而取决于链的密度[13]。

　　为了生成永久性的不结垢表面，PEO 表面活性剂必须共价地固定在浸有 PEO 表面层的聚乙烯（PE）表面上，然后采用非常低功率的氩等离子体进行处理[24]。体外血小板黏附和纤维蛋白原吸附测试结果都显示出了表面的非结垢特性。另外一种在等离子体改性表面上固定 PEO 链的方法是将羧基团用作锚的功能。特别是，PE 表面必须在氩等离子体中处理，然后，表面必须在 50% 丙烯酸水溶液中进行反应，使得表面富含羧基基团。采用 1-环己基-3-（2-玛琳代乙基）碳二亚胺作为偶联剂，已完成了不同分子量双氨基 PEO 链共价吸附过程[25]。

　　据报导，有不使用偶联剂情况下，仅在丙烯醛或乙醛为工质的放电中获得富含醛的等离子体沉积层[26]，将氨基-PEO 链固定在氟化乙烯丙烯共聚物上的方法。通过首先构成带有醛基团的席夫碱（Schiff base），然后用氰基硼氢化物还原，实现了氨基-PEO 链的固定。已经通过 X 射线频谱仪、傅里叶变换红外、基态二次离子质谱仪和水接触角测量结果证实了 PEO 链的成功固定。测试了所得的 PEO 表面对纤维蛋白原吸附的排斥力并与天然 FEP 表面和醛基表面进行了比较。在 PEO 表面的纤维蛋白原吸附分别与醛和 FEP 上的吸附少 28% 和 43%。

14.2.2　多糖的固定

在抗蛋白质表面设计过程中，发现多糖涂层也具有不结垢表面的特征[27]。然而，尽管很多的多糖基涂层表现为不结垢的特征，但在文献中仍有关于细胞黏附在由透明质酸获得的涂层上[28]和脂化透明质酸上[29]的证据以及蛋白质吸附的例子[30]。这种特殊的双重性似乎是由于表面的多糖分子表面结构所致，在某些情况下，这种分子会驱动细胞黏附，而在其他情况下会引起不结垢层。下面的一些例子将给出多糖涂层的这种独特的双重特征：生成不结垢层和改进细胞的黏附性。

为了获得抗菌表面，已将多糖，尤其是藻酸盐和透明质酸固定到了等离子体改性的膜上[31]。在聚苯乙烯表面上进行了气体等离子体处理，以激活随后与聚乙烯亚胺反应的表面。然后，在氨基 PEI 基团和藻酸盐与透明质酸的 COOH 基团之间发生碳二甲胺辅助偶联反应。多糖改性的基板已经用于 L-929 小鼠成纤维细胞培育和 RP62A 葡萄球菌表皮的细菌黏附实验。这种表面表现出抵抗细胞的作用，与未处理的基板相比，细菌黏附降低了几个数量级。

羧甲基葡萄糖可以方便地用作典型的多糖化合物，并黏附在等离子体沉积的氨化特氟龙表面上，这种表面可以通过显示表面氨基的正庚胺沉积获得，也可通过乙醛等离子体沉积的表面醛基获得[32]。已经通过正庚胺等离子体沉积或使用 1-乙基-3 碳二亚胺和 N-羟基琥珀酰亚胺作为偶联剂的多胺间隔臂水基偶联过程，直接将不同分子量的羧甲基葡萄糖固定于涂层上。X 射线频谱仪分析表明，与羧甲基葡萄糖直接黏附相比，当使用多胺间隔基时，有大量的羧甲基葡萄糖束缚在表面上。观测结果表明，牛角膜上皮细胞的定殖严格依赖于羧甲基葡萄糖所采用的固定途径，特别是，当在表面和羧甲基葡萄糖之间引入间隔分子时，细胞的黏附和生长被完全抑制，而在羧甲基葡萄糖直接固定到等离子体胺化的表面上观测到了细胞的黏附。可以观测到，当改变羧甲基葡萄糖分子量或羧甲基葡萄糖的羧甲基替代时，细胞黏附性不受影响。只有采用羧甲基葡萄糖完全覆盖基板时，才能得到完全的抗细胞表面。

除了具有抗细胞特性外，多糖基涂层还提供了大量生物医学所期望的天然高亲水性表面。一种生成亲水性薄膜的便利方法是，将多糖薄涂层作为潜在的生物材料表面[33]，该表面通过共价固定（高碘酸盐氧化，水溶液）在等离子体改性的氨基团表面上获得。特别是采用氨等离子体放电和采用正庚胺沉积而改性的特氟龙表面和有机硅聚合物聚三甲基甲硅丙炔表面[34]。

最近，采用 Ar/NH₃ 工质放电活化的等离子体微构形的聚对苯二甲酸表面，已被用作透明质酸光固化的底漆层[35]。由于透明质酸代表了细胞外基质蛋白的糖胺聚糖成分之一而引起人们的极大兴趣。透明质酸基质已被成功的证明能够促进软骨细胞的黏附和增殖。

微构形的透明质酸表面能够诱导细胞黏附、细胞增殖以及膝关节软骨的软骨细胞分化。此外，聚集蛋白聚糖和Ⅱ型胶原蛋白的产物已经添加到了改性表面上[36]。

14.2.3　蛋白质与肽的固定

目前已经开发了一些驱动细胞黏附的方法，且已经证明了等离子体改性的表面具有独特的细胞黏附特性。然而，为了提高细胞的黏附性，获得特定的生长和分化，已经将不同的生物分子（主要是蛋白质和肽）固定在生物应用的基板表面上。

与小肽相比，固定完整的蛋白质具有一些优势，可促进多种整合素介导的响应。整联蛋白通过与多种细胞或细胞外基质配体相互作用来介导信号转导。此外，尽管文献中有很多蛋白质固定到不同基板的例子，但由于某些原因，固定小肽似乎更容易。例如，蛋白质可能会发生热变性，价格更高，且经常受到 pH 驱动的改性[36]。此外，非指定的蛋白质吸附可能会导致蛋白质的方向和构象发生变化，从而导致蛋白质变性和失活，如由于隐藏了活性位点。相比之下，肽可以很容易地以很高的纯度合成，价格很便宜，不受 pH 影响和温度的变化，且对杀菌表现出更高的稳定性[37]。应该强调的是，尽管从实验的观点短肽的固定很容易，但短肽的固定仅能弱弱地模拟蛋白质的多功能性，蛋白质通常能携带数千个氨基酸序列。

为了改善血液相容性或改善细胞的黏附与生长，已经将几种蛋白质固定到了不同等离子体改性基板上和天然聚合物基板上。等离子体改性已经用于实现蛋白质的化学固定，有很多固定的例子，包括将白蛋白、明胶和胶原蛋白固定到 O_2 等离子体处理后用丙烯酸接枝的聚甲基酸甲酯薄膜上；采用羧基表面基团作为锚定功能实现的固定[38]。为了增强成纤维细胞的生长，已经将转铁蛋白和胰岛素固定到 NH_3 等离子体处理的聚亚胺酯薄膜上[39]。为了改善血液的生物兼容性，完成了在等离子体处理的聚对苯二甲酸基板上固定两种蛋白质的实例[40]。特别是，将 PET 置于 O_2 等离子体中处理，然后浸入到丙烯酸溶液中得到富 COOH 基团的表面，这些锚定部分已经用于共同固定胰岛素和肝素[41]，而众所周知，胰岛素可以增强细胞增殖，而肝素则可以引发细胞附着。

由于篇幅限制，接下来几段中，我们重点讨论特定蛋白质、胶原蛋白和类胶原蛋白分子的固定问题，因为它们能够代表大多数细胞外基质的蛋白质，且在生物材料领域中得到广泛应用。

14.2.3.1　胶原蛋白的固定

在细胞外基质中存在很多不同类型的胶原蛋白，它们通过自身或与其他 ECM 蛋白（如纤维连接蛋白）相互作用，在 ECM 发育和维持过程中执行不同的任务。由于胶原蛋白的独有特点和天然的生物降解特性，在生物医学领域具有广泛的应用[42]。

据报道，一个有趣的应用是在等离子体处理的聚乳酸上固定胶原蛋白，这在可生物降解聚合物中具有重要意义，最近已被美国食品与医药管理局批准用于植入人体。PLA 没有表现出任何适应生物分子固定的表面官能团，因此，采用 O_2 和 NH_3 等离子体处理方法接枝含 N 和含 O 的基团来固定胶原蛋白[43]。聚（D，L-丙交脂）（PDLLA）已经被用作

3T3 成纤维细胞培育的基板。对固定在等离子体处理的 PDLLA 上的胶原蛋白进行细胞培育实验表明，这种表面改善了 3T3 成纤维细胞的黏附[44]。

Ⅲ型胶原蛋白已经连接到具有表面 COOH 基团特征的等离子体改性硅橡胶聚合物上，以改善角膜上皮细胞的培养。特别是，在 Ar 预处理后，暴露于 O₂ 中以引入过氧化物基团，然后进行等离子体诱导的丙烯酸接枝聚合。在过氧化物热分解后，就实现了聚丙烯酸的共价结合。采用一种水溶性偶联剂 CMC 实现胶原氨基团与 COOH 表面基团之间的偶联。连接到表面的胶原蛋白在体外证明了其增强原代兔角细胞黏附和生长的能力[44]。

除此之外，采用丙烯酸接枝聚合 PET 表面以引入 COOH 基团；随后固定了 Ⅰ 型和 Ⅲ 型胶原蛋白以改善人体平滑肌细胞的黏附能力[45]。PET 基板采用 Ar 进行等离子体活化，然后按照类似前面所述的方法暴露于 O₂ 中，进行聚合丙烯酸共价结合。在无血清培养基中，通过平滑肌细胞的生长研究了固定的效果，真实地评估了胶原蛋白在驱动细胞黏附中的作用。在等离子体改性的薄膜上，平滑肌细胞的黏附性得到了证实，该薄膜上的细胞与血清蛋白一起生长，但是，在无血清培养基条件下，当细胞在固定有胶原蛋白的基板上生长时，会令人惊讶地抑制了平滑肌细胞的黏附。尽管经常采用固定 ECM 蛋白质来促进不同类型细胞的黏附与生长，但这项工作中需要强调的是，在实验的培育条件下，对于平滑肌细胞黏附来说，Ⅰ 型和 Ⅲ 型胶原蛋白并不是理想的黏附蛋白。

等离子体改性的表面也被用于固定类似胶原蛋白的分子（collagen - like molecules，CLM），即那些模仿天然胶原蛋白特性的合成蛋白。这些合成的分子模仿了天然蛋白的特性，特别是能够形成三重螺旋结构（在体内），因此成为生物应用中有效的胶原蛋白替代物[46]。采用等离子体沉积富含乙醛和氨基团涂层的方法，完成了 FEP 基板的改性，将这些基板用于 CLM 的结合，以便确定这些分子是否能够刺激细胞的结合与组织的定植。CLM 已经通过辅助反应连接到了富乙醛改性的 FEP 表面，导致表面与分子之间形成席夫碱（Schiff base）。将羧甲基葡萄糖分子作为聚羧酸盐连接分子，将 CLM 固定在富氨基的表面上。通过 EDC/NHS 耦合过程，连接 CLM 到富 COOH 的分子上。采用牛角膜上皮细胞完成了细胞定殖实验，实验结果表明，CLM 具有生物学反应，很有希望用于生物医学的组织接口。

14.2.3.2　肽的固定

通过吸附蛋白质的细胞黏附是由细胞膜上的特定整联蛋白介导的。目前已经识别出了很多不同短氨基酸序列，它们的介导细胞特异性黏附表现在 ECM 黏附蛋白上，并已用于改性生物材料表面。

为增强细胞的黏附力和不同细胞系生长而固定最常见的肽是 RGD 肽（Arg - Gly - ASP），代表了 ECM 中所含的最小黏附域，如纤维蛋白和玻连蛋白[47]。ECM 分子的整联蛋白结合能力已被定位于 ECM 蛋白质中的特异寡肽序列。此外，也研究了其他肽片段并将其固定到了各种基板上[48]，如 YIGSR（Tyr - Ile - Gly - Ser - Arg），它代表层黏结蛋白最小黏附结构域，层黏附蛋白是一种行使多种生物学活性的糖蛋白。在本综述中，我们重点关注等离子体改性表面的含 RGD 肽固定问题。

　　为改进 AML12 肝细胞的黏附性，已在聚己酸内酯和聚 L 乳酸表面等离子体沉积的丙烯酸涂层上固定了 RGD 和 YIGSR[49]。首先，聚乙二醇链与黏附肽反应，然后与表现为表面氨基的聚烯丙胺涂层偶联。为了增强肝细胞的黏附，已将带有 RGD 和 YIFSR 黏附域的改性表面开发为模拟体内的 ECM。适应性黏附试验证实了肝细胞的黏附增强。

　　我们已经报导了将 RGD 肽固定在通过丙烯酸 PE - CVD（等离子体沉积丙烯酸，pdAA）获得的表面羧基团的研究结果[50]。采用水溶性碳二亚胺基反应，通过双氨基间隔分子 [O，O'-双（2 氨基丙基）-聚乙二醇 500] 实现了 RGD 的固定。通过酰胺键与表面键合的间隔分子，起着使肽与基板间隔开的关键作用，从而使肽易于到达整联蛋白的结合位点。在 RGD 改性的 PET 基板上培育了 3T3 成纤维细胞，与天然 PET 基板和 pdAA 基板相比，这种基板的细胞黏附性得到了增强。除了改进了细胞黏附性，在 RGD 改性表面上的成纤维细胞也显示出了不同的形态特征。特别是，在天然 PET 充分隔离的情况下，观察到圆形或细长形细胞，散布的细胞以 4～6 个细胞的簇聚集形式聚集在 RGD 改性的基板上，如图 14 - 2 所示。

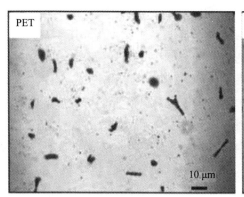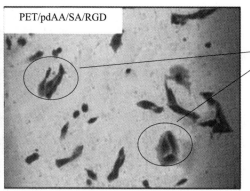

图 14 - 2　在 PET 和 PET/pdAA/SA/RGS 上培育的 3T3 成纤维细胞；
仅在 RGD 改性基板上的 4～5 个细胞的团簇

　　我们也报导了 RGB 肽固定在用于人体肝细胞培育的等离子体改性的聚醚砜平膜上，以便控制肝脏细胞的黏附、增殖和分化[51]。PES 膜通过丙烯酸为工质的 PE - CVD 工艺进行改性，以便获得有可控密度 COOH 基团的 pdAA 表面。

　　采用 RGD 肽进行的膜表面改性决定了特定的细胞响应，因此，在 PES - pdAA - SA - RGD 膜上聚簇的肝细胞表现出白蛋白和尿素合成速率的增加，特别是当有双氯芬酸时的细胞培养。然而，当细胞在膜未改性的 PES - pdAA - SA - GD 表面上培养时，肝细胞消除双氯芬酸及其代谢产物 4'- OHdic 和 N，5 - (OH)$_2$dic 的能力导致以高生物转化率表达。RGD 的固定影响了细胞与改性表面之间的附着，从而在生物转化、白蛋白生成、尿素合成以及总蛋白合成等方面引起功能的改变。

　　已经将很多含有 RGD 序列的肽固定到了等离子体沉积的基板上。例如，在聚四氟乙烯表面，通过低分子量隔离分子接枝到丙烯酸上，已经以酰胺氨键的形式固定了半胱氨酸 RGDC（RGD - Cys）[9b]。在含 RGB 肽的表面上已培养出了人脐静脉内皮细胞，因此，与几乎没有黏附性的 PTFE 相比，表明了细胞黏附性的增强。

14.2.4　酶类的固定

酶是高敏感的特定生物学催化剂，由于其独特的性质而引起人们极大的兴趣：与化学催化剂相比，它们在温和的条件下表现出更高水平的催化效率；除此之外，酶辅助反应的特异性非常高，可用于旋光异构体的分离、区域特异性反应或基板的分隔。需要考虑的另一个特殊方面是，在非常温和的条件下，如低温、中性 pH 的环境压力条件下，酶能表现出它们的活性。所有这些有趣的特征成为酶在食品工业中作为抗菌表面以及在生物制药或生物医学领域中有价值的应用系统。

据报道，已经将酶固定在了等离子体改性的合成基板上和天然基板上，展示出的表面锚定基团能够方便地用作固定化学酶的平台。

在等离子体处理后的天然和合成基板上固定酶方面有很多报导：葡萄糖氧化酶[52]、木瓜蛋白酶[53]、β-牛乳糖[54]和胰岛素[55]等仅为有代表性的几个实例。

在等离子体改性的表面具有氨基团的多种合成薄膜上［聚丙烯、PP、PTFE、聚（偏二氟乙烯）、PVDF］已经实现了葡萄糖氧化酶的固定[56]。薄膜通过 NH_3 和 N_2 工质的辉光放电处理后，通过戊二醛辅助反应实现酶的固定。采用酶负载膜的葡萄糖探测器评估了酶的活性。发现探测器的响应与被固定的酶量相关，因此，与等离子体工艺接枝的氨基团量有关。也有关于葡萄糖氧化酶固定在等离子体沉积膜的报导，该沉积膜是通过等离子体增强化学蒸汽沉积工艺将 N-vinyl1-2 吡咯烷酮沉积到聚（醚尿烷脲）上而获得[57]。

在用微波等离子体沉积富含羟基团丙烯醇涂层改性的聚砜上，实现了木糖异构酶的固定：在这项工作中，氩（Ar）作为放电的缓冲介质起到关键作用，对它在等离子体稳定性中的贡献也进行了评估[58]。特别是，Ar 与丙烯醇的同时存在，降低了含氧官能化的量，因此减少了适于固定酶的 OH 基团含量。为了对固定给予适当的支持，需要采用无 Ar 的等离子体放电。表面的羟基团需要通过二氧烯基砜化学激活，以便酶通过它的氨基团实现化学固定。

也有关于葡萄糖异构酶的固定在等离子体改性的聚砜表面的报导，这就是众所周知的将 D-葡萄糖转化为 D-果糖的催化剂。采用氨、正丁胺、丙烯氨为微波等离子体工艺获得了富氨基团的表面[59]。通过戊二醛辅助反应完成了氨基团的激活。葡萄糖异构酶已经成功地固定在所有等离子体的样本上，通过 FTIR-ART 光谱仪观测结果，证实了聚合物表面上酶的存在。

14.2.5　碳水化合物的固定

有糖的合成聚合物官能化正在成为一个重要的研究领域。用悬垂的碳水化合物衍生物修饰的聚合物可充当促进锚定依赖性细胞（如肝细胞）黏附的表面[60]，因此已广泛用于从促进细胞培养[61]到药物输送系统的各种应用领域[62]。此外，在许多生物医学应用中，生物降解性是一个亟待解决的关键问题，因此，基于碳水化合物的聚合物由于其出色的降解性而显得特别适合[63]。

尽管碳水化合物改性的基板已经用于促进某些细胞系的黏附，但在以下的讨论中，我们将集中精力研究碳水化合物在肝细胞中所起的关键作用。特别是，对于肝细胞培养而言[64]，半乳糖基化的表面成为用 ECM 蛋白（如胶原蛋白或纤连蛋白）进行表面改性的代表性替代方法，因为已充分证明，半乳糖配体与肝细胞膜上的去唾液酸糖蛋白受体之间会发生特有的相互作用[65]。一些研究结果表明，采用半乳糖单元改性的表面能够改善肝细胞附着性和维持高水平的特定肝脏合成功能。在文献中报导的各种例子中，采用紫外辐照下的等离子体接枝聚丙烯酸方法，实现了 PET 基板改性，获得了富 COOH 官能团的表面。半乳糖配体已与表面连接，在改性表面上生长的肝细胞呈圆形，并具有高水平的分化功能（尿素和白蛋白合成），甚至与胶原蛋白上生长的肝细胞相当，这种基板通常用于获得体外的肝细胞黏附与生长[66]。

通过紫外诱导的丙烯酸等离子体接枝共聚，然后与 NHS/EDC 偶联的方法已将半乳糖衍生物 1 - O′（6′-氨基己基）- D -吡喃半乳糖苷固定在了 Ar 预处理 PET 薄膜上[67]。在改性基板上培育了 Male Wister 大鼠，且与胶原蛋白涂敷的 PET 相比，白蛋白和尿素都具有更高的水平。

最近，我们还报导了通过线性双氨间隔臂（bNH₂PEG）将半乳糖衍生物固定在 pdAA 涂层的表面上[68]。根据先前报导的过程，半乳糖分子首先被氧化为半乳糖酸，这是在碱、碘和甲醇存在下的一种简单氧化过程[69]。

此外，为了猪和人肝细胞培养，我们也在等离子体改性 PES 膜上固定了半乳糖酸，以控制肝脏细胞的黏附、增殖和分化[70]。采用丙烯酸工质的 PE - CVD 处理改性 PES 膜，以获得 COOH 基团密度可控的 pdAA 表面。通过评估猪和人类肝细胞的特异性生物转化功能表达来评价改性膜的性能。在 PES - pdAA - SA - GAL 膜上培育的人类肝脏细胞，在长达 24 天的培育中，显示出增强的白蛋白生成、尿素合成和蛋白质分泌能力。这些支撑持久肝细胞培育的改性表面有可能用于构建模仿肝脏特定功能的体外生物反应器。

14.3　结论

在本综述中，我们专注于等离子体处理的作用，旨在接下来实现生物学环境中特定反应的生物分子固定反应。因此，我们从代表了模仿生物在体内功能方面最具挑战性目标之一的仿生材料设计思路出发，认为等离子体技术与生物分子化学固定相结合，能够成功地用于实现这个目标。

能够模拟复杂生物过程的仿生材料设计，无疑是现代生物材料开发中最有希望的战略之一。因此，如同我们已经描述的那样，通过许多 ECM 仿真的努力，将完整蛋白（纤维连接蛋白）或黏附肽（RGD、YIGSR）固定在等离子体改性的表面上。最近，人们关注可能生成这样一种表面的方法，即该表面显示出多种生物活性元素，以便激活细胞膜上多种整合素受体反应。最近已开发了固定混合 RGD/半乳糖的 PET 基板，目的是协调地增强肝细胞黏附性和功能[71]；稳定地锚定在基板上的肝细胞表现出高水平的特定肝功能（尿素和白蛋白合成）且保持了三维球形体典型的有限扩散的细胞形态。

14.4　缩写列表

AA	丙烯酸
BCEp	牛角膜上皮细胞
CLMs	类胶原蛋白的分子
CMC	1-环乙基-3-（2-玛琳代乙基）碳二甲胺
CMD	羧甲基葡萄糖
ECM	细胞外基质
EDC	碳二亚胺
FEP	氨化特氟龙
FTIR	傅里叶变换红外光谱仪
FTIR - ATR	全反射衰减模式的傅里叶变换红外光谱仪
HUVEC	人脐静脉内皮细胞
Hyal	透明质酸
NHS	N 羟磺胺吡啶
PCL	聚乙酸乙酯
pdAA	等离子体沉积的丙烯酸
PDLLA	聚（D，L-丙交脂）
PE - CVD	等离子体增强的化学蒸汽沉积
PEG	聚（乙二醇）
PEI	聚乙烯亚胺
PEO	聚（乙烯氧）
PES	聚醚砜
PET	聚（对苯二甲酸）
PLA	聚（丙烯酸）
PLLA	聚（L 乳酸）

PS	聚苯乙烯
PSU	聚砜
PP	聚丙烯
PTFE	聚四氟乙烯
PVDF	聚（偏二氟乙烯）
RGDC	半胱氨酸
SA	间隔臂
SIMS	基态二次离子质谱仪
SR	硅橡胶
WCA	水接触角
XPS	X 射线频谱仪
YIGSR	Tyr - Ile - Gly - Ser - Arg

致　谢

　　感谢意大利大学与科研部通过 MIUR - FIRB RBNE012B2K _ 002 计划对我们研究工作的支持，并感谢欧洲委员会通过 NMP3 - CT - 2005 - 013653 计划"用于体内与体外肝脏重构的新型聚合生物材料开发"。

参 考 文 献

[1] Williams, D.F. (1987) Prog. Biomed.Eng., 4, 72.

[2] Williams, D.F. (1998) in Advances in Biomaterials (ed. C.de Putter),Elsevier, Amsterdam, p. 11.

[3] Ratner, B.D., Chilkoti, A. and Lopez,G.P. (1990) Plasma Deposition,Treatment and Etching of
       Polymers(ed. R. d'Agostino), Academic Press,San Diego, CA, p. 463.

[4] Ratner, B.D. (1993) J. Biomed. Mater.Res., 27, 837.

[5] Chung, T.S., Loch, K.C. and Goh, S.K.(1998) J. Appl. Polym. Sci., 68, 1677.

[6] d'Agostino, R., Favia, P. and Fracassi,F. (1997) NATO ASI Series, E: Appl.Sci, 346.

[7] d'Agostino, R., Favia, P., Oehr, C.and Wertheimer, M.R. (2005) Plasma Process. Polym., 2, 7.

[8] (a) Ben Rejeb, S., Tatoulian, M.,Khonsari, F.A., Durand, F.A., Martel,A., Lawrence, J.F.,
       Amoroux, J. and Le Goffic, F. (1998) Anal. Chim. Acta,376, 133; (b) Yang, J., Bei, J., and
       Wang, S. (2002) Biomaterials, 23,2607.

[9] (a) Puleo, D.A., Kissling, R.A. and Sheu, M.S. (2002) Biomaterials, 23,2079. (b) Baquey, C.,
       Palumbo, F.,Portedurrieu, M.C., Legeay, G.,Tressaud, A. and d'Agostino, R.(1999) Nucl.
       Instrum. Meth. Phys.Res. Sec. B: Beam Interact. Mater.Atoms, 151, 255.

[10]   Hsiue, G.H., Lee, S.D., Wang, C.C.,Shiue, M. H. I. and Chang, P.C.T.(1993) Biomaterials,
       14, 591.

[11]   Sipheia, R., Martucci, G., Barbarosie,M. and Wu, C. (1993) Biomater.,Artif. Cell. Im., 21, 455.

[12]   (a) Daw, R., Candan, S., Beck, A.J.,Deulin, A.J., Brook, I.M., Macneil, S.,Dowson, R.A. and
       Short, R.D. (1998)Biomaterials, 19, 1717. (b) Detomaso,L., Gristina, R., Senesi, G.S., d'
       Agostino, R. and Favia, P. (2005)Biomaterials 26, 3831.

[13]   Lopez, G.P., Ratner, B.D., Tidwell,C.D., Haycox, C.L., Rapoza, R.J. and Horbett, T.A. (1992)
       J. Biomed. Mater.Res., 26, 415.

[14]   Favia, P., Palumbo, F., d'Agostino,R., Lamponi, S., Magnani, A. and Barbucci, R. (1998)
       Plasmas Polym.,3, 77.

[15]   Anderson, J.M. (2001) Annu. Rev.Mater. Res., 31, 81.

[16]   Powell, G.M. (1980) Handbook of Water – Soluble Gums and Resins (ed.R.L. Davidson), McGraw –
       Hill,New York, ch. 18.

[17]   Andrade, J.D., Nagaoka, S., Cooper,S., Okano, T. and Kim, S.W. (1987)Trans. ASAIO, 33, 75.

[18]   Gombotz, W.R., Guanghui, W.,Horbett, T.A. and Hoffman, A.S.(1991) J. Biomed. Mater. Res.,
       25,1547.

[19]   Bridgett, M.J., Davies, M.C. and Denyer, S.P. (1989) Biomaterials, 10,411.

[20]   Grainger, D.W., Okano, T. and Kim,S.W. (1989) J. Colloids Interf. Sci.,132, 161.

[21]   Sardella, E., Senesi, G.S., Favia, P.and d'Agostino, R. (2004) Plasma Process. Polym., 1, 63.

[22]   Freij – Larsson, C. and Wesslen, B.(1993) J. Appl. Polym. Sci., 50, 345.

[23] Gombotz, W.R., Guanghui, W. and Hoffman, A.S. (1989) J. Appl. Polym.Sci., 37, 91.

[24] Sheu, M.-S., Hoffman, A.S., Ratnwer, B.D., Fweijen, J. and Harris, J.M. (1993) J. Adhesion Sci. Technol., 7, 1065.

[25] Wang, C.-C. and Hsiue, G.-H. (1993)J. Polym. Sci., 31, 2601.

[26] Gong, X., Dai, L., Griesser, H.J. and Mau, A.W.H. (2000) J. Polym. Sci. B: Polym. Phys., 38, 2323.

[27] (a) Marchant, R.E., Yuan, S. and Szakalas - Gratzl, G. (1994) J.Biomater. Sci. Polym. Ed., 6, 549,(b) Osterberg, E., Bergstrom, K.,Holmberg, K., Schuman, T.P., Riggs,J.A. and BurnsN.L. et al. (1995) J.Biomed. Mater. Res., 29,741.

[28] Catterall, J.B., Gardner, M.J., Jones,L.M. and Turner, G.A., (1997)Glycoconj. J., 14 (5), 647.

[29] Solchaga, L.A., Dennis, J.E.,Goldberg, V.M. and Caplan, A.I.(1999) J. Orthop. Res., 17, 205.

[30] Kingshott, P., StJohn, H.A.W.,Chatelier, R.C. and Griesser, H.J.(1997) Polym. Mater. Sci. Eng., 76, 81.

[31] Morra, M. and Cassinelli, C. (1999)J. Biomater. Sci. Polym. Ed., 10, 1107.

[32] McLean, K.M., Johnson, G.,Chatelier, R.C., Beumer, G.J., Steele,J.G. and Griesser, H.J. (2000) Colloids Surf. B: Biointerfaces, 18, 221.

[33] Griesser, H.J., Chatelier, R.C., Dai,L., StJohn, H.A.W., Davis, T. and Austen, R. (1997) Polym. Mater. Sci. Eng., 76, 79.

[34] Dai, L., St John, H.A.W., Bi, J.,Zientek, P., Chatelier, R.C. and Griesser, H.J. (2000) Surf. Interf.Anal., 29, 46.

[35] Barbucci, R., Torricelli. P., Fini, M.,Pasqui, D., Favia, P., Sardella, E., d'Agostino, R. and Giardino, R.(2005) Biomaterials, 26, 7596.

[36] Elbert, D.L. and Hubbell, J.A. (1996)Annu. Rev. Mater. Sci., 26, 365.

[37] Ito, Y., Kajihara, M. and Imanishi, Y.(1991) J. Biomed. Mater. Res., 25,1325.

[38] Kang, I.K., Kwon, B.K., Lee, J.H. and Lee, H.B. (1993) Biomaterials, 14,787.

[39] Liu, S.Q., Ito, Y. and Imanishi, Y.(1993) J. Biomed. Mater. Res., 27, 909.

[40] Kim, Y.J., Kang, I.-K., Huh, M.W.and Yoon, S.-C. (2000) Biomaterials,21, 121.

[41] Chytry, V., Letourneur, D., Baudys, M. and Josefonvvicz, J. (1980) J.Biomed. Mater. Res., 14, 65.

[42] Yannas, I.V. and Burke, J.F. (1980) J.Biomed. Mater. Res., 14, 65.

[43] Yang, J., Bei, J. and Wang, S. (2002)Biomaterials, 23, 2607.

[44] Lee, S.-D., Hsiue, G.-H., Chang,P.C.-T. and Kao, C.Y. (1996)Biomaterials, 17, 1599.

[45] Bisson, I., Kosinski, M., Ruault, S.,Gupta, B., Hilborn, J., Wurm, F. and Frey, P. (2002) Biomaterials, 23, 3149.

[46] Griesser, H.J., Mc Lean K., Beumer,G.J., Gong, X., Kingshott, P.,Johnson, G. and Steele, J.G. (1999) Plasma Deposition and Treatment of Polymers, Vol. 544 (eds W.W. Lee,R.d'Agostino and M.R. WertheimerEd),Materials Research Society.

[47] Pierschbacher, M.D. and Ruoslahti,E. (1984) Nature, 309, 30.

[48] Hirano, Y., Okuno, M., Hayashi, T.,Goto, K. and Nakajima, A. (1993) J.Biomater. Sci. Polym. Ed., 4,235.

[49]　Carlisle, E.S., Mariappan, M.R., Nelson, K.D., Thomes, B.E., Timmons, R.B., Constantinescu, A., Eberhart, R.C. and Bankey, P.E. (2000) Tissue Eng., 6, 45.

[50]　Lopez, L.C., Gristina, R., Ceccone, G., Rossi, F., Favia, P. and d'Agostino, R. (2005) Surf. Coat. Technol., 200, 1000.

[51]　De Bartolo, L., Morelli, S., Lopez, L.C., Giorno, L., Campana, C., Salerno, S., Rende, M., Favia, P., Detomaso, L., Gristina, R., d'Agostino, R. and Drioli, E. (2005) Biomaterials, 26, 4432.

[52]　Cosnier, S., Novoa, A., Mousty, C. and Marks, R.S. (2002) Anal. Chim. Acta, 453, 71.

[53]　Ganapathy, R., Manolache, S., Sarmadi, M. and Denes, F. (2001) J. Biomater. Sci. Polym. Ed., 12, 1027.

[54]　Mohy Eldin, M.S., Bencivenga, U., Portaccio, M., Stellato, S., Rossi, S., Santucci, M., Canciglia, P., Gaeta, F.S. and Mita, D.G. (1998) J. Appl. Polym. Sci., 68, 625.

[55]　Kang, I.K., Choi, S.H., Shin, D.S. and Yoon, S.C. (2001) Int. J. Biol. Macromol., 28, 205.

[56]　Kawakami, M., Koya, H. and Gondo, S. (1988) Biotechnol. Bioeng., 32, 369.

[57]　Danilich, M.J., Kottke-Marchant, K., Anderson, J.M. and Marchant, R.E. (1992) J. Biomater. Sci. Polymer Ed., 3, 95.

[58]　Gancarz, I., Bryjak, J., Bryjak, M., Pozniak, G. and Tylus, W. (2003) Eur. Polym. J., 39, 1615.

[59]　Gancarz, I., Bryjak, J., Pozniak, G. and Tylus, W. (2003) Eur. Polym. J., 39, 2217.

[60]　(a) Hubbell, J.A. (1990) Trends Polym. Sci., 2, 20, (b) Bahulekar, R., Tokiwa, T., Kano, J., Matsumura, T., Kojima, I. and Kodama, M. (1998) Biotechnol. Techniques, 12, 721.

[61]　Kobayashi, K. Sumitomo, H. Kobayashi, A. and Akaike, T. (2001) J. Macromol. Sci. Chem., A25, 655.

[62]　Caneiro, M.J., Fernandes, A., Figneiredo, C.M., Fortes, A.G. and Freitas, A.M. (2001) Carbohydr. Polym., 45, 135.

[63]　Metzke, M., Bai, J.Z. and Guan, Z. (2003) J. Am. Chem. Soc., 125, 7760.

[64]　(a) Ben Zegev A., Robinson, G.S., Bucher, N.L. and Farmer, S.R. (1988) Proc. Natl Acad. Sci. USA, 85, 2161, (b) Sanchez, A., Alvarez, A.M., Pagan, R., Roncero, C., Vilaro, S., Benito, M. and Fabregat, I. (2000) J. Hepatol., 32, 242.

[65]　Park, J.K. and Lee, D.H. (2005) J. Biosci. Bioeng., 99, 311.

[66]　Yin, C., Ying, L., Zhang, P.-C., Zhuo, R.-X., Kang, E.-T., Leong, K.W. and Mao, H.Q. (2003) J. Biomed. Mater. Res., 67, 1093.

[67]　Ying, L., Yin, C., Zhuo, R.X., Leong, K.W., Mao, H.Q., Kang, E.T. and Neoh, K.G. (2003) Biomacromolecules, 4, 157.

[68]　Lopez, L.C., Gristina, R., De Bartolo, L., Morelli, S., Favia, P. and d'Agostino, R. (2004) JABB, 2, 211.

[69]　Moore, S. and Link, K.P. (1940) J. Biol. Chem., 133, 293.

[70]　De Bartolo, L., Morelli, S., Rende, M., Salerno, S., Giorno, L., Lopez, L.C., Favia, P. and Drioli, E. (2006) J. Nanosci. Nanotechnol., 6, 2344.

[71]　Du, Y., Chia, S., Han, R., Shang, S., Tang, H. and Yu, H. (2007) Biomaterials, 27, 5669.

第 15 章　评估等离子体改性表面生物相容性的体外方法

M. Nardulli，R. Gristina，Riccardo d'Agostino，Pietro Favia

生物医学应用（假体、植入物、生物传感器、一次性检测用具、导管、设备等）的材料体外生物相容性测试能够使人们初步了解材料如何与特定生物环境之间相互作用，目的是最终安全地使用该材料。在本章简短的讨论中，我们将介绍一些初步的细胞相容性测试，包括我们实验室中合成的稳定等离子体处理表面，在体外暴露于细胞培养后获得的一些结果。

细胞培养方法，特别是使用永生化细胞系时，是获得细胞与生物材料之间相互作用最有用且可重现结果的最常用测试方法。单细胞与材料表面相互作用的观测，为深入分析特定细胞与表面相互作用提供了一种可靠的方法，这种观测是在活体生物中几乎不可能实际完成的研究。我们也展示了分子生物学和细胞生物学之间正确的相互作用是怎样一种独特的方法，这种方法可以更深刻地理解细胞形态学和细胞生理学之间微妙而复杂的关系，这是开始进行动物和人类体内材料测试之前必须要获得的基本信息。

15.1　引言

生物材料已经部分地满足了更换或整合那些功能或代谢受损的以及由于病理或创伤损害而导致无活性的组织和器官的需要，且在使用器械和设备的日常生物医学实践中，解决或提出了很多生物材料的问题；在组织工程学和再生医学等密切相关领域中也开辟了新的科学领域[1]。在过去的几年里，应用数量明显地增加，并且治疗的创新能力已涉及器官受损部分的功能恢复以及患者的生存和生活方式的改善。

在体内、离体或体外与生物液体接触性植入的假肢、装置和支架必须以最佳方式与生物主体相互作用，其中接触的性质和持续时间起着至关重要的作用。生物相容性定义为在特定生物医学应用中，材料完成预定宿主响应的能力[2]。材料的生物相容性与发生在组织与材料接触处的一些现象相关，必须根据每个具体应用来优化。

通常，当一种外来材料植入到人体中时，会发生抵抗性的生理反应，生命组织对损伤最普遍的反应是炎症，生命组织需要通过这种反应去控制、抵消或隔离损伤的动因。这个过程包括一系列事件，最终可以通过天然细胞生成新组织，使得植入物位置得到治愈。相反，对材料的不良反应在于其周围连接组织的发展，最终导致形成纤维囊。这种最终纤维包覆阶段称为异物反应[3]。理想的生物材料应该尽可能减少这种反应而促进正常的伤口痊愈[4]。为了全面理解材料与生物环境接触时发生的所有现象而开展了很多研究工作，提出了以反应最小化、与组织之间相互作用最优化为目标的材料表面改性策略。在最近的几十年内，在材料与组织之间相互作用方面的理解和驱动已取得了长足的进步，使得提高集成度和生物兼容性为目标的材料、表面特征及改性策略的鉴别成为可能。在体外实验中，对观察生物实体、蛋白质和/或细胞与材料如何相互作用的细节应给予特别关注，这一般要通过研究细胞培养时的细胞黏附与生长来完成。

当生物材料被植入或体外置于与细胞培养媒质相接触的情况下，蛋白质在几秒钟之内就会黏附在外来的表面上[5]。这种黏附层（它们的分布与形态也依赖于接触时间）通过细胞受体来协调细胞-生物材料的识别与相互作用，因而驱动在它表面上黏附、生长、生理和死亡等细胞事件的行为[6]，可能还包括伤口的愈合与新组织的生长。

值得注意的是，在体内，细胞之间的黏附和对固体基板的黏附是由细胞外基质（ECM）介导的，细胞外基质是一种由细胞自身合成、分泌或重组的蛋白质与糖胺聚糖的复杂网络。事实上，ECM 的基本功能就是为细胞黏附提供一个力学上和化学上的特定基板[7]。在体外，ECM 分子在可能的情况下由自身从头（ex novo）合成到人工基板上，或者从细胞培养基中吸附到基板表面。由于这个原因，除非特殊的实验条件要求不添加蛋白质的培养基，所有希望细胞吸附的基板都应该支持蛋白质吸附[8,9]。由于在体内这种调理层的具体组成取决于生物组织，生物材料表面工程化的特定目标之一是对吸附的蛋白质层进行精确的程序控制，并以预定的方式驱动细胞与材料之间相互作用。有很多方法应用于这个目的，其中，表面改性等离子体工艺在生命科学领域中广受欢迎并获得很大效益，原因是除了许多其他优点外，这种工艺还能够实现材料表面改性而不影响其整体性能[10]。

15.2　表面改性方法：等离子体处理与生物分子固定

在不同材料科学和纳米技术领域都采用非平衡等离子体，也称为辉光放电，包括微电子、半导体、汽车工业、食品包装、灭菌和传感器等[11-13]。在气相下生成的活性组分（原子、自由基、离子、电子等）可与暴露于等离子体中的表面相互作用，构成三种不同的表面改性过程：薄膜沉积（PE-CVD、等离子体增强化学蒸汽沉积）、消融（刻蚀）和处理（官能团接枝、交联）。

非平衡等离子体在合理配置的等离子体反应器中生成，最常用的是在可控条件下（压力、功率、气体流量等）的低压"平行板"反应器，采用 13.56 MHz 这种最普遍应用的激发频率。

等离子体表面改性发生在热力学非平衡条件下[11,14]，接近于任意实际工作温度，容许以任何可控的方式"适应"于材料表面（组分于能量、硬度、与其他材料之间的黏附性、生物兼容性等）而不改变主要特性。

近年来，可以看到等离子体工艺的广泛应用，特别是在生物医学领域的应用，在该领域中这种工艺已经很完善并有助于假体、导管、心脏瓣膜和隐形眼镜的实现[15]。在这种情况下，等离子体工艺能够改性材料的表面，以获得对它们所处生物环境的最优化响应。

在一些生物医学应用（诊断、基本细胞培养、假体生物整合等）中，在难以支撑细胞黏附和生长的常规材料表面上，有必要通过刺激来实现细胞黏附和生长。例如，对于疏水聚合物，采用 O_2、NH_3、H_2O 作为工质气体或无其他气体/蒸汽沉积的等离子体处理，能够在材料表面接枝含氧或含氮的极性官能团，增加表面的能量或湿润度。因此，表面变得更适合蛋白质的黏附，因而更适合在培育条件下的细胞黏附和生长[16,17]。

所描述的处理策略类似于功能涂层所用的 PE - CVD 工艺，功能涂层结构中保留了初始单体中出现的官能团，从而变得能够刺激蛋白质黏附与细胞生长。文献中提供了一些这种方法的实例，例如，采用丙烯酸[18-20]或丙烯氨[21]蒸汽作为等离子体工质气体，分别沉积了以—COOH 和—NH_2 基团为特征的涂层。

等离子体官能化的表面可以通过共价固定生物分子而进一步改性，这些生物分子很容易选择，可提供与材料接触的细胞之间特异性相互作用。这种进一步改性策略，包括采用常规的有机反应合成，将肽、抗体、酶、碳水化合物、抗血栓剂和其他生物分子固定到等离子体官能化的表面[22-25]。为了使固定的分子保留生物活性，应保持完整的构象流动性，为了实现这个目的，分子并不直接固定在改性材料的表面上。而是通过一个长链的亲水"间隔臂"分子将其系在材料表面上。

固定在生物医学材料表面的蛋白质和糖类能够被特有的整联蛋白所识别，并使得发生特定的生物学响应，整联蛋白是一个与细胞- ECM 和细胞-细胞相互作用的细胞隔膜族。关于采用不同方法在聚合物表面上固定短氨基酸方面已有很多论文发表，最普遍研究的是精氨酸-甘氨酸-天冬氨酸（RGD）寡肽，存在于纤连蛋白、层黏连蛋白、胶原蛋白、玻连蛋白和 ECM 蛋白的黏附域中[26,27]。相反，对于有避免细胞黏附到基板上和避免与其他生物系统相互作用要求的其他一些应用中，沉积排斥细胞的"不结垢涂层"是可能的[28]。沉积能够在水中释放银离子、具有抗菌效果的纳米组分涂层（含有机基质的银簇）也是可能的[29]。另一个现代应用领域涉及采用氧气和其他气体等离子体[30,31]，对生物医学金属、塑料和陶瓷进行消毒和净化。

15.3　人工合成表面的体外细胞培养实验

生物医学领域中将要采用的材料必须预先在体外测试，以完成表面是否能够进一步用于动物或人类体内的评估。

细胞培育实验是用于生物医学材料体外测试的较直观且可重现的方法。有人质疑培育的细胞作为生理功能模型的有效性，这是因为与生命系统相比，体外的细胞-细胞、细胞-基质相互作用的复杂性较低，因此，体外实验无法重现体内发生的整个细胞响应过程。然而，只有体外细胞培育研究能够全面控制培育的环境，限制生物反应的互动性，隔离和量化生物反应中起关键作用的分子，实现结果的快速复现，此外，在研究工作中还可减少动物的使用。在体外细胞培养研究中需要专用设备，包括层流罩、带气氛控制的细胞培养箱、冰箱、冰柜、倒置显微镜以及适当材料的细胞培育容器（如培养皿）。培育容器的选择根据不同需求来确定（细胞是单层生长还是悬浮生长，将要生长的细胞量等）。过去都采用玻璃培养皿，这种器皿经过清洗和杀菌后可以重复使用。现在都使用一次性聚苯乙烯（PS）器皿和烧瓶，因为通常将用于细胞培养的器皿和烧瓶进行表面处理，以获得亲水性表面特征，以提高细胞的黏附性和在 PS 上的扩散[32-34]。事实上，植种在天然 PS 上的细胞，由于基板的疏水性，细胞通常会堆积成团，附着在器皿上而不能生长。商业化的组织培育聚苯乙烯（TCPS）器皿通常在气体电晕放电下进行表面处理以建立亲水表面，或镀上一层类似胶原蛋白和纤维蛋白的 ECM 薄膜。

生物医学材料表面的细胞培养实验可以使用原代细胞或永生细胞培育来完成。原代细胞直接取自活体组织，经过组织自身分离后，即发生机械分解或酶分解，将得到的细胞播种到培育器皿中。因此，属于特定活性组织的所有不同类型的细胞都会进入原代细胞培育中。原代细胞是高度功能化的，但它们的再生能力低，它们需要在体外生长直到可用的基板表面全部被细胞占据，即直到培育变为 铺满态。在这个阶段，需要将细胞移到新的培育容器中继代培养。

原代细胞通常维持它们特定的功能，这对可控环境中进行特定类型细胞研究是非常有用的工具。经过一定的生长传代之后，原代细胞将不再有任何增殖[35]，传代的多少取决于细胞的类型；此外，由于它们直接源于活性生物主体，它们的行为会因主体不同而差异很大，因此会导致结果具有较低的再现性。为了避免这些缺点，应采用"永生的"细胞族。这种高增殖细胞可来自肿瘤或以某种化学或生物学方式永生的原代细胞[36]。由于它们源自克隆，因而总能够提供非常均匀的细胞群，因此，能够让生物学家完成重复性实验。

表型（完整的细胞功能）永生细胞通常与体内相同类型细胞不同，这可能是缺少调节细胞生长、形貌和特定代谢功能的某些因素导致的。尽管如此，由于细胞群的均匀性、高增殖率及长期贮存的可能性，使得能够在广泛的实验中使用永生细胞。

分化和去分化是表征细胞在体内和体外生命周期中的细胞表型。导致成熟细胞展现其表型特性的进化过程称为分化，可以通过分析由细胞生成的特定标志分子（蛋白质、酶等，如人血白蛋白的产生是肝细胞的标志）来监控这种状态[37]，这种特性的消失被称为去分化，通常发生在培育条件下。对原代细胞和细胞系形成和繁殖研究的数十年研究使人们人血对培育条件下的分化过程有了一定的了解。有时原代细胞会失去部分代表活性组织的特征[38]，这种情况也经常发生在细胞系中，尽管这并没有被认为是一般规则。例如，HepG2 和 Hep3B 人类肝肿瘤细胞系维持着正常肝脏细胞生物合成能力，且在人类血浆中通常能发现所分泌的相同蛋白质[39]。

鉴于这些考虑，很明显，制定体外实验计划的最佳方法取决于具体情况：尽管原代培育在原理上提供了对体内系统模拟的最好工具，但它们常常过于昂贵，且与细胞系进行比较时也非常耗时。

目前，有多种不同的实验可用于细胞培育，它们可以评估不同生物医学应用中（假体、植入物、生物探测器、器件等）与人工材料接触的细胞的形态、膜完整性、增殖和特定功能以及材料本身的细胞毒性。

在下面几节中，将简要介绍体外生物医学材料的生物兼容性实验通常所用的方法，并讨论在我们实验室中获得等离子体处理表面方面的一些结果。采用不同方法生产的表面，测试显然是相同的；我们更关注的是等离子体改性表面的某些特定特征如何影响细胞的行为。

15.4 细胞毒性分析

通常，细胞毒性定义为药物或材料在抑制细胞活力方面的能力，即存活或正常代谢而言的细胞健康。细胞毒性的评价应该包括仔细检查细胞群中死亡和存活的细胞，并评估其生理状态。例如，可以从添加到细胞悬液中的染色行为（摄入和存留或排除），推断出细胞的形态变化和它们膜的渗透性改变。

测试细胞毒性有很多不同低成本、可重复且易定量的分析方法，选择哪种方法主要根据细胞本身和所研究的药物/材料来确定。这里我们重点介绍活力、代谢和刺激性分析，这是最常用的三种测试。

15.4.1 活力分析

这些测试能够容易并快速评估在黏附在基板上全部细胞中活细胞所占的比例[40]。多数活力测试都是在显微镜下完成，这种测试是通过死细胞破碎的膜吸收染料/染色分子（如台盼蓝或萘黑）敏感（通常这种分子对细胞是不可渗透的），或是仅对活细胞吸收的其他染料/染色分子（如二乙酰荧光素或中性红）敏感[41]。这种测试的一般约定要求将细胞的悬浮液与染料分子溶液混合，然后将其加载到细胞计数室中（如血球计）[42]，并用显微镜测量死/活细胞的百分比。

15.4.2 代谢分析

这类测试用于分析细胞群生存问题，定义为维持它们代谢和增殖的能力。MTT测试或许是最普遍的代谢分析，在这种分析中，黄色水溶 3-（4,5-二甲噻唑-2-yl）-2,5-二苯基溴化四唑（MTT）分子被活细胞活性线粒体中存在的脱氧酶还原。MTT转化为不溶于水的深蓝色化合物，甲臜沉淀在细胞内。因此，将细胞悬浮液溶解在可溶解甲臜的异丙醇溶液中，在570 nm处可以很容易地用光度法测定[43]。导致的光强度可以与细胞活力相关联。

图15-1所示的是MTT测试结果随培育时间的变化，是不同实验条件下，在平行板反应器中采用 NH_3 工质射频（13.56 MHz）辉光放电改性的聚对苯二甲酸乙二醇酯（PET）基板上和天然PET基板上生长的HepG2肝细胞瘤的细胞系测试结果。等离子体处理的表面被改性并用不同N含量（如—NH_2、—CN等）的亲水极性官能团所接枝。这种方法通常用于改进细胞在聚合物表面的黏附性或接枝适于生物分子固定的官能团。结果表明，与天然PET相比，两种等离子体处理的表面都能更好地支撑细胞的活性，这与定

量细胞计数数据（未示出该数据）是一致的，与天然基板相比，在等离子体处理后的基板上黏附的细胞密度更高。事实上，在细胞活性方面两种不同等离子体处理的基板无明显差异。

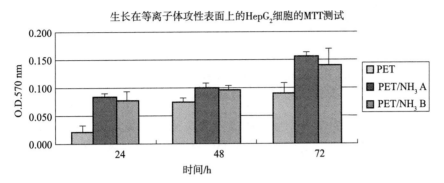

图 15-1 在天然 PET 基板和以下实验条件下的 NH_3 工质射频（13.56 MHz）辉光放电改性基板上，HepG2 肝细胞瘤细胞系的 MTT 结果（570 nm 光强度）随培育时间的变化。

需要通过预处理来限制 NH_3 放电中所接枝基团的疏水层恢复[57]。

PET/NH_3 B 表面的 N/C 比率略微高（0.20 对 0.18），更便于 N 含量基团的接枝。

ET/NH_3 A 预处理：Ar 20 sccm，压力 350 mtorr，射频功率 40 W，5 min；

处理：NH_3 10 sccm，压力 200 mtorr，射频功率 20 W，1 min；

ET/NH_3 B 预处理：Ar 10 sccm，压力 200 mtorr，射频功率 30 W，1 min；

处理：NH_3 10 sccm，压力 200 mtorr，射频功率 20 W，1 min

MTT 测试是快速、有效、可重复性高和适应于大尺度扫描的，MTT 分析的一些缺点也是已知的[44,45]，主要与以下事实有关，即非线性体酶也可以降低 MTT，因此，与细胞活性的相关性变得更加难以确定。此外，MTT 结果通常应与其他活性分析数据进行比较。

15.4.3 刺激性分析

这类测试用于体外监测材料在活性组织中可能触发的炎症反应，这是创伤中最常见的反应。这种分析是对生理环境中细胞可能发生事件的体外简单化，包括将白细胞植种在所研究的基板上，以酶联免疫吸附法（enzyme-linked immunosorbent assay，ELISA）检测细胞因子，这些细胞通常是在压力条件下从白细胞中释放出来的[46]。

15.5 细胞黏附分析

为了检测与给定基板相接触的全部细胞（或所选择的细胞）的密度、控制实验的再现性并且进行对比性研究，必须以某种方式计算细胞数量。通过使用许多与细胞生物量随时间增加相关的参数，分析细胞在基板表面上的黏附性，能够监测培育中的哺乳动物细胞生长。

细胞与细胞、细胞与基板之间的黏附性是细胞生存的关键条件，决定细胞在基板表面的扩散、细胞迁移和细胞功能的分化。细胞黏附性、细胞扩散与细胞行为（如活性、迁移、生长和分化）之间具有对应关系，当细胞脱离于活性组织中或材料基板上的 ECM 时[48]，大多数细胞会迅速丧失活性，呈圆形并发生凋亡（即在不利环境条件下程序性细胞死亡[47]）。我们之前曾强调指出，在组织形成和重塑中，体内 ECM 是细胞黏附的主要因素，因为它为细胞的附着提供了机械的和化学的特殊基质。因此，对于准备用做生物材料的特定基板，研究在体外细胞如何黏附在该基板上非常重要。要在体外测试细胞黏附，可以采用几种方案，其中最简单的一种方案是在规定时间间隔内计及细胞的数量。

在基板上用胰蛋白酶将细胞消化（如酶分离），将其收集在适当的小瓶中，然后移交到血细胞计数器进行计数。如前所述，如果细胞悬浮液预先与适当的染色相混合，通常为相同体积混合，则能够实现活性测试。

在单个粒子（通常为细胞）流过有激光束穿过的流束时，流式细胞计能够通过同时分析多种物理特征来定量确定细胞密度。测量的特性包括相对尺度、间隔尺度或内部复杂度、相对荧光强度等。上述这些特性采用专用设备确定，将细胞悬浮于盐水溶液中并使用荧光染料进行标识，该设备记录细胞如何散射入射的激光并发射荧光[49]。流式细胞计非常精确，比血细胞计数器要昂贵得多。

在细胞裂解和适当纯化之后，可以通过对提取细胞物质密度（总 DNA、总蛋白质）的估算来间接测量黏附细胞的密度。DNA 的测试可采用荧光染色，如 $4'$,6-二酰胺-2-苯基吲哚（DAPI）[50] 和 Heochst33258[51]，通过光谱仪测量 DNA 在 260nm 处的特定吸收来实现。总蛋白质含量可以用分光光度计测量裂解细胞收集的蛋白质来确定，然后用考马斯蓝（Coomassie Blue）（布拉德福德反应[52]）或其他蛋白质染色剂进行染色。

尽管最明显、最简单检查细胞在表面黏附性差异的方法是计算黏附细胞的数量，而当细胞与不同化学和形貌表面特征的基板接触时，对比细胞能够获取的不同形貌，还能够得到材料的细胞相容性有关信息。为了这个目标，同时观测细胞外部（扩散度、尺度、伸长、叶状或丝状出现等）和内部（细胞骨架蛋白质的构造）形貌非常重要。

等离子体处理能够以重复性可控的方式改变材料的表面化学性质与形貌；观察细胞形貌和响应的细微但却明显的差异，有利于对不同等离子体处理的表面进行细胞相容性排序。

为使黏附细胞的外部细节形象化，必须在不同生长期将它们固定在基板上。多聚甲醛或戊二醛能够保持固定时的外部细胞形貌，甲醛能够使细胞膜渗透到荧光染色和/或束缚内部细胞结构的抗体中并能够让它们认可。所固定的细胞能够被染色（如考马斯蓝），然后用光学显微镜进行观测，获取不同放大倍数下的数字图像，采用成像分析软件评估各种的标志性细胞形貌的贡献。软件 Image J 是最常用的软件之一，可在 the National Institute of Health 网站上下载（rsb. info. nif. gov/ij/）。

采用荧光显微镜对细胞骨架的观测，为研究细胞在不同表面上的适应性和响应提供了进一步的线索。为此，通常开展肌动蛋白和微管蛋白这两种主要细胞骨架蛋白在细胞中的分布以及核的形状、尺寸和位置的研究。图 15 - 2 给出了等离子体沉积的丙烯酸（pdAA，见沉积条件）[53] 涂层上黏附的 hTERT Bj1 细胞的荧光显微镜结果，给出了细胞如何分布和如何在细胞黏附表面上拉伸的。

除了肌动蛋白和微管蛋白外，也可以标记并观察到其他细胞骨架蛋白，从而在特定细胞-基板复合体上形成时获得更具体的提示。例如，将新蛋白可视化以突出显示接触点详细数量和大小，即细胞-基板附着中特定的细胞膜结构。当细胞与拓扑结构表面接触时，后面的分析将特别有意义。

扫描电子显微镜是观测细胞形貌的另一种途径，它比光学显微镜的分辨率更高。显然，在观测之前，细胞需要固定、脱水和用金/碳修饰，要经过更严格的工序。

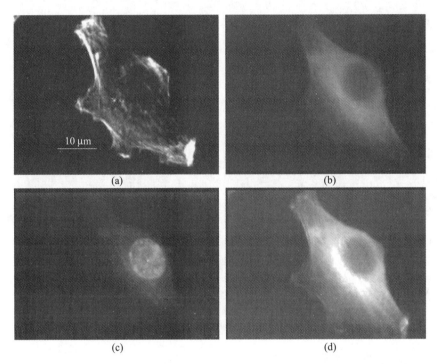

图 15 - 2　在射频辉光放电（Ar20 sccm，AA 蒸汽 3 sccm，压力 150 mtorr，射频功率 100 W[53]）
沉积的 pdAA 涂层上植种的 hTERT Bj1 细胞荧光显微镜结果。细胞骨架和细胞核得到证实。
(a) 以 TRITC（四甲基罗丹明异硫氰酸脂）为标识的 F-肌动蛋白分布；(b) 用抗微管蛋白单克隆抗体
和 FITC（异硫氰酸荧光素）偶联二抗体标记的微管蛋白微丝；(c) 采用 DAPI 揭示的细胞核中的核酸；
(d) 将三张图片重叠在一起，以全面展示 pdAA 上的细胞扩散

高放大倍数的 SEM 分析能提供细胞的详情，如细胞用来探测它们周围表面的突起，这些突起称为板状伪足和丝状伪足，这是低放大倍数下难以观测到的。这种观测方法能够提供纳米分辨率下的三维形貌信息，展示细胞与微米纳米结构表面相互作用的重要细节。此外，在 SEM 仪器下，可以倾斜基板而改善对细节的观测。图 15 - 3 示出了两种不同等离子体沉积涂层上的 3T3 鼠类成纤维细胞，等离子体沉积采用二乙基乙二醇二甲醚（DEGDME）蒸汽为介质气体，在两种不同射频功率下进行的射频辉光放电。这种情况

下，在两种聚环氧乙烷的类（PEO）涂层中，单体结构存留率都不够高，以确保无污垢特性，因此，两种表面都能导致细胞的黏附，尽管程度有所不同，如图 15-3 所示。事实上，在低功率下沉积的涂层会引起较低密度和较低扩散度的细胞黏附。

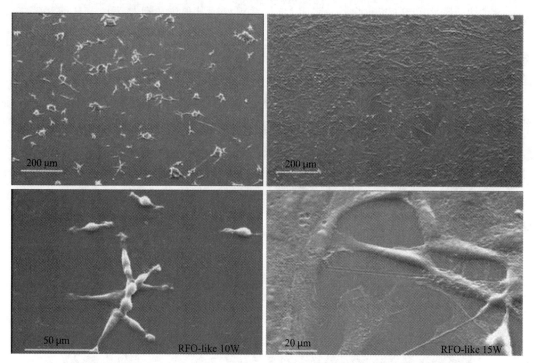

图 15-3　在等离子体沉积的两种类 PEO 涂层上的 3T3 鼠类成纤维细胞黏附的 SEM 成像结果。两种表面都是细胞黏附的，尽管程度有所不同。能够观察到细胞密度和形貌如何受表面不同化学特性的影响。等离子体沉积条件：10 W 的 PEO 涂层：Ar5 sccm，DEGDME0.4 sccm，压力 400 mtorr，射频功率 10 W；15 W 的 PEO 涂层：Ar5 sccm，DEGDME0.4 sccm，压力 400 mtorr，射频功率 15 W

15.6　细胞功能分析

细胞通过细胞膜上的感受器来探测它们将要附着的外表面。细胞在体外生长的表面化学成分和形貌成为它们生长的新环境，因此细胞与新环境发生反应，通过产生蛋白质来模拟类似于在体内的某种 ECM 栖息地。此外，它们在新环境中适应形貌和特定分化的活动：新的整合素和钙附着蛋白介导的黏附点将激活细胞内部的特定信号通路，除了细胞形态外，还调节细胞的迁移和基因表达。为了研究这样一种复杂的行为和与之对应的表面化学/形貌特征，优化表面特征以维持用于生物学应用的最优细胞功能，应该使用分子生物学方法进行蛋白质组和基因组样式的研究，例如，互补 DNA（cDNA）芯片检测[54]。例如[55]，在紫外辐照下将聚丙烯酸接枝到等离子体预处理过的 PET 薄膜上，接着将半乳糖衍生物 [1-O-（6-氨基己基）-D-吡喃半乳糖苷] 与接枝丙烯酸链缀合，获得化学性质确切的表面，已经显示出这种表面如何能够既保持聚集的形态学，又能维持人类肝细胞的最佳生理表现。对细胞合成的特定蛋白质（胶原蛋白、纤维连接蛋白、白蛋白等）的分析，可以更好地理解与给定材料接触有关的细胞生理学。

图 15-4 中所示的是我们实验室最近的研究结果，表明了 TCPS、PET、聚四氟乙烯（PTFE）和 pdAA 表面等不同的基板如何调节低密度植种的 HepG2 细胞中的血浆纤维蛋白的表现。用能够识别人血浆纤连蛋白的单克隆抗体进行的实验结果，给出了不同蛋白质生成度随基板的变化。纤维蛋白的表现是某种基板可以在体外安全容纳血细胞的主要标志[56,57]。

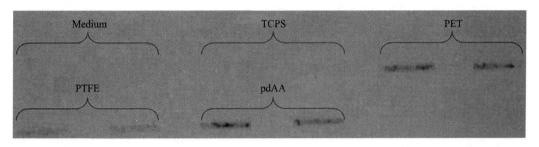

图 15-4 根据在不同基板上（TCPS、PET、PTFE、pdAA）生长 HepG2 的孔中收集的培养基进行的点印迹分析。将来自上清液培养基，含有培养基和分泌的蛋白质的 1 μg 总蛋白印迹到尼龙膜上。用抗人血浆纤连蛋白的单克隆抗体进行免疫检测。以下列实验条件在 PET 上等离子体沉积获得的 pdAA：Ar20 sccm，AA 蒸汽 3 sccm，压力 150 mtorr，射频功率 100 W[53]

15.7 结 论

在本综述中，我们通过细胞密度、生长率、细胞活性、细胞毒性等活性参数评估以及改变形貌与生理学行为等，讨论了体外材料（包括等离子体处理的表面）生物相容性分析通常采用的方法。为建立是否某种表面可以转向动物或人类体内的评估，所有这些测试都是必要的，但通常不是充分的。强调这一点很重要，即所研究材料的体外结果"阳性"，并不自动意味着被测试的材料在人体中会有令人满意的表现。

参 考 文 献

[1] Vacanti, C.A. (2006) J. Cell. Mol.Med., 10, 569.

[2] Williams, D.F. (1987) Progress in Biomedical Engineering, Elsevier,Amsterdam, p. 4.

[3] Anderson, J.M. (2001) Annu. Rev.Mater. Res., 31, 110.

[4] Ratner, B.D. and Bryant, S.J. (2004)Annu. Rev. Biomed. Eng., 6, 41.

[5] Tang, L. and Eaton, J.W. (1995) Am.J. Clin. Pathol., 103, 466.

[6] Tang, L. and Eaton, J.W. (1999) Mol.Med., 5, 351.

[7] Nelson, C.M. and Tien, J. (2006)Curr. Opin. Biotechnol., 17, 518.

[8] Wilson, C.J., Clegg, R.E., Leavesley,D.I. and Pearcy, M.J. (2005) Tissue Eng., 11, 1.

[9] Harrison, C.A., Gossiel, F., Bullock,A.J., Sun, T., Blumsohn, A. and MacNeil, S. (2006) Br. J. Dermatol.,154, 401.

[10] Sardella, E., Favia, P., Gristina, R., Nardulli, M. and d'Agostino, R.(2006) Plasma Proces. Polym., 3, 456.

[11] d'Agostino, R. (1990) Plasma – Materials Interactions, Academic Press.

[12] d'Agostino, R., Favia, P. and Fracassi,F. (1997) Plasma Processing of Polymers, NATO ASI series E:Applied Science, Kluwer Academic.

[13] d'Agostino R., Favia P., Fracassi F.and Palumbo F. (eds) (2003) Book of Abstracts and CD of Full Papers of the 16th Int. Symp. on Plasma Chemistry, ISPC Taormina.

[14] Chapman, B. (1980) Glow Discharge Processes, Wiley.

[15] Favia, P. and d'Agostino, R. (2002)Plasma processed surfaces for biomaterials and biomedical devices:PEO – like, Ag/PEO – like and – COOH functional coatings, micro – patterned surfaces, Le Vide, 203.

[16] Pu, F.R., Williams, R.L., Markkula,T.K. and Hunt, J.A. (2002)Biomaterials, 23, 2411.

[17] France, R.M., Short, R.D., Duval, E.and Jones, F.R. (1998) Chem. Mater.,10, 1176.

[18] Lombello, C.B., Malmonge, S.M. and Wada, M.L.F. (2000) J. Mater. Sci.Mater. Med., 11, 541.

[19] Dawe, R., Candan, S., Beck, A.J.,Devlin, A.J., Brook, I.M., Macneil, S.,Dawson, R.A. and Short, R.D. (1998)Biomaterials, 19, 1717.

[20] Favia, P., Sardella, E., Gristina, R.,Milella, A. and d'Agostino, R. (2002)J. Photopol. Sci. Technol., 15, 341.

[21] Harsch, A., Calderon, J., Timmons,R.B. and Gross, G.W. (2000) J.Neurosci. Meth., 98, 135.

[22] Hersel, U., Dahmen, C. and Kessler,H. (2003) Biomaterials, 24, 4385.

[23] Drumheller, P.D. and Hubbell, J.A.(2003) Tissue Engineering (eds B.Palsson, J.A. Hubbell, R. Plonsey and J.D. Bronzino), CRC Press.

[24] Favia, P., Palumbo, F., d'Agostino, R.,Lamponi, S., Magnani, A. and Barbucci,R. (1998) Plasmas Polym., 3, 77.

[25] Detomaso, L., Gristina, R., Lopez, L.C., Senesi, G.S., d'Agostino, R. and Favia, P. (2004) Plasma Processes and Polymers (eds R. d'Agostino, P. Favia, M.R. Wertheimer and C. Oehr), VCH – Wiley.

[26] Temming, K., Schiffelers, R.M., Molema, G. and Kok, R.J. (2005) Drug Resist Updat., 8, 381.

[27] Aumailley, M., Gerl, M., Sonnenberg, A., Deutzmann, R. and Timpl, R. (1990) FEBS Lett., 262, 82.

[28] Balazs, D.J., Triandafillu, K., Sardella, E., Iacoviello, G., Favia, P., d'Agostino, R., Harms, H. and Mathieu, H.J. (2005) Plasma Processes and Polymers (eds R. d'Agostino, P. Favia, M.R. Wertheimer and C. Oehr), Wiley – VCH, 351.

[29] Sardella, E., Gristina, R., Senesi, G.S., d'Agostino, R. and Favia, P. (2004) Plasma Process. Polym., 1, 63.

[30] Lerouge, S., Fozza, A.C., Wertheimer, M.R. and Yahia, L.H. (2000) Plasmas Polym., 5, 31.

[31] Rossi, F., DeMitri, R., DosSantos Marques, F., Bobin, S. and Eloy, R. (2003) Proceedings 16th Int. Symp. on Plasma Chemistry (ISPC – 16), University of Bari, 22 – 27 June 2003, Taormina (I), ORA/PRO 63917.

[32] Ertel, S. Chilkoti, A., Horbett, T.A. and Ratner, B.D. (1991) Biomater. Sci. Polym. Ed., 3, 163.

[33] Curtis, A.S.G. Forrester, J.V. and Clark, P. (1986) J. Cell Sci., 86, 9.

[34] McFarland, C.D., Mayer, S., Scotchford, C., Dalton, B.A., Steele, J.G. and Downes, S. (1999) J. Biomed. Mater. Res., 44, 1.

[35] Alberts, B., Johnson, A., Lewis, J., Raff, M., Roberts, K. and Walter, P. (2002) Molecular Biology of the Cell, 4th edn, Garland Publishing.

[36] Obinata, M. (2007) Cancer Sci., 98, 275.

[37] Zola, H. (2000) J. Biol. Regul. Homeost. Agents, 14, 218.

[38] Goldman, B.I. and Wurzel, J. (1992) Vitro Cell Dev. Biol., 28A, 109.

[39] Knowles, B.B., Howe, C.C. and Aden, D.P. (1980) Science, 20, 497.

[40] Freshney, R.I. (2000) Culture of Animal Cells, 3rd edn, Wiley – Liss, New York.

[41] Castañoa, A. and Gómez – Lechónb, M.J. (2005) Toxicol. In Vitro, 19, 695.

[42] Haskard, D.O. and Revell, P.A. (1984) Clin. Rheumatol., 3, 319.

[43] Mossman, T.J. (1983) Immunol. Methods, 65, 55.

[44] Liu, Y., Peterson, D., Kimura, H. and Schubert, D. (1997) J. Neurochem., 69, 581.

[45] Liu, Y. (1999) Prog. Neuro – Psychopharmacol. Biol. Psychiat., 23, 377.

[46] Grandjean – Laquerriere, A., Laquerriere, P., Guenounou, M., Laurent – Maquin, D. and Phillips, T.M. (2005) Biomaterials, 26, 2361.

[47] Hale, A.J., Smith, C.A., Sutherland, L.C., Stoneman, V.E., Longthorne, V.L., Culhane, A.C. and Williams, G.T. (1996) Eur J Biochem., 236, 1.

[48] Nelson, C.M. and Bissell, M. (2006) Annu. Rev. Cell Dev. Biol., 22, 287.

[49] Robinson, J.P. (2004) Flow Cytometry Encyclopedia of Biomaterials and Biomedical Engineering, (eds G.E. Wnek and G.L. Bowlin), Marcel Dekker Co., pp. 630 – 640.

[50] Stuart, K.R. and Cole, E.S. (2000) Methods Cell Biol., 62, 291.

[51] Poot, M., Hoehn, H., Kubbies, M., Grossmann, A., Chen, Y. and Rabinovitch, P.S. (1994)

Methods Cell Biol., 41, 327.

[52] Bradford, M. (1976) Anal. Biochem.,72, 248.

[53] Detomaso, L., R Gristina, G., Senesi, S., d' Agostino, R. and Favia, P. (2005) Biomaterials, 26, 3831.

[54] Shoemaker, D.D., Schadt, E.E.,Armour, C.D., He, Y.D., Garrett - Engele, P., McDonagh, P.D. and Loer,P.M. (2001) Nature, 409, 922.

[55] Chao, Yin, Lei, Ying, Peng - Chi,Zhang, Ren - Xi, Zhuo, En - Thang,Kang, Kam, W. Leong and Hai - Quan,Mao. (2003) J. Biomed. Mater. Res. A,67, 1093.

[56] Midwood, K.S., Mao, Y., Hsia, H.C.,Valenick, L.V. and Schwarzbauer, J.E.(2006) J. Invest. Dermatol. Symp. Proc.,11, 73.

[57] Briggs, S.L. (2005) J. Wound Care, 14,284.

第 16 章　生物医学中的冷气等离子体

E. Stoffels，I. E. Kieft，R. E. J. Sladek，M. A. M. J. Van Zandvoort，D. W. Slaaf

16.1　引言

非平衡等离子体是一种特殊的介质。它包含温度 30 000 K 以上的高能带电组分，它们与冷得多的中性气体（室温或最高几百度）共存。由于等离子体通常是在气体上施加电压而生成的，电子和离子都能从电场中直接获得能量。这些能量的耗散途径包括与中性组分的弹性/非弹性碰撞、发光或转换为热能并向外界传输。要使带电组分与中性组分之间维持一种巨大的温度差，需要一种特殊的等离子体运行方法，以便阻止高能粒子与环境气体之间的能量转化。在低压下这种情况是容易实现的，因为在稀薄介质中碰撞很少，在照明技术和固态表面处理（镀层、溅射、清洗和活化等）中，低压放电（0.000 1～0.01 atm）至关重要。它们独特的化学活性适应于任何表面处理，而低背景温度使得它们适合热敏表面的处理。用于生物医学技术的表面处理已经变为公认的技术。应用包括具有生物适应层的人造（骨骼）植入物的等离子体涂层（羟磷灰石、金刚石等）[1,2]和控制/改善细胞黏附的表面微构形[3]。等离子体处理甚至促进了制备伤口敷料的先进技术，该敷料有助于慢性伤口的愈合[4]。由于这些技术涉及低压放电，因此它们仅限于离体的假肢和骨骼处理。非平衡等离子体的另一个巨大潜力是对空气和医疗/外科设备的灭菌消毒。对于后一种应用，可以使用低压等离子体和大气压等离子体，但仅考虑了离体的治疗[5-7]。

在医用和非医用等离子体处理方面的最新趋势是，越来越多地采用大气压条件下的非平衡放电。这种放电为样品处理提供了更大的灵活性，（通常）是加快了工序且明显地降低费用，原因是不需要昂贵的真空设备。为开发适用的等离子体源，已开展了大量的探索性研究，这种等离子体源应具有高化学活性和低气体温度的类似低气压放电特性。目前，可以在低电压/低功率且接近环境温度的情况下操作稳定的大气辉光。这项技术已在等离子体生物医学应用方面产生了创新的概念：采用大气等离子体体内治疗（等离子体外科）和等离子体辅助消毒。因为医用等离子体源的质量要比以往的要求严格得多，这个新的应用方向使得等离子体设备进一步精细化。

气体等离子体的体内治疗在医学界并非完全未知。ERBE - MED 公司[8]研制的热等离子体喷枪（氩等离子体凝结或 APC 装置）已成功地应用于伤口和溃疡的非接触凝结及应用于非特异性组织的移除。在这项技术中，等离子体的主要作用是提供热能（加热）使出血组织变性或干燥。这种用途的等离子体在内窥镜检查（如肠胃系统中的溃疡凝结[9]）、口腔和鼻腔的伤口和感染治疗以及其他许多方面尤为流行，另一种方法涉及将短脉冲施加到生理液体产生的放电：电流对水进行局部加热，在蒸汽中发生击穿现象[10]。这种方法相比 APC 等离子体来说损伤性稍低些。脉冲放电可用于多种医疗过程中，包括脊柱外科手术[11]甚至心血管病变的治疗（仅在文献[12]中）。

最近，艾恩德霍芬理工大学生物医学团队引入了另外一种体内等离子体治疗的概念[13]，即特意应用非平衡等离子体特性。其目标不是使组织变性，而是在热损伤门限之下操作并引起特定的反应或改性。这种应用的等离子体源应该工作在体温以下，且表现出一种适度的化学活性。

获得冷等离子体的最明显的方法就是要注意耗散功率低（或功率密度低）。例如，$10^4 \sim 10^5$ W/m³ 的功率密度（对于低压等离子体是典型的）会导致低的气体温度。大气压等离子体通常不能工作在这种条件下的，但通过一些特殊的设计能够使它工作。在设计冷大气压源时，必须使功率输入最小化，而最大程度减少对周围的能量损失（功率外流）。可以考虑下列放电类型。

• 高频（HF）放电：当激发频率高于离子的等离子体频率时（典型的要大于 1 MHz），仅有电子被高频场加热，而离子维持相对的冷。电子向重粒子的能量传递效率低下，限制了气体的加热。此外，对于医疗应用，推荐采用高频（>100 kHz）放电，因为高频放电既不会在神经系统中引起电扰动，也不会影响心脏功能。

• 瞬态放电：可以采用短脉冲串来操控等离子体，使占空比维持在较低状态。此外，如果电子脉冲的时长小于 10^6 s，则没有足够的时间使电子与气体原子/分子实现能量转换。

• 表面/体积比率大的等离子体：在这种情况下，由于热传导引起的能量损失，使等离子体体积中的气体温度保持较低状态。在很多几何特征下可以实现这种等离子体：尺度约 1 mm 的微等离子体、小间隙（mm）平行板放电等。微等离子体电能消耗非常低，因此非常方便且成本低。对于后一种情况（平行板），通常用介质层来覆盖电极（也称为介质阻挡放电[14]）。在等离子体工作期间绝缘层充电，降低放电中的电场和电流。

• 流动等离子体：当放电区域采用流动气体时，对流冷却作用使其维持低温度。如果必要，还可以采用余辉（下游）处理。

当然，也可以采用上述原理的任意组合。Eindhoven 团队选择了具有气体制冷的射频微等离子体。为了体内治疗，发明了一种小的等离子体装置（等离子体针）[15]。等离子体针是一种封闭在低气流管内的点放电，在金属线的尖端产生放电。这种几何特征在生物样品的处置方面具有出色的灵活性和精确性。

在本章中将首先描述等离子体针的基本特性（16.3 节），讨论电特性、气体温度、治疗表面的热流、活性自由基组分的生成等问题，特别关注了等离子体针与液体样本之间相互作用。对于生物医疗应用来说，这个问题非常重要，因为细胞和组织的处置总是在水环境中完成的。其次，在 16.4 节中，将给出采用等离子体针使细菌失去活性的一些情况。给出一些样品准备的方法并讨论等离子体对多种细菌的灭杀效能。将特别关注冷等离子体在龋齿治疗中的预期用途。最后，在 16.5 节中将讨论等离子体针与培育中的活性细胞之间的相互作用和等离子体与留存在生物反应体中的动脉组织（离体）之间的相互作用。将描述细胞反应，指出冷等离子体在（微）外科手术中的潜在应用。

16.2　实验

为了生成小尺度的大气压冷等离子体，采用 13.56 MHz 射频电压，在金属针电极（针）尖端产生等离子体。接地的周围环境作为远程反电极。以前，等离子体针具有不同的几何构形，如封闭的"火炬"或等离子体盒。目前，已经引入了一种方便且柔性的设计。图 16-1 示出了一种柔性等离子体装置的原理图和图片。针的直径 0.3 cm，插入到一个 5 cm 长、内径 0.8 cm 的有机玻璃管中。由质量流量控制器（Brooks 5850E 系列）调节的最高 2L/min 流量的氦气直接通过管中。

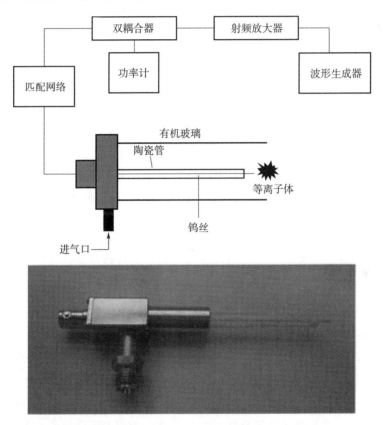

图 16-1　实验配置（上）和一个便携式等离子体针装置图像（下）

等离子体的生成采用了一个波形发生器（Hewlett Packard 33120A）和一个射频放大器（Amplifier Research 75AP250RF）。采用一个双向耦合器和一个 Amplifier Research PM 2002 功率计对功率进行监控。功率计置于放大器和匹配网络之间，用以确定正向功率和反射功率。采用 Tektronix 的 P6150A 电压探针测量电压，该探针插入到针的电通量中。该探针是一个具有 100 MΩ 电阻和 3pF 电容的 1 000 倍衰减器。

采用光谱仪、质谱仪（mass spectrometry，MS）和拉曼散射（Raman scattering）研

究了气相等离子体特性[16]。所有这些技术都已用于确定等离子体的组分，OES 和 MS 提供了气体温度的数据。光谱仪采用的是 Jobin‑Yvon H25 分光仪，具有 1 500 lines/nm 的光栅。采用增强电荷耦合器件（iCCD）相机（Andor DH534）在 −35 ℃制冷温度下获取了分光仪生成的图像。曝光时间设置为 0.7 s，快门宽度为 2 000 ns。采用 0.25 m 焦距长度的石英透镜，完成了等离子体辐射成像。采用 HIDEN Analytical Ltd. 研制的分子束质谱仪，完成了质谱测量。在这个系统中，采用三级差分泵浦射流入口系统对等离子体中的组分进行采样，然后采用 HIDEN EQP 质量/能量分析仪进行检测。拉曼散射较为复杂，将在其他地方给出详细的描述。

等离子体与各种（非活性）物质之间的相互作用可以通过光学方式或监测放电（电源[16]）的电特性而可视化。采用型号为 PT‑100（铂金）的热电偶温度探测器，确定与等离子体接触物体的温度[17]。采用自制的热探针[18]监控等离子体向物体表面传递的能流，该探针由连接到热电偶上的传感器（金属平面）组成，并配有能够记录时间相关信号的数据采集系统。热探针的原理非常简单：当等离子体点燃时，传感器的温度升高，等离子体熄灭后，传感器变冷。根据传感器的动态响应和相对于另一个能量源（如激光）的定标，计算得到传感器从等离子体获取的能量。

采用激光诱导荧光与荧光探针相结合的方法，研究了扩散到液态样本中的等离子体组分[19]。由于活性氧组分（ROS 族，由 O、OH、HO_2、H_2O_2、NO 及它们的衍生物）在各种生物过程中的作用，对这些活性氧组分给予了极大关注。为了检测 ROS，采用了 5‑（和 6‑）‑氯甲基‑$2'$、$7'$‑二氯‑二氢荧光素二乙酸酯。这是活性细胞中的 ROS 形成和氧化应激的众所周知指标。与 ROS 反应后，可形成可显示荧光特性的一种稳定的多重共轭双键系统。网址 www.probes.com 上给出了严格的探针准备说明。为了进行等离子体处理，应在具有平底核子表面的 96 孔板中制备体积为 0.4 mL 的探针液体样品。等离子体生成之后，采用 Bio‑Tek 的酶标仪 FL600 检测样本。装有 485/20X 滤波片的石英卤素灯（P/N 6000556S）在 485 nm 处激发氧化的 CM‑H_2DCFDA 探针的荧光。采用一个 530/25M 的滤波片在 530 nm 处采集荧光发射。为了获得定量数据，采用 NO 释放剂 NOR‑1 产生的 NO 自由基进行了探针的定标。假定 NO 和 ROS 与探针之间的反应效率是相当的。

为了验证等离子体针的抗菌特性，完成了大肠杆菌（革兰氏阴性）和变形链球菌（革兰氏阳性）的灭菌实验。按其他很多地方所描述的规则[17]处理了大肠杆菌样品。将一滴 50 μL 的细菌悬液吸移到无菌培养皿（Petri dish）的营养琼脂培养基上。最初的细菌数为 $10^5 \sim 10^6$。经等离子体处理后，培养皿在 37 ℃存留 24~48 h 的培养条件下进行孵育。计及琼脂平面上的菌落形成单位（CFUs）以确定存留的数目。或者，将每毫升含有 10^8 细菌数的 0.1 mL 悬液，涂抹到处于无菌培养皿内琼脂培养基上，制备大肠杆菌薄膜[20]。将等离子体局部施加到器皿上，将样品孵育 24 h，直观地评估了等离子体对细菌种群的破坏。

荧光着色已广泛应用于细菌和哺乳动物细胞的研究。有各种细胞生存和细胞活性方面的论文可参考。荧光着色原理与普遍采用的等离子体诊断方法——激光诱导荧光的原理相同，由激光或灯照射产生荧光，可采用适当的滤光片收集这些宽带的荧光发射。采用普通的荧光显微镜、双光子激光荧光显微镜或酶标仪研究了被染色的细胞。酶标仪是一种自动设备，用于记录标准化细胞样本（多孔阵列上的一个孔）上空间平均的荧光。这不仅是目前采用显微镜获得信息最详细的手段，而且是能够获取定量数据最快的方法。酶标仪特别适用于参数扫描和要求对大量实验数据进行统计的情况。

最简单和最强有力的诊断方法是生存能力测定：细胞跟踪器绿色（cell tracker green，CTG）和 SYTO9 或 STYO13 以及碘化丙啶（PI）。CTG 在谷胱甘肽 S-转铁酶介导的反应中与细胞质硫醇反应，并转化为细胞不渗透的荧光产物。在正常细胞功能情况下，硫醇水平高且谷胱甘肽 S-转移酶丰富，细胞染成鲜绿色。与参照样本相比，CTG 发射的减少是由于活性细胞数量减少导致（细胞死亡）或活性细胞中酶的活性降低导致。与 CTG 相比，SYTO 9 或 13 不能提供细胞活性的信息，它穿过细胞膜，用绿色荧光标记对死细胞和活细胞中的 DNA 和 RNA 进行染色。因此，SYTO 可以用来确定细胞的总数而不区分它们的状态如何。PI 是死细胞检测的一种特定染色。PI 与 DNA 和 RNA 合并变成红色荧光产物，但由于它是一种不能穿透膜的分子，因此只能渗透到那些膜已破损的细胞中。如同下面将进一步解释的，膜可穿透的细胞是死细胞（坏死）。因此，双染色 STYO+PI 能够分别对活细胞和死细胞计数，由于 PI 比 SYTO 对核酸的结合能力更强，因此，坏死的细胞会仅显示出红色的荧光，而活细胞将维持绿色。在这项特殊的研究中，采用 STYO9+PI 双染色方法检测了"人造腔体模型"中坏死的变形链球菌，这种模型用来研究在等离子体中的穿透深度。该模型由两个平行的显微镜玻璃组成，上面覆盖着培养的变形链球菌生物膜。两个玻璃之间用垫片隔开，使它们之间形成 1 mm 的缝隙。等离子体施加到模型的边缘，使之在玻璃之间形成一个半圆形的"死区"，用荧光显微镜对其进行观察评估。

为了探索基本的细胞响应，在不引起意外的细胞死亡（坏死）情况下寻求移除细胞的方法，开展了冷等离子体与哺乳动物活细胞之间相互作用的研究。采用了下列细胞类型：

- 成纤维细胞：中国仓鼠卵巢细胞（CHO-K1）[21]，3T3 小鼠成纤维细胞
- 肌肉细胞：老鼠大动脉光滑肌肉细胞（A7r5）[22]
- 内皮细胞：牛大动脉内皮细胞（BAEC）[22]

针对上述细胞，应用 CTG 和 PI 进行了生存力染色。

此外，针对一个完好且可再生的组织样本，研究了组织中的细胞反应。选择了从瑞士小鼠（颈动脉和子宫动脉）获得的动脉切片，因为对于该组织内的动脉组织，其结构和对各类损伤因子的反应是众所周知的。小鼠的动脉结构相对简单：很细（管腔直径约 300 μm）且仅有很少几层。然而，它却是很好的研究实例，原因是它包含构成其他组织的全部必要元素。其外部（外膜）是一层连接组织，含有胶原蛋白和成纤维细胞，中部（中间层）是弹性蛋白纤维增强的光滑肌肉细胞层，内部（内膜）是内皮细胞层和子内皮连接组织。从安乐死的小鼠中切除动脉，在 40 mm 汞柱压力的生理缓冲液流下，将其装在灌注反应器中（见图 16-2）。采用 STYO13+PI 来核查细胞的生存力，采用双光子激光荧光显微镜观察其组织。

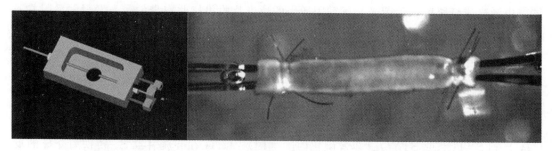

图 16-2　左：可维持孤立血管的灌注反应器；右：安装血管的实际照片

16.3　等离子体特性

实验结果表明，等离子体针的确是无损伤的源。等离子体中耗散的能量通常很低，10 mW 到几瓦范围，峰值-峰值射频电压从 160 V（点火阈值）到约 700 V。伏安曲线如图16-3 所示。等离子体辉光的典型尺寸小于 1 mm，但尺寸随着注入功率的增加而增加。等离子体可工作在两种模式下。在单极模式下，接地的环境较远（距通电的针头几毫米以外），辉光被限定在针尖处。当等离子体针移动到一个表面附近时，就会出现模式的转换，辉光展开且亮度增加。两种模式下的辉光图像如图 16-4 所示。等离子体形状和特性的变化不难理解。电极的间隙（针至地的距离）决定了局部电场（E）。当施加射频电压 V 时，则电场强度标量近似为 V/d。电场强度决定电离率、电子/离子密度、电导率 σ 和最终的等离子体能量耗散（$P = \sigma E^2$）。很明显，随着距离的缩短，耗散功率快速增加（图 16-5）。这种等离子体工作模式对于表面治疗是最方便的，因为辉光中的大部分等离子体能量和活性组分都可沉积到被治疗的对象上。通过校准后的热探针获得的测量结果表明，当距离小于 2 mm 时，能量转换效率（被表面吸收的等离子体能量部分）接近于百分之百。

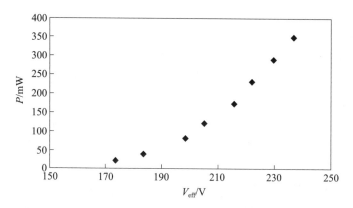

图 16-3　耗散的等离子体功率随施加电压的变化（单极模式）

为了证明等离子体针对处理对象不会产生热损伤，确定了气体温度和各种处理表面的

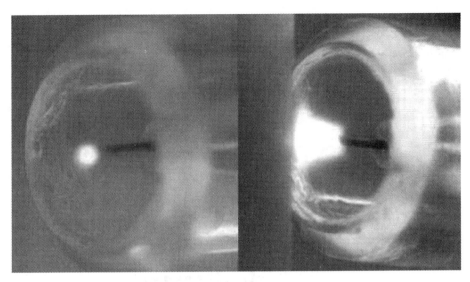

图 16-4 等离子体辉光图像。左：单极模式（等离子体集中在针尖）；
右：双极模式（与表面接触的等离子体）

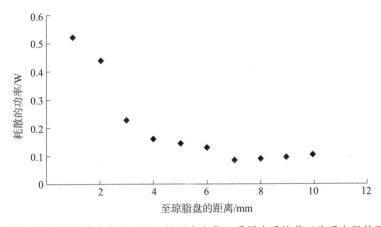

图 16-5 耗散的等离子体功率随到表面的距离变化（采用皮氏培养皿为反电极的双极模式）

温度。图 16-6 给出了一些结果。光谱仪提供了 N_2 谱段的转动温度。数据来自具有最高发射强度的区域，也是等离子体最热的部位。因此，发现有相当高的温度。质谱仪在下游区域（距离针 2~4 mm）获取了中性气体密度（n）的样本。采用适应于常压（大气压）状态下的公式 $P = nk_B T$ 计算了温度。由于这是辉光后的区域，对应的温度低于 OES 获得的温度。尽管如此，两种方法得到的温度趋势还是很一致的。有证据表明，仅在输入高功率时才会出现气体加热现象。在热电偶测量中，将热电偶埋藏在液体表面下 0.5 mm 的位置，改变等离子体针与液体之间的距离。事实上，这已不是气相的方法，从生物医学的角度来看更有意义，因为，这种方法提供了样本接收热的相关信息。表面温度依赖于表面热容和热导率、等离子体功率及暴露于等离子体中的时间，但通常加热是可容忍的。

等离子体中的主要气体组分是氦。根据拉曼散射测量结果，估计进入到氦气流体中的

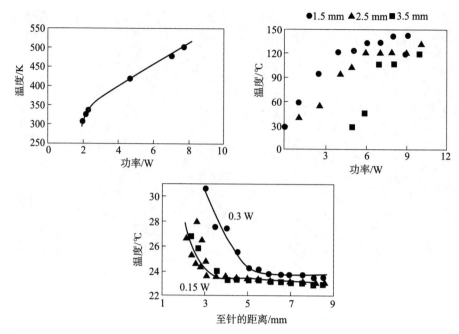

图 16 - 6　左：OES 温度随功率变化曲线；中：针与质谱仪（MS）孔之间不同距离情况下，MS 数据随功率的变化；右：两种功率条件下，埋入的热电偶数据随针到液体之间距离变化

空气混合量约为 0.5%。但是，这种小混合量却是影响等离子体化学活性的主要原因。光谱仪观测结果表明，等离子体中有很多分子组分。质谱仪数据表明，正离子 N^+、N_2^+、O^+ 远比 He^+ 多。可以区分两种等离子体工作机制：当电压刚刚越过点火门限时（120 V），等离子体发射辐射非常弱，光谱主要是分子组分的发射谱线。当大于 150 V 时，可以观测到等离子体中的强度突然增强，特别是氦谱线变得更加明显（比 150 V 以下时高出 100 倍以上）。这两种工作机制下的典型光谱如图 16 - 7 所示。值得注意的是，在低功率机制下，N_2、N_2^+ 和 OH 谱线比 586.6 nm 氦谱线的强度相对高。等离子体的化学活性已足以用于组织处理，而电压/功率却是很低，不会导致任何组织的损伤。

在对活体组织处置期间，活动的等离子体区绝不会直接接触到个体细胞。细胞采用 1 mm 的生理液体（盐溶液）覆盖以避免它们脱水。因此，等离子体与细胞之间的相互作用总是发生在气-液的界面处。等离子体中的活性自由基扩散并溶解在液体中，接近细胞并与生物体细胞组分发生相互作用。已采用荧光探针检测了等离子体针生成的含氧自由基（ROS）。图 16 - 8 中给出了等离子体处置期间的 ROS 浓度随时间的变化。发现如同预期的那样具有线性关系。根据这些数据可以推断流向表面的自由基通量（$10^{18}\,m^{-2}\cdot s^{-1}$）。溶液中的浓度在 μM 范围，该浓度接近于健康生物体产生活性自由基的自然水平。当然，在较高水平下（mM），自由基会导致所谓的氧化应激和细胞损伤[23]。在 μM 量级的浓度下，氧自由基在对抗细菌感染是必不可少的。因此，可以期待等离子体针能够具有温和的灭菌特性，即能够在不损害人体细胞的条件下消毒灭菌。

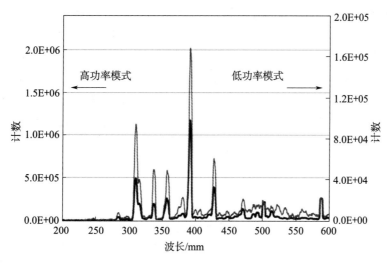

图 16-7　在低电压、高电压工作模式下的等离子体光谱（用 587.6 nm 氦谱线规范化）

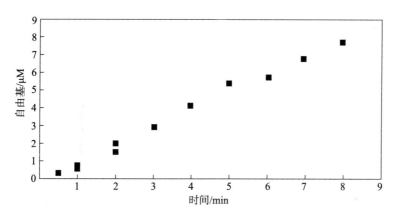

图 16-8　等离子体处理的液态样本中 ROS 的自由基浓度。
采用荧光探针确定；等离子体功率约 100mW，针至样本的距离 1mm

16.4　灭菌

很多等离子体源的杀菌特性在文献中有据可查[19,20]。等离子体针将这些特性与温和特性相结合，使之能够在体内应用。等离子体处理的医学应用非常简单：等离子体针可以用于该类局部消毒。伤口和牙腔的非接触式消毒，在皮肤科和牙科具有重要价值。在本节中将验证对微生物的灭杀效率。

大肠杆菌是首选的实验对象，因为这种细菌很容易培养且对化学损伤有相当的抵抗性。在低等离子体功率下（100 mW）对 50 μL 液体中含有 $10^7 \sim 10^8$ 个菌落形成单位的细菌悬浮液滴进行了处理、铺平并孵育整夜。这个实验生存曲线（种群的数量随处理时间的变化）如图 16-9 所示。由于液滴厚度较大（1～2 mm），需要几十秒时间才能够失活。

所谓 D 值，即灭杀 90% 细菌所需的时间，这个时间大约 40 s。当处理的样本较薄时，灭活的时间会明显减少。对皮氏培养皿中生长的大肠杆菌薄膜（0.1 mm）的处理，会导致等离子体针入射时快速形成特征性空隙。空隙（不超过 1 cm）内完全没有细菌，而空隙附近的区域不受影响，空隙的边界明显。存在着一个有争议的问题，即细菌是由短寿命的等离子体组分杀灭的，还是由于其他原因导致的，如由于热导致的。为了优化实际的体内治疗的条件，已经进行了相应的参数研究。图 16-10 示出了间隙尺度和对应细菌灭杀的数目随处理时间的变化。

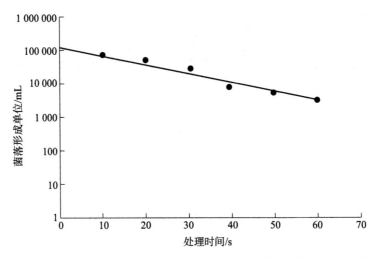

图 16-9　大肠杆菌液滴样本中的菌落形成单位数量随等离子体处理时间的变化
等离子体功率 100 mW，针到样本之间距离 1 mm

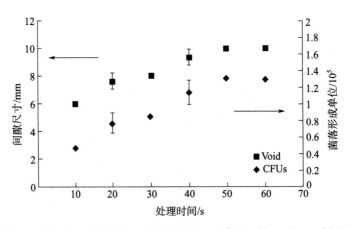

图 16-10　大肠杆菌样本中间隙尺度和对应的细菌灭杀数目随处理时间的变化
功率 180 mW，距离 1 mm

从曲线特征可以看出，等离子体功率增加时可以观测到类似的现象，即间隙接近一定的尺寸后就不会在增加。因此，没必要采用更高的功率和进一步延长处理时间，因为这样做并不会改进消毒效果。此外，即使针与样本之间的距离十分远的情况下，等离子体处理也是有效的，其至距离针 8 mm 以外也会产生间隙。这些结果对于体内应用也是非常令人鼓舞的，体内应用更希望低功率和远距离，以抑制所有可能的副作用。

　　等离子体是气态介质，人们期望它具有一定穿透不规则空腔和缝隙的能力。这就激发了牙腔等离子体消毒的研究。应用等离子体具有很明显的优势。首先，它能够很大程度地避免健康的牙组织受损，而在常规的蛀牙处置（钻孔）时，通常会去除这些组织。在很多情况下（如最初的龋齿）组织移除完全没有必要，经过消毒后就可能自身痊愈。等离子体用于牙菌斑及早期治疗会大大地改进口腔卫生。对龋齿起主导作用的细菌成分是形成生物膜的革兰氏阳性厌氧变形链球菌。生物膜具有致密结构，活细菌被嵌入到自身的分泌物、死细菌、营养物等基质中，因此，从灭菌的角度来看，这是一个非常困难的处理对象。已经完成了对变形链球菌生物膜消毒的初步实验。较薄的膜（0.1 mm）消毒很容易实现，而对于 0.3～0.6 mm 的膜，只可能实现部分消毒。此外，这种厚度是极端的，这种亚微米厚度的斑块应该用机械的方法移除。在特定的模型上开展了穿透深度的研究，该模型由两块间隔 1 mm 缝隙放置的平行玻璃板组成，玻璃板的内表面用变形链球菌膜覆盖。这种模型的优点是简单且便于实验，因为玻璃板是透明的，可以采用荧光染色和显微镜直接观测到细菌的存活性。将等离子体施加到玻璃的边缘，使针与玻璃板共面并指向缝隙内。当针头插入时，会在两个玻璃板上都产生半圆形的死区。这个结果可以从图 16 - 11 中看出，其中死的细菌会被 PI 染色。死区的直径为 1～1.5 cm。这种穿透深度远远超过牙腔处置所要求的深度，但是这种简化的腔体模型也存在一些不足。在实际的牙腔中，缝隙的尺度可能更小，而且可能还特别取决于它们在牙齿中的位置。体内实验仅仅意味着对等离子体疗法的有效性验证和对治疗后组织修复的评估。可以肯定地说，不会出现对健康组织的损伤，最坏的情况（不能充分地消毒）是牙腔还需要采用常规方法处置。

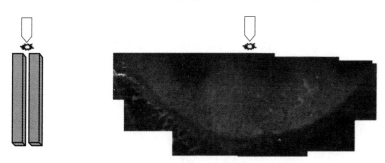

图 16 - 11　对变形链球菌的等离子体处理

左：内表面带有细菌膜的两块玻璃板放置（侧视图）；

右：薄膜的死区（PI 染色的浅灰色）处理结果（顶视图）功率 110 mW，距离 1 mm

16.5　细胞和组织的处置

　　除灭菌之外，等离子体针还提供了复杂人体细胞改善的可能性。等离子体与真核细胞之间的相互作用远比等离子体与细菌之间的相互作用复杂。细胞有很强的抵抗力且有很多有趣的自身防御响应。某些这类响应对于组织处理是感兴趣的。例如，我们已经证实，等离子体能够在不致使细胞膜破裂的条件下改善细胞。细胞膜破裂会导致所谓的意外细胞死亡（坏死）并释放出细胞质。细胞质对组织是有害的，因此身体会发起称为炎症反应的防御机制。这种情况会发生在任何类型的外科处置中：常规外科（切口）、电子外科、冷冻外科、激光外科及燃烧/凝结。生物体可以应付一些坏死，但坏死总是会导致大量的组织损伤，愈合延迟，并且无法实现平整的组织修复（即形成伤痕）。大范围的坏死存在严重的危险，必须要切除。由于没有合适的技术，迄今为止还没有其他可替代坏死的方法。等离子体针为外科手术引入了一种无炎症手术的新概念。在冷等离子体治疗中，可以避免坏死，修复仅仅局限在很小的细胞群范围内。这种高精准使得能够进行局部手术，即对极度易损膜和胚胎的治疗。受控的细胞移除和操纵是预期的效果。

等离子体在活体细胞上的主要作用是细胞分离。通常，培育中的细胞会形成二维的准组织：它们通过细胞黏附分子相互连接并与基板相连。图 16 - 12 中示出了未处理的样品中大量狭长的成纤维细胞。在中等功率（100～200 mW）的等离子体处理下，致使细胞和它们周围（周围的细胞和基板基质）暂时的失去接触。假定细胞呈圆形，类似水滴形（图 16 - 12），最终它们会摆脱基板并漂浮在介质中。其作用的范围（该区域内细胞是分离的）是一个 0.1 mm～1 cm 之间的圆。这个区域的边界很尖锐。每个点的处置时间约 2 s 就足以引起这种效应，更长的处置时间会导致更大的作用范围。这种脱落是一般性的，在成纤维细胞、光滑肌肉、内皮、外皮的细胞等各类细胞的研究中都可以观察这种脱落，在所有的情况下，现象的程度基本是相同的。在暴露于等离子体后的几个小时内，所有细胞会重新恢复接触。这是蛋白质合成和存活细胞小损伤修复的一个典型时间尺度。显然，等离子体并没有对细胞的存活和活性产生明显的负面效应。坏死发生率低也表明了这一点：在适当的处置条件下（低功率）无坏死细胞。坏死细胞出现的典型条件是，功率高于 300 mW下暴露时间 30～60 s；在这种情况下，热或脱水（长时间暴露于气流中）能够导致坏死。

细胞分离可能是等离子体自由基与细胞膜相互作用的结果，活性的氧组分能够氧化并切断细胞黏附分子。这个过程不需要对细胞内部造成损伤。等离子体组分可以起到信息传递者的作用：它们传递一定的刺激，使之提醒细胞并触发一种远离危险区域的机制。此外，在这个过程中，刺激始终维持在损伤阈值之下，如果细胞能够及时"逃离"，它将保持完好。总的来说，细胞分离是一种可移除或驱动细胞的可逆效应。这也将使人们能够从组织中提取细胞来制备天然的移植物。人体中如果没有坏死就不会引起炎症。

在等离子体手术技术准备中，组织处理是接下来要进行的步骤。由于细胞外基质的存在，在组织中会引起并发症。这里给出等离子体与动脉组织相互作用的一些基本现象。目前，已经完成了颈动脉和子宫小鼠动脉的离体（ex vivo）处理。将动脉安放在灌注反应器中，并在 40 mmHg 的跨壁压下充满液体。第一个结果是跨壁压保持不变，因此没有发生动脉穿孔。在低等离子体功率下（100 mW），其效应仅限于动脉外膜。在成纤维细胞中观测到了偶然的坏死，但胶原蛋白基质却保持完好。处置后的样本如图 16 - 13 所示。在这个样本中，一些光滑肌肉细胞和弹性蛋白纤维存在损伤。但是，也可以看出，细胞的形状

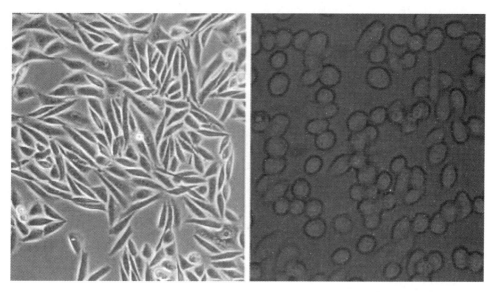

图 16 - 12　左：未处理的 CHO - K1 成纤维细胞样本；右：等离子体处理后的圆形（分离）细胞

和指向改变了，从处理之前的狭长与规则排列，变为处理后的圆滑与杂乱无章。这或许标志着细胞分离也能够出现在组织中，类似于在培育的细胞中所观测的现象。在这些实验中，处理条件太苛刻，致使坏死很多。但是，在心血管疾病（动脉粥样化斑块）治疗中，通常以移除大量的组织为目标，因此，偶然的坏死应该是可以接受的。事实上，与机械方法或激光/火花方法进行组织消融相比，采用等离子体针移除斑块的治疗可能损伤更小，更有益于患者。

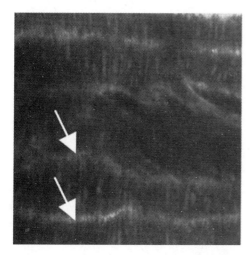
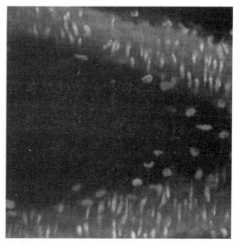

图 16 - 13　瑞士小鼠的动脉样本，显示了部分介质的双光子荧光显微图像

左：未处理的样本。箭头示出被 DYTO13 染色的弹性蛋白、光滑肌肉细胞（SMCs）；
右：采用 450 mW（始终距样本 1 mm）功率处理 1 min 后，一些弹性蛋白键断裂，SMCs 失去规则排列

等离子体仅对活细胞而不对细胞外基质产生影响的事实不一定就是障碍。最重要的特

点是，等离子体能够分离/驱动细胞而不杀灭细胞。必要的时候，可以将细胞驱动到区域之外后，然后机械地将无生命的细胞外基质进行分离（切断）。只要不发生细胞坏死，无炎症手术的概念就成立。目前，人们还不能预料这种技术能否应用于大规模手术中，但对微创手术似乎是可行的。在小型实验动物上的首次实验还在准备过程中。

　　等离子体与细胞相互作用方面剩下的问题就是紫外辐射的作用问题。等离子体针的等离子体光谱（图16-7）表明，由于 OH 自由基的原因，在 305 nm 处存在少量发射辐射。一些氦跃迁真空紫外辐射也可能会存在，但在大气条件下，预计它是光学厚的。通常，大气压下的等离子体紫外辐射很弱，短波长（<200 nm）的辐射通常会被维持细胞和组织生存的水介质所阻断。此外，也研究了纯紫外照射（无等离子体）对细胞的影响，坏死是唯一观测到的作用[24]。因此，可以暂时假定，等离子体针所引起的细胞反应是化学性质的反应，在高功率下是热性质的反应。但是，不难推测，在其他等离子体源中（如空气等离子体）紫外辐射会发挥作用。

16.6　结束语和观点

　　非热等离子体可以视为易控的化学源、热源及可迁移到组织中的辐射能量源。它可以在组织上产生各种各样的效果：它可以工作在细胞损伤和坏死阈值以上，也可在无坏死的、很温和条件下工作。两种工作模式都可能有它们特定的医疗应用。本章描述了一个特殊的源，这就是冷的、紧凑的、适度活性的且无损的等离子体针。等离子体针可以无深度损伤且无痛感的应用于活性组织。等离子体技术很可能不会应用于批量手术。其主要优点是精细，表面作用和对组织损伤最小。等离子体针已经参与了一些医疗应用：创伤和牙腔的消毒以及微创手术等。尽管临床实践中的冷等离子体治疗还需要付出很大的努力，但目前的研究提供了非常有趣的基本事实，给予了等离子体外科手术成功的信心。

参 考 文 献

[1] Cheang, P. and Khor, K.A. (1996)Biomaterials, 17(5), 537.

[2] Freitas, R. A. Jr. (2003) Nanomedicine, Vol. IIA: Biocompatibility, Landes Bioscience, Georgetown, TX.

[3] d'Agostino R., Favia P., Oehr Ch. and Wertheimer M. (eds) (2005) Plasma Processes and Polymers, Wiley - VCH.

[4] Haddow, D.B., Steele, D.A., Short, R.D., Dawson, R.A. and MacNeil, S.(2003) J. Biomed. Mater. Res., 64A, 80.

[5] Laroussi, M. and Leipold, F. (2004)Int. J. Mass Spectrom., 233, 81.

[6] Laroussi, M. (2002) IEEE Trans.Plasma Sci., 30, 1409.

[7] Philip, N., Saoudi, B., Crevier, M.-C., Moisan, M., Barbeau, J. and Pelletier, J. (2002) IEEE Trans.Plasma Sci., 30, 1429.

[8] See: www.erbe - med.de.

[9] Stoppino, V., Cuomo, R., Tonti, P., Gentile, M., DeFrancesco, V., Muscatiello, N., Panella, C. and Ierardi, E. (2003) J. Clin.Gastroenterol., 37, 392.

[10] Stalder, K.R., McMillen, D.F. and Woloszko, J. (2005) J. Phys. D: Appl.Phys., 38, 1728.

[11] See: www.arthrocare.com.

[12] Slager, C.J., Essed, C.E., Schuurbiers, J.C., Bom, N., Serruys, P.W. and Meester, G.T. (1985) J. Am. Coll. Cardiol., 5, 1382.

[13] Stoffels, E., Kieft, I.E., Sladek, R.E.J., Van derLaan, E.P. and Slaaf, D.W.(2004) Crit. Rev. Biomed. Eng., 32, 427.

[14] Nersisyan, G. and Graham, W.G.(2004) Plasma Sources Sci. Technol., 13, 582.

[15] Stoffels, E., Flikweert, A.J., Stoffels, W.W. and Kroesen, G.M.W.(2002) Plasma Sources Sci. Technol., 11, 383.

[16] Kieft, I.E., Van derLaan, E.P. and Stoffels, E. (2004) New J. Phys., 6, 149.

[17] Sladek, R.E.J., Stoffels, E., Walraven, R., Tielbeek, P.J.A. and Koolhoven, R.A. (2004) IEEE Trans. Plasma Sci., 32, 1540.

[18] Stoffels, E., Sladek, R.E.J., Kieft, I.E., Kesten, H. and Wiese, H. (2004) Plasma Phys. Contr. Fusion, 46, B167.

[19] Kieft, I.E., Van Berkel, J.J.B.N., Kieft, E.R. and Stoffels, E. (2005) Radicals of plasma needle detected with fluorescent probe, in Plasma Processes and Polymers (eds d'Agostino, Favia, Oehr and Wertheimer), Wiley - VCH, p. 295.

[20] Sladek, R.E.J. and Stoffels, E. (2005)J. Phys. D: Appl. Phys., 38, 1716.

[21] Kieft, I.E., Broers, J.L.V., Caubet - Hilloutou, V., Ramaekers, F.C.S., Slaaf, D.W. and Stoffels, E.(2004) Bioelectromagnetics, 25(5), 362.

[22]　Kieft，I.E.，Darios，D.，Roks，A.J.M.and Stoffels，E. (2005) IEEE Trans.Plasma Sci.，33，771.

[23]　Halliwell，B. and Gutteridge，J.M.C.(1999) Free Radicals in Biology and Medicine，University Press，Oxford.

[24]　Sosnin，E.A.，Stoffels，E.，Erofeev,M.V.，Kieft，I.E. and Kunts，S.E.(2004) IEEE Trans. Plasma Sci.，32,1544.

第 17 章　低压等离子体杀菌消毒与表面净化的机理

F. Rossi, O. Kylián, M. Hasiwa

17.1　引言

医疗设备表面的净化越来越引起全球的关注。最新统计结果表明，医院感染在欧洲每年导致几千人的死亡，对医疗费用产生很大的影响。其主要来源是微生物（细菌芽孢、病毒、霉菌或酵母菌），而一些并发症也来自生物分子（如热原）。最近也有关于手术器械被污染引起的克雅氏病（Greutzfeldt - Jacob CJD）传播风险的报导[1]。因此，进入人体的器械必须通过杀菌和净化，以去除或灭活有害的生物残留物，特别是在侵入性手术和牙科手术中。因此，近年来在开发与验证广泛的材料杀菌与净化技术方面已付出了很多努力。原则上，理想的技术应满足以下要求：

- 处理的效率（低成本下快速处理）。
- 方法的通用性。从其组成、性质（热敏合成材料或腐蚀性材料）以及形状（如带孔的基板）角度来看，理想的净化方法应适用于各种物体。
- 对操作者和环境都安全的处理技术，即最优的方法是无毒的，没有任何副作用，也没有危险的副产品。

在本章中将证明，采用等离子体进行表面处理是接近这样目标的一种有前途的方法。为了实现这个目标，首先，我们介绍了各种常用技术以及各自的优点和缺点；然后，介绍低压等离子体处理的原理，并对文献中给出的结果做一个综述；最后，将给出并讨论细菌芽孢灭杀、去热原以及等离子体-蛋白质相互作用等相关方面选出的最新结果。

17.1.1　灭菌与净化方法的综述

下面我们将对灭菌和净化过程加以区分，前者必须要杀死微生物（细菌、芽孢、病毒），后者的目标是去除或灭活生物污染（如热原、蛋白质、生物分子）。

在医院环境下多次使用并需要反复消毒与净化的典型对象主要包括外科手术托盘、小型手术工具包、呼吸器、光纤（内窥镜、血管镜、气管镜等）。在牙科环境下重复使用的典型器械需要反复消毒，代表性的例子是手持器械、牙科镜、塑料尖、模型印模和织物。

17.1.1.1　现行的清洁与灭菌过程

所有的灭菌操作都要首先从清洁过程开始，这个过程是通过简单的机械和化学手段实现去除主要污染物的功能。由于微生物通常对并发症和感染有更高的风险，因此，与灭菌操作相比，对清洁过程的研究很少，直到最近也很少受到控制。用于清洁和消毒的主要产品及其相关机理列于表 17-1 中。

表 17-1　不同类型是灭菌与消毒

分类	实例	作用模式
苯酚和酚类化合物	石炭酸、六氯酚、甲酚、苯酚邻苯酚	通过蛋白质变性破坏质膜
醇类	乙醇、异丙醇（50%～70%水溶液）	脂质溶剂和蛋白质变性剂
表面活性剂	QACs、肥皂、清洗剂	通过电荷与磷脂相互作用破坏质膜；通过电荷与脂蛋白相互作用破坏质膜
卤素	碘	与酪氨酸反应使蛋白质失活
烷化剂	甲醛、戊二醛、环氧乙烷	通过甲基或乙基团与这些分子连接，使蛋白质和核酸变性
重金属	汞、银、铜	蛋白质变性

灭菌的主要方法及相关机理列于表 17-2 中。目前采用的主要灭菌过程是在一种特殊的防碎灭菌室中，在最高压力 3 bar 条件下，采用环氧乙烷（EtO）与氟利昂-12（CCl_2F_2）混合气体进行灭菌。为了达到有效的灭菌水平，这个过程要求材料暴露于气体中至少 1～3 h。然而，这个系统的主要缺点或许是它危险的毒性。环氧乙烷是对人体有害的高毒性材料。这种材料最近被宣布为致癌物和诱变剂。为了清除有毒的环氧乙烷残留物和乙二醇、乙烯氯醇等其他有毒液体副产物，需要一个彻底的通风过程。遗憾的是，这种气体和这个过程的特点是，环氧乙烷和它的毒性副产物更倾向于存留在被处理过的表面上。因此，为了使材料表面吸收的这些残留物水平降低到安全操作的量值，对清除（通风）的时间要求越来越长。

也采用了一些其他的方法进行灭菌。其中一种方法是采用高压气流的蒸汽灭菌法。这种方法要求较高的温度（110～140 ℃），不适合应用于医院与牙科保健诊所的那些受潮湿或高温影响的材料，例如，对腐蚀敏感材料、锋利的金属、塑料制品、聚合物等。

另一种方法是采用放射性源。伽马射线消毒方法比较昂贵且需要较大的场地。放射性源使用的附加要求是，昂贵的废料处理过程以及苛刻的辐射安全保障措施。由于辐射引起的某些材料分子变化，灭菌技术也存在问题，例如，这种技术可能会使柔性材料变脆，如导管。但是，这种方法特别适用于制造和包装（植入物）后的灭菌。

一种新的且已被普遍认可的灭菌技术是基于低温等离子体（Sterrad 系统、Johnson & Johnson）与过氧化氢组合应用的灭菌技术。J & J 系统提供了一种短周期、低温且与材料高度相容的方法[2]，但高浓度过氧化氢的使用有高安全防护措施要求。然而，与真正的等离子体灭菌方法相比，Sterrad 系统是一种改进的 H_2O_2 灭菌设备：业已证明，等离子体的应用对灭菌动力学无影响，但必须解吸好分解表面吸收的过氧化氢，因而减少处理的持续时间。

表 17 - 2　经典灭菌方法的机理

灭菌方法	作用模式
环氧乙烷	烷化剂 影响重要的细胞组分：蛋白质和核酸的变性
热灭菌（湿热）	蛋白质变性，酶类失活，氧化剂，脂质改变 细菌芽孢：DNA 变性，抑制生发系统
伽马射线与电子束辐射 照射	干扰 DNA、RNA（键断裂，基础损坏）　抑制 DNA 的复制与修复，抑制蛋白质合成

在制药工业中，去热原和去污是主要问题，但该操作通常适用于玻璃器皿，玻璃器皿不像医疗设备那样对温度敏感。通常，工业中脱热原在 260～350 ℃之间的热通道中进行，这在能源和占地空间（制冷）方面都很昂贵。PrP 情况提出了还没有解决的新要求，因为仅基于 134℃蒸汽高压灭菌 18 min 或采用高浓度 NaOH 溶液处理的 PrP 灭活过程是已通过验证的。

上述简要回顾表明，低温下有效去污与灭菌，对被处理的基板无影响和不使用有毒物质的方法，仍然是迫切需要开发的技术：这种需求促使很多团队开展基于无毒气体的等离子体灭菌技术的研究。

17.1.1.2　低压等离子体方法

低压等离子体灭菌已成为各种常规研究的目标，这些研究表明了其作用的不同潜在机理[3-7]。一般来说，非平衡放电同时具有多方面的优点。首先，非平衡等离子体是很多化学活性粒子（如 O、N、H、OH）构成的有效源，这些粒子从基态被激发到更高的能态并电离，从而能够有效地刻蚀、改性或在等离子体鞘层中发生离子加速，溅射沉积在表面的污染物。因为用于灭菌和净化的气体通常是没有杀生作用的普通气体（如 O_2、N_2、Ar、H_2），所以操作是无毒、安全且环保的。其次，等离子体中生成的反应组分通常是短寿命的，在关闭放电之后就会立即消失。最后，非平衡等离子体是高能紫外（UV）/真空紫外（UVU）的光子源，紫外光子能够灭活或毁灭微生物或生物分子。与常规的紫外/真空紫外处理相比，紫外光子能够被发射它的原子或分子带到适当的位置，因而在这种情况下，阴影效应是降低的[8]。最后，等离子体处理的一个主要优点是能够低温下完成，这是塑料制品处理所期望的。

综上所述，在等离子体处理期间，不同机制可贡献于灭菌和净化。当然，随着放电参数和被处理的生物材料的不同，起作用和有贡献的机制可能是不同的，这也取决于图 17 - 1 中所示的特定实验设置。

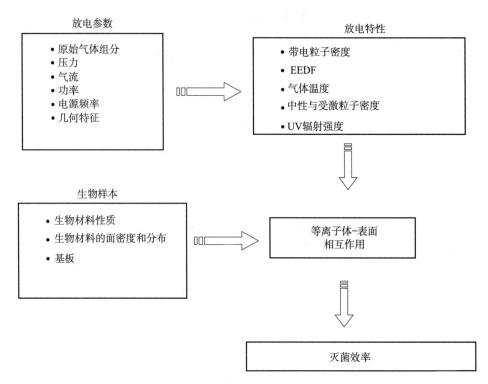

图 17 - 1　影响灭菌效果的参数

17.2　细菌芽孢灭杀

将非平衡等离子体用于灭杀细菌芽孢的概念来源已久[9]，有很多这方面文献可参考（如 Lerouge 等[6]和 Moisan 等[7]编写的综述）。但是，芽孢杀伤的机理仍不清楚，且仍是有争议的论题。已经提出的两种主要机制如下所述。

由 UV/VUV 辐射穿透芽孢保护层而导致芽孢遗传物质的破损，已有几个研究小组在几种放电配置下强调了这种机理。但是，关于灭杀芽孢最有效的光谱范围仍然是值得讨论的问题。例如，Moisan 等[7]和 Moreau 等[8]认为，对芽孢损毁起最重要作用的是 200～300 nm 光谱范围的紫外辐射，而 Soloshenko 等[10]和 Feichtingger 等[11]的结果与之相反，他们认为波长低于 200 nm 以下的辐射起到关键作用。Munakata 等[12]采用同步辐射对不同类型枯草芽孢杆菌进行的另一项研究表明，灭杀芽孢的主要对象是 DNA。波长 125～175 nm 的 VUV 辐射，对于灭杀芽孢是最有效的，且在所有类型的芽孢上都可以看到敏感度的明显峰值。对于所有类型芽孢的实验，普遍存在波长 190 nm 和 100 nm 处的不敏感度，表明在这种波长下被外层材料所吸收。中心在 150 nm 处的 VUV 峰，对于重组修复机制有缺陷的芽孢更有效，而在 235 nm 和 270 nm 附近的远紫外峰，对于芽孢光产物去除机制不足的芽孢更有效。因此，紫外作用光谱通过三个因素来解释：每种辐射在芽孢中的穿透深度，产生能够引起失活的 DNA 损伤效率以及每类芽孢的修复能力。

Lerouge 等[4]和 Nagatsu 等[13]认为微生物被活性粒子刻蚀后的侵蚀是芽孢损毁的主要机制。这些作者根据他们的结果认为，导致芽孢死亡的主要过程是刻蚀，而 UV/VUV 辐射对等离子体的孢子菌作用影响不大。此外，在 Laroussi 等[14]和 Mendis 等[15]的大气等离子体放电情况下，已经证明了芽孢膜损坏的机制。

此外，芽孢损伤动力学讨论也因作者而异，有的发现两相或三相破坏，如文献［7，8，16］，有的发现仅有两相，如文献［11，17，23］。

17.3　热原去除法

作为细菌壁中的主要成分，细菌内毒素是引起发烧的分子，经常存在于医疗器械上。这些被称为热原的化合物由脂多糖（lipopolysaccharides，LPS）组成，必须根据 ISO 10993 "医疗器械的生物学评估" 进行检测和定量。LPS 表面污染是很难被清除的。这是因为它对 pH 变化不敏感且耐高温[18]。例如，在 200 ℃下 40 min 或 250 ℃下 1 min 仅有 3log 的降低。尽管 Peeples 等[19]在 20 世纪 80 年代就已经提出了非平衡等离子体用于热原损毁的可能性。

17.4　蛋白质去除法

Whittaker 等[20]研究了手术器械的蛋白质与残留物的去除。结果表明，经过常规的净化过程之后，手术器械会含有蛋白质残留物。采用能量分布的 X 射线分析和扫描电子显微镜，可观测到这些残留物牢固地黏附在金属表面上，但采用射频 Ar - O₂ 等离子体放电能够将这些残留物去除。特别是，Baxter 等[21]指出，采用 Ar - O₂ 射频等离子体彻底清除 PrP 是可能的。但是，在这两种情况下，等离子体与蛋白质之间相互作用的机理仍然不是很清楚。为了找出哪种混合气体效果更好，针对牛血清蛋白（bovine serum albumin，BSA）和胶原蛋白膜，完成了蛋白质去除率的扩展研究。在本章中将给出最近获得的研究结果。

17.5　实验

17.5.1　实验设置

本章中所描述的灭菌实验设置包括一个自研的双电感耦合等离子体源（Fluxtran）[22]。Fluxtran 是一种新型的电感耦合等离子体源，由两个相对的射频线圈组成，放置于处理容器中紧靠电磁场发射介质窗口的位置。线圈并联连接到电源上，因此两个线圈的电流同方向，这样设置能够在两个线圈之间的整个空间生成垂直于基板方向的磁通量，导致在整个基板空间内生成电场，使得即使在小空腔中也能够实现均匀的等离子体处理。

灭菌实验所用的放电容器采用初级泵抽气，且容器与连接到供气管路（O₂、H₂、N₂、

Ar）的四个质量流速控制器（最大流速 10 sccm）的进气系统相连。在这种配置下能够达到的背景压力 4 mtorr。通过安装在测试窗法兰上的负载锁，将需要灭杀的细菌样本插入到容器中。样本在系统中置于射频线圈的 X 轴方向。在以下所述的所有实验中，为确保温度增加不会超过 60 ℃，处理均是在脉冲模式下进行。

用于去除热原以及蛋白质移除研究的实验设置基于微波放电，由一个带有多个原位诊断窗口的不锈钢容器（直径 200 mm，长度 380 mm 的圆柱体）组成。在 0.1～1 torr 压力范围内，通过工作在 2.45 GHz 的微波电源激发等离子体。微波通过置于直径 100 mm 波导端子的二氧化硅窗口馈入容器中。微波电路包括微波电源（2 kW）、电路、三截线阻抗匹配系统和一个圆柱形波导。容器采用初级泵和一个罗兹泵抽气，可达到 2 mtorr 的基础真空。由连接到供气管路（O_2、H_2、N_2、Ar）的质量流控制器来控制气体流速。文献[23] 中给出了更详细情况。值得注意的是，在所有实验中，处理容器中的温度采用不超过 60 ℃ 的红外高温测量法进行测量，因此远低于热清除 LPS 活性所需的温度[18]。

17.5.2　生物学实验

灭菌实验已在不同混合气体中进行了测试，采用涂敷在钢制圆盘上的嗜热链球菌芽孢（认为芽孢数为 2.5×10^6）作为生物学指标。在这项研究中，采用统计学方法来评估灭菌效果。样品在不同条件下处理了不同的时间，然后在 60 ℃ 温度下孵化 7 天，最后检查无菌性（即没有观察到阳性芽孢菌落的生长）。每次实验处理 5～10 个样本，给出这种条件下灭杀概率的统计值。根据获得的结果，可以导出在一定时间内经过某种混合气体处理过的样品是否无菌的概率。

需要强调的是，这个过程并没有给出种群形成单位（colony forming units，CFU）降低动力学随时间的变化关系，仅给出了初始芽孢数量被全部灭活的概率。

等离子体与芽孢相互作用已经开展了两个方面的研究：
- 研究了芽孢灭杀效率以便找到最佳的灭杀条件；
- 通过扫描电子显微镜研究了暴露于等离子体中的芽孢的形态学变化。

17.5.3　热原样本检测

要杀菌的样本是 24 孔的塑料板，用 100 μL 的 LPS（Sigma Aldrich）覆盖，LPS 采用去热原水稀释，其浓度范围从 10 ng/mL 至 0.01 ng/mL。将孔板放入到等离子体容器中，使之暴露于 O_2 - H_2（50∶50）的等离子体中。然后，采用下面描述的酶联免疫吸附试验，测量经过处理的 LPS 生物活性。

为了更深入地探究热原失活过程，采用 LPS 热原部分的脂质 A（Sigma）进行了附加实验。在这些实验中，将通过 ELISA 实验估算的脂质 A 失活效率与石英晶体微量天平（quartz crystal microbalance，QCM）测量的等离子体处理过程中的质量损失进行了比较。在这两组试验中，将 10 μL 的脂质 A 水溶液（0.1 mg/mL）沉积到 24 孔板上（对于生物实验情况），或沉积到镀金的石英晶体上（QCM 测试情况）。

估算固体表面上的热原量是很困难的。通常的做法是采用无热原的水冲洗表面，然后通过兔子实验（测量注射后动物的体温增加）或采用鲎变形细胞溶解物测试（LAL 测试）方法，测量溶液中的热原含量。我们采用的是 JRC 和康斯坦茨大学开发的全血测试方法[24]。这种方法基于以细胞活素释放（如 IL - 1β，TNF - α）为基础的免疫防御机制，细胞活素从人体存在异物时的红细胞和白细胞中提取。将 LPS（来自革兰氏阴性细菌）或脂蛋白酸或 LTA（来自革兰氏阳性细菌）加入人体全血中，通过测量夹心 ELISA 所释放的细胞活素，能够模拟人类对体外免疫刺激的反应。有趣的是，有可能直接在不同表面上测量对 LPS 的生物学反应，从而避免了其他方法所必需的洗涤步骤。测量是在生理环境、相关组分和供体独立的条件下完成。测试包括阳性和阴性控制，检测限制远少于兔子实验和 LAL 测试，且这种方法可用于不同热源物质（如 LTA、PGN 或酵母聚糖）的检测[25]。

在下面报告的实验中，结果表示通过 ELISA 测试所测量的相对 LPS 活性，是指处理之前的值。

17.5.4　蛋白质移除实验

将来自胶原蛋白和牛血清蛋白 BSA（Sigma Aldrich，德国）的蛋白质膜，通过蒸馏水溶液沉积在覆盖有金膜的石英晶体上。将 100 μL 的 BSA 溶液（1mg/mL）或 5 μL 的胶原蛋白溶液（1 mg/mL）吸到每个取样片上并通风干燥。石英晶体置于前面所描述微波容器内的微量天平 QCM（Leybold，德国）上，用不同混合气体在接近放电区位置进行处理。

17.6　结果

17.6.1　灭菌

灭菌通常采用含 O_2 的混合气体放电，因为这种放电能够提供大量对损毁细菌 DNA 非常重要的紫外辐射和相对大量具有刻蚀生物材料能力的氧原子。在本项研究工作中，研究了灭菌效率随时间变化过程以及灭菌效率对原始气体组分的依赖性。首先，完成了不同 O_2 -N_2 混合的实验。结果表明，最好的灭菌结果出现在富含氧气的混合情况下，如图 17 - 2 和图 17 - 4（在 95％ 的 O_2 与 5％ 的 N_2 混合下处理 5 min 所观测到的完全灭菌）所证实的。将此结果与光谱仪结果（见图 17 - 3）相比，可以得到这样的结论，即在我们的实验条件下，总体灭菌效率与氧原子密度的相关性高于与紫外辐射强度的相关性，亦即灭菌并不是与紫外灭菌的 DNA 损伤相关，而更可能与对芽孢的刻蚀相关。

为了验证刻蚀在芽孢灭菌中的关键作用，进行了处理后样本的扫描电子显微镜分析。从图 17 - 2 可以看出，在具有高原子氧含量的放电中，出现了芽孢尺度（约为它们尺度的 40％）的明显变化。此外，在低氧原子浓度的混合气体中，观测到芽孢尺寸几乎无任何变化。Ar - O_2 混合气体完成的试验证实了氧原子对于芽孢刻蚀的重要性（图 17 - 5）。在这

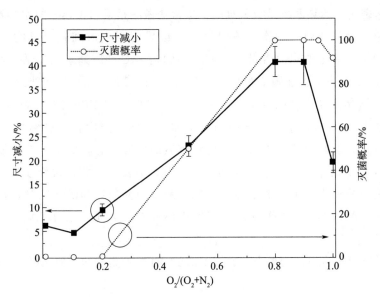

图 17 - 2　灭菌概率与芽孢尺寸减小随 O_2 - N_2 放电混合气体组分的变化

（功率 500 W，20%DC，5 ms 时间，压力 100 mtorr。流速 10 sccm）

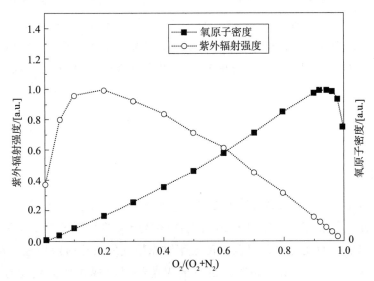

图 17 - 3　氧原子密度和 200～300 nm 光谱范围的紫外积分辐射强度随 O_2 - N_2 放电混合气体组分的变化

（功率 500 W，压力 100 mtorr，流速 10 sccm）

种情况下也可看出，只有高氧原子密度混合气体放电下，芽孢的尺度才会明显减小。

　　在芽孢尺度降低的时间变化过程方面，业已发现，在氧气放电中，等离子体处理时间 5 min 以后尺度开始明显变化。从图 17 - 4 可以看出，这个时间与生物学实验中芽孢完全灭杀的时间是吻合的。SEM 结果与生物学结果的一致性证实，在我们的实验中，对杀灭芽孢起主导作用的是它们的刻蚀。

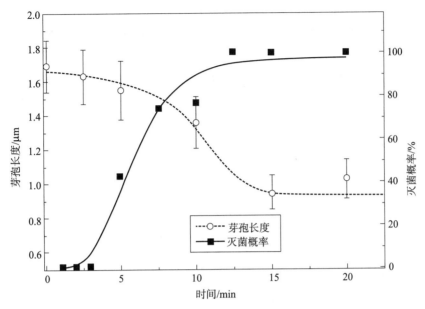

图 17-4　灭菌概率与平均芽孢长度随时间的变化过程

（功率 500 W，20％DC，5ms 时间，压力 100 mtorr，流速 10 sccm，纯氧气）

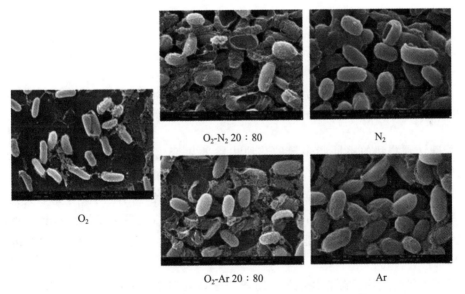

图 17-5　在不同混合气体中处理后的芽孢 SEM 图像

（功率 500 W，20％占空比，5 ms 开，压力 100 mtorr，流速 10 sccm，处理时间 10 min）

17.6.2　热原去除

如前所述，基于等离子体的热原去除是相对新的课题，因此，证明其可用性自然就成了重要问题。由于这个原因，完成了以等离子体处理的时间尺度和它的局限性评估为重点初步实验。采用 $O_2 - H_2$（50%：50%）混合气体微波等离子体完成的实验结果如图 17-6 所示。可以看出，在 20～200 s 内，脂多糖（LPS）降低生物活性 1log 倍。从应用可能性角度来看，存在一个有趣的现象，这就是 LPS 降低活化的时间演变取决于所处理热原的种类变化，其原因可能是它们的不同化学组分导致的。已观测到最快的热原去除是大肠杆菌 O111 的 LPS，在等离子体处理 5 min 后观测到它的生物活性约有 2log 倍的降低。通过干热方法，在 170 ℃ 维持 100 min 后能够获得类似的净化结果，这就清晰地证明了等离子体放电的重要性。

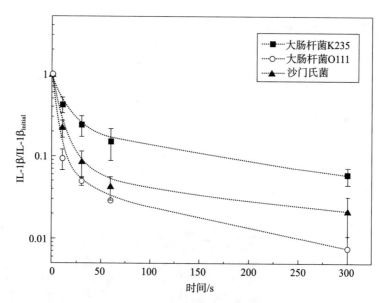

图 17-6　不同 LPS 的生物活性随等离子体处理的时间演变

［施加功率 1 000 W，压力 100 mtorr，流速 100 sccm，$O_2 - H_2$（50%：50%），LPS 沉积量 0.1 ng］

　　为了确认观测到的不同脂多糖的热原去除效果变化，不是由于等离子体组分导致的，在热原处理的同时，记录了放电的光学发射光谱。然而，在处理过程中观测到主要检测谱线和谱段的强度没有明显变化，因此，热原去除速率的不同仅为 LPS 类型不同所导致。我们也查验了，LPS 的活性损失既不是微波辐射（无等离子体）导致，也不是实验过程中达到的温度导致。但是我们发现，热原去除效率取决于最初的 LPS 污染水平（见图 17-7）。

　　为了深入研究热原去除作用机制，对等离子体处理期间的质量损失和脂质 A 薄膜上 QCM 实验得到的生物活性进行了比较。图 17-8 示出了在 O_2、$O_2 - H_2$ 和 $Ar - H_2$（50%：50%）混合气体中，由于沉积在石英晶体上的脂质 A 薄膜的刻蚀而引起的相对质量损失。可以看出，在移除脂质 A 沉积方面，$O_2 - H_2$ 混合气体比 O_2 或 $Ar - H_2$ 效率更高，在处理时间 10 min 后已有 80% 被刻蚀，而采用 O_2 和 $Ar - H_2$ 混合气体时，只能刻蚀掉约 20%。但是，图 17-8 表明在两种含氢混合气体中，脂质 A 的生物活性变化相同。

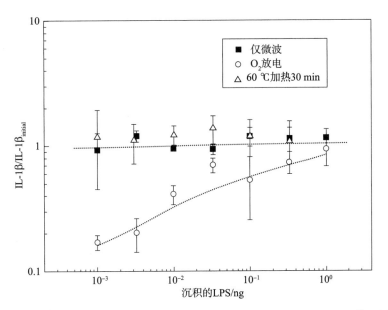

图 17-7 仅暴露于微波辐射条件下（300 W，100 sccm O_2，100 mtorr，5 min）的 LPS 生物活性，
暴露于氧等离子体辐射下（300 W，100 sccm O_2，100 mtorr，5 min）的 LPS 生物活性
以及在 60 ℃条件下加热 30 min 的 LPS 生物活性

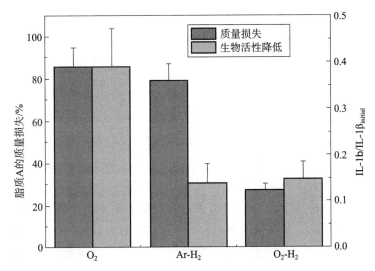

图 17-8 O_2、O_2-H_2 和 $Ar-H_2$（50%：50%）混合气体放电的等离子体处理后脂质 A 的质量
损失与生物活性比较（功率 1 000 W，100 mtorr，100 sccm，处理时间 10 min）

17.6.3 蛋白质移除

图 17-9 示出了不同等离子体混合气体中（微波，1 000 W，120 mtorr，100 sccm）
处理的牛血清蛋白（BSA）和胶原蛋白膜样本（初始厚度规范化）的时间变化历程。可以
看出，刻蚀速率随所用气体的不同而有很大的差异，最高值出现在 H_2-O_2（50%：50%）

混合气体的情况。在这些条件下，其移除率比纯氩气放电高出 5 倍以上。还可以看出，在 $H_2 - O_2$ 放电中，胶原蛋白和 BSA 的移除率初始时变化相同，而 15min 之后，BSA 的移除率变缓。

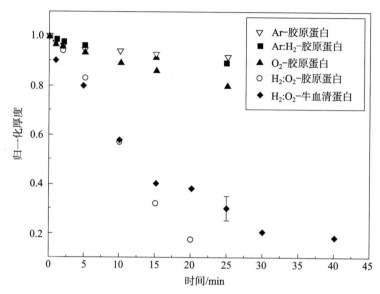

图 17 - 9　在不同微波等离子体混合气体中（1 000 W，120 mtorr，100 sccm），
初始值规范化的胶原蛋白膜和 BSA 膜的厚度随时间的变化

17.7　讨　论

17.7.1　等离子体灭菌

将光谱仪获得的灭菌结果（图 17 - 2 和图 17 - 3）与处理过和未处理样本的扫描电子显微镜的结果对比，可以得到这样的结论，在所采用的实验条件下，灭菌效能由芽孢的刻蚀与侵蚀所决定，而不由紫外辐射来决定。

为了解释紫外杀菌作用方面相应的结果，我们提出了下面的简单动力学机制[26]。为了简化，假定有两类给定初始数量的芽孢。第一类芽孢具有能够被紫外和真空紫外（UV/VUV）辐射直接进入并损毁的遗传物质（顶层）。第二类芽孢代表被其他芽孢或某些残留物（如细胞碎片）遮挡的芽孢。为了使 UV 辐射能够损毁这些芽孢的 DNA，必须要通过刻蚀或光吸收移除遮挡的物质（顶层芽孢）。我们用 S_1 代表第一组芽孢，用 S_2 代表第二组芽孢，可以写出以下杀菌动力学控制方程

$$\frac{d[S_1]}{dt} = -k_1 \cdot UV \cdot [S_1] + k_2 [X][S_2]$$

$$\frac{d[S_2]}{dt} = -k_2 [X][S_2]$$

式中，[X] 为腐蚀剂量；k_1 和 k_2 分别为 UV 辐射对芽孢灭杀的速率常数和遮挡物质移除的

速率常数。尽管给出的公式非常简单，但却能够定量描述文献中所报告实验结果的趋势。图 17 - 10 所示的是采用 $k_1[\text{UV}]/k_2[\text{X}]=13.3$，$[S_2]/[S_1]=5\times10^{-4}$，模型与文献 [23] 实验结果的比较。计算模拟了两步动力学过程，考虑了刻蚀自由基的生成和 UV 辐射。此外，所给出的模型能够更好地了解芽孢灭杀的性质，从而解释实验结果的基本特征。为了证明这个事实，将芽孢 S_1 和 S_2 密度、速率常数 k_1 和 k_2、腐蚀剂密度和 UV 辐射强度采用不同值作为输入参数完成了大量计算。仿真结果摘要如下。

• 细菌灭杀可以分为两个阶段：第一阶段，UV/VUV 辐射直接毁伤芽孢起主导作用；第二阶段，主要受移除（刻蚀）遮蔽物质的效率所控制。

• 如果其他参数不变，细菌芽孢的总数量不会改变存活曲线的形状 [图 17 - 11 (a)]。

• 外露的芽孢与被遮挡的芽孢之比，对达到完全灭杀所需的时间有重要影响。从图 17 - 11 (b) 可以看出，这主要是由于经过第一阶段杀菌之后所存活的芽孢数量不同导致的。遮挡芽孢数量的增加会导致第一阶段后存活的芽孢数量增加，但对移除遮挡物质效率所控制的第二阶段的曲线斜率没有任何影响。

• 腐蚀剂效率和遮挡物质移除效率的增加会导致总灭杀效率的显著增加 [图 17 - 11 (c)]。在这种情况下，第一阶段在很宽的 k_2 范围内具有几乎相同的趋势，但第二阶段由于遮蔽物质破坏速率 k_2 的增加而很快加速。

• 由较强 UV 辐射引起的 S_1 芽孢灭杀速率的增加，会缩短第二阶段灭菌开始的时间。此外，由于第二阶段的灭杀是由遮挡物质的移除所控制，因而完全灭杀所需的时间几乎与 UV 辐射影响无关 [图 17 - 11 (d)]。

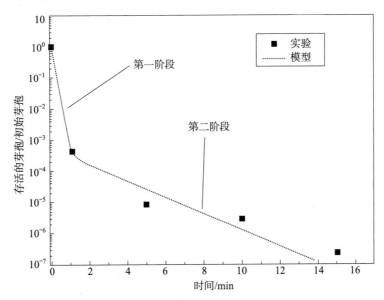

图 17 - 10　给出的模型结果与实验结果的比较

实验数据采用文献 [23]，$(k_1[\text{UV}]/k_2[\text{X}]=13.3$，$[S_2]/[S_1]=5\times10^{-4})$

从数值模拟的分析可以得到这样一个重要的结论：尽管在给出的公式中 UV/VUV 辐射是直接导致芽孢死亡的唯一机制，但灭杀效能主要由遮挡物质的多少和对它移除的效能所决定。换句话说，在没有遮挡物质和没有芽孢重叠的样本情况下，完全灭杀所需要的时间与 UV/VUV 辐射强度相关。当有遮挡物质和芽孢重叠存在时，导致完全灭杀的持续时间与刻蚀有关，与 UV/VUV 的影响无关。这种效果是对上述不同实验结果的一种合理解释。

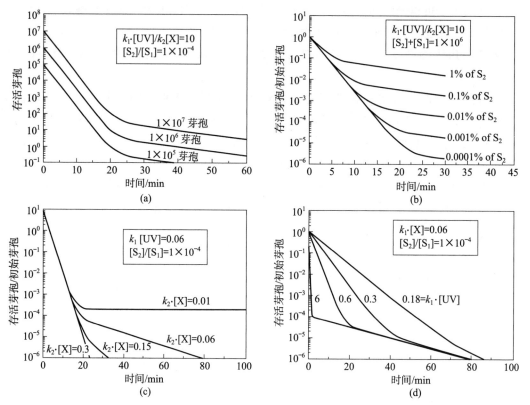

图 17-11　理论模型计算结果：（a）芽孢数量影响；（b）重叠程度的影响；

（c）遮挡物质移除效能的影响；（d）UV/VUV 辐射强度的影响

采用给出的数值计算公式也可以描述所给出的实验结果。为了进行建模，我们使用了 UV 辐射强度和氧原子浓度测量结果作为输入参数。此外，假定被覆盖的细菌芽孢 S_2 的数量占待处理芽孢总数的 1%～10%。

模型计算结果与实验结果的比较如图 17-12 所示。可以看出，基于实验的灭杀概率结果与等离子体处理 10 min 后由模型预估的芽孢种群对数减少结果具有相同的趋势，原始放电混合气体中的氧气含量越高，灭菌就越快地完成。此外，可以明显地区分出与混合气体组成相关的三个不同区域。

• 纯氮放电与含有 40% 氧放电之间的区域，在这个区域中，处理 10min 后也绝不会实现完全灭菌。

• 氧含量在 40%～55% 之间的区域，在这个区域，仅在芽孢重叠最低水平时，才能达到完全灭菌（即，经过 10 min 处理后，有些样本完全灭菌，有些没有，与最初的芽孢分布有关）。这与实验结果相符合，因为对于 50％ 的氧含量，预估获得的完全灭菌概率为 50％。

• 正如实验观测的那样，所有样本 10 min 之后，氧含量高于 55％ 的混合气体最终能够确保完全灭菌。

尽管已证明所提出的模型能够给出符合实际的结果，但需要指出，仍应该在不同条件下，针对大量实验结果进行更系统的研究。此外，这个简化的反应模式还不能解释一些作者提出的第三阶段存活曲线（如 Moisan 等[7]）。

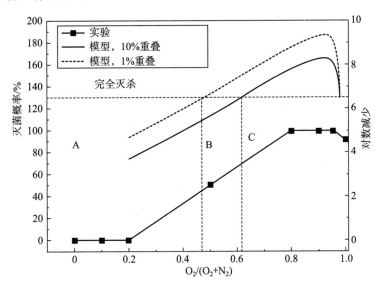

图 17-12　计算预估的对数减少与在 O_2-N_2 混合气体等离子体中处理 10 min 后的完全灭杀概率
之间的比较（ICP 等离子体源，500 W，20％DC，时间 5 ms，10 sccm，100 mtorr，10 min）

17.7.2　热原去除

我们的研究结果清晰地表明，可以在低于 60 ℃ 温度下实现表面热原的去除，处理持续时间依赖于 LPS 的类型和污染的水平。这些结果必须与采用热处理方法获得的类似结果进行比较，如文献 [18] 中报导的 180 ℃ 下持续 30 min 条件下获得 1log 的去除，该文献清晰地阐述了等离子体处理的重要性。等离子体的作用机制还不是很清楚，我们的结果表明，失去生物活性可能由于化学刻蚀机制（O_2-H_2 混合气体）导致的，也可能由于对形成脂质 A 结构的不同化学基团的改性，特别是对热原活性起作用的长五酰基、四酰基和六酰基链的改性引起的[27]。

17.7.3　蛋白质移除

与 LPS 移除情况相同，O_2：H_2 混合气体导致了主要的移除效果，是纯氩气等离子体效果的 10 倍，是纯氧气等离子体效果的 5 倍。对于测试的不同等离子体成分，胶原蛋白膜似乎会导致厚度随时间线性下降，而 BSA 会导致第二阶段的刻蚀剖面，如同于脂质 A 的情况（图 17 - 9）。对胶原蛋白、BSA 和脂质 A 处理 10 min 时，采用 O_2 - H_2 混合气体的移除速率处于相同的数量级，而采用 Ar - H_2 混合气体的移除速率相差 2 倍。

对胶原蛋白和 BSA/脂质 A 分别观测到的第一或第二阶段现象的解释，与处理过程中采用非挥发性无机化合物富集表面有关[28]。

17.8　结论

低压等离子体处理在细菌芽孢灭杀、降低热原生物活性和蛋白质清除方面的可用性已得到了证明。

在灭菌方面，为了解释导致芽孢死亡最重要过程估计的有关差异，引入了芽孢灭杀动力学理论模型。根据这个模型，决定杀菌效率的主要特征是存在遮挡芽孢免遭 UV/VUV 直接辐射的物质和这些物质被移除效率。尽管认为模型与实验结果符合的较好，但与实际情况相比仍有明显的简化，因此，还需要根据新的实验结果加以完善。

在热原去除方面，已经证明了低温放电能够使不同类型的热原通过几分钟的等离子体处理而显著的失活。研究结果表明，LPS 的生物活性降低主要是等离子体导致，而不是由于温度增加、低压或微波辐射导致。此外，提出了两种去除热原的途径，一种是基于 LPS 污染的移除，这种情况下采用 O_2 - H_2 等离子体最为有效；另一种是基于脂质 A 与氢自由基之间的化学反应，致使脂质 A 结构的 C—C 链断裂。对于不损伤底部基板的去活过程，这种机制特别重要。

最后，我们证明了低温下典型持续时间 20～30 min 能够去除胶原蛋白和 BSA 两种蛋白质膜。如同去除脂质 A 一样，最为有效的混合气体是 O_2 - H_2。根据不同情况，观测到了第一阶段或第二阶段的机制，这种现象与持续出现非挥发化合物表面的渐聚集有关。我们采用 O_2 - H_2 混合气体的最初结果表明，对于 BSA、胶原蛋白和脂质 A 来说，去除效率并没有明显的差别。为了分析刻蚀与（或）失活过程中起作用的化学机理，开展了进一步的实验研究。

所获得的结果证实，等离子体放电可以有效地进行生物产品表面消毒和净化的操作。可以看出，由于消毒和净化的最佳条件不同，多步过程还是必要的。这些结果也有理由使我们认为，在基板无损前提下，实现表面 PrP 的清除和净化是可能的。

致谢

本项工作由 EU grouth project Steriplas（GRD1 - 19999 - 10584）和 FP62005 NEST project "Biodecon" 资助。对 CSMA Ltd（UK）的支持表示感谢。

参 考 文 献

[1] Brown, P., Preece, M., Brandel, J.-P., Sato, T., McShane, L., Zerr, I., Fletcher, A., Will, R. G., Pocchiari, M., Cashman, N.R., d'Aignaux, J.H., Cervenáková, L., Fradkin, J., Schonberger, L.B. and Collins, S.J. (2000) Neurology, 55, 1075-1081.

[2] Okpara-Hofmann, J., Knoll, M., Dürr, M., Schmitt, B. and Borneff-Lipp, M. (2005) J. Hosp. Infect., 59, 280-285.

[3] Philip, N., Saoudi, B., Crevier, M.C., Moisan, M., Barbeau, J. and Pelletier, J. (2002) IEEE Trans. Plasma Sci., 30, 1429-1436.

[4] Lerouge, S., Wertheimer, M.R., Marchand, R., Tabrizian, M. and Yahia, L'H. (2000) J. Biomed. Mater. Res., 51, 128-135.

[5] Lerouge, S., Wertheimer, M. and Yahia, L'H. (2001) Plasma Polym., 6, 175-188.

[6] Lerouge, S., Fozza, A.C., Wertheimer, M.R., Marchand, R. and Yahia, L'H. (2000) Plasma Polym., 5, 31-46.

[7] Moisan, M., Barbeau, J., Moreau, S., Pelletier, J., Tabrizian, M. and Yahia, L'H. (2001) Int. J. Pharm., 226:1-21.

[8] Moreau, S., Moisan, M., Tabrizian, M., Barbeau, J., Pelletier, J., Ricard, A. and Yahia, L'H. (2000) J. Appl. Phys., 88: 1166-1174.

[9] Menashi, W.P. (1968) US Patent 3 383 163.

[10] Soloshenko, I.A., Tsiolko, V.V., Khomich, V.A., Schedrin, A.I., Ryabtsev, A.V., Bazhenov, V. Yu. and Mikhno, I.L. (2000) Plasma Phys. Rep., 26, 792-800.

[11] Feichtinger, J., Schulz, A., Walker, M. and Schumacher, U. (2003) Surf. Coat. Technol., 174-175, 564-569.

[12] Munakata, N., Saito, M. and Hieda, K. (1991) Photochem. Photobiol., 54, 761-768.

[13] Nagatsu, M., Terashita, F., Nonaka, H., Xu, L., Nagata, T. and Koide, Y. (2005) Appl. Phys. Lett., 86, 1-3.

[14] Laroussi, M., Mendis, D.A. and Rosenberg, M. (2003) New J. Phys., 5, 41.1-41.10. Laroussi, M. and Leipold, F. (2004) Int. J. Mass Spectrom., 233, 81-86.

[15] Mendis, D.A., Rosenberg, M. and Azam, F. (2000) IEEE Trans. Plasma Sci., 28, 1304-1306.

[16] Moisan, M., Barbeau, J., Crevier, M.-C., Pelletier, J., Philip, N. and Saoudi, B. (2002) Pure Appl. Chem., 74, 349-358.

[17] Schneider, J., Baumgärtner, K.M., Feichtinger, J., Krüger, J., Muranyi, P., Schulz, A., Walker, M., Wunderlich, J. and Schumacher, U. (2005) Surf. Coat. Technol., 200, 962-966.

[18] Hecker, W., Witthauer, D. and Staerk, A. (1994) PDA J. Pharm. Sci. Technol., 48, 197-204.

[19] Peeples, R.E. and Anderson, N.R. (1985) J. Parenteral Sci. Technol., 39, 9-15.

[20] Whittaker, A.G., Graham, E.M., Baxter, R.L., Jones, A.C., Richardson, P.R., Meek, G.,

Campbell，G.A.，Aitken，A. and Baxter，H.C.(2004) J. Hosp. Infect.,56, 37 - 41.

[21] Baxter，H.C.，Campbell，G. A.，Whittaker，A. G.，Jones，A. C.，Aitken，A.，Simpson，A. H.，Casey，M.,Bountiff，L.，Gibbard，L. and Baxter,R.L. (2005) J. Gen. Virol.，86,2393 - 2399.

[22] Colpo，P. and Rossi，F. (2001)European Patent EP 1126504.

[23] Rossi，F. (2004) Plasma sterilisation:mechanisms overview and influence of discharge parameters，in Plasma Processes and Polymers（eds R. d'Agostino，P. Favia，M. R. Wertheimer and C. Oehr），Wiley - VCH.

[24] Hasiwa，M.,Kullmann，K.,von Aulock，S. and Hartung，T. (2007) Biomaterials 28,1367 - 1375.

[25] Hasiwa，M.，Kylián，O.，Hartung，T.and Rossi，F. J. Endefox Reas.,sumitted for publication.

[26] Rossi，F.，Kylián，O. and Hasiwa，M.(2006) Plasma Process. Polym.，3,431 - 442.

[27] Erridge，C.，Bennett - Guerrero，E.and Poxton，I.R. (2002) Microbes Infect.，4，837 - 851.

[28] Ceconne，G.，Gilliland，D.，Kylián,O. and Rossi，F. (2006) Ctech J.Phys.，56，B672 - B677.

第18章 大气压辉光等离子体的应用：大气压辉光等离子体中的粉末涂层

M. Kogoma，K. Tanaka

18.1 引言

1987年，在ISPC-8大会上，Kogoma和Okazaki提出了一种大气压辉光（APG或APGD）等离子体生成方法，这种等离子体有一个均匀、低温的辉光区。在系统中，采用介质阻挡放电生成短脉冲放电，采用氮气与单体的混合气体实现了最低的启动电压。短脉冲放电能够避免温度升高，氦气能够延长辉光放电的持续时间，在大气压下推迟向电弧放电的转换。目前已开发了多种APG应用的放电系统[1-7]。

在低压下采用辉光等离子体进行粉末处理已有一些早期的研究工作[8-10]。但是，由于粉末处理存在的困难，我们认为采用低压辉光等离子体进行粉末处理是不切实际的。因此，与低压等离子体系统相比，大气压辉光放电系统具有强大的优势。故我们尝试大气压辉光（atmospheric pressure glow，APG）等离子体用于粉末处理[4-7]。最近，我们一直在尝试开发在多种粉末表面上的薄膜沉积系统，如有机颜料、磁性粉末（TiO_2、SiO_2、ZrO_2）和用于等离子体显示面板的磷光粉末。我们采用两种方法制作薄膜表面：PCVD法和吸收-干燥法。在本章中，我们首先介绍在APG等离子体中粉末表面生成超薄硅氧化膜的典型粉末处理方法。接下来，我们将展示TiO_2细粉末的SiO_2涂层在抑制化妆品粉末光催化能力方面的应用。

18.2 大气压辉光等离子体有机和无机颜料粉末的二氧化硅涂层方法的发展

用作化妆品的某些颜料在直接接触皮肤时会产生皮肤痛感问题。为了解决这个问题，通常更希望沉积一种氧化硅薄膜，这种膜具有化学稳定性，且由于无色透明，不会破坏颜料的原有色调。迄今为止，二氧化硅薄膜都是在四乙氧基硅烷（tetraethoxysilane，TEOS）热溶液中水解TEOS完成的。但是，这种方法需要2周或3周的时间才能完全水解TEOS（以下称这种方法为湿法）。此外，如果在TEOS水解过程中，作为副产物的氢氧根残留在二氧化硅膜中，可能会引起对人的皮肤伤害。

为了在低温下短时间完全氧化TEOS，我们认为采用等离子体氧化是最佳技术途径。在早期的研究中，我们给出了采用APG等离子体化学蒸汽沉积（CDV）在短时间内将二

氧化硅膜沉积在 Fe_2O_3 粉末（红色）表面[5,6] 的结果。在这项研究中，我们曾使用过 Fe_3O_4（黑色）、$FeOOH$（黄色）和锂酚红素 BCA（Lithol Rubine BCA）（红色）粉末（图 18-1）。这些均都不如 Fe_2O_3 合适，且当受热或被类似氧自由基这样的活性组分轰击时容易变质。因此，它们需要在低温下（低于 100 ℃）处理，需要有防护等离子体中活性组分的手段。因此，我们研究并开发了每种颜料的二氧化硅沉积方法。

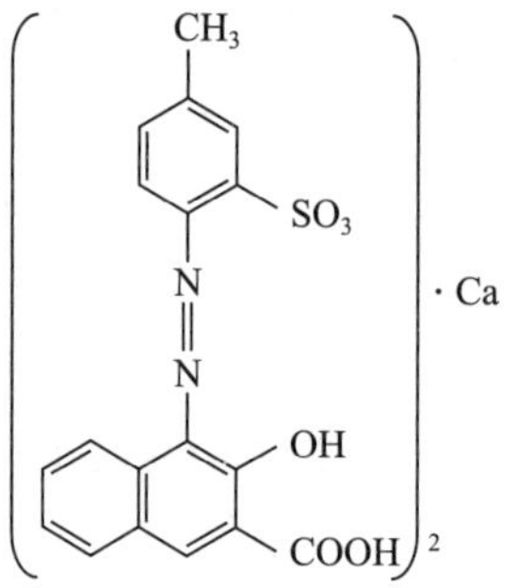

图 18-1　锂酚红素 BCA 的结构式

18.2.1　实验

放电管示意图如图 18-2 所示。高压电极为内部铝管（外径 6.5 mm），接地电极为不锈钢网（长度 255 mm）卷成的外部管状体（内径 16 mm）。放电区为水制冷，保证放电期间温度在 100 ℃ 以下。染料粉末通过内部管泵入，粉末在内部到外管之间下落期间被等

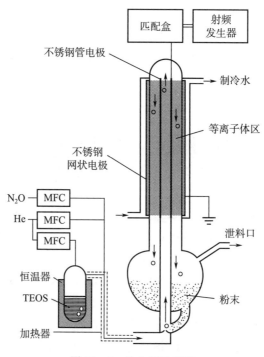

图 18-2　放电管示意图

离子体处理。粉末仅被 TEOS 蒸汽/N_2O/He 等离子体处理，二氧化硅直接沉积到粉末的表面。我们称这种方法为干法。放电条件如下：放电频率 13.56 MHz，放电功率 250～300 W，处理时间 15～60 min。通过 X 射线光电频谱仪（XPS）、透射电镜（TEM）、能量散布 X 射线分析（EDX）和红外分析（IR）来评估二氧化硅膜的粉末。

　　开始时，我们尝试采用干法将二氧化硅沉积在 Fe_3O_4 粉末上。但是，由于磁性导致这种粉末具有非常低的流动性，很难在放电管中流动。在采用湿法情况下，二氧化硅层通常会改善染料粉末的流动性。因此，Fe_3O_4 粉末采用 TEOS 质量百分比 7% 或 28% 的乙醇溶液湿法处理 7 天，然后将半解离 TEOS 的水解二氧化硅沉积在粉末表面上。然后，半解离 TEOS 的水解二氧化硅通过生成氧原子的 N_2O/He 等离子体进行氧化。我们称这种方法为半干法。

18.2.2　结果与讨论

　　仅采用湿法处理的 Fe_3O_4 粉末的 TEM 图像如图 18 - 3（a）和（b）所示。从这个图像可以看出，在每个 Fe_3O_4 颗粒周围都有 1～3 nm 厚的白色膜。在白色膜区域中，EDX 测量到了一个代表硅元素的峰值。从图 18 - 4 中可以看出，在处理过粉末的红外光谱中出现了 SiO_2 光谱峰。我们认为，粉末被二氧化硅均匀包覆的。采用 XPS 检测了 N_2O/He 等离子体中氧化的所有元素（铁、氧、硅、碳）中碳所占的比率。碳含量随处理时间的变化如图 18 - 5 所示。可以看出，随着处理时间的增加，这个比率降低，但是碳并没有被完全氧化。由 XPS 检测到的碳并不仅仅限于外表面，而是包括表面附近内部区域，因为 XPS 的测量深度约 100 nm。此外，直接接触皮肤的仅是外表面，即使在粉末内部区域存留一些碳，我们认为对皮肤不会有任何不良影响。等离子体不改变粉末的颜色。我们认为带有半解离 TEOS 的二氧化硅膜起到了保护膜的作用。

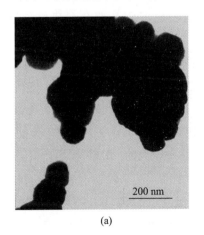
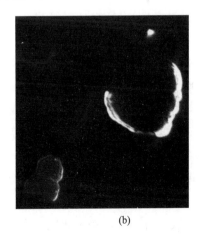

图 18 - 3　采用湿法将二氧化硅包覆 Fe_3O_4 粉末的 TEM 图像：（a）透射；（b）黑反射

　　由于 FeOOH 粉末具有很好的可流动性，我们尝试了用干法进行 FeOOH 粉末的处理。但是，尽管放电区域是制冷的，放电之后它的颜色还是变成了淡红色。等离子体中的

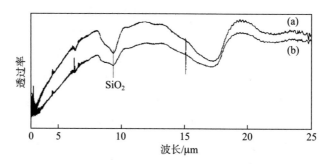

图 18-4 湿法处理 Fe₃O₄ 粉末的红外光谱：(a) 8% TEOS 溶液；(b) 2% TEOS 溶液

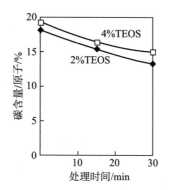

图 18-5 不同 TEOS 浓度下碳含量随处理时间的变化

He 和 N₂O 流速分别为 1 500 cm³/min 和 10 cm³/min，放电功率 200 W

氧自由基可能还是对粉末产生了氧化作用。为了保护粉末使之不受氧自由基影响，我们首先通过 TEOS/He 等离子体在粉末表面沉积了一层保护膜。一定时间之后，在等离子体中加入 N₂O，通过 TEOS/N₂O/He 等离子体同时实现沉积与氧化。我们称这种为 两步干法。

通过使用两步干法，避免了颜色的改变。等离子体聚合的 TEOS 膜起到了保护膜的作用，在 TEOS/N₂O/He 等离子体处理期间，FeOOH 被氧自由基所氧化。图 18-6（a）～（c）分别示出了未处理粉末的 C1s 光谱、仅用 TEOS/He 等离子体处理 10 min 的粉末 C1s 光谱、用 TEOS/He 等离子体处理 10 min 后再用 TEOS/N₂O/He 等离子体处理 20 min 的粉末 C1s 光谱。在仅用 TEOS/He 等离子体处理的 C1s 光谱中，可以看出有 C—O 或 C=O 光谱的峰值出现。但是，采用 N₂O 处理之后，这个峰就消失了。因此，我们认为半解离的 TEOS 的全部乙氧基团都被氧化。根据处理过的 FeOOH 粉末 TEM 图像和 EDX 数据，可以确认，与 Fe₃O₄ 粉末相同，在表面上均匀地形成了二氧化硅膜。

锂酚红素 BCA（红色染料 BCA）粉末具有良好的可流动性，预估它能够被氧自由基所分解。因此，我们一开始尝试了用两步干法进行处理。但是，尽管仅采用 TEOS/He 等离子体进行了处理，但 BCA 仍然变成了黑色。图 18-7（a）和（b）分别为未处理粉末的 C1s 光谱和采用两步干法处理粉末的 C1s 光谱。由于 BCA 具有苯基团，在未处理 BCA 的

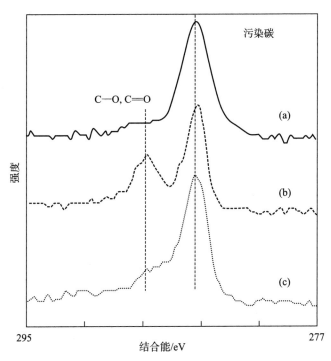

图 18 - 6　FeOOH 粉末的 C1s 光谱：（a）未处理；（b）用 TEOS/He 等离子体处理；

（c）用 TEOS/N₂O/He 等离子体处理等离子体条件，He 和 N₂O 的流速分别为 500 cm³/min 和

10 cm³/min，TEOS 供料速率为 10 mg/min，放电功率 300 W

C1s 光谱中能够发现有 π-π* 重组峰。但是，采用两步干法处理后这个起伏峰消失了，如图 18 - 7（b）所示。因此，保护膜必须采用无等离子体的其他方法形成。因此，我们采用了以下方法。将粉末置于 TEOS 质量百分比为 4% 或 8% 的乙醇溶液中来吸收 TEOS，然后放置一整夜，使乙醇挥发掉。接下来将吸收了 TEOS 的粉末在 N₂O/He 等离子体中氧化。我们称这种方法为 吸收＋干法。

吸收的 TEOS 起到保护膜的作用，因此避免了颜色的改变。但是，起伏的峰还是保留了，如图 18 - 7（c）所示。接下来，我们用含有 BCA 的唇膏制成的化合物，以检验二氧化硅涂层的效果。图 18 - 8（a）和（b）分别为未处理 BCA 粉末和有二氧化硅膜粉末构成的化合物 TEM 图像。图 18 - 8（a）中未处理粉末的轮廓不清楚，表明在掺入化合物过程中粉末被粉碎成碎片。但有二氧化硅膜的粉末轮廓却是非常清晰的。因此，我们认为，二氧化硅膜也改善了粉末的力学性能。通常，保留了原始形态颜料粉末的化合物具有高颜色亮度，原因是在它表面漫反射的入射光非常低。因此，有二氧化硅膜的粉末构成的化合物表现为高亮度。

采用半干法也可能获得同样的结果。但是，与吸收＋干法相比，半干法需要较长的处理时间。我们也试图采用吸收＋干法处理 Fe₃O₄ 粉末，但是 Fe₃O₄ 粉末在 TEOS -乙醇溶液中被凝固，无法用等离子体来处理。因此，吸收＋干法并不是对各种粉末都适用的。

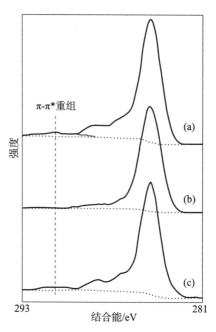

图 18-7　BCA 粉末的 C1s 光谱：(a) 未处理；(b) 采用两步干法处理；(c) 采用吸收＋干法处理

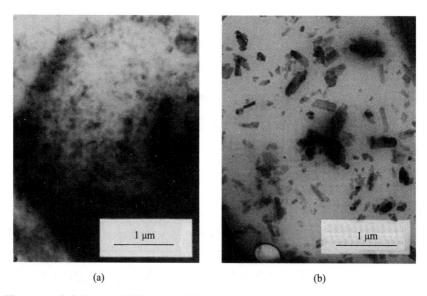

图 18-8　化合物 TEM 图像：(a) 未处理 BCA 粉末；(b) 有二氧化硅膜 BCA 粉末

18.2.3　结论

APG 等离子体 CVD 处理要求粉末有适度的可流动性以便能在放电管中流动。满足这种要求的方法之一是在热 TEOS 溶液（百分之几）中，采用水解 TEOS 方法持续一周时间，将二氧化硅包覆到粉末上。针对等离子体中的颜料变弱问题，我们提出在表面生成一个保护膜来避免它们退化。两步干法适用于等离子体氧化能力较弱的颜料。半干法、吸收＋干法适用于这种弱颜料。

18.3　SiO$_2$膜包覆的TiO$_2$细粉末应用于抑制粉末光敏感性能

二氧化钛（TiO$_2$）是化妆品常用的反射紫外光的白色颜料。但二氧化钛是一种光敏感催化剂，光敏感的粉末很容易伤害人的皮肤，将人体汗液中的油脂氧化为角鲨烯（2，6，10，15，19，23 -六甲密胺- 2，6，10，14，18，22 -四二十碳六烯）。氧化的角鲨烯分子会产生引起过敏或致癌的多种过氧有机化合物。我们尝试开发了用吸收＋干法在二氧化钛颜料粉末表面包覆二氧化硅膜，以避免角鲨烯油脂被紫外辐射所氧化。

18.3.1　实验

TiO$_2$（锐钛80％＋金红石20％，15 m^2/g，Toho钛公司）颗粒的直径约100 nm。首先，将TiO$_2$粉末在TEOS乙醇混合液中进行预处理，使颗粒表面吸收TEOS。接下来，让乙醇挥发（约2天时间）之后，通过等离子体在O$_2$/He中氧化，将超薄的SiO$_2$层沉积在TiO$_2$表面上。通过吸收过程中使用的溶解乙醇内TEOS浓度来控制SiO$_2$的沉积量。放电反应器的组成包括一个石英玻璃管、一个不锈钢电极和一个作为外电极的接地铜网，不锈钢电极通过一个匹配网络与射频发生器（13.56 MHz）连接。与图18 - 2不同的是，在反应管中安装了一个便于将粉末絮结到放电区域内的超声波均质机。射频功率2 500 W。反应气体为氦气和氧气，气流速率分别为10 L/min和100 mL/min。在反应管中，将细粉末引入超声波变幅杆中并强烈弹起。粉末被带入到混合气体中并通过等离子体区。处理过的粉末被送入分离阱，最后收集到粉末池中。粉末的处理速率约100 g/min。采用X射线光电频谱仪（XPS）分析了SiO$_2$包覆的TiO$_2$表面。将纯角鲨烯油脂与少量TiO$_2$混合的样品装入含有空气的耐热玻璃瓶中，用紫外氙灯从瓶底外侧照射1 h。然后将瓶中紫外照射角鲨烯油脂在100 ℃下加热1 h。最后，瓶中蒸发后的产物作为样品，采用气相色谱质谱仪（GC/MS）（Shimazu，QP5050）进行检测。

18.3.2　结果与讨论

18.3.2.1　XPS分析

图18 - 9和图18 - 10为ESCA测量的未处理的TiO$_2$、吸收10％ TEOS的TiO$_2$、吸收10％ TEOS后用等离子体氧化的TiO$_2$样本中TiO$_2$的C1s和O1s光谱。图18 - 9（a）中的峰表明，未处理的TiO$_2$粉末含有少量碳杂质。粉末表面吸收TEOS之后，在主峰肩部出现了另一个峰［图18 - 9（b）］，这应该是离解的半氢化TEOS分子中的羧基团。在图18 - 9（c）中，由于SiO$_2$的清洗作用，等离子体氧化降低了碳杂质的峰。

在图18 - 10的光谱中观测到了O1s的尖峰。在图18 - 10（a）中，信号峰（529.9 eV）源自TiO$_2$。图18 - 10（b）中，峰值（532.5 eV）源自新出现的SiO$_2$，而属于TiO$_2$的峰有所降低。因此，可以确定表面被SiO$_2$所包覆，但包覆的并不完整。这就意味着，TiO$_2$的表面仍是部分被半离解的TEOS分子覆盖。在图18 - 9（c）中，TiO$_2$的峰几乎消

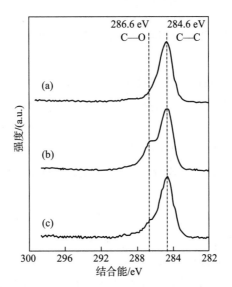

图 18-9　C1s XPS 光谱：(a) 未处理的 TiO_2；(b) 吸收 10% TEOS 的 TiO_2；
(c) 吸收 10% TEOS 后用等离子体氧化的 TiO_2

失，尖峰看上去像是纯 SiO_2 的峰。因此，这种情况下，表面被无任何有机杂质的无机 SiO_2 层完全覆盖。

18.3.2.2　粉末的 TEM 分析

从图 18-11 的 TEM 图像可以看出，覆盖在 TiO_2 颗粒整体表面的超薄层没有任何缺陷或孔洞，其厚度大约几纳米。可以看出，均匀的无机层阻断了中型链分子（如角鲨烯）的渗透。该层应该是非结晶态的 SiO_2，因为在层的内部没有看到晶格的存在。

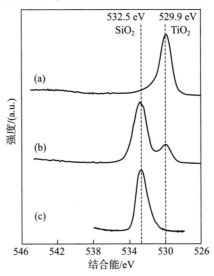

图 18-10　O1s XPS 光谱：(a) 未处理的 TiO_2；(b) 吸收 10% TEOS 的 TiO_2；
(c) 吸收 10% TEOS 后用等离子体氧化的 TiO_2

18.3.2.3　与粉末混合的角鲨烯油脂被紫外线照射后的蒸汽 GC/MS 谱

图 18-12 给出了大气中氙紫外辐射照射的有 TiO_2 和没有 TiO_2 的角鲨烯的(GC/MS) 谱测试结果。以下所述的（a）、（b）和（c）与前面描述相同。样本（a）的紫外照射角鲨烯的 GC/MS 谱表明有大量的乙醇、丙酮和多种有机氧化物存在。这些化合物通过 TiO_2 的催化反应对角鲨烯的紫外线氧化生成。样本（b）的紫外照射角鲨烯的 GC/MS 谱仅有乙醇的 1 个大峰和丙酮的 1 个小峰，而其他过氧化的峰全部消失了。尽管乙醇峰有明显降低，但所检测到的乙醇量仍然对人体皮肤有害。样本（c）紫外照射角鲨烯的 GC/MS 谱中没有任何信号。这表明能够获得 SiO_2 保护膜，使得即使是在紫外辐射下，角鲨烯油脂也能够避免被氧化。角鲨烯分子在结构上有八个甲基基团。由于纯 TiO_2 表面具有很强的氧化反应能力，未处理的 TiO_2 将会与角鲨烯反应并切断角鲨烯的主链，生成多种如 $C_5H_{10}O$ 的有机氧化物，如图 18-12 所示。此外，样本（b）仅有少量低分子氧化物，如丙酮和乙醇。这很可能是样本（b）表面的 TiO_2 已经被来自水解 TEOS 的 SiO_2 部分覆盖了。因此，样本（b）的表面应该有很多尺度小于 1 nm 小孔。尺寸相当于角鲨烯的分子不能穿过小孔进入到 SiO_2 内部，只有像甲基团那样处在主链末端的小尺寸部分能够卷入层的内部，与 TiO_2 表面反应生成低分子数的氧化物。样本（c）完全被紧致的晶体层所覆盖，水解碳分子是无法穿过这种坚固层的。这就是样本（c）的 GC/MS 谱中没有信号的原因。

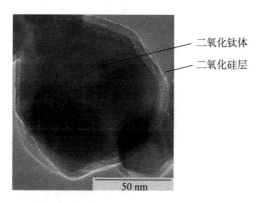

　　　　　　　　　　　　　　　　　　　二氧化钛体
　　　　　　　　　　　　　　　　　　　二氧化硅层

50 nm

图 18-11　在大气压辉光等离子体中采用 SiO_2 处理的 TiO_2 颗粒的 TEM 图像

18.3.3　结论

我们采用 TEOS 吸收和等离子体氧化方法，通过大气压辉光等离子体在单个 TiO_2 微粒上获得了超薄的二氧化硅层。获得的二氧化硅保护层完全阻止了与处理过 TiO_2 混合的角鲨烯油脂被紫外照射后的氧化。吸收＋干法不仅适用于 TiO_2，也适用于多种粉末，能够为它们提供避免气体和分子渗入的强有力保护。

与低压辉光等离子体粉末处理系统相比，如图 18-2 所示的粉末处理系统有很多优点。例如，机构非常简单，易于清洁反应器的内部而不会破坏复杂的真空密封。此外，由于在这种高压非热等离子体反应器中，只发生自由基相互作用而没有离子损伤效应，因而可以处理非常软的材料，如生物医学材料或有机颜料。

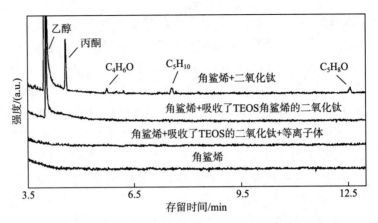

图 18-12　采用 TiO_2 处理的和没有处理的紫外照射角鲨烯的 GC/MS 光谱

致　谢

作者感谢 Chihiro Kaito 教授（Ritumeikan 大学）在 TEM 图像方面提供的帮助和 F. S. Howell 教授（Sophia 大学）在英文审校方面的帮助。

参 考 文 献

［1］ Kanazawa，S.，Kogoma，M.，Moriwaki，T. and Okazaki，S.（1988）J. Phys. D：Appl. Phys.，21，838.

［2］ Yokoyama，T.，Kogoma，M.，Kanazawa，S.，Moriwaki，T. and Okazaki，S.（1990）J. Phys. D：Appl.Phys.，23，374.

［3］ Yokoyama，T.，Kogoma，M.，Moriwaki，T. and Okazaki，S.（1990）J. Phys. D：Appl. Phys.，23，1125.

［4］ Ogawa，S.，Takeda，A.，Oguchi，M.，Tanaka，K.，Inomata，T. and Kogoma，M.（2001）Thin Solid Films，386，213.

［5］ Mori，T.，Okazaki，S.，Inomata，T.and Kogoma，M.（1995）Proc. 8th Symp. Plasma Science and Materials，52.

［6］ Mori，T.，Okazaki，S.，Inomata，T.，Takeda，A. and Kogoma，M.（1996）Proc. 9th Symp. Plasma Science and Materials，7.

［7］ Kogoma，M.，Tanaka，K. and Takeda，A.（2005）J. Photopolym. Sci. Technol.，18，277.

［8］ Kobayashi，T.，Terada，T. and Ikeda，S.（1989）OCCA Chester Conference paper，252.

［9］ Park，S.H. and Kim，S.D.（1994）Polym. Bull.，33，249.

［10］ Tsugeki，K.，Yan，S.，Maeda，H.，Kusakabe，K. and Morooka，S.（1994）Mater. Sci. Lett.，13，43.

第19章 在大气压辉光介质阻挡放电中碳氢聚合物与碳氟聚合物薄膜的沉积

F. Fanelli, R. d'Agostino, F. Fracassi

丝状和辉光状的大气压介质阻挡放电引起了材料表面处理领域广泛的研究兴趣。特别是，正在进行大量的努力来评估介质阻挡放电（DBD）在等离子体增强化学蒸汽沉积薄膜中的实用性。本章中给出了丝状和辉光 DBD 在薄膜沉积方面的综述以及我们在采用 He - C_2H_4、He - C_3F_6、He - C_3F_8 - H_2 混合气体的 DBD 中进行碳氢聚合物膜与碳氟聚合物膜沉积方面的最终研究结果。研究了不同的过程参数（如送料成分和激发频率）对放电模式和镀层成分的影响。

19.1 引言

介质阻挡放电（DBD）被认为是目前替代低压等离子体表面材料处理最有前途的技术途径，因为它同时具有大气压下工作和非平衡条件的优点。尽管 DBD 的主要优点似乎是避免使用昂贵的抽真空系统，但它的决定性优势却是在高放气材料处理方面的实用性，如聚合物膜、纸张、织物、合成光纤、天然光纤和橡胶等材料。

最近许多研究都涉及 DBD 用于等离子体增强化学蒸汽沉积薄膜，这是传统上由低压等离子体主导的研究领域。特别是，已做出了巨大的努力来评估 DBD 与低压等离子体相比，在沉积碳氢聚合物层、碳氟聚合物层和 SiO_2 层方面是否具有实际上的优势。

众所周知，在材料表面处理领域所用的 DBD 最普遍工作是在丝状模式下[1,2]（丝状介质阻挡放电，filamentary dielectric barrier discharges，FDBD）。最新进展（仍处于实验室阶段）是表面改性，包括空间均匀的、扩散介质阻挡放电的薄膜沉积。事实上，在特殊的实验条件下可以获得一种均匀的放电模式，称为辉光介质阻挡放电（glow dielectric barrier discharge，GDBD)[3-9]。在 PECVD 处理领域中，GDBD 引起人们极大的研究兴趣，这是因为它有望比 FDBD 更适用于均匀涂层的沉积。均匀模式下 DBD 应用发展的局限性在于缺乏适合工业规模的工艺控制。

本章主要涉及在 GDBD 中碳氢聚合物层和碳氟聚合物层的 PECVD 沉积，将给出用于薄膜沉积的 DBD 广泛和详细的描述。主要包括以下几方面：两种可能的放电工作模式，丝状模式和辉光模式；基本的电极配置和供气系统；在丝状和辉光两种模式下，碳氢聚合物和碳氟聚合物薄膜沉积方面的目前工艺水平（与低压 PECVD 相比）；在 He - C_2H_4、He - C_3F_6、He - C_3F_8 - H_2 供气下的 DBD 方法沉积薄膜的最新结果。

19.2　用于薄膜沉积的 DBD：最新技术

DBD 表面处理（经常被误称为"电晕放电处理"）已广泛用于改变聚合物的表面特性，如改善表面的可湿性、可印刷性和可黏附性。在各种等离子体应用中，大气中丝状 DBD 非常适用于黏附性和可湿性的改善[10-13]，即使采用其他工质气体来接枝含氢或含氟的官能团[3,5,8,14-17]。这种技术最初是在低压等离子体中成功地实现，但后来由于净化技术和密封技术的进步，使得这种技术能够用于大气压下工作的反应器中。

薄膜的等离子体增强化学蒸汽沉积多年来一直是典型的低压技术，但近年来丝状和辉光 DBD 模式下的薄膜越来越引起人们的关注，因为这是工业上需要的技术，这种技术与相应的低压技术相比，不需要真空设备就可简化工艺并降低成本。目前众多涉及这方面研究的目标是实现可靠的过程控制，这对工业规模化也是必要的。

19.2.1　丝状和辉光模式的介质阻挡放电

DBD 通常分为两类：丝状放电（FDBD）和辉光放电（GDBD）。

丝状模式是文献中报导的第一种放电工作模式，在等离子体行业内仍然是最普遍的。在大气压下对气体施加足够高的电压时，就会发生击穿现象，此时可以观察到大量的微放电且放电具有丝状结构[1,2]。被很多作者[1,2,18]广泛研究的微放电是随机的，甚至分布于整个电极表面。微放电独立发展的结果是，放电电流由大量不同幅度和不同持续时间的电流峰构成，电流峰持续时间为几纳秒，这是典型的微放电寿命。

根据 FDBD 用于聚合物表面处理的最近研究报告，由于微放电存在，在特定的实验条件下，在聚合物表面产生了一种"火山口构造"形式的永久性损坏[10,11]。事实上，丝状可以非常强，以至于可能在相同位置上以不同周期重复地点燃，因而在该位置上形成一个稳定的丝状放电。在沉积过程中，这种现象会对生成层的均匀性和最终特性产生不利的影响。通常，可以通过仔细选择工艺参数（如输入功率），并且像在连续处理设备中那样，以受控的速度移动样品来克服这种缺点。此外，已经研发出了可生成重复脉冲串的特殊供电电源，用于改善整个表面微放电的统计分布，这是实现更均匀处理的先决条件[1,2]。仔细选择在放电区中的样品速度和施加于放电的功率，使得能够达成一种折中条件，在这种条件下放电区内基板停留时间足够短，足以限制表面暴露于微放电中，同时获得所要求的涂层厚度。

近些年已有关于生成大半径介质阻挡放电的报导，在这种放电中，没有观测到微放电现象。从 1998 以来，东京上智大学（Sophia University）的冈崎及其合作者已发表了这一领域中的开创性工作成果论文，在该研究中将正弦电压施加到有或没有添加剂的不同气体中[3]。他们指出，为了获得稳定且均匀的放电，需要一些特殊的条件[3-5]。通过电特性测量能够观测到，大气压辉光放电（atmospheric pressure glow discharge，APGD）的特点是具有周期性放电电流信号，信号的周期与施加电压的周期相同，每半周期仅形成一个峰值。Massines 和他的合作者在这个领域做出了重要贡献，他们关于纯气体等离子体（氦气和氮气）下辉光特征研究被认为在科学界具有重要意义[6-9]。

在大气压下实现均匀放电控制，到目前为止仍被认为是困难和复杂的。例如，根据沉积工艺的要求，改变电极的配置或电参数的微小变化（如频率和电压）以及反应气体的引入等都会对放电的稳定性和放电特性有重要的影响，且可能导致向更稳定的丝状放电模式转换。

通常，对于每个具有结构和电器参数的 DBD 设备，可以确定某些频率-电压条件，这种条件就限定了纯气体情况下辉光介质阻挡放电（GDBD）的存在域，这里的纯气体指氦气或氮气，它们通常在沉积工艺中被用作主气体。添加反应单体通常会使 GDBD 的工作窗口变窄，事实上，如果工质反应气体浓度超过一定的门限，根据主气体和单体分子结构的不同，会阻止辉光的生成，观测到向丝状放电的转换。因此，为了实现沉积工艺的严格控制，应该仔细地确认辉光模式的工作窗口。

19.2.2　电极配置与供气系统

DBD 生成可采用不同的电极配置。对于等离子体增强化学蒸汽沉积，通常采用平行板反应器，即使最近的研究报导了表面电极和共面 DBD 几何形状的利用率[1,2]。根据 DBD 的定义，它们以在两个金属电极之间的电流通路上至少存在一个介质层为特征。气体的注入可以根据电极的几何形状和执行的工艺进行调整。典型的电极配置如图 19-1 所示。沉积工艺中所用的基本几何形状符合典型的平行板配置，在这个配置中的两个电极覆盖介质层［图 19-1（a）］。典型的放电间隙宽度为几毫米，而电极面积（通常采用矩形）可以从几平方毫米到几平方米，根据基板和执行的工艺来确定。介质材料（如玻璃、陶瓷和聚合物）应仔细选择，因为它直接暴露于等离子体中，所以可能对基板有污染。该系统需要侧向供气，工质气体通过 1 个注入口引入到放电区，从另一侧的排放口排出[19-21]。

这种方法的另一种方案也是采用平行板几何形状，而气体是从上方注入的［图 19-1（b）］[22]。特点是工质通过两个相同高压（HV）电极之间的缝隙注入等离子体区并通过两个相对的出口缝隙横向排出。

DBD 设备也可由 1 个被外部同轴介质管包裹的圆柱形金属棒高压电极和一个用介质板覆盖的宽接地电极组成［图 19-1（c）］[23]。通过朝向放电区的气体扩散器缝隙将气体注入。

在这些配置中，接地电极通常可以在受控的速度下前后扫描，以便在大面积基板上均匀地沉积薄膜。事实上，应该考虑侧向供气可能会导致涂层厚度和化学组分会随气体在放电区的驻留时间而变化。此外，如同前面提到的，在 FDBD 情况下，样本的移动能够限制表面暴露于微放电中，因而降低表面的非均匀性与表面损伤。

卷对卷系统可用于柔性基板的薄膜沉积，如聚合物网的沉积（图 19-2）。如果 DBD 处理必须以流水线工艺来完成，通常会采用这种方法。这种设备与电晕处理器相似，电晕处理器在网状物处理中已用了几十年。

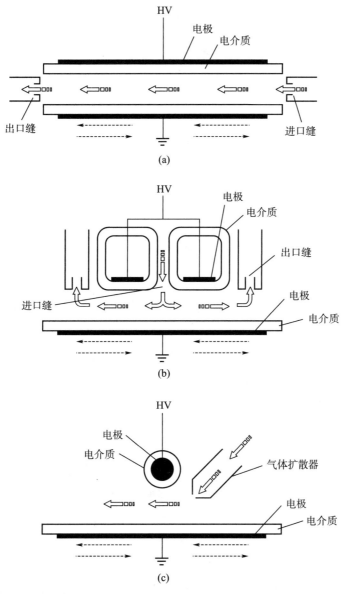

图 19 - 1 采用 DBD 方法进行 PECVD 所用的典型电极配置和供气系统

19.2.3 碳氢聚合物薄膜沉积

利用多种单体对氢化非晶碳（a - C：H）薄膜的低压等离子体增强化学沉积进行了广泛的研究。已经沉积了氢浓度和 sp^3/sp^2 碳比率等方面性能完好的涂层[24-30]。精细地研究了反应工质气体、偏压、功率和气压等过程参数的影响。例如，Kobayashi 等[31,32]采用乙烯工质的等离子体获得了一种制备后具有很强的氧化趋势的聚合物涂层，此外，在低压下，他们观察到了粉末的形成。这些结果被用来研究发生在气相的自由基聚合的假说。

1979 年由 Donohoe 和 Wydeven[33]发表了含碳氢聚合物放电中大气压沉积的最早研究

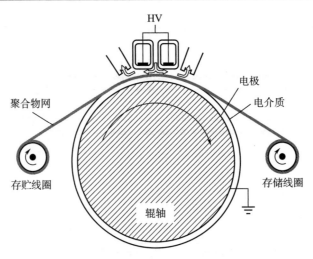

图 19-2　用于聚合物网连续表面处理的系统基本设计示意图

工作，涉及均匀脉冲放电中氢稀释的乙烯的聚合。在这项开创性的工作中，获得了具有低交联度的柔性聚合物。在气相条件下的高分子量低聚物研究，使得人们能够探究粉末形成现象。

　　Yokoyama 等[5]也发表了含氦 APGD 中的乙烯聚合的研究。他们研究了乙烯浓度和放电电流的影响，观测到沉积速率提高 1 μm/h 与放电电流的变化关系。获得了与低压 PECVD 下得到的薄膜类似的聚乙烯薄膜，遗憾的是没有完成完整的涂层特性研究。

　　在几种单体和混合气体介质阻挡放电中碳氢聚合物沉积方面（较多是丝状模式下）也有很多其他研究报告发表，Goossens 等[34,35]研究了丝状放电模式下，在含有氦气或氩气混合气体中的 C_2H_4 沉积，在 1slm 反应气体与 10slm 惰性气体混合下，获得了具有约 100 nm/min 的沉积速率。尽管有一些氧键合到聚合物网络上，也获得了类似聚乙烯的涂层，氢的键合可能是由于暴露于大气而导致的后沉积反应。最近，Girard - Lauriault 等[36]采用氦（约 10 slm）和乙烯（约 10 sccm）混合大气压 DBD 沉积了一种新材料 - 富含氮的等离子体聚合乙烯（PPEE：E）。薄膜中的氮含量可以通过改变工质气体中的 C_2H_4 含量很容易并可再现地控制。Liu 等[37]在中压和大气压下比较了甲烷工质 DBD 沉积的 a - C：H 薄膜的化学特性、表面形貌和力学特性。在大气压下丝状模式下，放电实现了柔软的聚合物类 a - C：H 薄膜的沉积，由于微放电导致膜的表面为粗糙表面。根据这些结果，在高压下似乎很难获得表面光滑的硬膜。Klages 等[38]采用高度稀释的碳氢化合物（CH_4、C_2H_4、C_2H_2）与氩气或氮气混合研究了这个问题。他们的结果表明，很难获得类金刚石碳（DLC）薄膜那样的高硬度值，但可以通过合适的前体获得具有高单体结构保留率的膜。根据我们的认知，Bugaev 等[39]发表了唯一的采用 DBD 沉积类金刚石涂层的工作。采用甲烷或乙炔与氢气混合获得了最佳特性，涂层看起来与用传统方法（即低压 PECVD）获得的 DLC 膜类似，但是在平行板配置状态下的薄膜生长存在着明显的缺陷，这可能与丝状 DBD 存在有关。

19.2.4　碳氟聚合物薄膜沉积

20 世纪 70 年代以来，在碳氟聚合物的低压等离子体增强化学沉积方面已开展了广泛的研究。很多研究工作成功地实现了沉积薄膜的化学组分（如 F/C 比和交联度）和形态学特征的调节，从而能够改变它们的热特性、力学特性、电特性以及可湿性[40-50]。因为存在刻蚀-沉积竞争问题，碳氟等离子体聚合要比碳氢等离子体聚合复杂得多[40-42]。业已证明，单体的选择至关重要，因为它是反应碎片的源和等离子体中的薄膜前体。通常，在饱和的碳氟（如 CF_4、C_2F_6、C_3F_8）工质等离子体中，沉积速率较低，氢的添加会提高沉积速率，从而能够使 F/C 比和交联度发生变化[42,46]；通过增加工质气体中的氢气含量，可生成氟含量少且交联度高的涂层。

到目前为止，低压下的氟聚合物沉积有大量的论文，相比之下，仅有几篇采用介质阻挡放电（DBD）的含氟聚合物沉积论文发表。特别是，在控制涂层化学性质的可能性方面还没有清晰的证明，这是低压等离子体沉积工艺的一个重要特征。

Yokoyama 等[5]将四氟乙烯应用到具有高流速氢气的混合气体中，开展了碳氟 APGD 沉积方面的开创性研究工作。他们给出了约 2 μm/h 的沉积速率随单体流速、放电电流的变化关系，X 射线光电频谱仪（XPS）分析表明其 F/C 比率范围在 1.4～1.7。Kogoma 等在这些工作基础上，研究了将这个过程用于二氧化硅细颗粒的沉积[51]和生物医学应用的商用聚氯乙烯管内表面的沉积[52]。

Thyen 等[53]采用 C_2F_4 - N_2 - Ar 工质在丝状 DBD 模式，研究了类特氟龙涂层的沉积。在约 100～200 nm/min 的高沉积率下，沉积了 F/C 比率为 1.6 的柔软且光滑的涂层。Vinogradov 等[54,55]采用氩气与碳氟化合物混合工质在 FDBD 下研究了薄膜的沉积。采用了多种碳氟化合物，如 CF_4、C_2F_6、$C_2H_2F_4$、C_3F_8、C_3HF_7 等。采用紫外与傅里叶变换红外（FTIR）吸收光谱仪、紫外-可见发射光谱仪，完成了等离子体相的原位研究。评估了氧和氢添加到工质气体内对沉积速率和薄膜组分的影响。形貌分析结果表明，采用低氢含量的工质能够获得光滑的薄膜。

19.3　实验结果

19.3.1　设备与诊断

实验设备为安装在树脂玻璃容器内的平行板电极系统（间隙 5 mm），如图 19-3 所示。每个电极（面积 30×30 mm²）都由 0.635 mm 厚的 Al_2O_3 平板覆盖（CoorsTek 纯度 96%，相对电导率 9.5）。采用由可变频率生成器（TTiTG215）、音频放大器（Outline PA4006）和高压转换器（Montoux）组成的电源提供的 10～30 kHz 频率范围、2.8 kV_{p-p} 的 AC 高电压生成等离子体。

采用数字示波器测量电特性，采用高压探针测量施加到电极上的电压，通过测量与接地电极串联的 50 Ω 电阻上的电压降计算出电流。

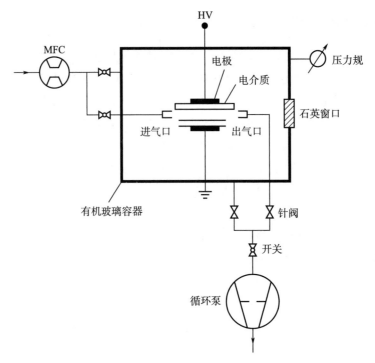

图 19-3　实验设备示意图

气流速率通过 MKS 的电子质量流量控制器（mass flow controllers，MFC）进行控制，系统压力采用 MKS122 波尔登规进行监测。为了避免过压，有机玻璃容器采用循环泵（Pfeiffer）稍微抽气。工质气体通过内电极区域的进料口引入，在另一端的出料口排出，因而形成了纵向供气。

采用 $He-C_2F_4$，$He-C_3F_6$，$He-C_3F_8-H_2$，混合气体（Air Liquide 的 HeC；Air Liquide 的 C_2F_4N35；Zentek 的 C_3F_6，纯度 99%；Zentek 的 C_3F_8，纯度＞99%）为工质的辉光放电。

碳氢聚合物薄膜沉积是在 He 的流速（Φ_{He}）为 2 slm、乙烯浓度范围 0.1%～0.5% 情况下完成的，而碳氟聚合物薄膜沉积是在 He 流速（Φ_{He}）为 4 slm、碳氟化合物浓度 0.01% 情况下完成的；H_2 与 C_3F_8 的流量比从 0～2。

采用光发射频谱仪在紫外-可见光区域研究了等离子体相，采用 FTIR 光谱仪、XPS、扫描电子显微镜和静态接触角（WCA）测量等手段研究了涂层特性。采用 Alpha-Step © 500 LKA Tencor 的表面轮廓仪，在电极间隙内的不同位置处，对沉积过程中部分遮盖的基板上薄膜厚度进行了评估，即厚度随气体停留时间的变化。为了比较不同实验条件下的结果，考虑了放电区内部距气体入口 10～20 mm 的区域内，薄膜厚度和相应沉积速率的平均值；在每个实验点上，都有一个对应于所测量的沉积速率的最大值和最小值的误差带[21]。

19.3.2　采 He - C_2F_4 GDBD 碳氢聚合物膜的沉积

为了掌握放电的工作模式，评估辉光 DBD 的存在域，研究的第一步是放电的电特性。结果表明，对于氦气中的各种乙烯浓度，微放电都出现在激发频率低于 9 kHz 的情况下。在频率高于 10 kHz 而电压低于 3.0 kV$_{p-p}$ 的情况下，工质气体中乙烯含量提高到 0.5% 时，可以观测到一个周期性的放电电流信号。对于典型的氦气中辉光介质阻挡放电，电流信号与施加电压的周期相同，且每半个周期只有 1 个峰[7]。乙烯浓度越高，击穿电压和放电电流幅度越高，见图 19 - 4。

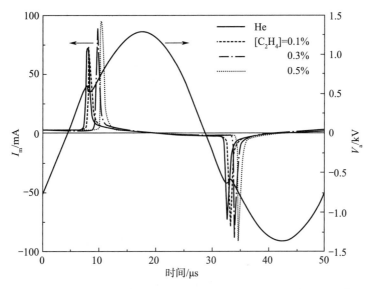

图 19 - 4　在 20 kHz 和 2.8 kV$_{p-p}$ 条件下，纯氦和添加三种不同 [C_2H_4] 值 (0.1%、0.3%、0.5%) 的工质情况下，施加电压 (V_a) 和测量的电流 (I_m) 随时间的变化

沉积厚度随着放电区域内距气体喷射点的距离增加而增加 (亦即随着气体在放电区内驻留时间增加而增加)。在 20 kHz 时，在乙烯浓度分别为 0.1% 和 0.5% 情况下，平均沉积速率从 22 nm/min 增加到 40 nm/min。

图 19 - 5 给出了沉积的规范化傅里叶变换红外 (FTIR) 吸收光谱随乙烯浓度变化。主光谱特征是一个由 CH 拉伸振动导致的波数在 3 000~2 800 cm^{-1} 之间的宽带信号以及由 CH_2 和 CH_3 导致的波数在 1 480~1 370 cm^{-1} 之间的两个信号。CH 拉伸谱带的强度和结构可能无定形且与聚合物的结构一致，主要是 sp^3 碳与氢的键合[29,57-61]。在涂层中也含有一些氧成分，如 OH (3 450 cm^{-1})、 C=O (1 720 cm^{-1}) 和 C—O (1 090 cm^{-1}) 基团，这可能是沉积容器中的 O_2 和 H_2O 残留物或涂层暴露于大气中的氧化导致的[58,60,61]。随着乙烯含量的增加， C=O 谱带消失，且 OH 和 C—O 信号变得不太明显了。

XPS 的结果与 FTIR 结果一致，结果表明，乙烯含量从 0.1%~0.5% 变化时，氧吸收的降低从 8%~0.8%。同时，静态接触角 (WCA) 从 75°~90°。

为了研究涂层的稳定性，针对 0.5% 的 [C_2H_4]、20 kHz 和 2.8 kV$_{p-p}$ 条件获得的沉

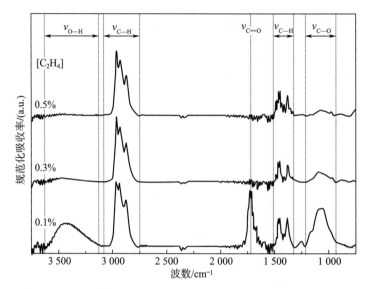

图 19-5　沉积薄膜的规范化 FTIR 光谱随工质中乙烯浓度的变化

($f=20\ kHz$, $V_a=2.8\ kV_{p-p}$, $[C_2H_4]=0.1\%\sim0.5\%$)

积物，分析了在空气中放置一个月后的情况。与刚沉积的薄膜相比，探测到 FTIR 的 OH 和 C—O 谱带略有增加，一个月以后，氧吸收从 0.8% 增加到 2.5%。

提高频率，即提高单位时间电流脉冲数，观测到放电功率的增加，平均沉积速率从 20 nm/min 增加到 80 nm/min，如图 19-6（a）；对于所有激发频率，沉积速率随放电区内沉积位置的变化趋势一致，见图 19-6（b）。FTIR 光谱受频率和电压变化的影响不明显，XPS 分析表明，在所有实验条件下，氧含量总是低于 3%。根据 SEM 观测结果，涂层的形貌很好，在不同激发频率下，没有发现明显的颗粒和缺陷。

光谱仪研究能够辨别等离子体中主要的发光组分。纯氦气的 GDBD 特点是氦气与空气杂质（即氮、氧和水）发射强度高[62,63]，乙烯的添加降低了所有的发射强度，特别是含氧组分几乎全部消失，而出现了 CH（4 300 Å 系统）和 C_2（Swan system）的发射辐射。

19.3.3　采用 He-C₃F₆ 和 He-C₃F₈-H₂ 工质 GDBD 碳氟聚合物膜的沉积

放电的电特性能够用来评估含 C_3F_6 和含 C_3F_8 工质的 GDBD 存在域。对于 C_3F_6 和 C_3F_8 工质浓度分别为 0.01% 和 0.025% 的情况下，在激发频率高于 15kHz，施加电压低于 $3.0\ kV_{p-p}$ 时获得辉光放电。实际上，在这种条件下可观测到周期性的放电电流信号[5]，该信号由每半个周期中的一个峰构成，否则，获得的是丝状放电。在本研究中采用的含量 0.01% 的 C_3F_8 工质中引入 0.02% 的氢（即 $[H_2]/[C_3F_8]=2$）后，没有观测到微放电的形成。

对于 He-C₃F₆ 的辉光介质阻挡放电，在 C_3F_6 含量 0.01% 和 $2.8\ kV_{p-p}$ 情况下，研究了激发频率从 15 kHz 到 30 kHz 变化的影响。放电功率线性增加，观测到沉积速率从 19 nm/min 增加到 34 nm/min。图 19-7（a）给出的是在 25 kHz 下沉积薄膜的规范化 FTIR

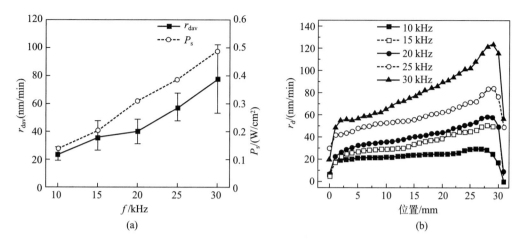

图 19-6　(a) 固定电压 2.8 kV$_{p-p}$ 下，输入功率和沉积速率随激发频率的变化关系；(b) 不同激发频率下，沉积速率随在放电区内的位置变化（$\Phi_{He}=2$ slm，$\Phi_{C_2H_4}=10$ sccm，[C$_2$H$_4$]$=0.5\%$，$f=10\sim30$ kHz）

吸收光谱。主要光谱特征是由于 CF$_x$ 拉伸振动模式重叠形成波数 900$\sim$1 400 cm^{-1} 的谱带，其中包括 CF（1 350 cm^{-1}）、CF$_2$（1 225 cm^{-1} 和 1 190 cm^{-1}）和 CF$_3$（980 cm^{-1}）[44-46,64-66]。在 1 550 cm^{-1} 至 1 900 cm^{-1} 之间较宽且较弱的谱带是由于 C=C 和 C=O 拉伸模式导致[44-46,64-67]。XPS 检测到 F/C 比为 1.5 且不受频率变化所影响，而在较低频率下氧浓度略有增加，这与 FTIR 结果是一致的。对于所有频率，静态水接触角（WCA）都是 106°$\sim$108°。通过 C1s 区域的高分辨率曲线平滑可以获得有机物结构方面的重要信息。对于低压 PECVD 沉积的特氟龙类薄膜，这个区域十分复杂。图 19-7（b）为 25 kHz 下沉积涂层的 C1s 峰最佳拟合。拟合采用了 5 个组分，包括 CF$_3$（294.5 eV±0.2 eV）、CF$_3$（292.5 eV±0.2 eV）[56]、CF（290.1 eV±0.3 eV）、C—CF，CF=C，CO（288.0 eV±0.2 eV）和 C—C（285.0 eV±0.3 eV）[42,47,48,66,68]。高结合能区域内的弱肩部（中心约 296.5 eV）应该是不饱和碳的振转组分的贡献。

SEM 分析能够观测到在 15 kHz 频率下获得了粗糙表面，并带有粉末和小球形的迹象。相反，在高频下能够沉积出光滑的表面，没有粉末形成的迹象。

GDBD 的特点是在 240$\sim$350 nm（A^{1}B$_1$-X^{1}A$_1$ 系统）光谱范围来自氢、氟原子和 CF$_2$ 的强发射辐射[62,63]。在中心近似 290 nm 处也出现了一个连续谱，d'Agostino 等[40,41] 将它归结为 CF$_2^+$ 的贡献。也检测到了来自杂质（如氮、氧、水）的一些发射辐射以及 CO$^+$（第一负系 first negative system）信号[62,63]。

在 He-C$_3$F$_8$-H$_2$ 工质 GDBD 中，在 25 kHz 和 2.8 kV$_{p-p}$ 条件下，通过 0$\sim$2 改变工质中氢与单体的比率，研究了工质组分的影响。

图 19-8 表明，通过增加工质中氢浓度而获得的沉积速率趋势，其特点是具有最大值。这与饱和碳氢化合物与氢气为工质的低压等离子体中获得的结果相吻合，无氧时沉积速率非常低，在 [H$_2$]/[C$_3$F$_8$]$=1$ 时，沉积速率增加到最大值 12 nm/min，而对于 [H$_2$]/[C$_3$F$_8$]$=2$ 时下降到近似为 12 nm/min。

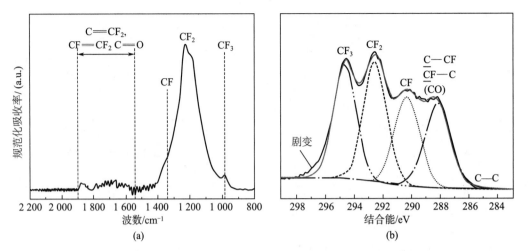

图 19-7　在 25kHz 频率条件下，在 He-C_3F_6 GDBD 中沉积碳氟聚合物膜规范化 FTIR 光谱
和 C1s 信号最佳拟合（V_a = 2.8 kV$_{p-p}$，[C_3F_6] = 0.01%）

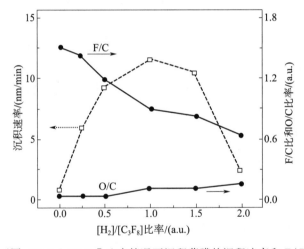

图 19-8　不同 [H_2] / [C_3F_8] 比率情况下沉积薄膜的沉积速率和 F/C、O/C 比率

　　沉积物红外光谱示出了较高波数的位移和 CF_x 拉伸带的展宽随工质中氢浓度的变化关系，表明涂层的氟含量减少和更多无序与交联的聚合物网络形成[46]。通过增加工质气体中的氢含量，在 1 600～1 850 cm^{-1} 之间 C=O 与 C=C 基团的宽带谱增加且 3 400 cm^{-1} 的 OH 拉伸出现。当工质中的 [H_2]/[C_3F_8] 超过 0.5 时还检测到位于 2 950 cm^{-1} 的 CH_x 拉伸带。

　　将工质气体中的 [H_2]/[C_3F_8] 比率从 0～2 增加，则 XPS 检测到 F/C 和 O/C 分别为 1.5～0.7 和 0.04～0.17，如图 19-8 所示。与低压 PECVD 结果一致，XPS C1s 高分辨率信号表明，稍微改变工质的组分，就可能得到不同组分和不同 CF_x 基团分布的涂层。采用前面 He-C_3F_6 工质 GDBD 沉积薄膜拟合所描述的 5 相同组分，完成了 C1s 信号的最佳拟合。增加氢含量，则在 (288.0±0.4) eV 处、与交联度相关的组分增加，而处于更高 BE

的组分减少。

He - C_3F_8 - H_2 工质的辉光介质阻挡放电的光谱特征具有与 He - C_3F_6 工质 GDBD 的光谱特征相同。但是，将氢加到工质气体中时，出现在 4 300 Å 的 CH 发射辐射（$A^2\Delta$ － $X^2\Pi$），而 C_2 Swan 带完全消失了[63]。

19.4 结 论

在本章中，提出了采用氦气-乙烯工质，在很宽的辉光介质阻挡放电条件下沉积碳氢聚合物薄膜是可能的。观测到氧吸收量是由沉积容器中或沉积点处的杂质，与大气中氧或水的反应导致的。涂层的化学性质，特别是氧含量，依赖于工质气体中的乙烯浓度。在含乙烯 GDBD 光谱中，氧组分发射辐射的消失，可能由于含氧组分（如 OH 自由基）的碳氢化合物具有高反应活性导致[69,70]。乙烯与含氧组分的碳氢片段相互作用，可能会导致形成挥发性非聚合物物质或氧化膜前体，是涂层吸收了氧气的部分原因。

关于碳氟聚合物膜的沉积，反应气体的组成在沉积过程中起到关键作用。如果与乙烯介质阻挡放电相比，能够工作在辉光模式的浓度限制非常低。这种特性可以归因于碳氟前体比乙烯有更高的分子量，也归因于氟这样的电负性原子的存在。尽管有这种浓度限制，这会明显地缩小 GDBD 的工作窗口，但在适当的工艺控制下，完成了薄膜的沉积过程。特别是，以六氟丙烯为单体，可获得沉积速率高达 35 nm/min 和 F/C＝1.5 的沉积，而对于全氟丙烷，沉积速率极低，且随着工质中氢的添加而增加。如同低压等离子体情况下的观测结果，氢浓度的增加能够改变 F/C 比和涂层的交联度[40,42,46]。光谱仪研究获得了 He - C_3F_8 和 He - C_3F_8 - H_2 工质 GDBD 的重要结果。

参 考 文 献

[1] Kogelschatz, U., Eliasson, B. and Egli, W. (1997) J. Phys. IV France, 7,C4 - C47.

[2] Kogelschatz, U. (2003) Plasma Chem.Plasma Process., 23(1), 1.

[3] Kanazawa, S., Kogoma, M.,Moriwaki, T. and Okazaki, S. (1988)J. Phys. D: Appl. Phys., 21 (5), 838.

[4] Yokoyama, T., Kogoma, M., Moriwaki, T. and Okazaki, S. (1990)J. Phys. D: Appl. Phys., 23, 1125.

[5] Yokoyama, T., Kogoma, M.,Kanazawa, S., Moriwaki, T. and Okazaki, S. (1990) J. Phys. D: Appl.Phys., 23(3), 374.

[6] Massines, F., Rabehi, A., Decomps, P.,Ben Gadri, R., Segur, P. and Mayoux,C., (1998) J. Appl. Phys., 83, 2950.

[7] Massines, F. and Gouda, G. (1998) J.Phys. D: Appl. Phys., 31, 3411.

[8] Gherardi, N., Gouda, G., Gat, E., Ricard, A. and Massines, F. (2000) Plasma Sources Sci. Technol., 9, 340.

[9] Massines, F., Segur, P., Gherardi, N.,Khamphan, C. and Ricard, A. (2003)Surf. Coat. Technol., 174 - 175, 8.

[10] Seeböck, R., Esrom, H., Carbonnier,M. and Romand, M. (2000) Plasmas Polym., 5(2), 103.

[11] Seeböck, R., Esrom, H.,Charbonnier, M., Romand, M. and Kogelschatz, U. (2001) Surf. Coat. Technol., 142 - 144, 455.

[12] Borcia, G., Anderson, C.A. and Brown, N.M.D. (2004) Appl. Surf.Sci., 221, 203.

[13] Borcia, G., Anderson, C.A. and Brown, N.M.D. (2004) Appl. Surf.Sci., 225, 186.

[14] Miralaï, S.F., Monette, E., Bartnikas,R., Czeremuszkin, G., Latrèche, M.and Wertheimer, M.R. (2000)Plasmas Polym., 5(2), 63.

[15] Guimond, S., Radu, I.,Czeremuszkin, G., Carlsson, D.J.and Wertheimer, M.R. (2002)Plasmas Polym., 7(1), 71.

[16] Massines, F., Messaoudi, R. and Mayoux, C. (1998) Plasmas Polym., 3(1), 43.

[17] Massines, F., Gouda, G., Gherardi,N., Duran, M. and Croquesel, E.(2001) Plasmas Polym., 6(1/ 2), 35.

[18] Fridman, A., Chirokov, A. and Gutsol, A. (2005) J. Phys. D: Appl.Phys., 38, R1.

[19] Gherardi, N., Martin, S. and Massines, F. (2000) J. Phys. D: Appl.Phys., 33, L104.

[20] Martin, S., Massines, F., Gherardi, N. and Jimenez, C. (2004) Surf. Coat. Technol., 177 - 178, 693.

[21] Fanelli, F., Fracassi, F. and d'Agostino, R. (2005) Plasma Process.Polym., 2, 688.

[22] Sonnenfeld, A., Tun, T.M., Zajčková,L., Kozlov, K.V., Wagner, H.-E.,Behnke, J.F. and Hippler, R. (2001)Plasmas Polym., 6(4), 237.

[23] Zhu, X.D., Arefi – Khonsari, F., Petit – Etienne, C. and Tatoulian, M. (2005) Plasma Process. Polym., 2, 407.

[24] Courdec, P. and Catherine, Y. (1987) Thin Solid Films, 146, 93.

[25] Mutsukura, N. and Miyatani, K. (1995) Diam. Relat. Mater., 4, 342.

[26] Novikov, N.V., Voronkin, M.A., Dub, S.N., Lupich, I.N., Malogolovets, V.G., Maslyuk, B.A. and Podzayarey, G.A. (1997) Diam. Relat. Mater, 6, 574.

[27] Kim, B.K. and Grotjohn, T.A. (2000) Diam. Relat. Mater., 9, 37.

[28] Hong, J., Goullet, A. and Turban, G. (2000) Thin Solid Films, 364, 144.

[29] Robertson, J. (2002) Mater. Sci. Eng., R37, 129.

[30] Liu, D., Yu, S., Liu, Y., Ren, C., Zhang, J. and Ma, T. (2002) Thin Solid Films, 414, 163.

[31] Niinomi, M., Kobayashi, H., Bell, A.T. and Shen, M. (1973) J. Appl. Phys., 44, 10.

[32] Kobayashi, H., Bell, A.T. and Shen, M. (1974) Macromolecules, 7, 3.

[33] Donohoe, K.G. and Wydeven, T. (1979) J. Appl. Polym. Sci., 23, 2591.

[34] Goossens, O., Dekempeneer, E., Vangeneugden, D., Van deLeest, R. and Leys, C. (2001) Surf. Coat. Technol., 142 – 144, 474.

[35] Paulussen, S., Rego, R., Goossens, O., Vangeneugden, D. and Rose, K. (2005) J. Phys. D: Appl. Phys., 38, 568.

[36] Girard – Lauriault, P.–L., Mwale, F., Iordanova, M., Demers, C., Desjardins, P. and Wertheimer, M.R. (2005) Plasma Process. Polym., 2, 263.

[37] Liu, D., Benstetter, G., Liu, Y., Yang, X., Yu, S. and Ma, T. (2003) New Diam. Front. Carb. Technol., 13(4), 191.

[38] Klages, C.–P., Eichler, M. and Thyen, R. (2003) New Diam. Front. Carb. Technol., 13 (4), 175.

[39] Bugaev, S.P., Korotaev, A.D., Oskomov, K.V. and Sochugov, N.S. (1997) Surf. Coat. Technol., 96, 123.

[40] d'Agostino, R., Cramarossa, F., Fracassi, F. and Illuzzi, F. (1990) Plasma Deposition, Treatment and Etching of Polymers (ed. R.d'Agostino), Academic Press, 95.

[41] d'Agostino, R. (1997) Plasma Processing of Polymers (eds R. d'Agostino, P. Favia and F. Fracassi,), NATO ASI Series, E: Appl. Sci. 346, Kluwer Academic, 3.

[42] Favia, P., Perez – Luna, V.H., Boland, T., Castner, D.G. and Ratner, B.D. (1996) Plasma Polym., 1, 299.

[43] Kim, H.Y. and Yasuda, H.K. (1997) J. Vac. Sci. Technol. A, 15(4), 1837.

[44] Mackie, N.M., Castner, D.G. and Fisher, E.R. (1998) Langmuir, 14, 1227.

[45] Butoi, C.I., Mackie, N.M., Gamble, L.J., Castner, D.G., Barnd, J., Miller, A.M. and Fisher, E.R. (2000) Chem. Mater., 12, 2014.

[46] Mackie, N.M., Dalleska, N.F., Castner, D.G. and Fisher, E.R. (1997) Chem. Mater., 9, 349.

[47] Cicala, G., Milella, A., Palumbo, F., Favia, P. and d'Agostino, R. (2003) Diam. Relat. Mater., 12, 2020.

[48] Chen, R., Gorelik, V. and Silverstein, M.S. (1995) J. Appl. Polym. Sci., 56, 615.

[49] Chen, R. and Silverstein, M.S. (1996) J. Appl. Polym. Sci. A: Polym. Chem., 34, 207.

[50] Sandrin, L., Silverstein, M.S. and Sacher, E. (2001) Polymer, 42, 3761.

[51] Sawada, Y. and Kogoma, M. (1997)Powder Technol., 90, 245.

[52] Prat, R., Koh, Y.J., Babukutty, Y.,Kogoma, M., Okasaki, S. and Kodama, M. (2000) Polymer, 41, 7360.

[53] Thyen, R., Weber, A. and Klages, C.-P. (1997) Surf. Coat. Technol., 97,426.

[54] Vinogradov, I.P., Dinkelmann, A.and Lunk, A. (2004) J. Phys. D: Appl.Phys., 37, 3000.

[55] Vinogradov, I.P. and Lunk, A. (2005)Plasma Process. Polym., 2, 201.

[56] Beamson, G. and Briggs, D. (1992)High Resolution XPS of Organic Polymers, J. Wiley.

[57] Dischler, B., Bubenzer, A. and Koidl,P. (1983) Solid State Commun., 48, 2.

[58] Rinstein, J., Stief, R.F., Ley, L. and Beyer, W. (1998) J. Appl. Phys., 84, 7.

[59] Bourée, J.E., Godet, C., Etemadi, R.and Drévillon, B. (1996) Synth.Mater., 76, 191.

[60] Retzko, I., Friedrich, J.F., Lippitz, A.and Unger, W.E.S. (2001) J. Elect.Spectro. Relat. Phenom., 121, 111.

[61] Kulikovsky, V., Vorlicek, V., Bohac, P., Kurdyumov, A. and Jastrabik, L. (2004) Thin Solid Films,447 - 448, 223.

[62] Striganov, A.R. and Sventiskii, N.S.(1968) Tables of Spectral Lines of Neutral and Ionized Atoms, IFI/Plenum, New York/Washington.

[63] Pearse, R.W.B. and Gaydon, A.G.(1976) The Identification of Molecular Spectra, 4th edn, Chapman and Hall, London.

[64] Martinu, L., Biederman, H. and Nedbal, J. (1986) Thin Solid Films,136, 11.

[65] Durrant, S.F., Ranger, E.C., daCruz,N.C., Castro, S.G. and Bica de Moraes, M. (1996) Surf. Coat.Technol., 86 - 87, 443.

[66] Seth, J. and Babu, S.V. (1993) Thin Solid Films, 230, 90.

[67] Geigenback, H. and Hinze, D. (1959)Phys. Stat. Sol. A, 81, 1045.

[68] Cioffi, N., Losito, I., Torsi, L., Farella,I., Valentini, A., Sabbatini, L.,Zambonin, P.G. and Bleve－Zacheo, T.(2002) Chem. Mater., 14, 804.

[69] Davis, D.D., Fischer, S., Schiff, R.,Watson, R.T. and Bollinger, W. (1975)J. Chem. Phys., 63, 5.

[70] Howard, C.J. (1976) J. Chem. Phys.,65, 11.

第 20 章　关于现代应用的大气压非热等离子体生成的评述

R. Itatani

20.1　引言

电离气体或等离子体是化学活性介质，因为这种介质中有电子、激发态的原子或分子、离子等活性粒子存在于中性原子或分子中，它们会根据工作条件的不同，以热平衡或非平衡方式发生异乎寻常的化学反应。在大气压下最著名的工业应用是，作为热平衡等离子体的电弧和将空气中的体反应作为非平衡等离子体的臭氧发生器。

最新发展的应用不是等离子体中的体反应，而是等离子体与固体之间的面反应。对于这些应用，首选具有化学活性但热量低的等离子体，因为基础材料不应该被改变，仅通过等离子体进行表面改性。这就是等离子体现代应用更热衷于非热等离子体的原因。

大气压非热等离子体的研究从电晕放电覆盖到无声放电。电晕放电仅出现在电场不均匀的地方，如细线电极、针和平板的棱边。在均匀电极配置下的大气压非热等离子体是无声放电，其最典型的例子就是臭氧发生器。这种类型的放电采用一个绝缘体以防止产生电弧，这类放电是目前介质阻挡放电的原型。但是，在臭氧发生器中的放电总是表现为非均匀等离子体且由多丝柱组成，因此，表面处理限制使用这种类型的放电。另外，在高压下大面积非热等离子体已普遍用于 TEA 激光器，例如，1988 年前的 CO_2 激光器和 XeCl 激光器。这种等离子体是均匀的，没有金属电极时的丝状放电。在 1988 年索菲亚大学 (Sofia University) 研究团队的报告[1]之后，弥漫型介质阻挡放电（diffuse DBD）已引起科学家和工程师的重视，因为这种大气压下均匀非热等离子体有望在很宽的应用领域中具有巨大的潜力。

众所周知，尽管低压下的气体温度远低于电子温度，但在约 0.5 个大气压以上的连续放电中，这两种温度变得几乎相等，因此，高压下生成非热等离子体不像低压情况下那样直接，需要满足一些条件。这里我们来讨论生成现代应用的大气压非热等离子体需要考虑的因素。

一般来说有三种方法。第一是去除等离子体中气体的热量；第二是不给予气体能量；第三是采用分隔的等离子体活动区。

20.2　为什么大气压非热等离子体具有吸引力

在工业领域，设备简单、不需要很强的抗压外壳、具有高产能力、能够处理大尺寸物体以及能够引入连续过程等是非常重要的。

在处理织物和纸张这样面积大的物品时，因为大量的吸附材料和水分存在，需要很长时间才能移除。如果这样的材料能够在没有任何移除过程的大气压下处理，处理时间会大幅度减少。

有些应用是无法在减压环境下完成的。对于生物医学应用，周围的大气是必不可少的，否则处理的对象就无法存活。在等离子体施加到有生命的对象和人体时，应在开放的空气中操作。潮湿的物质也应该在常压或更高压力下处理。因此，大气压非热等离子体有很多应用领域。表 20-1 列出了大气压非热等离子体（atmospheric pressure non-thermal plasmas，APNTP）的应用，表 20-2 中列出了 APNTP 的典型放电方式。

表 20-1　大气压非热等离子体的应用

表面可湿性条件、黏附能力改进
加速实验设备
杀菌
DNA 导入
表面清洁：灰化，去除不需要的物质、减少氧化
空气净化
降低空气污染
功能性薄膜的沉积，如 TiO_2 等
保护膜涂层
细菌和种子改性

表 20-2　APNTP 的典型放电形式

汤森(Townsend)放电
电晕
辉光
DBD 丝状
DBD 均匀
有/无阻挡的炬
有/无电极的射频/微波炬

20.3　等离子体活性的来源

众所周知，等离子体中的活性组分是电子、离子和激发态中性粒子。在大气压下，粒子之间的平均自由程非常短，因此，活性组分仅在发生电离的活性空间内生成。然而，在活性空间之外，相互异性的带电粒子会快速复合，激发态的组分通过辐射和碰撞而退激发。在这些损失过程中，每种损失渠道都有不同的损失速率和损失持续时间。通常，能够发生光学跃迁的激发态粒子损失较快，而带电粒子损失要比亚稳态粒子退激发快得多，这是因为与中性粒子之间作用相比，库仑力的作用范围更长。

　　亚稳态由于寿命长而影响放电现象，且在等离子体内部及其附近充当能量贮存器。亚稳态粒子本身也具有长寿命。除此之外，一个亚稳态粒子能量通过共振转移传给同种气体中的另一个基态粒子非常容易，以至于亚稳态粒子可以存在于等离子体之外并被气流带走。

　　共振谱线的光子（即最低激发能级的发射）被俘获并通过共振转移从等离子体内部传输到外部。当这个谱线为紫外线能量时，壁面的光发射会对放电产生正反馈。

20.4　气体放电相似律的极限

　　相似率表明不变量是存在的，维持这种相似就能够获得接近相同的放电。表 20 - 3 列出了这种不变量及其如何改变这些值。

表 20 - 3　相似率的不变量和它们的导出值

不变量	相比 1 torr 的大气压下对应值	1 torr 时的值/($\mu A/cm^2$)
pd	等离子体尺度 $1/760 = 1.3 \times 10^{-3}$	
ω/p	时间变化应为 760 倍	从 10 以下到 400（正常辉光）
j/p^2	电流密度应为 5.8×10^5 倍	
Ej/p^3	功率密度应为 4.4×10^8 倍	

　　因此，不难理解，在大气压范围内，生成与低压或中压类似的辉光放电非常困难。阴极电位降是不变量，因此，能量输入密度与电流密度成正比，而电流密度为 $100\ A/cm^2$ 量级。这样的电流密度不仅在无制冷条件下不能保持稳定，甚至也无法保持连续的周期性放电。迄今为止报导的弥散型 DBD 的最大电流密度是 $1\ mA/cm^2$ 量级。

　　相似率仅针对带电粒子而不针对处于亚稳态和激发态的中性粒子。尽管处于高压状态，但由于会与处于基态的同类粒子发生共振转移，处于亚稳态的粒子仍会有较长的平均自由程和较长的寿命。共振谱线的光子还在最低能态下的激发态粒子和处于基态下的粒子之间被俘获。在高压下这些效应比在低压下更重要，因为高压下平均自由程较短且电离度较低，反之亦然；因此，高压下的电流密度或带电密度远小于上述相似率给出的结果。

20.5　降低气体温度

　　等离子体的输入能量首先通过电场的加速传递给电子和离子；接下来，带电粒子的能量通过碰撞传递给中性粒子；最后，中性粒子的能量传递到壁面或扩散掉。

　　在大气压下，通常碰撞非常频繁以至于温度趋于相同，热能从等离子体传递给等离子体周围的壁面。但是，在下面将提到的特殊情况下，存在非常窄的空间，该空间的热平衡条件被打破而形成了非热状态。

　　为简单起见，让我们先考虑质量为 m_1 和 m_2 的两体碰撞。能量交换比为 $2m_1m_2/(m_1+m_2)^2$，因此，1 个电子向 1 个重粒子之间的能量转换率为 $2m/M$，两个质量相同的粒子之间的能量转换率为 $1/2$。这就意味着，电子与重粒子（离子或分子）之间的能量传递通道，比离子与分子之间的能量传递通道要窄得多。

中性组分的能量输运基本方程为

$$\frac{\partial}{\partial t}N\langle\varepsilon\rangle_N + \nabla \boldsymbol{q}_N = +nN\nu\sigma_\varepsilon\langle\varepsilon\rangle \qquad (20-1)$$

因此，中性组分获得的能量为

$$nN\nu\sigma(2m/M)3kT_e/2 \qquad (20-2)$$

式中，σ 为电子与中性组分之间的动量交换截面。

静态下，能量损失由扩散引起，采用以下关系式

$$\boldsymbol{q} = -(3NkD/2)\nabla T_g$$

将能量损失写为

$$-(3NkD/2)\nabla^2 T_g \qquad (20-3)$$

令 $-\nabla^2 \to 1/\Lambda^2$ 并令方程（20-1）与式（20-2）相等，则有

$$T_g/T_e = n\nu\sigma(2m/M)(\Lambda^2/D) \qquad (20-4)$$

方程（20-4）表明，较短的扩散长度能获得较低的气体温度。

在瞬态下（脉冲），将左侧的第一项等于右侧，则有

$$T_g/T_e = n\sigma\nu(2m/M)\tau \qquad (20-5)$$

方程（20-5）表明，较短的时间能获得较低的气体温度。

当有气流注入等离子体中时，如果气体在等离子体中驻留时间变短，则气体温度就会变得比没有气流时低。

可以引入磁场通过 $\boldsymbol{J}\times\boldsymbol{B}$ 力使等离子体运动。该方法应用于断路器，以便使电流中断时产生的电弧等离子体冷却。该方法还能够从等离子体活性区域中清除带电粒子，并且可以自由地控制等离子体和气流之间的相对运动。

20.6 实现以上讨论的实例

对于稳态等离子体，必须通过减少气体的扩散长度来冷却气体温度，以便增加气体在等离子体中的热损失。电极的冷却是必不可少的，有时壁面也需要冷却。第一个例子是金属电极在 2.45 GHz 频率下生成的 0.1 mm 窄间隙放电[2]。第二个例子是所谓填充层放电，由电极之间的电介质颗粒或粉末表面上的很多窄电流通道组成。

有两种方法可以减少等离子体开启时间，一种是使用串联连接的电容器，另一种是在电极上使用等效于电极上分布电容器的介质材料[3]。两种方法的作用是相同的。由于放电产生电流，两者都可以通过电容器充电而自动停止放电。通过施加交流电压，脉冲电流以交流方式流动。

降低等离子体开启时间最主动的方法是，在有/无电介质的电极之间，施加间歇且短周期的脉冲电压。电极上的电介质存在无关紧要。在这种情况下，窄脉冲的电压急剧上升更有利于获得更加非热平衡态的等离子体。

等离子体炬实现了气流的冷却[4,5]，将工作位置与等离子体之间距离分隔远些，温度就会变低。让等离子体运动等效于向等离子体注入较冷的气体或使其与壁面接触，因此，

提出各种变化并针对各种应用进行测试。

20.7　大面积等离子体的生成

为了掌握和改进臭氧的生成，已经开展了大量电极上有电介质的放电研究，这种放电被称为介质阻挡放电（DBD）。但是，这种类型的放电会在电极之间构成很多丝状放电通道[6]，因而 DBD 不认为可用于材料表面的改性。

众所周知，即使气体压力高于 1 大气压，也有证据表明存在辉光放电[7]。根据 Kogoma 等的论文[1]，1988 年以后就开始了关于工业领域应用的研究。均匀 DBD（APGB）无论从工业应用观点还是物理学观点都非常具有吸引力，原因是很多最新的应用都是表面改性，这就对等离子体提出了面积大且密度与温度均匀的要求。最初，采用氦气作为工作气体获得了均匀 DBD。然而，在不同种类气体生成均匀 DBD 方面，目前已开展了很多研究工作，且 DBD 的物理机理越来越清晰[8-16]。

20.8　迄今为止获得均匀 DBD 的证据摘要

一种类型是辉光类配置，这种配置在低压下具有阴极辉光，能观测到带有 He、Ne、Ar 等惰性气体以及这些气体与少量添加剂混合的气体。

另一种类型是汤森（Townsend）放电类，在氮气作为工作气体放电的阳极附近，可以观测到辉光。在这两种情况下，亚稳态粒子在促使下半周期更容易放电方面有重要作用[3]。

作为电源，能够提供频率几千赫兹以上正弦电压是最合适的，在放电区内的离子俘获对于降低放电电压是有效的[11]。

对于用氮气和空气生成大面积等离子体，采用具有快速上升沿的矩形或脉冲形电压是最合适的。电极的形状通常对于等离子体的生成也有影响。尖锐棱边可扩展气体条件的范围。电源改变放电特征，提高输入功率可使均匀等离子体变为丝状等离子体。

为了优化性能，需要考虑影响弥散和丝状 DBD 条件的很多因素，如介质材料特性、工作气体与气体的混合、电极配置、介质阻挡表面的条件、间隙尺寸关系、介质厚度、气体种类、应用电源的波形等。

20.9　关于实现大面积均匀等离子体的考虑

在某些限定条件下出现弥散 DBD 的情况应该考虑以下气体放电理论。

将大面积等离子体考虑为大量小放电管并联连接在一起。在这种情况下，根据电路理论，采用负的电阻管并联工作是不可能的，相反，可以采用正的电阻管。

但是，在各电极以一定条件下包裹起来的情况下，是能够并联工作的，即一般的辉光放电。这表明带电粒子或亚稳态离子以及光子都来自放电位置附近的区域并诱导放电发生。

在汤森放电区和异常辉光区内可以发现正阻抗特征。前者在阳极附近，后者在阴极附近，会出现一个较亮的区域[11]。

采用针形电极，放电的第一步是出现电晕，随着电压增加，放电电流增加，即显示出正阻抗。

相比之下，采用平行板电极，不会出现电晕放电，直接发生火花放电。因此总是表现为负阻抗特征；一般来讲，除了非常窄的间隙，不可能出现均匀等离子体。

20.10　实现 DBD 等离子体均匀性需要考虑的因素

在介质表面上，电荷静止且不能移动。因此，朝向等离子体的介质表面，可以记忆上一个周期发生放电的点，在随后的反向周期中，该点的电荷对电压会起到附加作用。因此，只要在某些点处发生放电，则在接下来的周期内在介质上相同的点也会成功地发生放电。为了实现弥散的 DBD，必须要消除介质在电极上的这种定位记忆效应。

为了降低这种介质表面记忆效应，电荷相对于放电的侧向移动很重要。一种方法是通过增强带电粒子与亚稳态粒子的侧向扩散和控制表面的阻挡电导率两方面来实现的。前者的作用是在介质前面提供均匀的活性组分，后者的作用是使得表面的电位分布均匀。

另一种方法是采用离子俘获效应，通过选择所施加电压的频率抑制来自等离子体区的离子损失[14]。

优化工作气体沿阻挡面的横向流量，对于分散表面上活性组分也是有效的。

为了确保放电初始均匀，最有效的方法是在电极前方或在阻挡表面上均匀地提供足够的电子，或在放电空间造成一层薄的等离子体[17,18]。采用紫外照射获得电子光电发射，通过辅助弱放电来馈入带电粒子，已经作为通用方法在 TEA 气体激光器中得到应用。

20.11　远区等离子体

活性等离子体中生成的活性组分被气流带到要处理的表面，该表面处的活性组分的密度以及等离子体温度变得较低，但由于亚稳态粒子而仍具有活性。

为了冷却气体温度，需要一定量的气流。在这种情况下，采用电极放电比无电极放电更合适。

当采用混入同种组分冷气体的方法对等离子体制冷时，有望实现温度下降和亚稳态粒子密度降低较少的结果。为简化，假定密度为 N_{cold}、温度为 T_{cold} 的冷气体在 $x=0$ 处混入温度为 T_{hot}、密度为 N_{hot} 的热气体。稳态下的能量传输方程为

$$\nabla q_{hot} = -N_{hot}N_{cold}\sigma_{h-c}\nu_{h-c}(1/2)(3/2)(T_{hot}-T_{cold}) = -(3N_{hot}kD/2)\nabla^2 T_{hot} \tag{20-6}$$

方程的解为

$$T_{hot} = [T_{hot}(0)-T_\infty]\exp\left[-\sqrt{\frac{(N_{cold}+N_{hot})\sigma\nu}{2kD}}x\right]+T_\infty \tag{20-7}$$

式中，T_∞ 为远离等离子体区的气体温度。

将方程（20-6）的中间项与方程（20-2）进行比较，可以看出，中性组分之间的能量转换比电子与中性组分之间的能量转换要大很多，因此，远区等离子体系统提供了一种低温气体反应器，这种反应器具有通量密度低，但相对高能量反应的特点，这或许归因于惰性气体中的亚稳态原子。

在远区等离子体中，仅有长寿命的激发态粒子工作，而获得这种较低气体温度的同时，也会导致活性组分密度的降低。要消除这种矛盾或许是很困难的。但是，通过选用具有长寿命亚稳态的气体，在处理易损对象方面，如人体、有机物质、集成电路基板等，使得远程等离子体成为非常有用的工具。

对于表面清理，采用电感耦合射频焰炬或微波焰炬比有电极的等离子体更合适，以避免在有易损结构的表面跳火。

最近，远区等离子体已应用于医疗领域，在本书中有一章专门描述了 13.56 MHz 的针形等离子体。此外，2.45 GHz 的微波等离子体炬也预计应用于人类皮肤杀菌。图 20-1 示出了远程微波等离子体有多冷及对人类皮肤的适用性。这种等离子体也显现出了灭菌和消毒效果。但是，这些还都处于发展阶段，远程等离子体为什么起作用，如何起作用以及通过什么起作用还不是完全清楚。

20.12　结论

根据理论观点提出了生成 APNTP 因素的一般评述。采用前面所建立的高压条件下的放电理论，很容易推论出所观测到的 APGD 现象并进行定性解释。然而，还不足以定量地理解和设计一个适合特定应用的反应器。

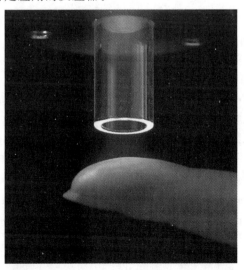

图 20-1　采用 2.45 GHz 微波生成的远程等离子体，对人体皮肤友好

(Courtesy of Adter PlasmaTechnology Co. Ltd.)

参 考 文 献

[1] Kanazawa, S., Kogoma, M., Moriwaki, T. and Okazaki, S. (1988) J. Phys. D: Appl. Phys., 21, 838.

[2] Kono, A., Sugiyama, T., Goto, T., Furuhashi, H. and Uchida, Y. (2001) Jpn. J. Appl. Phys., 40, L238.

[3] Kogelschatz, U. (2002) IEEE Trans. Plasma Sci., 30, 1400.

[4] Koinuma, H., Inomata, K., Ohkubo, H., Hashimoto, T., Shiraishi, T., Miyanaga, A. and Hayashi, S. (1992) Appl. Phys. Lett., 60, 816.

[5] Hubicka, Z., Cada, M., Sicha, M., Churpita, A., Pokorny, P., Soukup, L. and Jastrabik, L. (2002) Plasma Sources Sci. Technol., 11, 195.

[6] Kogelschatz, U. (2003) Dielectric Barrier Discharges: their History, Discharge Physics, and Industrial Applications, in Plasma Chemistry and Plasma Processing, Springer, Netherland, 23, pp. 1 – 46.

[7] von Engel, A., Seeliger, R. and Steenbeck, M. (1933) J. Phys., 85, 144.

[8] Yokoyama, T., Kogoma, M., Kanazawa, S., Moriwaki, T. and Okazaki, S. (1990) J. Phys. D: Appl. Phys., 23, 374.

[9] Yokoyama, T., Kogoma, M., Moriwaki, T. and Okazaki, S. (1990) J. Phys. D: Appl. Phys., 23, 1125.

[10] Gherardi, N., Gouda, G., Gat, E., Ricard, A. and Massines, F. (2000) Plasma Sources Sci. Technol., 9, 340.

[11] Naude, N., Cambronne, J.-P., Gherardi, N. and Massines, F. (2005) J. Phys. D: Appl. Phys., 38, 530.

[12] Massines, F., Rabahi, A., Decomps, P., Gadri, R.B., Segur, P. and Mayoux, C. (1998) J. Appl. Phys., 83, 2950.

[13] Golubovskii, Yu.B., Maiorov, V.A., Behnke, JF., Tepper, J. and Lindmayer, M. (2004) J. Phys. D: Appl. Phys., 37, 1346.

[14] Liu, C., Tsai, P.P. and Roth, J.R. (1993) Proc. 20th IEEE Int. Conf. on Plasma Science, Vancouver, Canada, 7 – 9 June.

[15] Roth, J.R., Rahel, J., Xin, Dai, and Sherman, D.M. (2005) J. Phys. D: Appl. Phys., 38, 555.

[16] Rahel, J. and Sherman, D.M. (2005) J. Phys. D: Appl. Phys., 38, 547.

[17] Palmer, A.J. (1974) Appl. Phys. Lett., 25, 138.

[18] Karnyushin, V.N. et al. (1978) Sov. J. Quantum Electron, 319.

第 21 章　等离子体彩色显示的现状与未来

T. Shinoda

等离子体显示市场发展迅速，2005 年市场值已接近 1 百亿美元。特别是在日本，等离子体电视（plsma TV）的市场很强劲，市场规模超过了世界范围内的工业市场。在这种形势下，彩色等离子体显示屏（plasma display，PDP）技术成为支撑日益增长市场的关键问题。本章将从 PDP 发展的最初到未来，讨论 PDP 的技术发展。

21.1　引言

20 世纪 60 年代末和 70 年代初，很多实验室已开始了交流型（AC）和直流型（DC）彩色等离子体显示技术的研究。日本广播协会（NHK）对 DC 型平板高清电视（high - definition television，HDTV）开展了深入的研究并于 1993 年展示出了 40 英寸彩色等离子体电视样机[1]。对于 AC 型，对置放电技术的研究尚未成功，表面放电技术在 80 年代初成为彩色 PDP 发展的主流，并在富士通公司和广岛大学开展了研究[2,3]。彩色 PDP 技术需要长时间且艰苦的研究才能获得成功。图 21 - 1 示出了彩色 PDP 发展历程。直到 1992 年，实用的彩色 PDP 研究一直没有取得成功，1993 年 21 英寸 PDP 投入实际应用，标志着现代 PDP 时代的开始[4]。彩色 PDP 的目标市场主要是商用的信息显示。在 21 英寸 PDP 开发之后，研究了大面积（如 40 英寸）电视技术。与此同时，在发光效率改进、加工技术、材料和生产设备等方面都得到了发展。1996 年，确定了对大面积 PDP 的第一笔重大投资，开始了 42 英寸 WVGA 系统的批量生产。等离子体电视市场的发展始于将应用表面放电技术的 42 英寸显示器投入市场。但是，早期的市场主要面向商务应用，而不是面向消费者的电视机应用。日本的 NEC、三菱、先锋、松下、日立公司和韩国的 LG、三星公司加入了 PDP 联盟并开始竞争。从 1996 年到 2000 年，电视机性能大幅度提高，特别是峰值亮度、对比度和能耗等方面，显示质量已经接近于阴极射线管（cathode ray tubes，CRTs）的水平。组件材料（如驱动电路、玻璃材料和荧光材料）的费用一直在下降，产量大幅度的提高导致了 PDP 成本的降低。第二次投资导致生产量以每年约 100% 增长率提高。2003 年的产量接近 160 万台。特别是，日本以低于 60 000 日元的价格将 32 英寸的等离子体电视机投入市场，等离子体电视机市场迅速增长。2001 年被称为等离子体电视机时代的起始年。PDP 市场总规模已超过 10 亿美元：2001 年为 16 亿美元，2005 年为 100 亿美元。这个增长率有望持续到 2008 年，在 2005 年已接近每年 5 亿台的市场规模。

彩色 PDP 产量也在增加。1996 年，42 英寸 WVGA PDP 首次投入市场，更大和更小的 WXGA 以及 HDTV 系列也随之加入进来，目前已覆盖 32～61 英寸范围。市场将会沿三个方向扩展。第一个方向是 30～40 英寸、约 1 百万像素较小尺寸的市场，主要用于替换传统的电视机。在这个市场中，将需要较低价格和较低能耗的显示器。第二个方向是尺寸在 40～60 英寸、像素超过 2 百万的大尺寸市场，主要用作宽带网络领域的家庭核心显示器。在这个市场中，需要高分辨率的显示器。第三个方向是 40～80 英寸、像素约 2 百万的特大尺寸市场，主要用于家庭影院。在这个市场中，需要大尺寸显示器。根据这些要求，未来应发展节能、高分辨率、大尺寸、低价格的技术。有关 PDP 工程和制造工艺的技术发展为这方面的技术进步提供了支持。

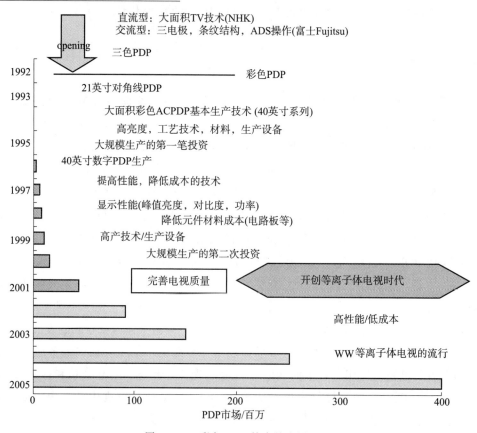

图 21-1　彩色 PDP 技术的发展

21.2　彩色 PDP 技术的发展

彩色 PDP 技术以三电极面放电结构为基础。1973 年，Takashima 等首次报导了面放电技术用于彩色 PDP 的片段型彩色 PDP[5]。1974 年，Dick 也报导了矩阵型黑白 PDP 技术[6]。作者本人 1979 年开始研究面放电技术的彩色 PDP[2]，最后实现了表 21-1 中所示的三电极结构。图 21-2 给出了作者开始研究彩色 PDP 时提出的技术问题总结。提出的问题是如何实现彩色 PDP，使之具有长工作寿命、高亮度、高分辨率和全彩色运行。前四个问题通过开发新的面板结构来解决，最后一个问题通过发展一个新的驱动技术来解决。最终，完成了图 21-3 所示的三电极 PDP 结构，已经采用这些技术研制了图 21-4 所示的实际 21 英寸彩色 PDP。目前，基于所开发的结构已研制了 40～60 英寸 PDP 的大面积等离子体显示器。

表 21-1 彩色 PDP 结构的发展

年份	研究者	电极	带电极的基板	显示类型	荧光	电极	肋	备注
1973	Takashima 等[5]	2	单	发射	绿色	片段	玻璃,片状	—
1974	Dick[6]	2	单	—	无	矩阵	无	—
1979	Shinoda 等[2]	2	单	发射	RGB	矩阵	无	—
1984	Shinoda 等[7]	3	单	发射	RGB	矩阵	条纹＋网格	—
1985	Dick[8]	3	双	—	无	矩阵	条纹	—
1989	Shinoda 等[9]	3	双	反射	RG	矩阵	条纹＋ 网格	生产
1992	Shinoda 等[10]	3	双	反射	RGB	矩阵	条纹	生产
1999	Komaki 等[11]	3	双	反射	RGB	矩阵	网格状	生产
1999	Toyoda 等[12]	3	双	反射	RGB	矩阵	回纹波形	—

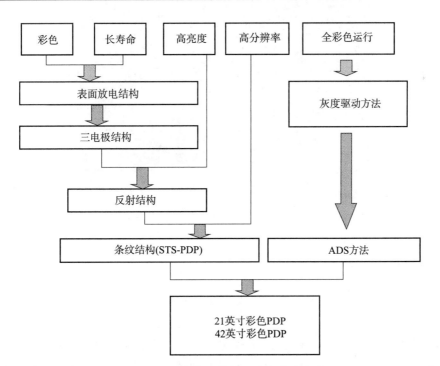

图 21-2 开发使用彩色 PDP 的技术要点

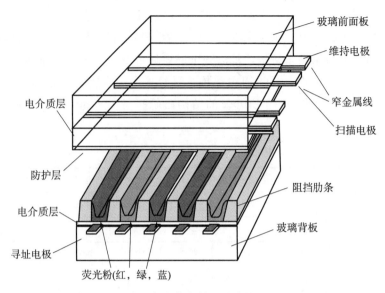

图 21-3　采用条纹荧光粉和隔肋的三电极 PDP

图 21-4　表面放电彩色 PDP（1979）的首个实用全彩 21 英寸 PDP（1992）

21.2.1　面板结构

图 21-5 是作者 1979 年制作的彩色表面放电技术的结构原理图。用介质薄膜隔开的两种条形电极相互正交地安装在单个基板上。上面覆盖一层薄电介质和氧化镁（MgO）层。将荧光粉沉积在另一个基板上。在两个基板之间充入能够通过放电发射大量紫外辐射的混合气体。该结构改善了荧光粉因放电而降解的这个阻止彩色 PDP 实际应用的主要问题。但是，由于在电极交叉点离子轰击使 MgO 表面降解，出现了驱动电压变化的新问题。

为解决这个问题，1984 年提出了如图 21 - 6 所示的三电极结构。在每个放电单元中有两类单元，即地址单元和显示单元。在地址单元中，有交叉放置的两种电极，即寻址电极和扫描电极；在显示单元中，有基板上平行放置的两种电极，即扫描电极和维持电极。通过两种功能完成一次显示：单元选择和显示。地址单元仅用于选择显示单元，然后在显示单元中维持显示放电。在通常的显示系统中，在地址单元内每秒仅有 480 次放电启动，而在显示单元中每秒有 60 000 次。因此，与每个单元中每秒 60 840 次放电的两电极结构相比，三电极结构的工作寿命扩展了 100 倍。最后，寻址电极和显示电极分别置于两个不同基板上，以减低地址单元的电容。由于采用发射型结构，发光度水平还不够充分。将通过引入反射型结构来解决。

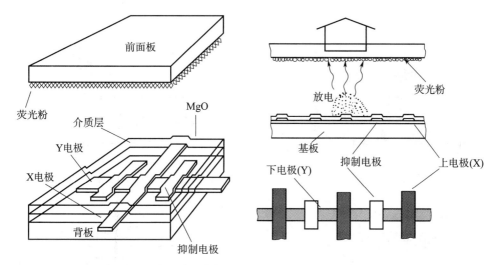

图 21 - 5　表面放电彩色 PDP（1979）的首个实验面板结构

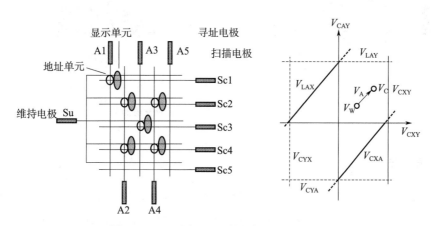

图 21 - 6　三电极 PDP 的电极配置（1984）

采用这些技术使彩色 PDP 变为实用。为了实现高发光效果，持续进行了结构的研究。图 21 - 7 从第一个实际可用的面板到进一步发展的面板，比较了面板的结构。彩色 PDP 产品的第一次挑战是 1989 年用于财务显示的三色 PDP，采用的是图 21 - 7（a）所示的结

构[9]。第一个实用结构较复杂，其中的寻址电极暴露于气体中没有被荧光粉覆盖。第一个
全彩色 PDP 是 1993 年的具有图 21-7（b）结构的 21 英寸 PDP[10]，它的分辨率是三色
PDP 分辨率的 4 倍，这是用传统技术无法制造的，因此，引入了简单的条形肋和荧光粉结
构。用荧光粉覆盖寻址电极的设计实现了高分辨率。这些进展成功地实现了第一阶段的
PDP 技术和制造工艺。最近，为了改善能源耗散和显示质量，研究了一些新的方法。引入
了如图 21-7（c）所示的网格形的肋结构[11]。这使得实用 PDP 的发光效率提高到了
1.8 lm/W。尽管与条带结构相比，这种结构更为复杂，但通过改进工艺，如引入高应变
点玻璃和喷砂处理，能够实现这种结构。采用图 21-7（d）的结构能够获得更高的发光效
率[12]。这种结构称为 Delta 单元结构。

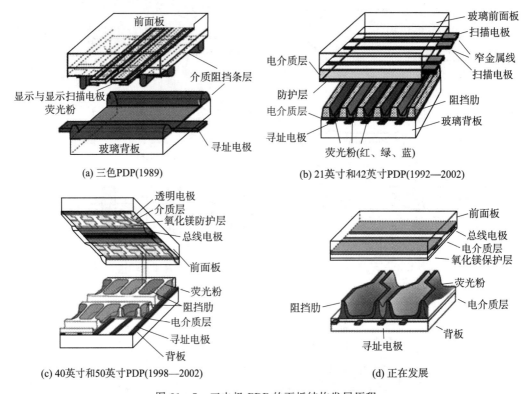

(a) 三色PDP(1989)

(b) 21英寸和42英寸PDP(1992—2002)

(c) 40英寸和50英寸PDP(1998—2002)

(d) 正在发展

图 21-7　三电极 PDP 的面板结构发展历程

21.2.2　驱动技术

对于 AC PDP，人们认为，由于控制壁面电荷的操作，很难实现高速寻址。要使壁面
电荷足够多，就要求工作脉冲足够宽，因而导致寻址速度慢，因此，在 AC PDP 上实现
HDTV 标准的 256 灰度级是不可能的。

作者提出了 ADS（寻址期与显示期之间相互分离）方法。在这种方法中，寻址期和显
示期完全独立[13]。在寻址期内，面板上的所有单元中都形成壁面电荷。在随后的显示期
内，通过施加维持脉冲，仅在有壁面电荷积累的显示单元中启动和维持放电。这就大大地

提高了寻址速度,因而使 AC PDP 实现 256 灰度级变为可能。寻址期的重置步骤对于 ACPDP 的运行也是非常重要的。通过初始粒子和壁面电荷重置与设置来实现单元的稳定运行。当重置导致高对比度时,需要施加一个斜坡波形来降低发光度[14]。

21.3 最新的研究与发展

采用上述的三电极表面放电技术的 30~60 英寸的 PDP 已经投入实际应用[12,13]。这些进展得到了下列性能改进和成本降低研究工作的支持。下面将讨论关于面板结构、发光效率改进、PDP 放电分析和驱动方法等方面的研究结果。

21.3.1 PDP 放电分析

从作者 1984 年提出三电极结构和 1992 年提出 ADS 方法到现在已经过去了 10 多年。这两项技术已成为 AC PDP 技术的通用标准,并已经基于该技术进行了彩色 PDP 的生产。驱动理论尚未完成。

Sakita 等引入了一个 V_t 闭合曲线新概念,试图分析三电极 PDP 在 ADS 中的寻址过程[14]。V_t 闭合曲线定义为连接 PDP 单元中弱放电阈值电压之间的连线。当定义纵坐标轴为寻址电极与扫描电极之间的单元电压(V_{CAX})时,则水平坐标轴是维持电极与扫描电极之间的单元电压(V_{CXY}),六角形的 V_t 闭合曲线可以定义在图 21-8 所示的平面内。单元电压定义为放电间隙中的内部电压,该电压可以根据电介质层上外部施加的电压和壁面电荷积累的壁面电压得到。

采用 V_t 闭合曲线很容易分析复位步骤中的灯复位过程,也可以进行理想复位条件的分析。

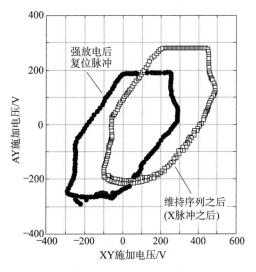

图 21-8 V_t 闭合曲线

21.3.2　高发光性能和高发光效率

实现高发光性能和高发光效率是作者研究的另一个重要问题。当前的发光效率接近 1 lm/W，典型的 42 英寸 PDP 的功耗约 250 W。为了广泛占有世界市场，期望能够用大约 100 W 的能耗来运行 PDP。较低的能耗对于实现整机的轻和薄且降低成本也是非常重要的。下阶段的发光效率目标是 3 lm/W。已经开发了色彩 δ 形排列的新结构（δ 结构），并在实验室中获得了 3 lm/W 的发光效率[15]。图 21 - 9 示出了面板的结构。该图没有给出背板上弯曲阻挡层之间形成的寻址电极。在 δ 结构中，阻挡肋是弯曲的，以便使非放电间隙的面积变小而放电间隙变大。总线电极（bus electrode）也沿着弯曲的阻挡肋弯曲，以便总线电极不会干扰光的发射。透明的电极为弧形。维持间隙在单元中心很窄，朝向单元边缘变宽。因此，采用阻挡肋阻止放电，也就是，使放电集中在单元的中心。图 21 - 10 给出了发光效率随维持电压的变化关系。维持频率为 5 kHz。发光效率强烈依赖维持电压，在 170 V 电压时发光效率徒增，在 200 V 时接近 3.1 lm/W。

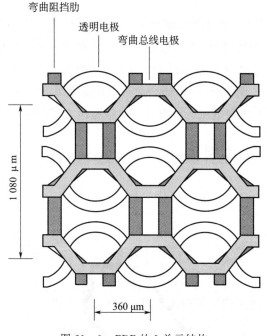

图 21 - 9　PDP 的 δ 单元结构

21.3.3　ALIS 结构

已经推出了一种称为表面交替发光方法（alternate lighting of surface method，ALIS）的 PDP 结构，这种结构能够增强发光且简化驱动电路[16]，具有高分辨率和高发光度两方面的优点。已经采用这种技术实现了小尺寸的 HDTV PDP，如 32 英寸 PDP。

图 21 - 11 给出了这种结构的工作原理。它本质上是三电极 PDP，面板结构几乎与常规面板相同。它与常规结构之间最大的不同点是显示电极不同。

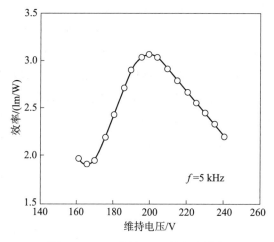

图 21 - 10　δ 结构 PDP 的发光效率

　　对于常规结构，在垂直方向上，放电点处显示电极之间的间隙要比非放电点处显示电极的间隙窄些。这种结构通过隔离相邻单元的放电来提供存储余量。ALIS 结构与常规结构不同，所有显示电极之间间隙都是相同的。因此，ALIS 以隔行方式操作，以便相邻单元之间通过 CRT 来隔离。也就是说，通过各奇数或偶数显示线形成的两个场混合来构造显示图像。采用这项技术，在相同显示线条件下，实现了分辨率是常规结构分辨率的两倍。背板与常规结构相同。

　　因此，这种结构在成本方面也具有优势，原因是生产工艺与驱动电路规模和常规结构几乎相同。

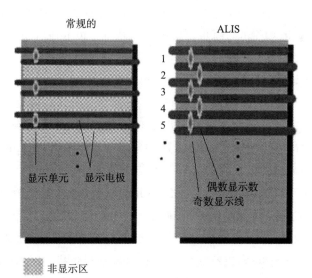

图 21 - 11　ALIS PDP 的工作原理

21.4 结 论

讨论了黑白和彩色 PDP 的发展历程及彩色 PDP 技术。三电极 PDP 与 ADS 驱动方法使彩色 PDP 在实际应用中取得成功。如同本章所讨论的,随着 21 英寸和 42 英寸 PDP 的发展,彩色 PDP 的研究和开发变得活跃起来,对两种技术的研究也在不断发展与完善。通过理论分析、面板结构、发光效率和驱动方法等方面的研究结果,使我们充满信心,将彩色 PDP 推向理想的平板显示设备。

参 考 文 献

[1] Yamamoto, T., Kuriyama, T., Seki,M., Katoh, T., Takei, T., Kawai, T.,Murakami, H. and Shimada, K.(1993) A 40 - inch - diagonal HDTV plasma display. SID Digest, 93,165 - 168.

[2] Shinoda, T., Yoshikawa, K.,Miyashita, Y. and Sei, H. (1980) Surface discharge color AC - plasma display panels. late news in Biennial Display Research Conference.

[3] Uchiike, H. (1986) Mechanisms of 3 - phase driving operation in surface - discharge ac - plasma display panels. Int. Display Research Conf.,358 - 361.

[4] Yoshikawa, K., Kanazawa, Y.,Wakitani, M., Shinoda, T. and Ohtsuka, A. (1992) full color AC plasma display with 256 gray scale,Japan Display '92, pp. 605 - 608.

[5] Takashima, K., Nakayama, N.,Shirouchi, Y., Iemori, T. and Yamamato, H. (1973) Surface discharge type plasma display panel.SID Digest, 76 - 77.

[6] Dick, G.W. (1974) Single substrate AC plasma display. SID Int. Symp.,Dig., 124 - 125.

[7] Shinoda, T. and Niinuma, A. (1984)Logically addressable surface discharge ac plasma display panels with a new write electrode. SID Digest, 84, 172 - 175.

[8] Dick, G.W. (1985) Three - electrode per pel AC plasma display panel,Int. Display Research Conf., 45 - 50.

[9] Shinoda, T., Wakitani, M., Nanto, T., Yoshikawa, K., Otsuka, A. and Hirose, T. (1993) Development of technologies in large - area color ac plasma displays. SID Digest, 93,161 - 164.

[10] Shinoda, T., Wakitani, M., Nanto, T.,Awaji, N. and Kanagu, S. (2000)Development panel structure for a high resolution 21 - in.- dagonal color plasma display panel. IEEE Trans.ED, 47 (1), 77 - 81.

[11] Komaki, T., Taniguchi, H. and Amemiya, K. (1999) High luminance AC - PDPs with waffle - structured barrier ribs, IDW '99. pp. 587 - 590.

[12] Toyoda, O., Kosaka, T., Namiki,F., Tokai, A., Inoue, H. and Betsui, K. (1999) A high - performance delta arrangement cell with meander barrier ribs. IDW, 99,599 - 602.

[13] Shinoda, T., Wakitani, M. and Yoshikawa, K. (1998) High level gray scale for AC plasma display panels using address - display period separated sub - field method. Trans.IEICE, J81 - C - 2 (3), 349 - 355.(in Japanese).

[14] Weber, L.F. (1998) Plasma display device challenges, Asia Display '98.pp. 15 - 27.

[15] Sakita, K., Takayama, K., Awamoto,K. and Hashimoto, Y. (2001) Highspeed address driving waveform analysis using wall voltage transfer function for three terminals and vt close curve in three - electrode surface - discharge AC - PDPs, SID'01,32, pp. 1022 - 1025.

[16] Hashimoto, Y., Seo, Y., Toyoda, O.,Betsui, K., Kosaka, T. and Namiki, F.(2001) High - luminance and highly luminous - efficient AC - PDP with delta cell structure, SID'01, 32, pp. 1328 - 1331.

第22章 PDP等离子体特性

H. Ikegami

等离子体显示屏（PDP）上的图像由几百万个亮点组成，每个亮点都由网格状结构透明电极之间的微小阻挡放电产生。面向等离子体的电极表面涂敷有非导电材料氧化镁。本章将研究这种PDP等离子体的特性，如它们的特殊结构、功率消耗、电压-电流特性和基本等离子体参数。

22.1 引言

在进入今天的商用平板彩色电视机应用之前，PDP已经有40年的发展历史。PDP等离子体不仅承载放电物理的基本问题，还表现出各种大气、阻挡和辉光放电的有趣特征。

采用42英寸（92 cm×52 cm）平板电视机所用的XGA级彩色PDP为例子，该PDP由1024×769×3（红、绿、蓝）≈2.4×10⁶个放电单元组成，每个单元的正面开口约为0.3×0.6 mm²。如图22-1所示，网格状放电结构被夹在间隔为0.15mm的前后玻璃板之间。每个放电单元的体积约0.027 mm³。

对于放电电极，在前玻璃板的内表面上，以0.1 mm间隔阵列排列的方式，镀有0.25 mm宽的氧化铟锡（图22-1中表示为"显示电极"），然后覆盖一层电介质层，再用氧化镁覆盖作为保护层，这层就是暴露于等离子体前玻璃面板的最内表面。

采用约0.15 mm高的隔肋，将背板玻璃内表面与前玻璃分开。在背板上形成了垂直显示电极的寻址电极和隔肋阵列。然后，在背板表面涂敷生成（RGB）颜色的荧光粉。图22-1给出了由三个放电单元构成的作为（RGB）彩色单位的一个单位图像单元（像素）。

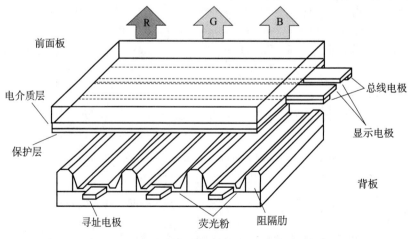

图22-1 等离子体显示面板（PDP）结构

在每个单元中的放电是所谓的阻挡放电，是由施加在 ITO 显示电极之间交替电压脉冲来维持的，显示电极表面涂敷氧化镁隔离层，用于防止等离子体。放电气体为惰性气体的混合气体，大多采用氦气加百分之几的氙气，气体压力大约 600 torr 或者更高。PDP 的彩色光点来自背板上涂敷的荧光粉，通过氦-氙气体等离子体中的氙原子 147 nm 紫外发射，将荧光粉激发而发光。

22.2　PDP 运行

PDP 等离子体的一个关键特征是在大气阻挡放电中具有微电流通道的重复脉冲放电。下面将给出一个 PDP 工作的简化模型。

在需要启动放电或需要写入的时候（或地方），为了寻址，需要在单元中的寻址电极和一个显示电极之间施加点火电压 V_f。由于阳极绝缘体表面的电荷积累（壁面电荷），触发的等离子体会建立一个壁面电压 V_w。因此，壁面电压 V_w 会导致电极之间的有效电压降低，如果 $(V_f - V_w)$ 太低而无法维持放电时，放电就会停止。一旦建立了壁面电荷，已经充电的阳极就将在下一个反向电压脉冲中作为阴极工作，通过显示电极之间的有效电压 $|V_s + V_w|$ 而不需要寻址电极的帮助，就能够维持放电。在此期间，另一个电极获得壁面充电，因此，交替地维持了脉冲放电。维持电压 V_s 远小于 V_f，但 $|V_s + V_w| \geqslant V_f$。必须注意的是，只要在单元中维持外部正脉冲和等离子体，放电停止后壁面电荷就会继续增加。为了终止放电，需要发送较短或较低电压的脉冲，以便减少壁面电荷使得 $|V_s + V_w| \leqslant V_f$ 并使放电中断。

在施加脉冲电压的前沿，放电电流增加并趋向最大值；然后随着壁面电荷的增加，放电电流开始下降。放电电流在 $0.5~\mu s$ 终止，具有近似 $0.25~\mu s$ 的半宽度。由于阳极表面边缘上与反电极最接近的点被电子占据，放电微点会沿阳极表面移动以寻找未被占用的区域，因此，放电脉冲的宽度以及维持电压很大程度上取决于电极的形状和大小。

现在，我们可以对一个 XGA 级的 PDP 工作所消耗的电能进行粗略地估计。在一个 PDP 放电单元中，当施加一个脉冲宽度 $3~\mu s$ 的 ± 150 V 的交变脉冲时，每个阻挡放电在前沿脉冲边缘产生一个 $300~\mu A$ 峰值的放电电流脉冲，脉冲半宽度近似为 $0.25~\mu s$。因此，一个放电脉冲所耗费的能量估算为 1×10^{-8} J。

采用 PDP 彩色电视机生成 256（即 2^8）级灰度时，在 1/60 Hz（即 16.7 ms）持续时间的帧场中需要八个子场。当采用三色（RGB）单元来组合 256 级灰度时，近似生成 1 700 万种颜色。

假定在每个单元的一帧场中平均有 500 个放电脉冲。假设这个屏幕上的 2.4×10^6 放电点的工作点率为 40%，则可估算出在一般工作条件下该 PDP 的能耗近似为 300 W。驱动电路还会耗散附加能量，因此该 PDP 的总能耗应在 300 W 以上。

22.3　PDP 的等离子体结构

尽管在每个单元中的 PDP 放电是所谓交变脉冲驱动的阻挡放电，但它的电压-电流特性表明，每个 PDP 的放电方式仍属于一般辉光放电模式。如图 22-2 所示，在一般辉光放电中有两个强光区域。一个是负辉光区，另一个是正柱区。一个重要特征是，当阳极与阴极之间的间隔减小时，正柱区会消失，而负辉光还存在，这种负辉光被认为是 PDP 等离子体的主体。在施加 200V 电压时或 $E/p = 16.7$ V/(cm·torr) 时，PDP 的放电电流为 0.4 A/cm^2，这表明 PDP 放电属于一般辉光放电模式。

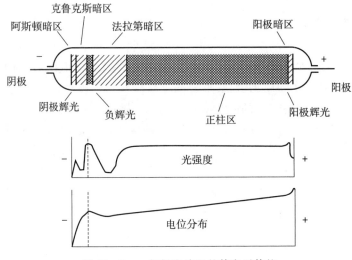

图 22-2 一般辉光放电的等离子体柱

图 22-3 表明[1]，将阴阳极之间间隔从 3 mm 变化到 0.5 mm，尽管正柱消失，最终负辉光仍维持其尺度不变。在这种情况下，电极为 1 mm×1 mm 的正方形，实验是在 100 torr 氖气体下重复脉冲放电下完成的。

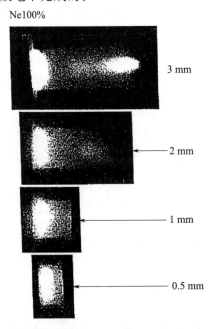

图 22-3 辉光放电等离子体的光发射

日本的 NHK 研究团队开展了扩展性研究，他们采用氖气加 2% 氙气的混合气体，100 torr 压力，200 μA 固定直流放电电流，考虑可变电极间隔的负辉光来模拟他们的 DC PDP。如图 22-4 所示，两个电极都是 0.6 mm×0.6 mm 的正方形，电极间隔从 5 mm 变化到 1 mm。等离子体柱被限定在两块玻璃板之间，其中一块玻璃板涂敷荧光粉。

当阳极和阴极接近时正柱消失，而辉光放电等离子体的负辉光维持，且尺度和亮度没有变化。

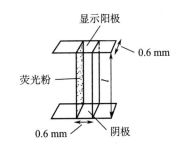

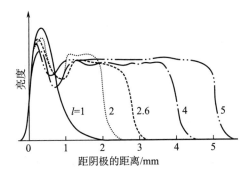

图 22-4　实验设置图和等离子体柱不同位置的发光强度随电极间隔的变化[2,3]

由于 AC PDP 是在同一平面内平行放置电极之间施加交变脉冲放电，因而等离子体生成特性会更复杂。在电极边缘 0.1 mm 间隔时开始放电，这个间隔对启动放电很有利，但间隔太近难以生成负辉光。由于壁面电荷存在，阳极上的放电点会后退寻找原始区域，电极之间的有效间隔会随着电流增加而增加。在此期间，PDP 放电维持为负辉光。

22.4　等离子体密度和电子温度

PDP 等离子体是在接近大气压力下瞬态产生的亚毫米尺度等离子体，由于这种尺度等离子体存在的测量困难，几乎没有等离子体密度和电子温度的测量结果。对于一般的探针技术，尚未开发出用于大气等离子体的可靠探针理论。此外，PDP 等离子体太小，无法避免探针的严重干扰。

PDP 等离子体密度可以采用大气压下迁移率数据来估算[4]，假定 PDP 等离子体是负辉光等离子体，离子是从该等离子体中落到阴极表面的。

因此，流向阴极的氙离子流为

$$i = Sne\mu E$$

式中，i 为 300 μA 的放电电流；S 为阴极面积（0.25 mm×0.33 mm）；e 为电子电荷；μ 为在 1 atm 压力下 ［取值 26×10⁻⁴ m²/（V·s）］[4] 的氙离子迁移率；E 为由 2×10⁶ V/m 确定的阴极下落电场。将这些数据代入上述方程中，得到 $n = 4 \times 10^{12}$ cm⁻³ ，该结果给出了数量级合理的 PDP 等离子体密度。

对于电子温度，假定放电等离子体中的电子温度接近均匀，我们将采用正柱区的肖特基‐汤克斯‐朗缪尔（Schottky‐Tonks‐Langmuir）理论并应用图 22‐5 所示的计算电子温度 T_e/u_i 随 cpR 变化关系的通用曲线。

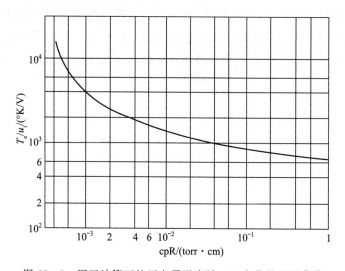

图 22‐5　用于计算正柱区电子温度随 cpR 变化的通用曲线

c 为氙气的常数，$c = 3.9 \times 10^{-3}$ [5]，u_i 为氙原子的电离势，$u_i = 24.56$ eV。对于 PDP 等离子体的氙放电，$p = 600$ torr，$R^{-1} = (0.025)^{-1}$ cm⁻¹ + $(0.003)^{-1}$ cm⁻¹ = $(0.0136)^{-1}$ cm⁻¹，cpR = 3.2×10^{-2} torr·cm。采用这些 cpR 值，根据图 22‐5 的曲线，得到电子温度为 $T_e/u_i = 10^3$ K/eV 或 $T_e = 2.1$ eV。

尽管得到的电子温度对于大气辉光放电等离子体来说是合理的，但需要说明的是，负辉光的维持条件与服从肖特基‐汤克斯‐朗缪尔理论的正柱区的维持条件完全不同，因为负辉光等离子体是通过阴极下落获得能量的阴极电子来维持的。

22.5　小结

本章讨论了 PDP 的等离子体特性。当今 PDP 的一大问题是降低功耗问题，这就需要以下几方面的共同努力：1）优化的混合气体及成分和工作压力；2）电极和单元构形；3）可实现更高效率紫外发射的等离子体密度与电子温度控制。

参 考 文 献

［1］ IEEJ Technical Report 688，p. 14，Fig. 2.20 (in Japanese).

［2］ Matsuzaki, and Kamegawa. (1979)NHK Technology Research，31，Ser. No.159.

［3］ NHK Display Devices research group,(1983) Advances in Image Pickup and Display，6，112.

［4］ Brown，S.C. (1961) Basic Data of Plasma Physics，MIT Press,Cambridge，MA，78.

［5］ von Engel，A. (1965) Ionized Gases,Clarendon，Oxford.

第 23 章　等离子体喷涂工艺的最新进展

M. Kambara，H. Huang，T. Yoshida

23.1　引言

　　"热喷涂工艺"的起源或许可以追溯到 19 世纪初的涂层方法，这种方法是将各种粉末直接投入到燃烧的火焰中。50 年以后，DC 等离子体炬的发明推进了"等离子体喷涂工艺"的发展[1]。从那时起，这种工艺已发展为多种喷涂技术，本质上就是要使注入的材料完全溶解和蒸发，而如今这已被认为是最重要和最基本的喷涂技术。将来，真正的突破可能需要通过各种常规喷涂技术的根本性改进与针对特定工程应用开发的各种技术横向结合来实现。在本章中，我们将通过关键工艺要素来概述"等离子体喷涂工艺"的当前状态，并预计该技术的未来发展方向，包括涂层、粉末合成以及环境保护技术。

23.2　等离子体热喷涂技术的要素

　　在热喷涂工艺中，原料以粉末、溶液或蒸汽形式喷涂，并在等离子体中进行物理作用、化学反应或物理化学反应。根据喷涂材料与等离子体相互作用不同，喷涂技术可以分为如图 23－1 所示三类基本工艺：1）等离子体喷涂熔化，将相当粗的粉末喷射到等离子体中并完全熔化成为液滴；2）等离子体喷涂合成，通过气体或液体原材料的分解或化学反应建立不同蒸汽混合体；3）等离子体喷涂蒸发，喷射细粉末并使其完全分解，形成蒸汽混合体或原子团簇[2,3]。在任何基本工艺中，等离子体的主要作用都是提供"非常高温度"的环境和它的"流动"。因此，"等离子体喷涂工艺"的主旨是有效地使用"高温气流"，这是燃烧火焰无法实现的。有些时候，会利用放电产物的本身。但是，如果要有效地使用热等离子体的独有特性，"流动"应该是受控的。热等离子体的潜力不仅在于加热介质的简单作用，而且表现在对等离子体中或等离子体/基板的边界层内加热/制冷过程中的物理与化学现象的应用。从这方面来看，热等离子体喷涂工艺的基本方法与低压等离子体工艺中的基本考虑有本质上的不同。然而，除了等离子体中的导电路径之外，很难以磁的方式控制等离子体的流动。或者，可以基于流体动力学方法来控制等离子体。另外，电源装置、等离子体炬和火焰在"等离子体系统"中都必须视为重要的"齿轮"，原因是它们从等离子体控制的角度相互作用。换句话说，开发等离子体中的每个独立的部分，都必须从全局来考虑系统的整体性能，这在扩充等离子体设备时特别重要。

　　将热等离子体应用于工业领域时，工业应用所要求的材料量是另一个必需的关注点，以适应特定等离子体技术可容纳的容量。如同以下几节所描述的，等离子体粉末喷涂被认为是喷涂工艺中的核心技术，因为这种工艺由至少 1 kg/h 的处理速率所支撑。因此，挥发性有机物质（volatile organic compound，VOC）的处理速率达到 100 kg/h 时，被认为是该技术的创新性进展[4]。如果 100 kW 经典热等离子体系统能够分别以 1 kg/h、10 kg/h 和 100 kg/h 的速率处理粉末、液体和蒸汽，则标志该工艺具有经济价值。

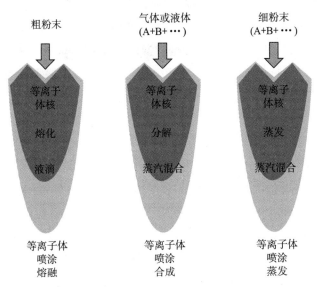

图 23 - 1　不同等离子体喷涂技术的基本工艺示意图

23.3　涂层的热等离子体喷涂技术

用纳米技术描述的目前技术发展趋势来看，将涂层的其他功能结合到主体材料中变得更为重要。图 23 - 2 给出了典型薄膜技术相对于生产速度与实现价值的关系。前面所述等离子体喷涂基本步骤中的（1）～（3）可以重新定义，根据与基板的相互作用或在等离子体/基板边界层中形成前体物质来定义，分别为 1）等离子体粉末喷涂（plasma powder spraying，PPS）；2）等离子体喷涂化学气相沉积（PS - CVD）；3）等离子体喷涂物理蒸汽沉积（spray PVD）。由于具有非常快的生产速率和可负担性，等离子体粉末喷涂被归类于领先的涂层技术。相比之下，CVD 和蒸发尽管沉积速率低，但能给出具有附加功能的薄膜。因此，未来的技术应是高沉积速率和具有 "可行" "可持续" 和 "负担得起" 的高功能价值技术。考虑到这些，图 23 - 2 中所示的箭头应是当前技术演变为下一代薄膜/涂层技术的方向。

23.3.1　等离子体粉末喷涂

"可负担性" 或 "效费比" 使等离子体粉末喷涂（PPS）成为一种具有吸引力的涂层技术，加之是量身定制的涂料，可以应对各种结构应用中出现的磨损、腐蚀和热降解问

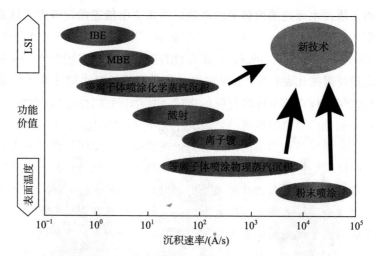

图 23 - 2　用不同功能价值和处理速率分类的不同涂层技术[3]

题。应用等离子体优于燃烧火焰，主要是它的高温（可高达 15 000 K）能够熔化和沉积几乎所有难溶材料。近些年，等离子体粉末喷涂已经扩展应用到更宽的领域，如医疗保健和半导体应用。

根据科学和工程的需求，这些处理方法可合理地分类为以下三个阶段。

• 第一阶段：采用实验与理论研究方法分析一系列过程，包括所喷射单个粒子的热经历和轨道，在等离子体喷流中的加热和加速，以及它们在基板上的碰撞、变形和凝固等。

• 第二阶段：根据上述独立现象，系统地研究喷涂的涂层形成过程的等离子体/表面相互作用以及各喷涂参数对各层的结构、组分、内应力和黏附强度的影响。

• 第三阶段：从有效性和连贯性的角度，对 FRM、多层材料和分级材料等复合材料先进应用而专门设计的喷涂工艺进行总体评估与改进。

然而，实际情况是，大多数研究工作都直接转到了第二阶段和第三阶段，在过去的 30 年中，第一阶段没有获得明显的研究结果。此外，在后两个阶段的研究中，仅有喷涂设备黑匣子内有限的可控参数。尽管如此，从工程的角度来看，已经通过某种形式实现了稳定的进步。在控制这种技术上，本质上就存在着很大程度的"粗糙"分布，如喷射粉末的速度分布、等离子体的非均匀流场以及相应颗粒的非均匀热经历。因此。喷涂的基本原理某种程度上没有得到足够的重视。但是，涂层是这种分布的卷积结果，缺乏第一阶段的基本和详细认知，会严重地阻碍该技术实质性的突破。在认识到这种状况之后，已经在努力掌握单个液滴动力学基本现象，目的是通过测量和物理建模方法来控制分布[5]。

图 23 - 3 给出了不同类型等离子体中液滴的驻留时间和冲击速率范围。该图清晰地表明，等离子体喷涂参数很大程度随等离子体生成设备变化。但是，在直流等离子体情况下，直流放电的固有特性会周期性地波动（毫秒量级），且该时间尺度与等离子体流中加热和熔化颗粒的时间尺度相同。这就意味着，即使能够控制与喷射粉末有关的分布，控制颗粒的热经历，本质上也是困难的。相对来说，射频（RF）等离子体能够在直径几十毫

米大体积的等离子体中减小不期望的分布。由于具有 5～10 ms 的较长驻留时间，能够喷涂和熔化较大颗粒，因而达到 80% 高的材料产量。但是，一旦速率降到 20 m/s，颗粒在冲击到基板之前就趋向于凝固。在这方面，"混合等离子体"具有潜力，因为可以通过调节中心 DC 等离子体喷流的功率输入，将等离子体速度控制在 40～70 m/s 的范围内，使得能够在大气压下实现最难熔融陶瓷的喷涂。

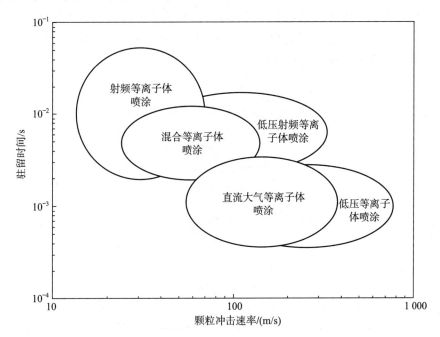

图 23 - 3　不同类型等离子体中液滴的驻留时间和冲击速率范围
（RFPS：射频等离子体喷涂；HYPS：混合等离子体喷涂；APS：大气等离子体喷涂；
LPRFPS：低压射频等离子体喷涂；LPPS：低压等离子体喷涂）

图 23 - 4 给出了不同等离子体喷涂技术中液滴的速度和尺度分布。尺度定义为粉末完全熔化而不会在相应等离子体中蒸发的颗粒尺寸范围。不同等离子体喷涂工艺可以粗略地分为"大尺度粉末低速喷涂"和"小尺度粉末高速喷涂"机制，分别对应于新技术和老技术。即便如此，一个有趣的例子是，当进料的钛粉末尺寸从 30 μm 增加到 120 μm 时，凝固的钛液滴（溅射后的液滴）与不锈钢基板之间的黏结强度从 40 MPa 增加到 200 MPa[3]。

为了识别速度和尺度大小对液滴变形和凝固的影响，还需要开展很多详细的分析。此外，通常观测到液滴以相同的方式变形，即扁平度，溅射后的直径与液滴直径之比，约为 3～4，与液滴的大小无关。因此，可以认为相比于变形过程，这两个参数对凝固的影响更重要。特别是，由于液滴速度、尺度及基板表面条件对液滴与基板之间的热阻有强烈影响，溅射后的微观结构可以从单向结构向等轴晶粒变化，取决于向基板的热传导或从液滴表面辐射的传热特性。在合金喷涂情况下，通过可能的沉积诱发成核作用，液滴进一步经历过冷或过热的状态，还会经受元素的分配，即形成合金。换句话说，在类似陶瓷这样热导率小的材料上沉积的情况下，随着涂层厚度增加，由于向底部凝固层传导的热量降低，改变了沉积期间的传热过程，因此影响液滴后续的凝固和变形行为。

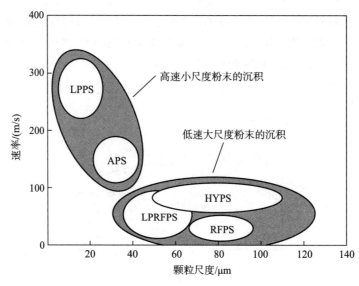

图 23-4　不同等离子体喷涂技术中典型的液滴速度和尺度分布（缩写含义同图 23-3）

23.3.2　等离子体喷涂 CVD

在热等离子体化学蒸汽沉积（PS-CVD）中，会喷射气态或液态的反应物并完全分解为原子元素作为前体。在很多情况下，由于基板温度明显低于尾焰温度，在等离子体与基板的边界层内会出现沉积的限速过程。因此，与常规 CVD 观测的表面反应不同，PS-CVD 的显著特征是自由基的高通量输送。有些时候，团簇沉积有望成为一项附加的重要特征，特别是达到很高沉积速率的时候[6]。例如，采用 $SiCl_4 + CH_4$ 混合气体，在沉积速率 1 mm/h、沉积效率 70% 以上条件下，已经通过 PS-CVD 成功地沉积了 SiC 涂层，这可能归功于 CH_x 自由基的形成，也可能归功于等离子体与基板边界层内的热输运效应[7]。使用混合等离子体，在 1 000 nm/s 以上的超快速率下，从 $SiCl_4 + Ar$ 等离子体中生成缺陷密度 7.2×10^{16} cm^{-3} 的硅微晶体，这种速率是常规 CVD 达到速率的 2 000 倍[8]。计算机仿真结果表明，大小接近 1 nm 的团簇和等离子体与基板边界层中的热输运，对于实现这种超快沉积起到关键作用[9]。此外，采用这种技术也实现了如光学材料这类复杂氧化物的沉积，从而支撑了热团簇的形成，有助于高速沉积的可能性[10]。

对于金刚石合成的情况，类似 CH_3 和 C_2H_x 这样的分子是前体，沉积速率受控于表面附近氧添加量的判断是合理的。作为结果，尽管沉积效率仅有百分之几，通过高流量的原子氢，实现了高于 10 μm/h 的高沉积速率[11]。采用 300 kW 直流等离子体系统已经商业化生产了具有直径 6 英尺、厚度 1~2 mm 的大面积金刚石膜。另一个有趣的例子是，在 50 torr 压力下采用 $BF_3 - Ar - H_2$ 混合气体等离子体的 PS-CVD 获得了厚 cBN 膜（超过 20 μm），而采用常规低压（几毫托）沉积很难得到 1 μm 厚度的 cBN 膜[12]。

23.3.3　等离子体喷涂 PVD

在热等离子体喷涂物理蒸汽沉积（PS-PVD）方法中，通过注入的细粉末蒸发，使原子或团簇成为前体。因此，这种方法的最重要特征是在等离子体中完全且持续的蒸发粉末（通常直径大小 10 μm）的能力。除了具备促进完全不同蒸汽压下化合物沉积的"闪蒸"技术优点外，PS-CVD 工艺的优点还在于它的灵活性和副作用最小化。此外，通过增加粉末的喷射并提高等离子体输入功率，可以实现较高的蒸汽流量。但是，粉末的大小必须根据它们在等离子体中的驻留时间仔细选择，否则会使较大颗粒没有被蒸发而维持在液相[13]。此外，通常需要高速率的载气才能平稳地注入更细的微粒，使其在等离子体流中完全蒸发。然而，由于极高的载体速度会严重干扰等离子体并使等离子体变得不稳定，从而不可避免地降低涂层的质量，因此必须仔细地控制气体的速度[14]。

这种方法已经用于沉积不同的材料，包括 123 氧化超导体。特别是，观测到的有趣结果是，热团簇的沉积促进了 123 相的外延生长，尽管在粉末喷涂技术情况下，不均匀熔解构成的包晶相通常是难以控制的[15]。同样，采用超细粉末为原始材料，在远高于 300 nm/s 的速率下，PS-PVD 已经成功地验证了厚碳化硅膜的沉积。通过 N 掺杂能够增强这种碳化硅的热电特性[16]。这种工艺常常与激光烧蚀工艺相比较。只要超细粉末和精确控制的粉末送料系统两者都变得方便可行，由于具有"大面积"和"超快"特征，欧洲制造商期望 PS-PVD 变得比激光烧蚀更有优势。

23.3.4　隔热涂层

通过双混合等离子体喷涂技术开发的新型隔热涂层（thermal barrier coatings，TBCs）是整合不同等离子体喷涂技术所有潜力的最佳实例之一，即采用 PPS、PS-PVD 和 PS-CVD 过程生产复合涂料。

隔热涂层（TBC）与超耐热合金开发以及制冷系统一起使用，能够持续改进燃气涡轮发动机的效率与持久性。特别是，TBC 要求具有几百微米的厚度，因此，在选择适当的制造方法时，沉积速率和效费比就变成了主要原则。最近十年，TBC 沉积采用了多种工艺，主要可以分为两类：一是蒸汽沉积技术，如电子束 PVD、等离子体增强 CVD 和激光 CVD；另一种是以大气等离子体粉末喷涂为典型代表的熔融微粒沉积。简言之，前者生成的 TBC 具有柱形微结构，而后者通常获得的是溅射体结构。由于这种结构的差别，TBC 的热特性和力学特性明显不同。蒸汽沉积的 TBC 具有优异的耐应变性、优异的表面光洁度、良好的抗腐蚀性能和较长的使用寿命，然而，这些优点是以相当高的导热系数和很高的生产成本为代价的。此外，熔融微粒沉积 TBC 具有很低的热传导率、高处理效率和低成本，但是耐用性低。因此，下一代 TBC 将是具有上述所有优点作为附加值的涂层。在这方面，热等离子体喷涂是一种有吸引力、有前途和自然选择的新涂层技术，因为它具有实现熔融微粒喷涂和蒸汽沉积所有特性的固有潜力。

在混合等离子体中，常规射频等离子体中出现的大量再循环涡流会被电弧射流通道扑灭。等离子体中心通道也会被高温射流加热，DC 等离子体射流也可充当持久点火器和强力推进器，以实现粉末轴向喷射，与径向进料方法相比，能够改善粉末的热过程均匀性。

混合等离子体的另一个优点是具有比常规射频等离子体更均匀的等离子体流，如同图 23 - 5 所示计算机仿真计算的 100 kW 混合等离子体温度场和轴向速度场结果。这样高功率的双混合等离子体喷涂（twin hybrid plasma spraying，THPS）系统，能够完全熔化或蒸发氧化钇稳定的氧化锆（yttria - stabilized zirconia，YSZ），作为隔热涂层面漆，它具有很高的熔化温度和独特的化学物理性能。在 PPS 和 PS - PVD 工艺中应用粉末时，由于粉末尺寸、速度以及等离子体条件的必然分布，即所喷射粉末的熔化过程和蒸发过程的合并，可以通过单炬沉积形成复合涂层。然而，实际工程化的复合应该通过膜结构的精确与主动控制来获得，图 23 - 6（a）所示的 300 kW 先进 THPS 系统能够实现这种控制。该系统在一个容器中配置两个混合等离子体炬，使转动基板座上的基板能够轮流地暴露于两个等离子体喷焰中，这两个喷焰可以是 PS - PVD、PS - CVD 或 PPS 工艺的等离子体。亦即，通过为两个混合等离子体炬分配不同的工艺，可以实现任何材料交替层叠的预期结构。图 23 - 6（b）所示的是采用这种循环沉积技术沉积的 YSZ 涂层图片。可以看出，在 8 个基板上同时喷涂了 YSZ 涂层，在 5×5 cm^2 的基板上展示出了均匀的外观。

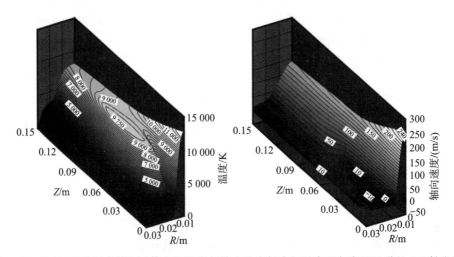

图 23 - 5　在 100 kW 混合等离子体中的温度与轴向速度场中间的高温与高压通道是 DC 射流导致

首先确定了使用单炬系统实现特定结构的关键参数。从经验上讲，在 PPS 情况下，如果能够维持成分完全熔融，则大粉末可以获得更好的黏结强度。如图 23 - 7 所示，关于大 YSZ 粉末（63～88 μm）喷涂的计算机模拟和实验结果证实，在 100 kW 混合等离子体中，当液滴大小约 100 μm 时，能达到 5 的展平度[17]。数值模拟结果与单一溅射体变形实验结果很好的吻合，证实了原位测量获得的黏性与热阻值是合理的[18]。

在 PS - PVD 工艺中，发现粉末的送料速率是影响粉末蒸发程度最重要的参数。图 23 - 8 给出了沉积速率和涂层结构随粉末进料速率及至炬的距离变化曲线[19]。在 4 g/min 这样较高粉末进料速率情况下，由于粉末完全熔化并在液态下沉积，涂层由平坦的溅射体组成。相对来说，当粉末进料速率低至 1 g/min 时，仅观测到纳米微粒的聚集，

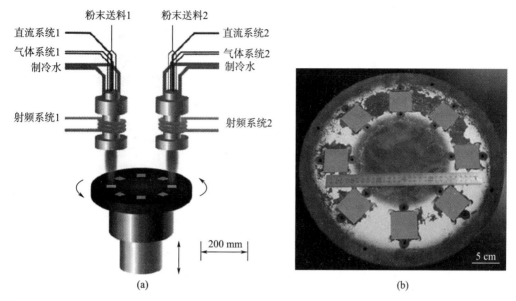

图 23-6　（a）300 kW 双混合等离子体喷涂系统示意图；（b）在旋转支座上沉积的 YSZ 涂层的图片

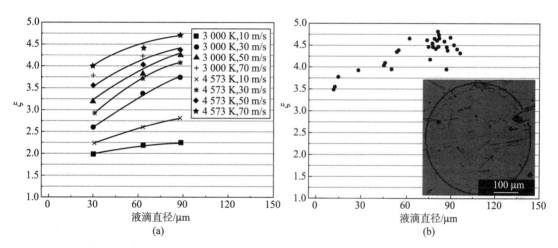

图 23-7　液滴直径对展平度的影响（基板温度 723 K）（a）数值模拟结果；（b）实验结果[22]

这是典型等离子体喷涂 PVD 的蒸汽沉积结构。这种微结构的不同，清晰地证实了粉末送料速率的增加，提高了等离子体中固体的体积，这就很容易使等离子体温度降低到不足以蒸发粉末的温度。一般来说，当粉末送料速率控制在 2 g/min 时，获得了一种特殊的分层复合结构，其中喷涂的溅射体交织在 PVD 结构层之间。在距离等离子体炬的任何位置上都观测到了这种微结构，尽管随着距离的增加，沉积速率降低。更有趣的结果是，当将进料速率降低到喷涂速率的四分之一时，以喷涂膜的沉积速率四分之一实现了 PVD 结构。这清楚地证明了 PS-PVD 具有相当好的沉积效率。

在厚 PS-PVD YSZ 涂层中也获得了致密的微结构，该涂层是在水冷的静止基板上以 150 μm/min 以上超高速沉积的约 500 μm 厚度的涂层。有趣的是，采用 HF 刻蚀 10 min

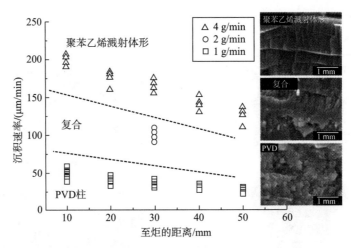

图 23 - 8　在炬至基板不同距离情况下，沉积速率与涂层结构随粉末送料速率的变化[22]

后，在这种致密 YSZ 涂层中发现了交错结构。采用透射电子显微镜清晰地观测到类似的交错双向变化结构，鉴定为 t' 项。为了理解这种结构的形成机制，需要开展更为详细的分析[20]。此外，还有一个重要的结果就是，这种交错结构涂层的红外发射率比粉末喷涂涂层的红外发射率高很多，这可能由于间隔几微米并与涂层表面平行的分层结构导致[21]。这表明，涂层可有效反射红外光，因此，抑制了底部基材的辐射热，特别是当暴露于相对高温时。这是 YSZ 作为隔热涂层的一个附加优点，也是采用 PS - PVD 工艺的优势。

　　基于单炬喷涂的 PS - PVD 知识，通过双炬沉积实现这两种工艺的组合。在双炬沉积中，为了在扫描电子显微镜下大对比度观察清晰的识别层，首先注入 Al$_2$O$_3$ 和 YSZ，然后实现 YSZ/YSZ 复合涂层的沉积。从 PS - PVD YSZ 层的一圈厚度（从 Al$_2$O$_3$ 和 YSZ 分层明显看出），测得 PS - PVD YSZ 的厚度为 100～200 nm，考虑每一圈基板在等离子体炬中的存留时间，这个厚度对应 30～60 μm/min 的超快沉积速率（是 EB - PVD 沉积速率的 10倍）。这个增长速率与单炬沉积实验结果吻合得很好。类似地，也采用 PS - PVD Al$_2$O$_3$ 和PPS YSD 其他组合方法制备了复合涂料。图 23 - 9（a）所示的是在蒸汽沉积 Al$_2$O$_3$ 块（黑色）中的扁平化 YSZ 溅射体（白色）[22]。掌握涂层中间各液滴的变形与凝固特性对于控制结构的重要性，如同掌握溅射体/基板界面处第一个溅射体的变形特性对于控制黏附的重要性。图 23 - 9（b）所示的是 Al$_2$O$_3$ PVD 层厚度和 Al$_2$O$_3$ 粉末进料速率之间关系的测量结果。尽管在高进料速率下观测到 PVD 层厚度散布很大，厚度的平均值（用截面表征）却随进料速率线性增加，这可以用 PVD 结构中较高 Al$_2$O$_3$ 进料速率下小量的 PPS 溅射体来解释。此外，这直接地证明了可以用粉末进料速率来控制 PS - PVD 层厚度。同样由于喷涂层的不连续性，基板旋转速率对所沉积涂层中的层周期性没有明显影响。图 23 -10 示出了采用小颗粒 PPS 和 PS - PVD 沉积的 YSZ/YSZ 复合涂层随得到的特殊分层结构。如前所述，在低热传导材料的沉积过程中，由于先前凝固的下层液滴的热传导受到抑制，必然会改变液滴的变形和凝固。对于 YSZ 来说，需要强调这种会导致独特的复合结构，也会在溅射体中产生大的柱状晶粒的效果。在固化了沉积过程中的等离子体条件下，通过基板底部监控的温度降低趋势证实了这种变化了的热交换。在大于 3 mm/h 的高速率下进行了这种多孔 YSZ 复合材料的沉积，获得热传导率 0.7 W/（m·K）的明显降低。

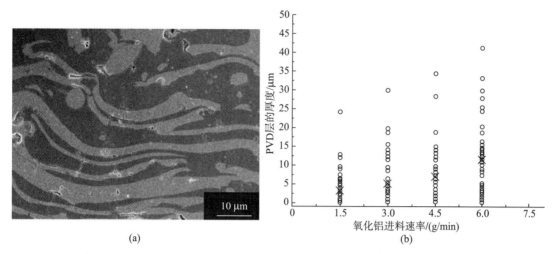

(a)　　　　　　　　　　　　　　　(b)

图 23-9　（a）PS-PVD Al_2O_3 和 PPS YSZ 复合涂层的扫描电子显微镜图像
（b）Al_2O_3 粉末进料速率对 PS-PVD Al_2O_3 层厚度的影响

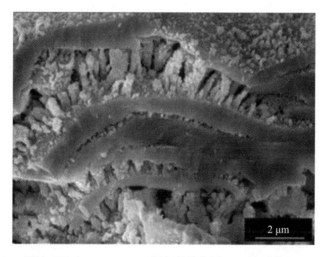

图 23-10　通过 PPS 和 PS-PVD 双炬沉积的分层 YSZ 涂层截面 FESEM 图像

23.4　用于粉末冶金工程的热等离子体喷涂

23.4.1　热等离子体球化

　　这个工艺采用了与热等离子体粉末喷涂相同的基本工艺。也就是喷射并熔化的粉末形成球形液滴，由于表面张力使之固化后维持这种形状。可以采用熔融的、破碎的和结块形状的粉末作为原料，杆状或线状也可使用，它们在等离子体中会被雾化并形成类似的球形液滴。唯一的要求是材料的熔点应低于它的汽化温度或分解温度。驻留时间通常需要几毫秒，取决于原料粉末的热力学和力学性质。因此，一般都采用射频等离子体，因为它的等离子体速度相对低且没有来自电极的污染。这种工艺可以简单地用于生成球形微粒，也可为不同应用（如照相制版）提供光滑的粉末材料。这种工艺也可通过物理的或化学的过程用于粉末提纯。前者是通过蒸发具有高蒸汽压的杂质元素来实现，后者通常通过液滴表面的化学反应来实现。最近，这种工艺已经作为球状硅制备方法用于半导体工业。

23.4.2　等离子体喷涂 CVD

同采用常规 CVD 和金属有机 CVD 一样，等离子体喷涂 CVD 也可用于气态或液态源的超细粉末合成。根据化学反应过程中整个产品的质量平衡，该过程被归类于化学气相沉积。但是，这个过程中所涉及的基本反应与其他 CVD 过程完全不同。在 PS－CVD 中，等离子体中雾化的原料被分解为原子或离子，在等离子体与环境气体的边界层内发生的是非平衡化学反应。如果反应气体同时送入到等离子体中，通常很难获得预期的单相材料。例如，在超细 Si_3N_4 粉末合成情况下，在化学反应 $3SiCl_4 + 4NH_3 \longrightarrow Si_3N_4 + 12HCl$ 中，$SiCl_4$ 和 NH_3 分子在等离子体中被离解为原子，而在 5 000 K 左右温度下，N 原子更倾向于形成 N_2 分子。这就导致边界层内的实际反应物主要是 Si、N_2、H 和 Cl。但是，由于 N_2 分子非常稳定且很少参加反应，氮化效率在 10% 以下。有效的对策是额外喷射 NH_3 气体到等离子体尾焰中，以便生成 NH_2 或 NH 自由基，因而改善反应效率。对于其他材料系统（如氧化或碳化），不存在这样的问题，合成过程要简单得多。事实上，碳化问题已在 20 世纪 70 年代达到商业化，包括氮化物细粉末合成在内的实验室研究已在 80 年代完成[23]。

23.4.3　等离子体喷涂 PVD

与 CVD 喷涂类似，PVD 喷涂最初是为超细粉末合成而开发的。在等离子体功率输入和粉末内在特性等重要参数中、粉末大小是这个过程中的最关键参数之一。为了使喷射的粉末在射频等离子体中驻留时间内完全蒸发，粉末的大小通常应在 $1 \sim 10~\mu m$ 范围。反过来，如果预备了大小合适的粉末，采用 100 kW 的射频等离子体，能够以 1 kg/h 的速率蒸发大量的粉末。

在 PS－PVD 工艺中，微粒在尾焰中有效地形成，没有副产品生成。这就为 PS－PVD 增加了另一个优势，使其成为获得高纯度、单相且超细粉末的合适工艺路线。特别是，通过精确的制冷工艺控制，即使将不同的粉末雾化并在等离子体中混合在一起，也可以制备由高熔融温度和非平衡相合成的复杂超细微粒。此外，在材料蒸汽压差异很大的情况下，可以合成特殊的细微粒，即具有低熔表面的超细高熔金属微粒或具有嵌入支撑金属的半导体微粒。其他特殊例子是通过向等离子体中注入烟灰来合成富勒烯和片状碳微粒[24]。此外，"反应等离子体喷涂 PVD"，即带有化学反应的超细微粒形成，对于氧化物、碳化物和氮化物微粒的合成也是很有前途的[25]。然而，粉末送料系统在技术上限制了这种方法的潜力，亦即，蒸汽浓度随进料速率而波动，目前进料速率尚未达到长期稳定性的要求。

23.5 用于垃圾处理的热等离子体喷涂

最近十余年，垃圾的总量没有显著的增加[26]。但是，通常的城市垃圾增加了，近年来焚化处理所占的比率已接近全部垃圾处理的 80%，这使得包括二噁英在内的飞灰消毒成为当务之急。此外，由于有限的填埋面积，必须鼓励和推进体积的减少和副产品的回收。对策是吸附/收集过滤器、燃烧方法、电子束辐照和各种针对挥发性有机物质（VOC）的等离子体处理，包括通过非热等离子体喷涂进行的低能废料处理，且已经投入实际应用[27-31]。

通过热等离子体获得超高温环境，也是超越其他常规加热技术的优点，这是由于热等离子体能够完全熔融或蒸发而不受处理材料的限制。因此，热等离子体用于减少飞灰和低放射性垃圾的体积，也用于高浓度的 VOC 和多氯联苯的分解[32-34]。通常，对于这种处理，直流等离子体需要用兆瓦级的输出，该工艺的当前技术问题是提高熔融效率和延长等离子体炬的寿命[33]。工程上的对策是采用旋转炬系统来抑制局部的加热和蒸发，使废料在它的熔化温度附近保持均匀的熔化。这样的高熵也能接受大量废料的注入，即液体、固体以及气体的注入。另一种方法是采用射频等离子体炬的氯氟甲烷分解，在这种方法中，VOC 可以 1 kg/min 的速率与 500 L/min 的水蒸气一起送入等离子体中，有效地将二噁英降低到检测极限以下[4]。

尽管已有这些技术发展，垃圾处理关键问题通常是运行成本问题。在这方面应该承认的是，与其他技术相比，目前的等离子体工艺不具备优势。即便如此，如果将仅在热等离子体中可用的"大气下操作"的"超高温"有效地结合到处理中，等离子体工艺仍将成为有价值的工艺。在对浓缩有害重金属的飞灰消毒和高浓度 VOC 完全分解过程中，通过蒸汽分离方式，能够同时回收可重复使用的物质。此外，其他功能化的处理包括用氢等离子体的还原分离、采用氧等离子体高速率氧化以及将高功率输出的射频等离子体与其他持久技术相结合[34]。

从立法的角度看，这种垃圾处理的运行费用可能随着废水中二噁英类的副产物控制而变化。也就是说，随着社会关注度的增加，废物控制将变得更严格，从需要处理的垃圾体积和成分两方面考虑，热等离子体处理会变得更有优势。尽管不同国家之间在焚化和填埋比率上会有差别，但"消毒"和"降体积"是全球共同关注的问题[26]。因此，热等离子体垃圾处理系统的开发可能会扩展垃圾处理市场，因而降低工作成本，从而促进全球范围内有害物质的减少。

23.6 结束语与展望

简单回顾了作为下一代通用技术的各种等离子体喷涂工艺。采用传统热等离子体的很多行业都要求任何产品的生产量至少增加一个数量级。为了适应这个要求，有必要将至少

1 MW 级输出功率的等离子体作为基本标准。事实上，具有兆瓦级（日本）和几十兆瓦（南非）最大输出功率的等离子体加热发生器被认为是实用的。

尽管如此，结合热等离子体各种特性的系统设计至关重要，以便与时间和财务资源的显著增长相适应。例如，在等离子体粉末喷涂情况下，从经济角度考虑，采用较大的输入功率完全熔化和涂敷较大的颗粒则是主要目标。为了更有效地利用超快沉积特性，采用更细颗粒喷涂厚度小于 1 μm 的薄膜和大面积上厚度均匀的薄膜生产，从附加功能性考虑也可能是发展方向。事实上，后者在半导体行业中已经成功地用于静电吸盘的生产，这项技术具有极大吸引力[35]。

同时，在几托左右中等压力下的等离子体喷涂可以成为提升等离子体喷涂工艺潜力的独特方法。这种工艺的有效性可能在于，通过等离子体中的熔融、蒸发和化学反应生成各种各样前体，促进产品的功能。此外，利用这种中压等离子体特性，前体在相当高密度的等离子体流动下传输和处理，使得生产量增加，从而保持了等离子体喷涂作为可负担工艺技术的发展潜力。由于这种特性不同于低压等离子体和热等离子体的特性，用"中等离子体"喷涂术语对这种工艺加以区分。该工艺最近的一个实例是，通过中等离子体 CVD 在高速率下沉积的外延硅膜[36]。因此，期望未来等离子体喷涂技术作为关键技术能够得到多样化发展。

参 考 文 献

[1] Berndt，C. C. (2001) The origins of thermal spray literature，Proc. Thermal Spray 2001: New Surfaces for a New Millennium，(eds C. C. Berndt，K. A. Khor，and E. F. Lugscheider)，ASM International，Ohio，1351.

[2] Yoshida，T. (1990) The future of thermal plasma processing. Mater.Trans. JIM，31，1.

[3] Yoshida，T. (1994) The future of thermal plasma processing for coating. Pure Appl. Chem.，66，1223.

[4] Decomposition of organic halides by radio frequency ICP plasma，Patent，JP2732472 (1998).

[5] Thermal - spray processing of materials，(2000) MRS Bull，25 July，12.

[6] Yamaguchi，N.，Sasajima，Y.，Terashima，Y. and Yoshida，T. (1999)Molecular dynamics study of cluster deposition in thermal plasma flash evaporation. Thin Solid Films，345，34.

[7] Murakami，H.，Yoshida，T. and Akashi，K. (1988) High rate thermal plasma CVD of SiC. Adv. Ceram.Mater.，3，423.

[8] Chae，Y. K.，Ohone，H.，Eguchi，K. and Yoshida，T. (2001) Ultrafast deposition of microcrystalline Si by thermal plasma chemical vapor deposition. J. Appl. Phys.，89，8311.

[9] Han，P. and Yoshida，T. (2001)Ultrafast deposition of microcrystalline Si by thermal plasma chemical vapor deposition. J.Appl. Phys.，89，8311.

[10] Kulinich，S.A.，Shibata，J.，Yamamoto，H.，Shimada，Y.，Terashima，K. and Yoshida，T.，(2001) Highly c - axis oriented $LiNb_{0.5}Ta_{0.5}O_3$ thin films on Si fabricated by thermal plasma spray CVD. Appl.Surf. Sci.，182，150.

[11] Yin，H.Q.，Eguchi，K. and Yoshida，T.(1995) Diamond deposition on tungsten wires by cyclic thermal plasma chemical vapor deposition. J.Appl. Phys.，78，3540.

[12] Matsumoto，S. and Zhang，W. (2000)High - rate deposition of high - quality，thick cubic boron nitride films by bias - assisted DC jet plasma chemical vapor deposition. Jpn. J. Appl. Phys.，39，L442.

[13] Yoshida，T. and Akashi，K. (1977)Particle heating in a radio - frequency plasma torch. J. Appl. Phys.，48，2252.

[14] Fauchais，P. (2004) Understanding plasma spraying. J. Phys. D: Appl.Phys.，37，R86.

[15] Terashima，K.，Eguchi，K.，Yoshida,T. and Akashi，K. (1988) Preparation of superconducting Y - Ba - Cu - O films by a reactive plasma evaporation method. Appl. Phys. Lett.，52，1274.

[16] Wang，X.H.，Yamamoto，A.，Eguchi，K.，Obara，H. and Yoshida，T. (2003)Thermoelectric properties of SiC thick films deposited by thermal plasma physical vapor deposition.Sci. Technol. Adv. Mater.，4，167.

[17] Huang，H.，Eguchi，K. and Yoshida,T. (2006) High power hybrid plasma spraying of large yttria stabilized zirconia powder. J. Therm. Spray Technol.，15，72.

[18] Shinoda, K., Kojima, Y. and Yoshida, T. (2005) In - situ measurement system for deformation and solidification phenomena of plasmasprayed zirconia droplets. J. Therm. Spray Technol., 14, 511.

[19] Huang, H., Eguchi, K. and Yoshida, T. (2003) Novel structured yttria stabilized zirconia coatings fabricated by hybrid thermal plasma spraying. Sci. Technol. Adv. Mater., 4, 617.

[20] Heuer, A., Chaim, R. and Lanteri, V. (1987) The displacive cubic - tetragonal transformation in ZrO_2 alloys. Acta Metall., 35, 666.

[21] Ma, T., Kambara, M., Huang, H. and Yoshida, T. Effect of microstructure on reflectance of thermal barrier coatings. (in preparation).

[22] Eguchi, K., Huang, H., Kambara, M. and Yoshida, T. (2005) Ultrafast deposition of YSZ composite for thermal barrier coatings by twin hybrid plasma spraying technique. J. Jpn. Inst. Metals, 69, 17.

[23] Lee, H. J., Eguchi, K. and Yoshida, T. (1990) Preparation of ultrafine silicon - nitride and silicon nitride and silicon carbide mixed powders in a hybrid plasma. J. Am. Ceram. Soc., 73, 3356.

[24] Yoshie, K., Kasuya, S., Eguchi, K. and Yoshida, T. (1992) Novel method for C60 synthesis: a thermal plasma at atmospheric pressure. Appl. Phys. Lett., 61, 2782.

[25] Yoshida, T., Kawasaki, A., Nakagawa, K. and Akashi, K. (1979) The synthesis of ultrafine titanium nitride in an RF plasma. J. Mater. Sci., 14, 1624.

[26] http://www.env.go.jp/doc/toukei/contents/index.html.

[27] Yamamoto, T., Ramanathan, K., Lawless, P. A., Ensor, D. S., Newsome, J. R., Plaks, N. and Ramsey, T. H. (1992) Control of volatile organic compounds by an AC energized ferroelectric pellet reactor and a pulsed corona reactor. IEEE Trans. Ind. Appl., 28, 528.

[28] Masuda, S. and Nakao, H. (1999) Control of NOx by positive and negative pulsed corona discharges. IEEE Trans. Ind. Appl., 26, 374.

[29] Chang, J. S. (2000) Recent development of gaseous pollution control technologies based on nonthermal plasmas. Oyo Butsuri, 69, 268.

[30] Urashima, K. and Chang, J. S. (2000) Removal of volatile organic compounds from air streams and industrial flue gases by non - thermal plasma technology. IEEE Trans. Dielect. Elect. Insul., 7, 602.

[31] Miziolek, A. W., Daniel, R. G., Skaggs, R. R., Rosocha, L. A., Chang, J. S. and Herron, J. T. (1999) Non - thermal plasma processing and chemical conversion of halons: reactor considerations and preliminary results, Halon Options Technical Working Conf. 501.

[32] Inaba, T. and Iwao, T. (2000) Treatment of waste by DC Arc discharge plasmas. IEEE Trans. Dielect. Elect. Insul., 7, 684.

[33] Hayashi, A. (2000) Prolongation of lifetime of electrode in plasma torch for incineration ash melting process. J. Plasma Fusion Res., 76, 742.

[34] Sakano, M., Tanaka, M. and Watanabe, T. (2001) Application of radio - frequency thermal plasmas to treatment of fly ash. Thin Solid Films, 386, 189.

[35] Ishiguro, C. (2005) Handotai Sasaeru Kuroko - tachi, Nikkei Business, 17 Jan. 100.

[36] Kambara, M., Yagi, H., Sawayanagi, M. and Yoshida, T. (2006) High rate epitaxy of silicon thick films by medium pressure plasma CVD. J. Appl. Phys., 99, 074901.

第24章 电解液放电直接等离子体水处理工艺

J.‐S. Chang，S. Dickson，Y. Guo，K. Urashima，M. B. Emelko

24.1 引言

等离子体技术应用于饮用水处理和废水处理已不是新鲜事。存在三类等离子体处理技术：远程的、非直接的和直接的。远程等离子体技术是在远离待处理介质位置生成等离子体（如臭氧）。非直接等离子体技术是在接近待处理介质但不直接在介质中生成等离子体（如紫外、电子束）。最近，已经开发了直接等离子体技术（即电解液放电），该技术是在待处理介质中直接生成等离子体，从而能够提高处理效率[1,2]。三类电解液放电系统［脉冲电晕电解液放电（pulsed corona electrohydraulic discharge，PCED）、脉冲电弧电解液放电（pulsed arc electrohydraulic discharge，PAED）、脉冲功率电解液放电（pulsed power electrohydraulic discharge，PPED）］已被许多环境应用所采用，包括异物清除（如铁锈、斑马贻贝）[3]、消毒[4,5a,5b]、化学氧化[6-9]以及污泥清理[10]。本章将对脉冲电晕、脉冲电弧和脉冲功率电解液放电系统进行比较，讨论电解液放电技术的处理机制，回顾这些技术用于水处理研究的文献，讨论与这些技术相关的问题和研究需求。

24.2 电解液放电系统的特性

从表 24-1 给出的数据可以看出，由于系统配置不同以及注入的能量不同，不同类型电解液放电系统的工作特性不同。PCED 系统采用每个脉冲 1 焦耳量级的放电，PAED 和 PPED 系统采用每个脉冲 1 千焦量级或更高的放电。脉冲电晕系统工作频率 $100 \sim 1\,000$ Hz、峰值电流 100 A 以下，电压上升出现在纳秒量级内。在处理的液体中生成流光一样的电晕，形成弱激波，并可以观察到适量的水泡[11,12]。这个系统会产生弱的紫外辐射[13]并在放电电极附近很窄的区域内生成自由基和反应组分。

表 24-1 电解液放电系统特性

特性	脉冲电晕(PCED)	脉冲电弧(PAED)	脉冲功率(PPED)
工作频率/Hz	$10^2 \sim 10^3$	$10^{-2} \sim 10^2$	$10^{-3} \sim 10^1$
电流/A	$10^1 \sim 10^2$	$10^3 \sim 10^4$	$10^2 \sim 10^5$
电压/V	$10^4 \sim 10^6$	$10^3 \sim 10^4$	$10^5 \sim 10^7$
电压上升/S	$10^{-7} \sim 10^{-9}$	$10^{-5} \sim 10^{-6}$	$10^{-7} \sim 10^{-9}$
压力波生成	弱	强	强
紫外线生成	弱	强	弱

　　PAED 是利用一对浸没电极所存贮电荷的快速放电，形成局部等离子体区的电解液放电。PAED 系统工作频率 $10^{-2} \sim 10^2$ Hz，峰值电流 1 000 A 以上，电压上升出现在微秒量级[14,15]。电弧通道会产生带有空化区的强冲击波[15,16]，空化区内含有等离子体气泡[17]和短暂的超临界水条件[18]。这个系统生成强紫外线辐射和高自由基浓度，已经观测到它们在空化区内是短寿命的[15,19]。脉冲火花电解液放电（PSED）系统特性与 PCED 类似，有些特性处于 PCED 和 PAED 之间。

　　PPED 系统工作频率在 $10^{-3} \sim 10^1$ Hz 之间，峰值电流 $10^2 \sim 10^5$ A 范围[7]，电压上升出现在纳秒量级[7]。这类系统生成强激波和弱紫外线辐射。

24.3　电解液放电产生的处理机制

　　传统的水和废水处理技术可以大体分为三类：生物的、化学的和物理的过程。生物学方法典型地用于市政和工业废水，在降解很多有毒的有机化合物方面通常是不成功的。典型的化学处理过程是向系统中添加化学物质以启动一种转化，有些常用的化学添加（如氯气）往往会对人类和环境健康产生负面影响。控制这类化学物质使用的很多规定将变得越来越严格。物理处理过程不涉及化学转化，一般通过将污染物浓缩为液相或污泥相的方法，从整体液体中去除污染物。很多饮用水系统面临难以处理目标化合物的挑战，这些化合物包括有机物（如 NDMA）和病原体（如隐孢子虫、病毒等）。为了有效地净化饮用水，许多顽固性化合物需要专门的且通常针对特定目标的处理技术。多种处理技术的需求可能会十分昂贵，对小系统来说更是如此。为了应对不断出现的污染挑战和越来越严格的法规，必须发展新的且具有前途的处理技术，如电解液放电技术。

　　根据采用的技术，等离子体产生的处理机制包括：1）强电场；2）自由基反应（如臭氧、氢气预氧化）；3）紫外辐射；4）热反应；5）压力波；6）电子和离子反应；7）电磁脉冲（EMP）。通常，电子和离子密度正比于放电电流，而紫外线强度、自由基密度和生成的压力波强度正比于放电功率。直接等离子体技术（即电解液放电）相比于间接和远程等离子体技术更有效率，因为是直接应用，在某种程度上可以利用所有这些机制[1,2]。图24-1 示出了脉冲电弧电解液放电（PAED）的处理机制。

　　由于电解液放电系统启动了等离子体反应生成的所有处理机制，包括化学的和物理的机制，与其他传统技术和新兴技术相比，这种技术具有有效处理较宽范围污染物的能力[1]。初步研究表明，PAED 具有超越间接等离子体的优点，因为它能够对微生物、水藻、挥发性有机物、含氮市政废弃化合物和一些无机物提供了可比或更好的处理方法；表24-2 定性地总结了这些结果[1,2,5,6,20]。而且，与一系列处理技术相反。这些益处可以从一种技术中直接获得。采用一定量目标化合物完成的初步研究表明，采用高效的 PAED 水处理方法，仅用其他等离子体技术（如紫外）所需电量的 50％ 就可完成等量的处理[5]。

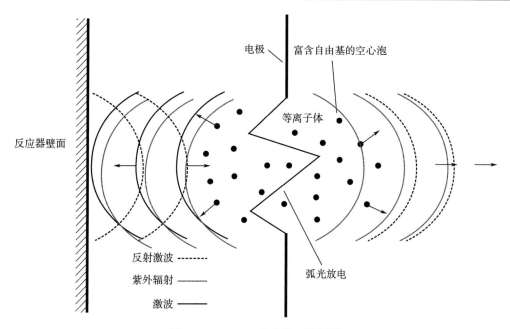

图 24-1　PAED 的水处理机制[6]

表 24-2　等离子体与传统水处理工艺比较[1]

目标化合物	Cl/ClO$_2$	臭氧	电子束	PCED	PAED	UV-C
微生物	适当	好	适当	好	好	好
水藻	无	部分	无	部分	好	适当
尿液成分	适当	好	好	好	好	无
挥发性有机物	无	适当	好	好	适当	无
无机物	无	部分	部分	适当	适当	无

24.4　通过电解液放电的化学污染物处理

一些研究证明，电解液放电能够有效地处理水中的化学污染物，如阿特拉津[8]、对醌[8]、4-氯酚[4]、3，4-二氯苯胺[7]、苯酚[21-24]、染料[25]、尿液成分[2]、甲基叔丁基醚（methyl tert-butyl ether，MTBE）[26]和2，4，6-三硝基甲苯[7,9]等。然而，一些采用脉冲流光电晕放电的研究[21-23,25]观察到，采用 PCED 的有机化合物处理要求在液面上方添加活性炭、光催化剂或叠加辉光电晕[1,27,28]。Willberg 等[7]采用 PPED 研究了4-氯酚（4-CP）、3，4-二氯苯胺（3，4-DCA）和2，4，6-三硝基甲苯（TNT）的清除。以分批方式将一个4.0 L 容器作为反应室连接到具有每脉冲7 kJ 放电能量的 PPED 电源上。图24-2表明，在施加10.2 kV 电压情况下，累计能量输入 69.4（kW·h）/m³（250 kJ/L）后，获得了35%浓度的4-CP。图24-2也给出了对苯醌和氯化物产物随输入功率的变化关系。从化学计量上讲，氯化物的产生可以完全归因于4-CP 的降解，然而，降解的4-CP 中仅有45%以对苯醌的形式存在。采用 PPED 和臭氧的组合也进行了 TNT 降解的实验研究。累计输入能量 126.4 （kW·h） /m³ （455 kJ/L）后，实现了 99％ 以上的 TNT 降解。这个转化率远大于在 4 - CP 上完全采用 PPED 所达到的转化率，但是，由于 4 - CP 与 TNT 的反应路径不同，因此，尚不清楚转换率的增加是否可归因于臭氧的添加。该作者的结论是，他们的研究结果证实了电解液放电对有害废料处理的潜在应用前景。

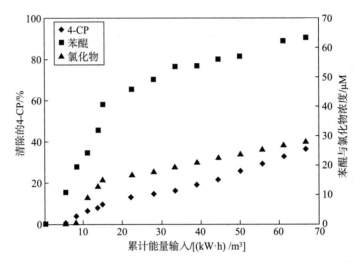

图 24 - 2　通过 PPED 清除的 4 -氯酚 （4 - CP） 随累计输入功率的变化关系[7]
V = 10.2 kV，E = 7 kJ/每脉冲，[4 - CP] = 200 μM，pH = 5

　　Lang 等[9]研究了 PPED 清除 TNT 动力学随水相臭氧浓度、pH、放电功率和水间接距离的变化关系。以分批方式将一个 4.0 L 容器作为反应室连接到 PPED 电源上。观测到随着水相臭氧浓度的增加 （到 150 μM） （图 24 - 3）、pH 的增加 （从 3.0～7.9）、放电能量的增加 （从 5.5～9 kJ）和水间隙距离的减少 （从 6～10 mm），TNT 的降解速率增加。在实验全过程中，检测到一些中间降解产物 ［硝酸盐、2，4，6 -三硝基苯甲酸 （TNBA）］，然而，最初 TNT 的 90％ 以上实现了有效矿化。

　　Karpei Vel Leiner 等[8]通过已知的降解途径处理各类分子，确定了 PAED 引发的各种反应机制。他们的实验以分批方式将 5L 反应容器连接到火花隙型电源上 （每脉冲 0.5 kJ），采用水中的棒对棒电极。他们采用顺丁烯二酸和反丁烯二酸 （已知它们可通过紫外线辐射实现光致异构化）证实了 PAED 系统中的紫外辐射存在。它们试验中所清除的顺丁烯二酸离子和反丁烯二酸离子，大约 35％ 分别转化为反丁烯二酸离子和顺丁烯二酸离子。因此，可以得到这样的结论，PAED 确实会诱导光化学反应，但光解不是导致这些分子减少的唯一现象。Karpei Vel Leiner 等[8]也处理了硝酸盐离子溶液以证明还原反应。他们发现，被清除的 57％～86％ 硝酸盐离子被转换为亚硝酸盐，因而得到结论为，还原的组分在转换中起到重要作用，因为光解本身并不能解释观察到的亚硝酸盐生成。Karpei Vel Leiner 等[8]研究了对苯二酚水溶液中的氧化性组分存在性。尽管对苯二酚被氧化，但研究无法确定导致氧化反应的机制。作者得出结论，氧化组分存在，但对这些组分的确认和定量化还需要进一步的研究。

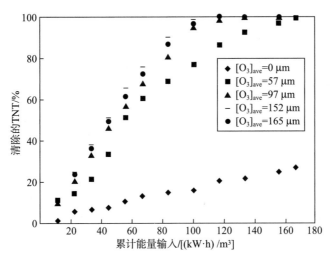

图 24 - 3　臭氧浓度对 PPED 清除 2，4，6 -三硝基甲苯（TNT）影响随累计能量输入的变化[9]

$V = 10.2$ kV，$E = 7$ kJ/每脉冲，[TNT] $= 170$ μM，pH $= 4.7$，水间隙距离 8 mm

Karpei Vel Leiner 等[8]研究的最终目标是各种添加剂、初始浓度和工作条件对 PAED 降解阿特拉津的效果。考虑了一些添加剂，包括 5 m mol/L 的重碳酸盐、5 m mol/L 的二氢姜酚、500 μ mol/L 过氧化氢，不加添加剂的单独 PAED 作为参考情况，图 24 - 4 表明，过氧化氢对采用 PAED 降解阿特拉津没有明显的效果，重碳酸盐和二氢姜酚的添加均会抑制 PAED 对阿特拉津的清除。阿特拉津的最初浓度也是影响 PAED 的清除因素，随着初始浓度的降低，阿特拉津清除的百分比增加[8]。将水溶液中电极之间的间隔距离从 1.5 mm 增加到 4 mm，由于各种情况下累计输入功率近似 12.5 （kW · h）/m³ （45 kJ/L），去除率从 50% 增加到 95% 以上。此外，间隔距离的增加还会降低副产品去乙基阿特拉津的形成[8]。大间隔距离所增加的效率归因于等离子体引起的扰动尺度增加。

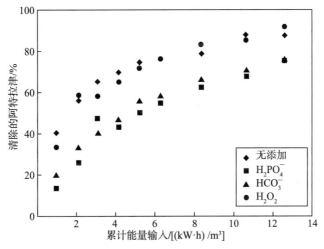

图 24 - 4　所选择添加剂对 PAED 清除阿特拉津影响随累计能量输入的变化[8]

$V = 3.4$ kV，$E = 0.5$ kJ/每脉冲，[阿特拉津]$_0 = 0.5$ μmol/L。无添加，pH $= 6.9$；5 mmol/L $H_2PO_4^-$，pH $= 6.5$；5 mmol/L HCO_3^-，pH $= 8.5$；0.5 mmol/L H_2O_2，pH $= 6.9$

Angeloni 等[29]研究了初始 pH（6~8.5）、充电电压（2~3 kV）、检测时间（5~30 min）（即输入变量积累）以及水-电弧-电极的间隙（1~3 mm）对 PAED 去除水溶液中 10mg/L 的 MTBE 的清除效果。在水溶液中采用了棒对棒型电极的火花隙电源（每脉冲 0.3 kJ）和 3 L 流通反应器。图 24-5 表明，在 12.5（kW·h）/m³（45 kJ/L）累计输入能量（对应于 30 min 检测时间）、初始溶液 pH 为 7、充电电压 3 kV、水-电弧-电极间隙 1 mm 的条件下，观测到大于 99% 的清除。实验研究结果表明，初始溶液的 pH 对 MTBE 的清除没有明显的影响，但是，随着充电电压和检测时间的增加，MTBE 的分解增强。图 24-6 表明，随着水-电弧-电极间隙增加，MTBE 的分解减弱，这可以归因于水-电弧-电极间隙的增加导致 PAED 的放电变弱。紫外光解不认为是该实验中的 MTBE 分解机制，但作者认为，为确认 MTBE 分解的主要机制，还需要开展进一步的研究工作。没有观察到明显的液态 MTBE 分解副产物存在，但作者的结论是，为检测潜在副产物的形成，需要开展进一步的研究工作。

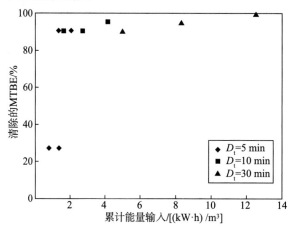

图 24-5 采用 PAED 清除 MTBE 随累计输入能量的变化关系[29]

水-电弧-电极的间隙 1 mm，初始溶液 pH 6~8.5，充电电压 2~3 kV，

流速 0.1~0.6 L/min，检测时间 0~30 min

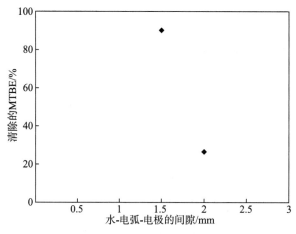

图 24-6 水-电弧-电极的间隙对 MTBE 清除效果的影响[29]

初始溶液 pH 7，充电电压 3 kV，流速 0.1 L/min

24.5　采用 PAED 对致病污染物的消毒

普遍认为，与小隐孢子虫这类原生动物病原体相比，对大肠杆菌的消毒相对容易。对大肠杆菌的消毒已有包括紫外辐照在内的很多处理技术。业已证明，很多大肠杆菌在低压或中压紫外辐照后具有自我修复能力。Ching 等[20]发表了通过电解液放电灭活大肠杆菌的论文，他们采用的是 5.5 kV 电压下每脉冲 7 kJ 的 PPED 放电。

后来，Emelko 等[5a,5b]采用 2.2 kV 电压下每脉冲 0.3 kJ 和水间隙 1 mm 的 PAED，研究了 0.7 L 的 4.0×10^7 CFU/mL 的大肠杆菌消毒和 pH 为 7.4 的 0.01 M PBS 中的枯草芽孢杆菌悬液消毒。图 24-7 给出了对数形式的大肠杆菌和 PBS 中枯草芽孢杆菌失活随每升处理溶液累计输入功率的变化关系。这个数字清晰地表明，分别应用 5.6（kW·h）/m³、13.9（kW·h）/m³、25（kW·h）/m³（即 20 kJ/L、50 kJ/L、90 kJ/L）（对应检测时间分别为 0.8 min、1.5 min、5.8 min）后，大肠杆菌平均灭活 2.6-log、3.3-log 和 3.6-log。枯草芽孢杆菌灭活的清除量稍大些。没有构建这些数据的对数图，是因为数据点数量相对少，且在第一个数据点 9.4（kW·h）/m³（2.6 kJ/L 能量输入）内已经实现了较高的消毒水平。

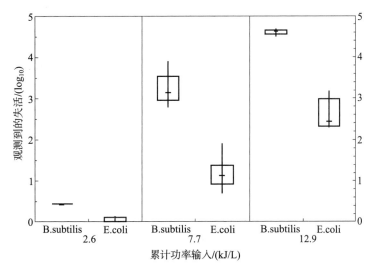

图 24-7　采用 PAED 灭活大肠杆菌的箱形图和晶须图[5b]
$V=2.2$ kV，$E=0.3$ kJ/每脉冲，pH=7.4，水间隙 1 mm

值得注意的是，Emelko 等[5a,5b]观察到的大肠杆菌灭活模式与 Ching 等[20]的观测模式相似（图 24-8），因为灭活速率最初很高，然后随着累计输入功率增加，灭活速率降低。然而，由于 Emelko 等[5b]的实验在明显低的累计输入能量下实现了较高水平的大肠杆菌灭活，Emelko 等[5b]的观测结果与 Ching 等[20]的观测结果有所不同。这种差别可能由于 Emelko 等[5b]的实验采用的是 PAED 系统，而 Ching 等[20]采用的是 PPED 系统。这两种系统都属于直接等离子体技术类型，工作状态稍有不同，由 PPED 生成的紫外辐射弱于

PAED生成的紫外辐射[1]。

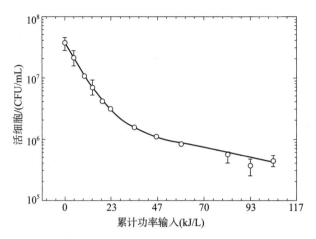

图 24-8　采用 PPED 灭活大肠杆菌（悬浮在 0.01 M PBS 中）[20]
$V=5.5$ kV，$E=7$ kJ/每脉冲，pH＝7.4

24.6　市政污水处理

传统的市政污水处理包括预处理（筛分与除砂），初级沉降以去除重金属和可漂浮物质，二级生物曝气以代谢和絮凝胶质体及熔化的有机物。这些单元操作产生的废渣将被浓缩和处理以便最终处置。当前对最终处置的选择包括土地应用、焚化和垃圾掩埋处置。影响土地应用的城市污泥特性包括有机物含量（如果以挥发性固体计，约占总固体的 40%）、养分、病原体、金属和有毒有机物[30]。在市政污泥中的金属和有毒有机物含量很广泛。表 24-3 中示出了市政污泥中的典型金属含量。

表 24-3　在市政污泥中的典型金属含量（干燥固体，mg/kg）[31]

金属	砷	镉	铬	钴	铜	铁	铅
范围	1.1～230	1～3 410	10～99 000	11.3～2 490	84～17 000	1 000～154 000	13～26 000
中间值	10	10	500	30	800	17 000	500
金属	锰	汞	钼	镍	硒	锡	锌
范围	32～9 780	0.6～56	0.1～214	2～5 300	1.7～17.2	2.6～329	101～49 000
中间值	260	6	4	80	5	14	1 700

由于有害金属和有机物的存在，目前市政垃圾的土地应用处在严格的监察之下。对于大城市区域，填埋处置的耗资越来越高。费用和污染限制了焚烧作为市政垃圾最终处置途径的选择。然而，由于很多垃圾的高有机物含量，PPED 能够用于污水体积的减少（即有机物转换为碳氢气体）[32]。

24.7　结论与总结

　　本章对清除水中化学和微生物污染的直接等离子体技术应用进行了回顾。结果表明，电解液放电技术，特别是通过物理和化学途径生成一系列处理机制的 PAED，适合于化学与微生物污染的清除和灭活。迄今为止的小规模实验结果表明，在更有效和更经济地处理这些污染方面，电解液放电技术具有超越传统处理技术的潜力。尽管目前的结果非常有希望，但这些技术普遍用于处理设施之前还有很多问题需要解决。这些问题至少包括：反应器工作条件范围的优化；对该技术引发的反应具有更深刻的理解，因而掌握该技术能够有效处理的污染物类型范围；引发反应的潜在添加剂和催化剂；可能形成的有害副产物；对比常规处理技术，更全面认识这些系统的经济性以及在常规处理工艺中各位置的电解液放电的有效性。

参 考 文 献

[1]　Chang, J.-S. (2001) Sci. Technol. Adv.Mater., 2, 571-576.

[2]　Chang, J.-S., Urashima, K., Uchida,Y. and Kaneda, T. (2002) Research Report of Tokyo Denki University,Tokyo, Denki Daigaku Kogaku Kenku J., 50, 1-12.

[3]　Bryden, A.D. (1995) US Patent 5,432,756.

[4]　Sato, M., Ohgiyama, T. and Clements, J.S. (1996) IEEE Trans.Ind. Appl., 32, 106-112.

[5]　Emelko, M.B., Dickson, S.E., Chang, J.-S. (2003) Proc. AWWA Water Quality Technology Conference,Pittsburgh, PA: AWWA (a). Emelko,M.B., Dickson, S.E., Chang, J.-S.and Lee, L. (2004) Proc. AWWA Water Quality Technology Conference,San Antonio, TX: AWWA (b).

[6]　Karpel Vel Leitner, N., Urashima,K., Bryden, A., Ramot, H.,Touchard, G. and Chang, J.-S. (2001) Proc. Third Int. Symp. on Non-Thermal Plasmas, 23-27 April (eds J.-S.Chang and J. Kim), Kimm Press, Tajun, Korea, pp. 39-44.

[7]　Willberg, D.M., Lang, P.S.,Hochemer, R.H., Kratel, A. and Hoffmann, M.R. (1996) Environ. Sci.Technol., 30, 2526-2534.

[8]　Karpel Vel Leitner, N., Syoen, G.,Romat, H., Urashima, K. and Chang, J.-S. (2005) Water Res. (in press).

[9]　Lang, P.S., Ching, W.-K., Willberg, D.M. and Hoffmann, M.R., (1998)Environ. Sci. Technol., 32(20),3142-3148.

[10]　Warren, D., Russel, J. and Siddon, T. (1996) Proceedings AOT-3, Cincinnati, 27-29 October 1996.

[11]　Teslenko, V.S., Zhukov, A.J. and Mitrofanov, V.V. (1995) Lett. ZhTF,21, 20-26.

[12]　Jomni, F., Denat, A. and Aitken, F.(1996) Proc. Conf. Record of ICDL'96.

[13]　Hoffman, M.R. (1997) Proc. 2nd Int.Environ. Appl. Adv. Oxid. Tech., EPRI Report CR-107581.

[14]　Robinson, J.W. (1973) J. Appl Phys.,44, 76.

[15]　Chang, J.-S., Looy, P.C., Urashima,K., Bryden, A.D. and Yoshimura, K.(1998) Proc. Asia-Pacific AOT Workshop.

[16]　Martin, E.A. (1958) J. Appl. Phys. 31,255.

[17]　Robinson, J.W., Ham, M. and Balaster, A.N. (1973) J. Appl. Phys.,44, 72-75.

[18]　Ben'Kovskii, V.G., Golubnichii, P.I.and Maslennikov, S.I. (1974) Phys.Acoust., 20, 14-15.

[19]　Jakob, L., Hashem, T.M., Burki, S., Guidny, N.M. and Braun, A.M. (1993) Photochem. Photobiol. A:Chem., 7, 97.

[20]　Ching, W.K., Colussi, A.J., Sun,H.J., Nealson, H. and Hoffmann,M.R. (2001) Environ. Sci. Technol., 35(20), 4139-4144.

[21]　Sharma, A.K., Locke, B.R., Arce, P.and Finney, W.C. (1993) J.Hazardous Waste Hazardous Mater.,10, 209-219.

[22]　Sun，B.，Sato，M. and Clements，J.S.(1999) J. Phys. D：Appl. Phys.，32，1.

[23]　Sun，B.，Sato，M. and Clements，J.S.(2000) Environ. Sci. Technol.，34，509.

[24]　Hoeben，W.F.L.M.，van Veldhuizen,E.M.，Rutgers，W.R. and Kroesen,G.M.W. (2000) J. Phys. D：Appl.Phys.，32，L133.

[25]　Sato，M.，Yamada，Y. and Sugiarto,A.T. (2000) Trans. Inst. Fluid Flow Machine，107，95.

[26]　Angeloni，D.M.，Dickson，S.E.，Chang，J.-S. and Emelko，M.B.(2004) Proc. OWWA/OMWA Joint Annual Conference & Trade Show 2004，OWWA/OMWA，Niagara Falls，ON.

[27]　Locke，B.R.，Sato，M.，Sunka，P.,Hoffmann，M.R. and Chang，J.S.(2006) Ind. Chem. Eng. Res.，45,882-905.

[28]　Grymonpre，D.R.，Finney，W.C.，Clark，R.J. and Locke，B.R. (2004)Ind. Eng. Chem. Res.，43，1975.

[29]　Angeloni，D.M.，Dickson，S.E.,Emelko，M.B. and Chang，J.S.(2006) Japanese J. Appl. Phys. 45(106)，8290-8293.

[30]　Metcalf & Eddy，Inc.，(2003)Wastewater Engineering，Treatment and Reuse，McGraw-Hill，Boston,MA.

[31]　US EPA，(1984) Environmental Regulations and Technology，Use and Disposal of Municipal Wastewater Sludge，EPA/625/10-84-003，US Environmental Protection Agency.

[32]　Warren，D.，Russel and Siddon.(1996) Presentation at 3rd Int.Conf. on Advanced Oxidation Technology，Cincinnati，OH，27-29October.

第 25 章 先进空间推进技术的发展与物理问题

M. Inutake, A. Ando, H. Tobari, K. Hattori

电推进（electric propulsion，EP）技术是最有发展前景的推进技术，这是因为它具有高比冲，能够在很少的燃料消耗下完成长时间的太空飞行任务。为了不仅应用于小型飞行器主发动机而且应用于长期空间任务的大尺寸发动机，已经开发了基于等离子体技术的多种类型先进空间推进装置。

磁等离子体动力电弧火箭（magneto - plasma - dynamic arcjet，MPDA）是一种具有较高比冲和相对大推力的电推进器，对于载人星际飞行和使撞击地球的小行星脱离轨道这类空间任务来说是很有前途的。MPDA 等离子体是通过自感应的 $J \times B$ 力轴向加速的。通过应用磁喷管代替固体喷管，有望提高 MPDA 的推进性能。为了改进 MPDA 的流动特性，获得更高的推进器性能，在 HITOP 装置［东北大学（日本）］中研究了两种方法。一种方法是为了将很高的离子热能转换为轴向流动能，在 MPDA 喷口附近应用了一个磁的拉瓦尔喷管。另一种是通过使用离子回旋加速器的频率范围（ion cyclotron range of frequency，ICRF）的波加热离子与在扩散磁喷管中加速离子相结合的方法。

采用频谱仪和马赫探针以及磁/电探针，在各种磁场配置构形下测量了 MPDA 的等离子体流动特性。在均匀磁通道中等离子体流的离子声速马赫数为 1，而在逐渐发散的磁喷管处增加到接近于 3。位于 MPDA 喷嘴附近的小拉维尔喷管能够成功地将热能转换为流动能，将结果与一维等熵流动模型进行了比较，发现实验确定的比热比低于单原子气体的理论值 5/3。

在高速流动等离子体中的离子加热是在美国国家航空航天局（National Aeronautics and Space Administration，NASA）的变比冲磁等离子体火箭（variable specific impulse magneto - plasma rocket，VASIMR）项目中提出的，目的是通过热能转化为扩张喷管内的流动能来控制等离子体的流动速度。我们采用 MPDA 等离子体完成了离子加热实验。在磁性海滩配置中使用 ICRF 天线，成功地加热了快速流动等离子体。获得了由螺旋天线激发的波色散关系且与多普勒漂移剪切和压缩阿尔芬波具有很好的一致性。在低碰撞高速流动的等离子体中，首次观测到了剪切阿尔芬波的离子回旋谐振加热。

25.1 引言

自最早的太空探索以来，对空间推进系统改进的要求总是存在。化学推进使我们成功地脱离了地球引力的束缚。但是，对于星际飞行任务来说，采用化学推进需要很长的时间和很高的费用。这对于要求火箭速度至少超过光速 10% 的星际飞行任务来说是无用的。

无论采用多大的火箭，也无论采用多少级火箭，采用化学推进系统都无法达到星际飞行任务所要求的速度。

电推进（EP）由于具有高比冲 I_{sp} 而成为最有前途的太空推进器之一，比冲的定义为推力与推进剂质量流量之比[1]。EP 系统能够在推进剂消耗量小的条件下完成长时间的空间飞行任务。用太阳能板或核反应堆产生的电能，使推进剂气体电离，通过电热效应、静电效应或电磁效应加速已电离的推进剂，以高于化学火箭的速度从推进器的下游排出。最近，已经推出并正在研发各种类型的先进空间推进装置，以便不仅用于小型航天器的主发动机，还用于长时间太空任务的大尺寸发动机，如地球卫星轨道和载人火星探索[2]。

星际空间推进器要求具有大比冲和大推力，以利于缩短飞行时间。尽管核聚变等离子体推进器是推进器这个目标的最终解决方案之一，但这种核聚变反应堆的实现还需要几十年的研究。功率磁等离子体动力电弧火箭（MPDA）是载人火星飞船的一种有前途的替代方案。MPDA 等离子体通过自感应的 $\boldsymbol{J} \times \boldsymbol{B}$ 力轴向加速。它的推力密度高，其推力密度正比于放电电流的平方，在较高工作电流下会改进推进效率。通过外部磁喷管替代固体喷管有望改进 MPDA 的推进性能[3,4]。有磁场的 MPDA 运行，能够减少电极的腐蚀和附着在阳极的弥散电流，这是 MPDA 稳定与高电流运行的决定性问题。但是，由于 $j_r \times \boldsymbol{B}_z$ 旋转、$j_\theta \times \boldsymbol{B}_r$ 霍尔电流和磁喷管加速的原因，使得加速机制变得非常复杂。消除外部磁场的各种影响，获得 MPDA 出口附近优化的磁喷管配置，提高推进效率非常重要。

最近，NASA 提出了另一种用于载人火星探测的先进推进器。该推进器称为变比冲磁等离子体火箭（VASIMR），是一个高功率、射频驱动的磁等离子体火箭。提出以恒定功率控制比冲与推力之比[5]。该火箭提供了一个螺线管等离子体源和一个离子回旋加速器加热与磁喷管的组合系统，流动的等离子体被 ICRF（离子回旋加速器频率范围）加热，等离子体的热能转化为磁喷管的流动能。快速流动等离子体中的 ICRF 加热和磁喷管效应是先进空间推进技术发展的两个关键问题。

等离子体的离子射频加热技术已在磁约束聚变研究中得到了发展。但是，快速流动等离子体的离子加热条件与约束的、静态的聚变等离子体加热条件在某些方面是不同的，例如，离子仅短时间一次通过加热区域以及由于多普勒漂移效应引起的共振频率变化。在稀薄等离子体中，离子加热可能会失败，这种情况下，大量背景中性气体将会渗入到等离子体的核心区，由于快速电荷交换损失，会导致已加热的离子能量快速失去。因此，迫切需要开发一个射频加热与磁喷管组合的系统。

在 25.2 节中，将给出火箭系统和电推进特性的基本概念。在 25.3 节中，将给出两类用以改进先进推进器等离子体特性的基本实验。一类是带有磁性拉瓦尔喷管的 MPDA 性能改进，另一类是从 MPDA 排出快速流动等离子体的 ICRF 离子加热实验，以及将等离子体热能转化为发散磁喷管中流动能量的实验。

25.2　火箭推进系统特性

根据牛顿力学定律，火箭通过喷出推进剂质量而加速。航天器的运动方程可以从航天

器与它的喷流总动量守恒直接导出

$$\frac{\mathrm{d}}{\mathrm{d}t}(M\boldsymbol{u})=\boldsymbol{0} \tag{25-1}$$

则可以得到

$$M\frac{\mathrm{d}\boldsymbol{u}}{\mathrm{d}t}=-\boldsymbol{u}_{\mathrm{ex}}\frac{\mathrm{d}M}{\mathrm{d}t} \tag{25-2}$$

式中，M 为航天器质量；$\dot{\boldsymbol{u}}=\mathrm{d}\boldsymbol{u}/\mathrm{d}t$ 为它的加速度；$\boldsymbol{u}_{\mathrm{ex}}$ 为相对航天器的喷流速度；$\dot{m}=\mathrm{d}M/\mathrm{d}t$ 为由于喷射推进剂质量导致的航天器质量变化率。方程（25-2）右边项为火箭的推力，$\boldsymbol{T}=\dot{m}\boldsymbol{u}_{\mathrm{ex}}$。推力与排出推进剂质量的消耗率 $\dot{m}g$（以海平面重量为单位）之比称为比冲，$\boldsymbol{I}_{sp}=\dot{m}\boldsymbol{u}_{\mathrm{ex}}/\dot{m}g=\boldsymbol{u}_{\mathrm{ex}}/g$。

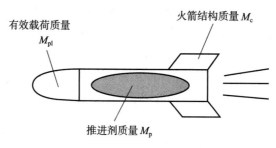

图 25-1　火箭的质量构成

在火箭加速期间，在 u_{ex} 为常量时，通过积分方程（25-1）可以得到航天器的速度增量 ΔV 为

$$\Delta V=\int_{i}^{f}\mathrm{d}\nu=\int_{i}^{f}u_{\mathrm{ex}}\frac{\mathrm{d}m}{m}=u_{\mathrm{ex}}\ln\frac{m_{i}}{m_{f}} \tag{25-3}$$

式中，m_{i} 和 m_{f} 分别为加速阶段起始（initial）和最终（final）时刻的航天器质量。该火箭方程是 1903 年由齐奥尔科夫斯基（K. E. Tsiolkovsky）首次导出的，表明 u_{ex} 为常数时，实现较大 ΔV 的必要条件是 m_{i}/m_{f} 较大。

如图 25-1 所示，火箭的最初和最终质量由载荷质量 M_{pl}、火箭系统质量 M_{C} 和推进剂质量 M_{p} 为

$$m_{i}=M_{\mathrm{pl}}+M_{\mathrm{C}}+M_{\mathrm{p}} \tag{25-4}$$

$$m_{f}=M_{\mathrm{pl}}+M_{\mathrm{C}} \tag{25-5}$$

此外，定义火箭结构常数 $\varepsilon=M_{\mathrm{C}}/(M_{\mathrm{p}}+M_{\mathrm{C}})$ 和载荷比 $\Lambda=M_{\mathrm{pl}}/M_{i}$，则方程（25-3）可表达为

$$\Delta V=u_{\mathrm{ex}}\ln[\varepsilon+\Lambda(1-\varepsilon)] \tag{25-6}$$

因此，导出 Λ 的表达式为

$$\Lambda=\frac{1}{1-\varepsilon}\exp\left(-\frac{\Delta V}{u_{\mathrm{ex}}}\right)-\frac{\varepsilon}{1-\varepsilon} \tag{25-7}$$

这个方程可以扩展为 N 级推进系统，在 N 级推进系统中 Λ 的表达式为

$$\Lambda = \left\{ \frac{\exp\left[-\Delta V/(Nu_{ex})\right] - \varepsilon}{1 - \varepsilon} \right\}^{N} \tag{25-8}$$

图 25-2 给出了 $\varepsilon = 0.1$ 条件下，各级火箭的 Λ 与 $\Delta V/u_{ex}$ 之间的关系。从图中可以看出，单级火箭系统的 $\Delta V/u_{ex}$ 不能超过 2.3。即使是多级火箭系统，也不能达到 10。对于星际飞行，ΔV 必须要大，最好推进剂的喷射速度能达到 10^4 m/s。遗憾的是，采用液体或固体添加剂的传统化学火箭的喷射速度受燃烧反应可用能量的限制，其速度低于 10^3 m/s 的几倍。

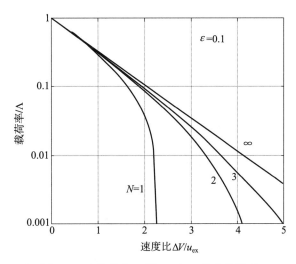

图 25-2　载荷率 Λ 随 $\Delta V/u_{ex}$ 的变化关系

EP 系统的电能用来电离和加速推进剂气体。电离的气体（等离子体）可以在地磁场中加速，喷射速度可达 10^5 m/s 以上。

在 EP 系统中有几种推进方法：电热、静电、电磁和组合系统。在电热推进中，推进器气体被电加热，然后通过一个适当外形的喷管将它的热能转换为喷流能量。电离发动机和电弧发动机归于电热推进类。前者通过与电加热容器壁面或加热线圈的接触来加热推进剂，后者通过电弧等离子体来加热推进剂。由于加热过程的物理特性与化学性质无关，因而推进剂气体可以更自由地选择。但是，电热推进器的性能会受"冻结"流动损失的影响，这是由于内部模式中冻结的未恢复能量和分子的离解所致。流体喷射速度被限制在 $u_{ex} < \sqrt{2c_p T}$ 范围内，其中 c_p 为常压下单位质量的比热，T 为膨胀喷管上游被加热的推进剂温度。由于电源系统简单，这种推进器已经用于卫星入轨与姿态控制。

离子推进器是静电推进技术的一个实例[6]。电离推进剂中的离子被栅电极之间产生的电场所加速，随后与来自另一个发射器等通量的电子中和。离子推进器能够产生非常高的喷射速度。然而，由于空间电荷影响，离子流通量的提取受到加速电场屏蔽作用的限制。根据蔡尔德-朗缪尔定律，能够计算出可达到的电流密度。当加速电压增大时，喷流速度和电流通量增加，形成较大的推力和比冲。但是，推进效率（推力与电功率之比）变差，电源和绝缘变得复杂。对于给定的空间飞行任务。应该在考虑推力强度、喷流速度、效率和电源系统条件下进行系统优化。

　　MPDA 等离子体通过电磁力加速[7]。它采用的是同轴电极，即中心阴极和环形阳极。MPDA 等离子体在轴向电极之间生成，放电电流径向通过等离子体。同时，放电电流自感应产生方位角方向的磁场。因此，自感应产生的 $J \times B$ 力会使等离子体轴向加速。它的推力密度很高，正比于放电电流的平方，在较高电流工作状态下能够提高推进效率。

　　还有一些其他的电推进系统，如霍尔（Hall）推进器和脉冲等离子体推进器（pulsed plasma thruster，PPT）。这些推进器的性能通过推力和比冲来进行分类。图 25-3 给出了各种推进器的推力和比冲典型运行机制。

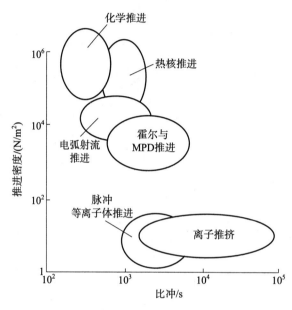

图 25-3　各种推进器的推力密度和比冲

25.3　先进的空间推进器实验研究

25.3.1　实验仪器与诊断设备

　　我们已经完成了控制先进推进器 MPDA 排出等离子体流的两类基本实验。实验在东北大学（日本）的 HITOP（high density Tohoku plasma）设备上完成[8-13]。如图 25-4 所示，该设备由一个外部带有磁线圈的大柱形容器（直径 $D = 0.8$ m，长度 $L = 3.3$ m）。通过调节每个线圈的电流可以形成不同类型的磁场配置。在容器一端安装一个高功率、准稳态（1 ms）的 MPDA。它是一种同轴结构，由一个中心的钨棒阴极（直径 10 mm）和一个环形的钼阳极（内径 30 mm）组成。快速反应气阀可以准稳定地注入氦气或氩气 3 ms。当气体流速稳定时启动电弧放电。由一个最大 I_d 为 10 kA 的脉冲形成网络电源提供准稳定（1 ms）放电电流 I_d，典型的放电电压为 200 V。

　　在 HITOP 设备上安装有一些诊断装置。通过多普勒频移和 HeII 谱线展宽（$\lambda = 468.58$ nm）以及 MPDA 下游区的马赫探针测量 MPDA 附近区域的流速 U 和离子温度 T_i。

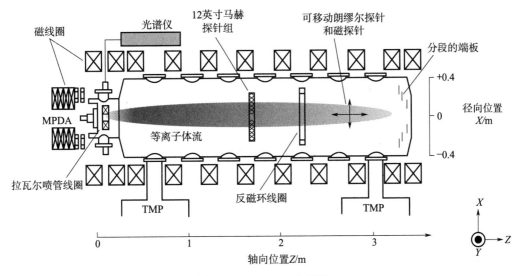

图 25 - 4　HITOP 示意图

离子声速马赫数 M_i 由下式计算

$$M_i = \frac{U_z}{C_s} = \frac{U_z}{\sqrt{\dfrac{k_B(\gamma_e T_e + \gamma_i T_i)}{m_i}}} \qquad (25-9)$$

马赫探针有两个平表面探头，其中一个平面朝向流动上游，另一个平面垂直于轴向流动方向。忽略饱和离子流中的磁场影响，因为离子的拉莫尔半径远大于本试验中探头的尺度。从平行和垂直探头分别收集到的两个饱和离子流密度 J_{para} 和 J_{perp} 之比，可以导出离子的马赫数为

$$M_i = \kappa \frac{J_{para}}{J_{perp}} \qquad (25-10)$$

上述关系采用光谱测量结果进行定标[8]。采用磁探针组来测量等离子体流中的磁场分量[9]。采用静电能量分析仪和快速电压扫描朗缪尔探针，分别测量 MPDA 下游区的离子温度和电子温度。采用反磁环线圈测量等离子体能量。

25.3.2　采用磁拉瓦尔喷管改善 MPDA 等离子体

在均匀磁通道情况下，MPDA 的轴向流速和旋流速度随着放电电流的增加而线性增加，同时离子温度急剧上升。这导致喷嘴附近的离子马赫数限制为小于 1[10]。这表明在均匀磁场通道情况下存在着马赫数接近于 1 的上限。这种现象与所谓窒息现象非常相似，即在传统气体动力学中，当 $M=1$ 时，质量流量达到最大值。

在较长的扩散磁喷管情况下，仅在 MPDA 喷嘴附近具有均匀的场，然后逐渐发散，在 MPDA 下游区能够成功地获得马赫数高达 2.8 的超声速等离子体流，如图 25 - 5 所示[11]。下游区域的马赫数随放电后的持续时间而减小。这是由于与中性 He 原子之间电荷交换碰撞导致的，中性 He 原子是通过等离子体流的表面重组在壁端上产生并向上游扩散的。

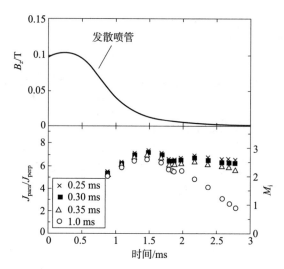

图 25-5　在长扩散的喷管中超声速流动的生成。图中示出了启动放电后的时间。
由于与表面重组的中性 He 原子之间的电荷交换碰撞，在下游区的马赫数随持续时间而下降

　　根据单通道磁探针测量结果，可以发现反磁性作用非常强，使得外部施加的均匀磁场被改成了等效的收缩喷嘴[9]。这个结果表明，当被电磁加速的超声速等离子体喷射到等效的收缩喷嘴中时，流动会被减速或者突然穿过激波而跃变为亚声速流，当通过所形成的等效收缩喷管时，将会被再次加速，在喷管的喉道达到声速，如果配有扩张喷管，则会进一步发展成为超声速流动。如果提供均匀的场而无任何发散场，则该流动会维持为声速流动。

　　如图 25-6 所示，在长扩张喷管配置实验中已经真实地观测到了这个特征。在长扩张喷管所产生的超声速流（图 25-6 中的 I 区）特意喷射到一个位于下游区的拉瓦尔喷管中。在拉瓦尔喷管前（II 区）出现一个驻激波，激波后的亚声速流在穿过拉瓦尔喷管后，被再次加速为超声速流（III 区）[12]。

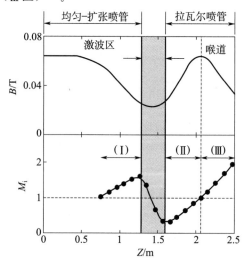

图 25-6　在磁性拉瓦尔喷管前形成一个驻激波，在通过拉瓦尔喷管后，
激波后的亚声速流被再次加速为超声速流

　　为了深入研究拉瓦尔喷管在热能转换为流动能方面的影响，在 MPDA 喷嘴附近安装了一个短的磁拉瓦尔喷管，如图 25-7 所示。图 25-8 给出了有和没有该喷管的流动特性。可以清楚地看出，喷管下游的流动速度比没有喷管时高，离子温度比没有喷管时要低。此外，喷管上游的流动参数的变化是相反的。这表明喷管上游的亚声速流动感觉到了喷管的存在并通过自主调节来满足喷管喉道的声速条件（$M=1$）。这也证实了流动能和热能的总能量在拉瓦尔喷管区域内保持接近于常数。将拉瓦尔喷管中马赫数轴向分布结果与一维等熵流动模型结果进行了比较，两者之间定性吻合。定量来看，喷管喉道下游测量的马赫数低于模型预测结果。这是膨胀不足导致，因为在喉道下游观测到的等离子体流横截面与真空磁通道横截面不一致。这可以通过增加提高喷管的磁场强度或增加磁喷管特征长度来改善。需要注意的是，应当根据 MPDA 喷射的等离子体流的马赫数来选择适当的拉瓦尔喷管扩张比。

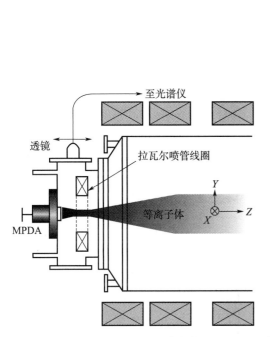

图 25-7　安装于 MPDA 喷嘴附近短的
磁拉瓦尔喷管

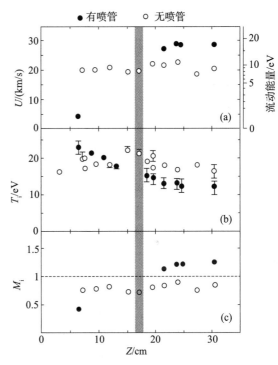

图 25-8　有（填充圆点）和没有（空圆圈）拉瓦尔喷管的
流动特性穿过磁拉瓦尔喷管后亚声速流转换为超声速流

25.3.3　高马赫数等离子体流的射频加热

　　在快速流动等离子体中的射频加热与 25.1 节中所描述的受限、静态核聚变等离子体中射频加热完全不同。实验是在不同类型长的扩散磁场配置下完成，如图 25-9 所示。

　　上游磁场 B_U 保持为常量，下游 B_D 变化形成磁分支配置。不同类型的天线已经尝试用于感应激发 ICRF 中的波，例如具有方位模数 $m=0$ 的罗戈夫斯基天线和环形天线，以及

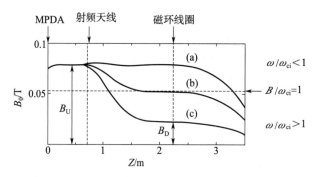

图 25 - 9　三种类型扩张比喷管的磁场配置轴向分布

波在 $\omega/\omega_{ci} < 1$ 处被激发，传播至下游的（a）区 $\omega/\omega_{ci} = 1$；（b）区 $\omega/\omega_{ci} = 1$；（c）区 $\omega/\omega_{ci} > 1$。
天线位于 $Z = 0.63$ m，环形抗磁线圈位于 $Z = 2.23$ m

具有 $m \pm 1$（Nagoya Ⅲ型天线）和 $m \pm 2$ 的双环形天线[13]。在本实验中采用了具有 $m \pm 1$ 的右旋缠绕或左旋缠绕螺旋天线，如图 25 - 10 所示。天线电流通过由 FET 逆变器电源驱动。

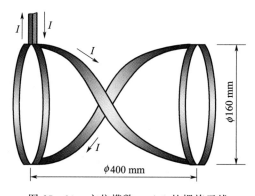

图 25 - 10　方位模数 $m \pm 1$ 的螺旋天线

首先，获得了均匀场中激发波的色散关系。将实验结果与考虑了快速流动等离子体多普勒漂移的理论曲线进行比较，识别出了剪切和压缩阿尔文波，如图 25 - 11 所示。

图 25 - 12 给出了放电电流 I_d、天线电流 I_{RF} 的典型波形和检测到的抗磁线圈信号 $W_\perp$。在射频激发过程中，抗磁线圈的信号明显增强。

为了验证离子加热，测量了离子和电子的温度和密度的部分曲线。离子温度 T_i 从 3.9 eV 增加到 6.3 eV，电子温度 T_e 从 1 eV 增加到 1.5 eV。电子密度为 $1 \times 10^{19}\,\text{m}^{-3}$，射频激发过程中，电子密度稍微增加。

图 25 - 13 给出了三种不同等离子体密度下 $\Delta W_\perp / W_\perp$ 随下游区磁场 B_U 的变化。如图所示，在低等离子体密度情况下，可以清楚地观测到离子回旋加速共振，回旋频率 f_{RF} 比离子-离子碰撞频率 ν_{ii} 高很多。$\Delta W_\perp / W_\perp$ 最大时的最佳 B_D 略微偏移至比回旋共振更低的值。这是由于快速流动等离子体的多普勒效应导致的。根据沿扩张磁喷管充分膨胀的无碰撞等离子体的绝热不变性，增加的垂直离子能量将转换为平行离子能量。

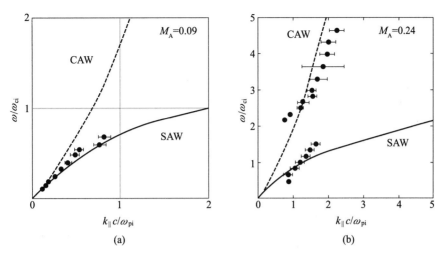

图 25 - 11　激发波在阿尔文马赫数为 M_A 的快速流动等离子体中传播的色散关系：（a）He 等离子体；
（b）Ar 等离子体。采用 $m \pm 1$ 的右旋缠绕的螺旋天线激发 RF 波。可分辨出剪切阿尔文波（SAW）和
压缩阿尔文波（CAW），理论色散曲线的计算结果考虑了快速流动的多普勒频移效应

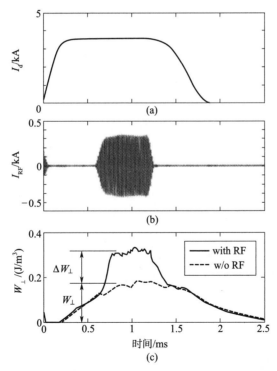

图 25 - 12　（a）放电电流 I_d；（b）天线电流 I_{RF}；（c）反磁线圈的信号 $W_\perp$ 随时间的变化
氮等离子体，$B_z = 0.7$ kGs（均匀）；$f_{RF} = 80$ kHz($\omega / \omega_{ci} = 0.3$)

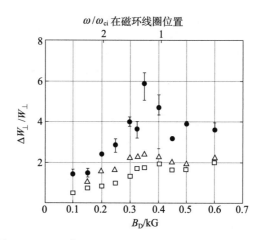

图 25-13　比率 $\Delta W_\perp / W_\perp$ 随下游区磁场 B_D 的变化

氦等离子体，$B_U = 0.7\ \mathrm{kGs}$（均匀）；$f_{RF} = 160\ kHz$；（●）$f_{RF}/\nu_{ii} = 8.4(n = 0.52 \times 10^{18}\,\mathrm{m}^{-3})$，

（△）$f_{RF}/\nu_{ii} = 2.4(n = 1.9 \times 10^{18}\,\mathrm{m}^{-3})$，（□）$f_{RF}/\nu_{ii} = 1.6(n = 2.7 \times 10^{18}\,\mathrm{m}^{-3})$

25.4　总　结

　　采用磁性拉瓦尔喷管和射频加热，改善了 MPDA 推进器的性能。通过将热能转换为流动能，使得 MPDA 喷嘴附近的亚声速流被转换为超声速流。等离子体流动的自调节使得磁喷管喉道处满足声速条件。采用螺旋 ICRF 天线，在不同的扩张磁喷管中，实现了快速流动等离子体的射频波加热。激发了并通过与理论曲线比较而识别了剪切阿尔文波和压缩阿尔文波，该理论曲线考虑了多普勒效应。首次在低碰撞快速流动等离子体中观测到剪切阿尔文波的离子回旋共振加热。

致　谢

　　本项工作得到了日本科学促进会（Japan Society for the Promotion Science）的科研补助金的部分支持。部分工作是在东北大学（日本）电子通信研究所的合作研究项目计划下进行的。

参 考 文 献

[1] Jahn，R.G. (1968) Physics of Electric Propulsion，Mcgraw – Hill.

[2] Frisbee，R.H. (2003) J. Propul. Power，19，1129.

[3] Sasoh，A. and Arakawa，Y. (1995)J. Propul. Power，11，351.

[4] Tahara，H.，Kagaya，Y. and Yoshikawa，T. (1997) J. Propul.Power，13，651.

[5] Chang Diaz，F.R.，Squire，J.P.，Bengston，R.D.，baity，F.W. and Carter，M.D. (2000) AIAA
       Paper，2000 – 3756，1.

[6] Kuninaka，H. (1998) J. Propul. and Power，14，1022.

[7] Toki，K.，Shimizu，Y. and Kuriki，K.(1997) IEPC (Int. Electric Propulsion Conf.)，97 – 120，1.

[8] Ando，A.，Watanabe，T.S.，Watanabe,T.K.，Tobari，H.，Hattori，K. and Inutake，M. (2005) J.
       Plasma Fusion Res.，81，451.

[9] Tobari，H.，Sato，R.，Hattori，K.，Ando，A. and Inutake，M. (2003)Adv. Appl. Plasma Sci.，
       4，133.

[10] Ando，A.，Ashino，M.，Sagi，Y.，Inutake，M.，Hattori，K.，Yoshinuma,M.，Imasaki，A.，Tobari，
       H. and Yagai，T. (2001) J. Plasma Fusion Res.，4，373.

[11] Inutake，M.，Ando，A.，Hattori，K.，Tobari，H. and Yagai，T. (2002) J.Plasma Fusion Res.，
       78，1352.

[12] Inutake，M.，Ando，A.，Hattori，K.，Yoshinuma，M. Imasaki，A.，Yagai，T.，Tobari，H.，
       Murakami，F. and Ashino，M. (2000) Proc. Int. Conf. on Plasma Physics，Quebec，Vol. 1，148.

[13] Inutake，M.，Ando，A.，Hattori，K.，Yagai，T.，Tobari，H.，and Kumagai,R.，Miyazaki，H. and
       Fujimura，S.(2003) Trans. Fusion Technol.，43，118.